Der Mensch in Zahlen

Steffen Schaal • Konrad Kunsch • Steffen Kunsch

Der Mensch in Zahlen

Eine Datensammlung in Tabellen mit über 20000 Einzelwerten

4., vollständig überarbeitete und ergänzte Auflage

Steffen Schaal
Pädagogische Hochschule Ludwigsburg
Ludwigsburg, Deutschland

Konrad Kunsch
Pädagogische Hochschule Ludwigsburg
Ludwigsburg, Deutschland

Steffen Kunsch
Klinik für Innere Medizin SP Gastroenterologie
Universitätsklinikum Gießen und Marburg
Marburg, Deutschland

ISBN 978-3-642-55398-1 ISBN 978-3-642-55399-8 (eBook)
DOI 10.1007/978-3-642-55399-8

Die Deutsche Nationalbibliothek verzeichnet diese Publikation in der Deutschen Nationalbibliografie; detaillierte bibliografische Daten sind im Internet über http://dnb.d-nb.de abrufbar.

Springer Spektrum

Gedruckt auf säurefreiem und chlorfrei gebleichtem Papier.

Springer Berlin Heidelberg ist Teil der Fachverlagsgruppe Springer Science+Business Media (www.springer.com)

Vorwort zur 4. Auflage

Wir bedanken uns bei den Lesern der 3. Auflage des Buches „Der Mensch in Zahlen", das sehr positiv aufgenommen wurde und so großes Interesse fand, dass nun eine Neuauflage erforderlich wurde. Diese Neuauflage wurde auf Grundlage des eingeführten Werkes von Konrad und Steffen Kunsch fortgesetzt und erweitert das bewährte Konzept. Für die Möglichkeit an diesem Werk weiterarbeiten zu können gilt mein besonderer Dank den beiden Begründern des „Mensch in Zahlen".

Der menschliche Körper besteht aus bis zu 100 Billionen Zellen, die Gesamtlänge aller Nervenfasern entspricht der Wegstrecke von der Erde zum Mond und wieder zurück und es werden 2,4 Millionen rote Blutzellen pro Sekunde gebildet. Der komplexe Aufbau des Körpers und seine fast unbegreiflichen Leistungen bringen uns zum Staunen und damit sollen die Kapitel der 4. Auflage eingeführt werden.

Die Daten werden möglichst verständlich eingeführt und lassen dadurch leichter erkennen, was mit den Zahlen in den Tabellen, die wissenschaftlichen Standards entsprechen müssen, gemeint ist. Durch diese Kombination hoffen die Autoren allgemeines Interesse mit Wissenschaftlichkeit zu verbinden.

Ansonsten werden die konzeptionellen Grundlagen der bisherigen Auflagen beibehalten und Zahlenwerte zum menschlichen Körper, zur Gesundheit, zur Evolution und zur Bevölkerungsentwicklung in tabellarischer Form aufbereitet und aktualisiert. Damit soll allen Interessierten, besonders in Schulen und Hochschulen, ein schneller Zugriff auf wichtige und interessante Daten ermöglicht und Internetrecherchen in wissenschaftlich abgesicherter Buchform ergänzt werden.

Durch die jetzt sehr umfangreichen „Zahlen zum Staunen" soll das Buch zum Schmökern einladen und nicht nur ein Nachschlagewerk sein. Um den Umfang des Buches im bisherigen Rahmen zu halten, wird bei statistischen Daten der Fokus mehr auf tendenzielle Entwicklungen gelegt und es werden Hilfen für den Zugang zu aktuellen Internetdaten gegeben.

Mein ganz besonderer Dank gilt Gabriele Topaltzis für die Unterstützung bei der Literaturarbeit. Ebenso bedanke ich mich bei Stefanie Wolf und bei Martina Mechler vom Springer Verlag für die Unterstützung und die freundliche Zusammenarbeit. Für das gründliche und sehr zuverlässige Auffinden von Fehlern und Inkonsistenzen im Manuskript bin ich Anabel Haas zu Dank verpflichtet. Ihre Geduld beim Korrekturlesen war unermesslich und sie hat wesentlich zur Qualität der Datentabellen beigetragen. Zuletzt geht ein dickes Dankeschön an Sonja Schaal, die mich bei der Erstellung dieses Werkes unermüdlich unterstützt hat und mir zur Seite stand. Ein großer Dank gilt auch Pauline und Johanna, die sich geduldig die spannenden Entdeckungen bei der Recherche angehört und sich bei der Auswahl interessanter Themenfelder beteiligt haben

Im Februar 2015 Steffen Schaal

Inhaltsverzeichnis

1 Der Körper des Menschen

1.1 Die Zelle (Purves 2011, S. 99 ff)

Alle Organismen, vom Einzeller bis zum höchstorganisierten Säugetier, bestehen aus Zellen (lateinisch *cellula* = kleine Kammer, Zelle). Die Zelle ist die strukturelle und funktionelle Einheit aller Lebewesen und damit der kleinste Baustein des Lebens.

Während Einzeller aus einer einzigen Zelle bestehen, die alle Aufgaben für den ganzen Organismus erledigt, wird der Körper eines Menschen aus 10 bis 100 Billionen Zellen aufgebaut. Diese biologische Evolution (Purves 2011, S. 701 ff) vom Einzeller zum hochkomplexen mehrzelligen Organismus hat vor etwa 3,8 Milliarden Jahren begonnen. Die Erkenntnis, dass auch der Mensch selbst aus Zellen besteht, ist in der wissenschaftlichen Welt gerade einmal 200 Jahre alt.

Beim Erwachsenen gehen täglich zwischen 50 und 70 Milliarden Zellen zugrunde und trotz der etwa 120.000 Replikations-Fehler während eines Zellteilungszyklus tragen die insgesamt etwa 220 verschiedenen menschlichen Zell- und Gewebetypen zur tadellosen Funktion des Organismus bei.

S. Schaal, K. Kunsch, S. Kunsch, *Der Mensch in Zahlen*,
DOI 10.1007/978-3-642-55399-8_1

Tabelle 1.1.1 Zahlen zum Staunen

Literatur siehe nachfolgende Tabellen

Ausgewählte Angaben zu Zellen aus den nachfolgenden Tabellen	
Gesamtzahl der Zellen eines Durchschnittsmenschen:	
Anzahl der menschlichen Zellen	ca. 10–100 Billionen
Anzahl der Bakterienzellen im Darm eines Menschen	ca. 100 Billionen
Anzahl der Bakterienzellen auf der Haut eines Menschen	ca. 10 Billionen
Aufbau und Abbau von menschlichen Zellen	ca. 10–50 Mio./s
Gesamtzahl aller Nervenzellen	ca. 30 Milliarden
Täglicher, normaler Verlust von Nervenzellen (entspricht dem Spinalganglion einer Stubenfliege)	50.000–100.000
Die kleinsten Zellen sind Spermien	3–5 µm
Die größten Zellen sind Eizellen	100–120 µm
Zeitdauer, nach der alle Membranen des Körpers durch Neubildung vollständig ersetzt sind	ca. 20 Tage
Zeitdauer, in der ein Lipidmolekül in einer Membran eines Roten Blutkörperchens die Zelle umrunden kann	4 Sekunden
Länge des gesamten DNA-Fadens aller Chromosomen einer diploiden menschlichen Zelle	1,8 m
Geschätzte Länge der gesamten DNA eines Menschen zum Vergleich: Abstand Erde–Sonne	ca. $200 \cdot 10^{11}$ m $1{,}5 \cdot 10^{11}$ m
Gesamtzahl der Nukleotidpaare im haploiden Chromosomensatz einer menschlichen Zelle	$3{,}069 \cdot 10^{9}$
Durchschnittliche Anzahl der Ribosomen in einer Zelle	100.000–70 Millionen
Gesamtfläche des Endoplasmatischen Retikulums aller Leberzellen zum Vergleich: Fußballfeld nach FIFA-Vorgaben	7875 m^2 7140 m^2

Tabelle 1.1.2 Fortschritte bei der Erforschung der Zelle

Für Aristoteles (384–322 v. Chr.) bestand der menschliche Körper aus Gliedern, Sinnesorganen, Flüssigkeiten und unteilbaren Geweben – ihm war der Mikrokosmos einer Zelle verschlossen. Erst durch die Verwendung des Lichtmikroskops konnten die Naturforscher nachweisen, dass die Gewebe bei Pflanzen, bei Tieren und beim Menschen aus Zellen aufgebaut sind (siehe Tab. 1.1.27 und 3.2. Fortschritte in Medizin und Biologie).

Neue chemische und physikalische Verfahren, besonders aber die Einführung der Elektronenmikroskopie Anfang der 50er-Jahre, haben die Lücke zwischen dem Lichtmikroskop und dem atomaren Bereich der Röntgenmikroanalyse geschlossen.

Wegweisende Entdeckungen	**Name, Erläuterungen**	**Zeit**
Konstruktion des ersten zweilinsigen Mikroskops	*Hans Janssen*, (Brillenschleifer) Mikroskop aus 3 verschiebbaren Röhren, Vergrößerung 3–9-fach	1595
Benutzung eines Fernrohres als Mikroskop	*Galileo Galilei* (1564–1642), italienischer Mathematiker, Physiker und Astronom	1610
Entdeckung der Pflanzenzelle in einem mikroskopischen Präparat der Korkeiche	*Robert Hooke* (1635–1703), englischer Physiker u. Mathematiker	1665
Entdeckung der roten Blutkörperchen, der Einzeller und der Bakterien	*Antony van Leeuwenhoek* (1632–1723), holländischer Kaufmann, Mikroskop mit 300-facher Vergrößerung	1682
Entdeckung des Zellkerns	*Robert Brown* (1773–1858), schottischer Botaniker	1831
Formulierung der Zelltheorie für Pflanzen	*Matthias Jakob Schleiden* (1804–1881), deutscher Botaniker	1838
Formulierung der Zelltheorie für Tiere	*Theodor Schwann* (1810–1882), deutscher Physiologe	1839
Formulierung der Theorie der Zellbildung, Unterscheidung zwischen Teilungs- und Dauergewebe	*Carl Wilhelm von Nägeli* (1817–1891), Botaniker in Zürich	1850
„*Omnis cellula e cellula*" Jede Zelle kann nur aus einer anderen Zelle entstehen.	*Rudolf Virchow* (1821–1902), deutscher Pathologe	1855
Entdeckung der Gesetzmäßigkeiten der Vererbung	*Gregor Mendel* (1822–1884), Augustinermönch und Naturforscher aus Schlesien (heute Tschechien)	1865
Entdeckung der Zellteilung (Mitose) bei höheren Pflanzen	*Wilhelm Hofmeister* (1824–1877)	1867
Entdeckung der Nukleinsäuren in Eileiterzellen	*Johann F. Miescher* (1844–1895), Mediziner und Physiologe in Basel	1869
Entdeckung von Kernteilung und Kernverschmelzung bei Pflanzen	*Eduard Strasburger* (1844–1912), deutscher Botaniker	1875
Entdeckung der Befruchtung als Verschmelzung zweier Zellen	*Oscar Hertwig* (1849–1922), deutscher Biologe	1875
Entdeckung der Centriolen bei der Zellteilung	*Theodor von Boveri* (1862–1915), deutscher Zoologe	1878

Wegweisende Entdeckungen	Name, Erläuterungen	Zeit
Beschreibung der Mitose (Zellteilung) und des Chromatins	*Walther Flemming* (1843–1905), deut. Biologe, Begründer der Cytogenetik	1879
Entdeckung des Golgiapparates in menschlichen Nervenzellen	*Camillo Golgi* (1844–1926), italienischer Pathologe	1898
Entdeckung der Mitochondrien in den Zellen (Auflösungsgrenze eines Lichtmikroskops)	*Carl Benda* (1857–1932), deutscher Pathologe	1899
Gene (Erbanlagen) liegen auf den Chromosomen einer Taufliege	*Thomas Hunt Morgan* (1866–1945), amerikanischer Zoologe und Genetiker	1910
Entwicklung des Elektronenmikroskops (EM), das gegenüber dem Lichtmikroskop mit viel kurzwelligeren Elektronenstrahlen betrieben wird	*Ernst Ruska*,(1906–1988), deutscher Ingenieur, *Hans Knoll* und *Bodo von Borries* in Berlin. Die Auflösung moderner EM liegt heute bei 0,2 nm (Nanometer = 1/Millionstel mm).	1930 bis 1933
Die genetische Information ist in den Nukleinsäuren gespeichert.	*Oswald Avery* (1877–1955), amerikanischer Arzt und Physiologe	1944
Die 4 Basen der DNA liegen in einem bestimmten Verhältnis zueinander vor.	*Erwin Chargaff* (1905–2002), österreichisch-amerikanischer Biochemiker	1950
Aufklärung der Struktur der DNA-Doppelhelix	*Harry Compton* Crick (1916–2004), *James Dewey Watson* (*1928) *Rosalind Franklin* (1920–1958)	1953
Erklärung der Muskelkontraktion durch die Filament-Gleittheorie	*Sir A. F. Huxley*, britischer Physiologe	1969
Jede der 20 Aminosäuren wird durch drei Basen der DNA definiert	*Marshall Warren Nirenberg* (*1927), amerikanischer Biochemiker, zusammen mit *Heinrich Matthae*i	1961
Erste Sequenzierung einer zellulären Transfer-RNA	*Robert William Holley* (1922–1993), US-amerikanischer Biochemiker	1964
Erfolgreiches Klonen des erwachsenen Schafes „Dolly" (starb 2003 an frühzeitigen Alterserscheinungen)	*Ian Wilmut* (*1944), britischer Embryologe	1997
Entschlüsselung des menschliche Genoms zu 99,9%	Ergebnisse aus USA, Japan, China, Großbritannien, Frankreich und Deutschland im Internet	2003
Entscheidende Arbeiten zur Begründung der Epigenetik	Nobelpreis für *Andrew Fire* und *Craig Mello* zur RNA Interferenz	2006
Hochauflösende Fluoreszenzmikroskopie an lebenden Zellen	Nobelpreis für *Stefan Hell*, *Eric Betzig* und *William Moerner*	2014

Sajonski und Smollich 1990; Fire et al. 1998; Ude, Koch 2002; Junqueira, Carneiro, Gratzl 2004

Tabelle 1.1.3 Die Zelle und das Problem der Größe

Zellen kann man in der Regel mit dem bloßen Auge oder einer Lupe nicht erkennen. *Robert Hooke* musste ein Lichtmikroskop benutzen, um die Zellen zu entdecken. Beim Versuch tief in den Mikrokosmos einer Zelle einzudringen, sind verschiedene Färbemethoden anzuwenden und auch das Lichtmikroskop kommt schnell an seine Grenzen. Nur hochauflösende Hilfstechniken erschließen uns den Bereich der Zellstrukturen bis hin zu den Atomen.

Arbeitsbereich Lichtmikroskop: 1 µm (Mikrometer) = 10^{-3} mm (1/Tausendstel mm).

Arbeitsbereich Elektronenmikroskop: 1 nm (Nanometer) = 10^{-9} m = 10^{-6} mm (1/Millionstel mm).

Weniger verbreitet: 1 pm (Pikometer) = 10^{-12} m = 10^{-9} mm.

Strukturen im Mikrokosmos des Menschen	Größe der Strukturen	
Das menschliche Auge ohne Hilfsmittel		
Grenze des Auflösungsvermögen des Auges im Abstand von 20 cm	0,1 mm (100 µm)	10^{-4} m
Menschliche Eizelle	0,12 mm	$1{,}2 \cdot 10^{-4}$ m
Das Lichtmikroskop		
Grenze des Auflösungsvermögens des Lichtmikroskops	0,2 µm (200 nm)	$2 \cdot 10^{-7}$ m
Pyramidenzellen des Gehirns	bis 100 µm	$1{,}2 \cdot 10^{-4}$ m
Leberzelle des Menschen	30–50 µm	$3–5 \cdot 10^{-5}$ m
Rote Blutkörperchen des Menschen	7 µm	$7 \cdot 10^{-6}$ m
Zellkern einer Nierenzellen	6,2 µm	$6{,}2 \cdot 10^{-6}$ m
Kopf eines Spermiums	3–5 µm	$3–5 \cdot 10^{-6}$ m
Zellkern einer Spinalganglionzelle	1,2 µm	$1{,}2 \cdot 10^{-6}$ m
Durchschnittsgröße eines menschlichen Chromosoms in der Metaphase	4,5 µm	$4{,}5 \cdot 10^{-6}$ m
Durchschnittliche Länge der Mitochondrien	2 µm	$2 \cdot 10^{-6}$ m
Durchschnittliche Länge eines Mikrovilli	1–2 µm	$1–2 \cdot 10^{-6}$ m
Zum Vergleich: Bakterien	0,3–2 µm	$3–20 \cdot 10^{-7}$ m
Das Elektronenmikroskop		
Grenze des Auflösungsvermögens des Elektronenmikroskops	0,1–0,3 nm	$1–3 \cdot 10^{-10}$ m
Durchschnittliche Dicke der Mikrovilli	ca. 100 nm	$1 \cdot 10^{-7}$ m
Durchmesser der Ribosomen	15–25 nm	$1{,}5–2{,}5 \cdot 10^{-8}$ m
Dicke der äußeren Zellmembran	8,0 nm	$8 \cdot 10^{-9}$ m

Strukturen im Mikrokosmos des Menschen	Größe der Strukturen	
Dicke der Glykokalyx-Filamente	2,5–5,0 nm	$2{,}5\text{–}5 \cdot 10^{-9}$ m
Durchmesser der DNA-Doppelhelix	2 nm	$2 \cdot 10^{-9}$ m
Länge von Aminosäuren	0,8–1,1 nm	$8\text{–}11 \cdot 10^{-10}$ m
Zum Vergleich:		
Pockenviren (größte humanpathogene Viren)	200–400 nm	$2\text{–}4 \cdot 10^{-7}$ m
Picorna-Viren (kleinste humanpathogene Viren)	30 nm	$3 \cdot 10^{-8}$ m
Die Röntgenmikroanalyse		
Atome	0,1–0,5 nm	$1\text{–}5 \cdot 10^{-10}$ m

Leonhardt 1990; Junqueira, Carneiro, Gratzl 2004

Tabelle 1.1.4 Ausgewählte Angaben zur Zahl und Größe menschlicher Zellen

Der menschliche Körper besteht aus Billionen von Zellen. Insgesamt werden ca. 200 verschiedene Zellarten unterschieden. Zellen mit hoher Regenerationsfähigkeit sind Blutzellen, Zellen der Haut und der Schleimhäute. Die Angabe der Gesamtzellzahlen sind Hochrechnungen, welche die unvorstellbaren Dimensionen veranschaulichen sollen. Erstaunlicherweise übersteigt die Anzahl der Bakterien im und auf dem Körper sogar die Anzahl der menschlichen Zellen.

Zellzahlen eines Menschen	
Geschätzte Gesamtzahl der Zellen eines Erwachsenen	ca. 10–100 Billionen (10^{13}–10^{14})
Geschätzte Anzahl aller Bakterien im Darm	ca. 100 Billionen (10^{14})
Geschätzte Anzahl aller Bakterien auf der Haut	ca. 10 Billionen (10^{13})
Geschätzte Anzahl aller Leberzellen eines Erwachsenen	ca. 200 Milliarden ($2 \cdot 10^{11}$)
Geschätzte Gesamtzahl aller Nervenzellen	ca. 30 Milliarden ($3 \cdot 10^{10}$)
Normaler täglicher Verlust von Nervenzellen	50.000–100.000
Anzahl der verschiedenen Zellarten des Menschen	ca. 200
Zellumsatz pro Sekunde im menschlichen Körper	ca. 10–50 Mio./s
Neubildung von Erythrozyten pro Sek. beim Mensch	ca. 2 Mio./s

Zellen im Blut eines Menschen	
Anzahl der roten Blutkörperchen (Erythrozyten) in der Gesamtblutmenge von 5 l	ca. 25 Billionen ($25 \cdot 10^{12}$)
Anzahl der weißen Blutkörperchen (Leukozyten) in der Gesamtblutmenge von 5 l	ca. 25–100 Milliarden ($25–100 \cdot 10^{9}$)
Anzahl der Blutplättchen (Thrombozyten) in der Gesamtblutmenge von 5 l	ca. 1–1,5 Billionen ($1–1{,}5 \cdot 10^{12}$)
Extremwerte für die Größe von Zellen	
Die kleinste Zellen des Menschen	
Blutplättchen (Thrombozyten)	1–4 µm
Spermium (Kopf des Spermiums ohne Schwanz)	3–5 µm
Gliazellen aus dem Großhirn (Oligodendrozyten)	6–8 µm
Rote Blutkörperchen (Erythrozyten)	7,7 µm
Die größten Zellen des Menschen	
Eizellen (Oozyten)	100–120 µm
Pyramidenzellen aus der Großhirnrinde	bis 100 µm
Durchschnittliche Zellgröße einer Leberzelle	30–50 µm

Junqueira, Carneiro, Gratzl 2004; Pschyrembel 2014

Tabelle 1.1.5 Lebensdauer verschiedener Zellarten im menschlichen Körper

Die Zelle eines Einzellers, die sich durch Zellteilung (Mitose) vermehrt, wird dadurch potentiell unsterblich. Bei vielzelligen Organismen sind die Zellen durch arbeitsteilige Differenzierung spezialisiert und haben häufig die Fähigkeit zur Teilung verloren. Sie haben je nach Zelltyp eine sehr unterschiedliche Lebensdauer.

Zellen in Geweben und Organen	Durchschnittliche Lebensdauer
Deckepithelien	
After	4,3 Tage
Bauchhaut	19,4 Tage
Dickdarm	10,0 Tage
Dünndarm	1,4 Tage
Enddarm	6,2 Tage

Zellen in Geweben und Organen	**Durchschnittliche Lebensdauer**
Fußsohlenepidermis	19,1 Tage
Harnblase	66,5 Tage
Hautepidermis	19,2 Tage
Lippen	14,7 Tage
Luftröhre	47,6 Tage
Lunge (Alveolen)	8,1 Tage
Mageneingang (Cardia)	9,1 Tage
Magenausgang (Pylorus)	1,8–1,9 Tage
Ohr	34,5 Tage
Drüsenepithelien	
Leber	222 Tage
Nieren	286 Tage
Schilddrüse	287 Tage
Binde- und Stützgewebe	
Knochenzellen	25–30 Jahre
Blutzellen	
Blutplättchen (Thrombozyten)	10 Tage
Rote Blutkörperchen (Erythrozyten)	120 Tage
Weiße Blutkörperchen (Leukozyten)	
Neutrophile Granulozyten	4–5 Tage
Eosinophile Granulozyten	10 Tage
Lymphozyten (langlebig)	mehrere 100 Tage
Monozyten	wenige Monate
Nervenzellen (nachgewiesen für den Hippocampus)	keine Angabe zur Lebensdauer aber: Erneuerungsrate etwa 700 Neuronen/Tag
Nicht vermehrungsfähige Zellen	
Eizellen (Oozyten)	keine Erneuerung
Haarfollikel	keine Erneuerung
Schweißdrüsenzellen	keine Erneuerung

Klima 1967; Kaboth und Begemann 1977; Finch 1990; Leonhardt 1990; Frisén et al. 2013;

Tabelle 1.1.6 Die Zellmembran

Die Zellmembran (Purves 2011, S. 137 ff) umschließt die Zelle. Sie besteht nach dem Flüssig-Mosaik-Modell aus einer Doppelschicht von Phospholipiden, in die ein Mosaik von Membranproteinen eingelagert ist. Diese sind nicht starr fixiert, sondern dynamisch in Bewegung. Sie werden hauptsächlich durch hydrophobe Wechselwirkungen zusammengehalten, die vielfältige seitliche Bewegungen erlauben. Membranen sind durch intensiven gleichzeitigen Ab- und Aufbau gekennzeichnet. Der Kohlenhydratanteil (Glykokalix) der Zellmembran verleiht der Zelle ihre Spezifität. Sonderbildungen sind fingerförmige Ausstülpungen (Mikrovilli), welche die Oberfläche der Membran vergrößern und einen „Bürstensaum" der Zelle bilden. Auf diese Weise wird die Oberfläche vergrößert und so werden beispielsweise die Reaktionsräume, die Resorptions- oder Kontaktfläche vergrößert.

Angaben zur Struktur und Funktion der Zellmembran beim Menschen	
Zeitdauer, nach der alle Membranen des Körpers durch Neubildung vollständig ersetzt sind	20 Tage
Zeitdauer, in der ein Lipidmolekül einer Erythrozytenzellmembran die gesamte Zelle einmal umrunden kann	4 Sekunden
Gesamtdicke der Zellmembran bei Körpertemperatur	8,0 nm
Dicke der äußeren Lamelle	2,5 nm
Dicke der Mittelschicht	3,0 nm
Dicke der inneren Lamelle	2,5 nm
Gesamtdicke der Zellmembran bei niederer Temperatur	6,0 nm
Gesamtdicke der Zellmembran bei hoher Temperatur	9,0 nm
Geschätzte Fläche aller Zellmembranen der Leberzellen eines erwachsenen Menschen	355 m^2
Prozentualer Anteil der Zellmembran an allen Membranen einer Leberzellen	2,5 %
Durchschnittlicher Kohlenhydratanteil der Zellmembran	< 10 %
in einer Leberzelle	2 %
in einem weißen Blutkörperchen (Granulozyt)	15 %
Durchschnittlicher Fettanteil der Zellmembran	ca. 50 %
Verhältnis Lipid zu Protein (abhängig vom Zelltyp und der Stoffwechselaktivität)	1:4 – 4:1
Verhältnis Lipid zu Protein in unterschiedlichen Membranen	
in der Myelinscheide (umhüllt Nervenfasern)	1:0,23
in der Erythrozytenmembran	1:1,1

Angaben zur Struktur und Funktion der Zellmembran beim Menschen	
in der Membran einer Tumorzelle	1:1,5
in der inneren Mitochondrienmembran	1:3,2
Dicke der Membranporen nach der Lipid-Filter-Theorie	0,4 nm
Durchschnittliche Anzahl von Hormonrezeptoren in der Zellmembran einer menschlichen Zelle	ca. 10.000
Dicke der Glykokalyx-Filamente	2,5–5,0 nm
Anzahl der Mikrovilli auf einer Dünndarmzelle	ca. 3.000
Länge der Mikrovilli	100–800 nm
Dicke der Mikrovilli	50–100 nm
Leonhardt 1990; Mörike et al. 2007; Campbell 2009	

Tabelle 1.1.7 Endoplasmatisches Retikulum und Ribosomen

Das endoplasmatische Retikulum (ER *endoplasmatisch* bedeutet im Cytoplasma und *Retikulum* ist das lateinische Wort für Netz) (Purves 2011, S. 116 ff) ähnelt in Struktur und Zusammensetzung der Plasmamembran, steht in Verbindung zur Kernmembran und macht in menschlichen Zellen etwa die Hälfte aller Membranen in der Zelle aus. Durch das ER kommt es zu einer extremen Oberflächenvergrößerung in der Zelle und zur Bildung von abgeschlossenen Reaktionsräumen (Kompartimentierung).

Zum endoplasmatischen Retikulum gehören zwei Bereiche. Das raue ER ist mit Ribosomen besetzt, die wichtige Aufgaben bei der Eiweißsynthese (Proteinbiosynthese) haben. Hier werden entsprechend der Kodierung der Messenger-RNA aus Aminosäuren Eiweiße zusammengesetzt. Ribosomen kommen auch frei im Zytoplasma vor und sind dort ebenfalls die Orte der Eiweißsynthese.

Das glatte ER ist frei von Ribosomen. Hier werden körpereigene Stoffe wie das Glykogen synthetisiert, Kalzium gespeichert und Stoffwechselprodukte modifiziert. Enzyme im glatten ER sind für die Entgiftung der Zelle, z. B. auch für den Abbau von Medikamenten, zuständig.

Endoplasmatisches Retikulum (ER) in Zellen des Menschen	
Membrandicke des endoplasmatischen Retikulums	7–8 nm
Breite des Raumes zwischen den Membranen	40–70 nm
Calciumkonzentration im Cytoplasma einer Zelle	10^{-7} Mol
Calciumkonzentration im ER	10^{-3} Mol
Gesamtfläche des ER aller Leberzellen	7.875 m^2

Prozentualer Anteil des ER an den Membranen einer Leberzelle	55 %
Gesamtfläche der Membranen von 1 ml Lungengewebe	$10\,m^2$
Anteil des ER an dieser Fläche	$6{,}7\,m^2$ (67 %)
Ribosomen in Zellen des Menschen	
Durchmesser eines Ribosoms	15–25 nm
Anzahl der Untereinheiten eines Ribosoms	2
Molekulargewicht eines Ribosoms	$4{,}2 \cdot 10^6$
Anzahl der Ribosomen pro Zelle	
durchschnittlich	10^5–10^7
Leberzelle	$4 \cdot 10^6$
Retikulozyt	$3 \cdot 10^4$
zum Vergleich: Anzahl der Ribosomen in einer Bakterienzelle	10^4
Zeit, nach der ein Ribosom durch Neubildung ersetzt wird	ca. 6 Stunden
Neubildung der Ribosomen pro Zelle	
Leberzelle	180 pro Sekunde
unreifes rotes Blutkörperchen	1,4 pro Sekunde
Anteil der RNA an der Gesamtmasse eines Ribosoms	40 %
Anteil der Proteine an der Gesamtmasse eines Ribosoms	60 %
Leonhardt 1990; Sajonski und Smollich 1990; Junqueira, Carneiro, Gratzl 2004; Mörike et al. 2007; Campbell 2009	

Tabelle 1.1.8 Golgiapparat, Lysosomen und Peroxisomen (Purves 2011, S. 116 ff)

Der Golgiapparat besteht aus abgeflachten Membranstapeln mit Hohlräumen, den so genannten Dictyosomen. Hier werden Stoffwechselprodukte gefertigt, gelagert, sortiert und weiter transportiert. So gelangen die im rauen endoplasmatischen Retikulum gebildeten Eiweiße in Transportvesikeln (von lat. *vesicula* – Bläschen) zum Golgiapparat, wo komplexe Proteinverbindungen (z. B. Glykoproteine) aufgebaut werden. Golgivesikel transportieren diese anschließend zu verschiedenen Zielorten.

Die Lysosomen stellen das Verdauungssystem der Zelle dar. Es handelt sich um von einer Membran umschlossene Zellorganellen. Sie entstehen aus Abschnürungen des Golgiapparates. Ihre Hauptfunktion besteht darin, aufgenommene Fremdstoffe mittels der in ihnen enthaltenen Enzyme zu verdauen.

Peroxisomen sind evolutionär sehr alte Zellorganellen. Es handelt sich um kleine, membranumhüllte Vesikel, die sich im Cytoplasma einer Zelle befinden. Die Hauptaufgabe besteht in der Entgiftung von Produkten des Intermediärstoffwechsels. Im Unterschied zu den Lysosomen sind Peroxisomen keine Abkömmlinge des Golgiapparates, sondern wie Mitochondrien „selbstreplizierend".

Golgiapparat (Aufbau aus Diktyosomen)	
Anzahl der Membransäckchen (Diktyosomen) pro Golgi-Feld	5–10
Anzahl der Golgi-Felder einer Drüsenzelle	100–200
Anzahl der Golgi-Felder in einer Leberzelle	250
Größe des Golgiapparates	0,3–1,5 µm
Volumenanteil des Golgiapparates in einer Leberzelle	2 %
Zeit, nach der ein Golgiapparat durch Neubildung vollständig ersetzt wird	20 min
Durchmesser der Transportvesikel zwischen endoplasmatischem Retikulum und Golgiapparat	ca. 50 nm
Lysosomen	
Durchmesser der Lysosomen	0,2–0,5 µm
Prozentualer Anteil der Lysosomen an den Membranen einer Leberzelle	0,3 %
Gesamtfläche der Lysosomen aller Leberzellen eines erwachsenen Menschen	ca. 50 m^2
pH-Wert im Innern der Lysosomen	5
zum Vergleich: pH-Wert im Zytoplasma	7
Anzahl der verschiedenen Enzyme in einem Lysosom	>40
Peroxisomen (Mikrobodies)	
Durchmesser eines Peroxisoms	0,3–0,5 µm
Anzahl der Enzyme eines Peroxisoms	ca. 60
Anzahl der Peroxisomen in einer Leberzelle	ca. 1000

Sajonski und Smollich 1990; Kleinig und Sitte 1999; Junqueira, Carneiro, Gratzl 2004; Campbell 2009

Tabelle 1.1.9 Zellkompartimente am Beispiel einer Leberzelle

Gestalt und Größe der Zellkompartimente sind in den verschiedenen Zellen des menschlichen Körpers sehr unterschiedlich. Sie können sich auch in ein und derselben Zelle mit dem Aktivitätsgrad der Zelle ändern. Durch die Kompartimentierung können unterschiedliche Stoffwechselprozesse in der Zelle räumlich getrennt gleichzeitig ablaufen. Diese Trennung ist beispielsweise nötig, damit die räumliche Struktur von Stoffwechselprodukten korrekt festgelegt werden kann (z. B. bei Enzymen wichtig für Schlüssel-Schloss-Prinzip).

Kompartiment	Volumen		Membranfläche	
	in µm³	in %	in µm²	in %
Zellkern	300	5,9	220	2,0
Endoplasmatisches Retikulum	950	18,8	78.750	55,0
Mitochondrien	1070	21,1		
Hüllmembran	–	–	7450	5,2
Innere Membran	–	–	52.200	36,4
Peroxisomen	70	1,4	570	0,4
Lysosomen	40	0,8	500	0,3
Plasmamembran	–	–	3550	2,5
Cytoplasma	2630	52,0	–	–
Summe	5060	100,0	143.240	100,0

Kleinig und Sitte 1999

Tabelle 1.1.10 Oberflächendifferenzierungen der Zelle

Zellen besitzen Ausstülpungen der Zellmembran mit unterschiedlichen Funktionen. Kinozilien (Flimmerhärchen) führen rhythmische Bewegungen durch. Im Bereich der Atemwege sind sie für die Selbstreinigung der Bronchien verantwortlich und transportieren Schleim und Fremdpartikel kontinuierlich in Richtung Mund, wo sie geschluckt oder abgehustet werden. Stereozilien haben nicht die Fähigkeit zur Eigenbewegung. Stereozilien kommen an den Sinneszellen (Haarzellen) der Schnecke des Innenohrs sowie den Epithelien der inneren Geschlechtsorgane vor. Mikrovilli dienen der Oberflächenvergrößerung vieler Zellen.

Oberflächendifferenzierungen bei menschlichen Zellen	
Kinozilien	
Anzahl der aufbauenden Mikrotubuli	9·2+2
Dicke einer Kinozilie	0,25 µm
Länge einer Kinozilie	7–10 µm
Schlagfrequenz einer Kinozilie in der Luftröhre	20/s
Stereozilien	
Länge einer Stereozilie	100–200 µm

Oberflächendifferenzierungen bei menschlichen Zellen	
Mikrovilli	
Länge	1–2 µm
Dicke	0,1 µm
Faktor der Zelloberflächenvergrößerung	20

Schmidt et al. 2010; Pschyrembel 2014

Tabelle 1.1.11 Das Cytoskelett der Zelle (Purves 2011, S. 124ff)

Das Cytoplasma einer Zelle wird von einem Netzwerk aus unterschiedlichen fadenförmigen Strukturen durchzogen. Es gibt der Zelle mechanische Stabilität und ihre äußere Form, es ist sehr dynamisch und kann sich durch ständige Auf- und Abbauprozesse den Erfordernissen der Zelle anpassen. Zudem ist das Cytoskelett maßgeblich an zellulären Signalwegen beteiligt, es ermöglicht aktive Bewegungen und stellt sozusagen das Schienensystem für Transportvorgänge im Inneren der Zelle dar. Das Cytoskelett der menschlichen Zelle besteht aus Mikrotubuli, Mikrofilamenten (Aktinfilamenten) und intermediären Filamenten.

Mikrotubuli	
Durchmesser der Mikrotubuli	
insgesamt	24 nm
Lichte Weite des Innenlumens	14 nm
Wanddicke	5 nm
Anzahl der Tubulinfilamente pro Mikrotubulus	13
Länge eines Mikrotubulus	
im Axon einer Nervenzelle	25 µm
Maximale Verlängerung der Mikrotubuli (in Zellkultur)	7,2 µm/min
Maximale Verkürzung der Mikrotubuli (in Zellkultur)	17,3 µm/min
Mikrofilamente (Aktinfilamente)	
Durchmesser eines Aktinfilaments (Mikrofilament)	5–7 nm
Länge eines Aktinfilaments im Skelettmuskel	bis 1 µm
Anzahl der Einzelfäden pro Aktinfilament	2
Durchschnittlicher Anteil des Aktins am Gesamtprotein der Zelle	10 %
Anzahl der Aminosäuren eines Aktinmoleküls	375

Intermediärfilamente	
Anzahl der Proteine eines Keratinfilaments	> 15
Vimentin (in vielen Zellen mesenchymalen Ursprungs) Molekulargewicht	57.000
Desmin (in Muskelzellen) Molekulargewicht	53.000
Saures Gliafaserprotein (in Astrozyten) Molekulargewicht	45.000
Neurofilamente (in Nervenzellen) Molekulargewicht	68.000
Nukleäres Laminin (in Zellkernen) Molekulargewicht	65.000–75.000

Leonhardt 1990; Junqueira, Carneiro, Gratzl 2004; Mörike et al. 2007

Tabelle 1.1.12 Mitochondrien (Purves 2011, S. 120)

Mitochondrien sind membranumschlossene Zellorganellen im Cytoplasma der Zelle. Sie dienen den Zellen zur Energieumwandlung (Kraftwerke der Zellen). Energie, die aus dem Abbau energiereicher organischer Substrate stammt, wird hier in Form von Adenosintriphosphat (ATP) gespeichert. Die Zahl der Mitochondrien in einer Zelle steigt mit dem Energiebedarf der Zelle oder des Gewebes. Mitochondrien unterscheiden sich in Bau und Funktion je nach ZelltypLeberzellen enthalten weniger Lammellen der Innenmembran als M. der Muskelzellen, dafür mehr synthetisierende Enzyme.

Nach der Endosymbiontentheorie sind zu Beginn der biologischen Evolution Mitochondrien aus einer Endosymbiose von aeroben Bakterien mit anderen Prokaryoten entstanden. Die Mitochondrien besitzen ein eigenes Genom, das etwa 1 % der genetischen Information des Menschen ausmacht. Nach neueren Erkenntnissen werden Mitochondrien nicht nur von der Mutter vererbt. Bei der Befruchtung werden auch einige männliche Mitochondrien importiert.

Angaben zur Anzahl, Größe und Funktion von Mitochondrien beim Menschen

Anzahl der Mitochondrien	
in Eizellen	200.000–300.000
in Nervenzellen	bis zu 10.000
in Leberzellen	500–2500
in Spermien	100
in Thrombozyten	2–6

Angaben zur Anzahl, Größe und Funktion von Mitochondrien beim Menschen	
in Erythrozyten	0
Durchmesser (durchschnittlich)	0,5 µm
Länge der Mitochondrien durchschnittlich, Variationsbreite	2 µm 1–10 µm
Lebensdauer der Mitochondrien	
in Leber und Nierenzellen	5–12 Tage
in Herzmuskelzellen	10–31 Tage
Prozentualer Anteil der Mitochondrien an der gesamten Zelle	
Zapfen (Sinneszelle des Auges)	80 %
äußere Augenmuskelzelle	60 %
Herzmuskelzelle	40 %
Leberzelle	20 %
Dünndarmzelle	13 %
Proteinanteil eines Mitochondriums	70 %
Größe der Ribosomen in den Mitochondrien	12 nm
Durchmesser der Matrixgranula in Mitochondrien (Granula mitochondrialia)	30–50 nm
Gewicht der für alle zellulären Prozesse eines Menschen täglich benötigten Menge an ATP	70 kg
Durchschnittliche Anzahl der Enzyme in einem Mitochondrium	> 100
Anzahl der Basenpaare der menschlichen mitochondrialen DNA	16.569
Anteil der mitochondrialen DNA an der Gesamt-DNA einer menschlichen Zelle	1 %
Anzahl der Gene, die für die Entstehung und Funktion von Mitochondrien notwendig sind	3000
Anzahl der Gene, die durch mitochondriale DNA kodiert werden	37

Flindt 2002; Junqueira, Carneiro, Gratzl 2004; Mörike et al. 2007; Pschyrembel 2014

Tabelle 1.1.13 Der Zellkern (Nucleus)

Der meist rundliche Zellkern (Purves 2011, S. 114 ff) liegt im Cytoplasma einer Zelle und ist von diesem durch eine Doppelmembran (Kernmembran mit Kernporen) abgegrenzt. In dieser Form sind Zellkerne für alle Organismen außer den prokaryotischen Bakterien typisch.

Der Zellkern hat einen durchschnittlichen Durchmesser von 5 µm und kann im Lichtmikroskop leicht erkannt werden. Er enthält den größten Teil des genetischen Materials der Zelle (Mitochondrien haben eine eigene DNA). Das Erbgut der Zelle liegt in Form von Genen auf der Desoxyribonukleinsäure (DNA, DNS = deutsche Schreibweise) vor. Diese ist im Innern des Zellkerns als Chromatin (Steuerzentrum der Zelle) organisiert.

Auffällige Strukturen im Zellkern sind die Kernkörperchen (Nucleoli). Diese bauen aus der ribosomalen RNA und bereitgestellten Proteinen die Untereinheiten der Ribosomen auf, die dann durch die Kernporen in das Cytoplasma der Zelle exportiert werden.

Weitere Informationen zum Zellkern siehe Tab. 1.1.15–1.1.27.

Angaben zur Anzahl, Größe und Struktur des Zellkerns (Nucleus) beim Menschen	
Anzahl der Zellkerne pro Zelle	
Durchschnitt	1
Skelettmuskelfaser (aus mehreren Myoblasten entstanden)	> 1000
Osteoklast (im Knochengewebe)	5–20
Bei 20 % der Leberzellen	2
Bei 80 % der Leberzellen	1
Oberflächenepithel der ableitenden Harnwege	2
Erythrozyt und Thrombozyt	0
Größe und Volumen des Zellkerns (sehr variabel)	
Durchschnittliches Zellkernvolumen	20–500 μm^3
Durchschnittlicher Anteil des Zellkerns	
am Gesamtvolumen der Zelle	5–20 %
extremer Anteil bei einem Lymphozyt	60 %
Größe des Zellkerns in einer Nierenzelle	6 µm
Größe des Zellkerns in einer Spinalganglienzelle	1,2 µm
Größe des Zellkerns in einer Alveolenzelle der Lunge	5 µm
Durchschnittliche Größe eines Kernkörperchens (Nucleolus)	1–2 µm
Kernhülle (Nukleolemma)	
Anzahl der Membranen der Kernhülle	2
Dicke einer Membran	7–8 nm
Abstand zwischen den beiden Membranen	bis zu 20–70 nm
Kernporen	
Durchmesser	50–70 nm
Anteil der Kernporen an der Kernoberfläche	bis 20 %
Anzahl der Poren pro Kern	3000–4000

Angaben zur Anzahl, Größe und Struktur des Zellkerns (Nucleus) beim Menschen	
Relative Molekülmasse von Molekülen, die gerade noch die Kernporen passieren können	60.000
Dicke des Diaphragmas, das die Poren durchzieht	5 nm

Leonhardt 1990; Mörike et al. 1991, 2007; Kleinig und Sitte 1999; Flindt 2002; Junqueira, Carneiro, Gratzl 2004; Campbell 2009

Tabelle 1.1.14 Chromatin, Histone und Nukleosomen (Purves 2011, S. 273 ff)

Im Inneren des Zellkerns liegt das Chromatin (griech. chroma = Farbe). Dieser Name wurde gewählt, weil das Chromatin mit basischen Kernfarbstoffen leicht anzufärben ist. Im Lichtmikroskop erscheint es dann als sichtbares Fadengerüst. Es besteht aus langen DNA-Molekülen, die zum Teil um Proteine, die Histone, geschlungen sind. Eine solche Verbindung aus DNA und Histonen bezeichnet man als Nukleosom. Während der Mitose und Meiose wandeln sich die fädigen Chromatinstränge in sehr viel kompaktere Strukturen, die Chromosomen, um (siehe Tab. 1.1.20 und 1.1.21).

Histone sind basische Zellkernproteine, die mit der DNA interagieren, ihre Aufspiralisierung (Komprimierung) ermöglichen und an der (epigenetischen) Regulation der Genaktivität beteiligt sind.

In den Nukleosomen ist die DNA an die Histone gebunden. Sie sind kettenförmig aneinandergereiht und können mit Hilfe der Nichthiston-Proteine dichter gepackt vorliegen (Hetero-chromatin). Dadurch wird das Abschreiben der Information (Transkription) verhindert und es zeigt sich keine Genaktivität. Sind die Nukleosomen locker gepackt (Euchromatin), ist hohe Genaktivität zu beobachten.

DNA- und Protein-Gehalt des Chromatins	
DNA-Gehalt des Chromatins	20 %
Protein-Gehalt des Chromatins	80 %
Histone, Nukleosomenkerne und Nukleotide	
Anzahl der Histone	
Anzahl der verschiedenen Histontypen einer menschlichen Zelle	5
Anzahl der Histone eines Nukleosomenkerns	2
Breite eines Nukleosomenkerns	11 nm
Höhe eines Nukleosomenkerns	5 nm
Anzahl der Nukleotide eines unkomprimierten DNA-Stranges	3 Mio./mm

Anzahl der Nukleotide eines komprimierten DNA-Stranges ohne das Histon H1	20 Mio./mm
Anzahl der Nukleotide eines komprimierten DNA-Stranges mit dem Histon H1	120 Mio./mm
Angaben zu Nukleosomen	
Anzahl der Windungen des DNA-Stranges um ein Nukleosom	1,8
Anzahl der Basenpaare des DNA-Stranges um ein Nukleosom	140–150
Anzahl der Basenpaare des DNA-Stranges zwischen zwei Nukleosomen (Linker)	50–60
Dicke der Faser, zu der sich die Nukleosomenkette beim lebenden Menschen zusammenlagert	30 nm

Löffler und Petrides 1997; Kleinig und Sitte 1999; Campbell 2009; Pschyrembel 2014

Tabelle 1.1.15 Desoxyribonukleinsäure DNA

Die Desoxyribonukleinsäure (DNA, DNS = deutsche Schreibweise) dient als Träger der Erbinformation. Die Struktur der DNA wurde 1953 von Watson und Crick aufgeklärt, Rosalind Franklin leistete hierfür durch ihre Arbeiten zur Röntgenstrukturanalyse einen entscheidenden Beitrag. Aufgebaut ist die DNA aus Desoxyribonukleotiden, die aus zwei gegenläufigen DNA-Einzelsträngen bestehen (Doppelhelixstruktur). Die Basenpaare in der DNA werden von den jeweils komplementären Basen Adenin und Thymin sowie Guanin und Cytosin gebildet. Histone sind basische Proteine, die mit der DNA interagieren und ihre Aufspiralisierung (Komprimierung) ermöglichen.

Desoxyribonukleinsäure (DNA) in der menschlichen Zelle	
Durchmesser der DNA-Doppelhelix (spiralförmig)	2 nm
Ganghöhe der DNA-Doppelhelix	3,4 nm
Anzahl der Basen pro Ganghöhe (entspricht einer Schraubenwindung des DNA-Stranges)	10
Abstand der Basenpaare (Sprossen) in der Strickleiter des DNA-Doppelstrang	0,34 nm
Gewicht der DNA einer menschlichen diploiden Zelle	ca. $5{,}8 \cdot 10^{-12}$ g
Länge des gesamten DNA-Fadens aller Chromosomen einer diploiden menschlichen Zelle	1,8 m
Geschätzte Länge der gesamten DNA eines Menschen zum Vergleich: Abstand Erde–Sonne	ca. $200 \cdot 10^{11}$ m $1{,}5 \cdot 10^{11}$ m

Desoxyribonukleinsäure (DNA) in der menschlichen Zelle	
Durchschnittlicher Durchmesser eines Zellkerns (beinhaltet die gesamte DNA einer Zelle)	5 µm
Länge des gesamten DNA-Fadens einer menschlichen Zelle im Verhältnis zum Zellkerndurchmesser	ca. 400.000:1
Volumen des DNA-Fadens im Zellkern einer menschlichen Zelle	ca. 40 μm^3

Löffler und Petrides 1997; Kleinig und Sitte 1999; Campbell 2009

Tabelle 1.1.16 Chemische Zusammensetzung der Zelle

In der Tabelle sind Durchschnittswerte angegeben, da die Zusammensetzung der Zellen je nach Zellart variiert.

Bestandteil der Zelle	Anteil am Gesamtgewicht
Wasser	70 %
Proteine	15–20 %
Fette	2–3 %
Kohlenhydrate	1 %
Mineralsalze	1 %
Nukleinsäuren	10 %

Sajonski und Smollich 1990

Tabelle 1.1.17 Die Chromosomen des Menschen

Ein Chromosom ist ein langer, kontinuierlicher DNA-Doppelstrang, der um eine Vielzahl von Histonen (Kernproteinen) herumgewickelt ist und der zu unterschiedlich kompakten Formen spiralisiert werden kann (vergleiche Tab. 1.1.15).

Bei der Zellteilung (Mitose) werden die Chromatinfäden verdoppelt, verkürzen sich dann zu Chromsomen (Transportform) und werden dann auf zwei gleichwertige Tochterkerne verteilt.

Während der Teilungsruhe, im so genannten Interphasenkern, sind die Chromosomen nicht sichtbar. Dies ändert sich in den verschiedenen Phasen der Zellkernteilung (Mitose), in der die Chromosomen als hakenförmige Gebilde anfärbbar und im Lichtmikroskop erkennbar sind.

Der diploide Chromosomensatz (46) des Menschen enthält 22 autosomale Chromosomenpaare und die Geschlechtschromosomen XX (Frau) bzw. XY (Mann). Bei der Bildung von Gameten (Eizellen und Spermien) wird in der Meiose der diploide Chromosomensatz auf einen haploiden reduziert. In einem haploiden Chromosomensatz ist jedes Chromosom nur einmal vorhanden. Beim Menschen sind das 23 Chromosomen.

Die Sequenzierung des menschlichen Genoms 2003 erbrachte die vollständige Nukleotidsequenz der menschlichen Erbinformation. Der Begriff „Entschlüsselung" ist jedoch irreführend, da die biologischen Effekte noch weitgehend unbekannt sind. 2004 waren bereits 19.923 der geschätzten 23.000 Gene des Menschen bekannt.

Chromosom	**Anzahl der Basenpaare**	**Gesamtzahl identifizierte Gene (Stand 2014)**	**CG**	**LNCG**	**Davon Gene die Krankheiten verursachen**
Chromosom 1	249.250.621	3325	2079	1246	157*/144$^+$
Chromosom 2	243.199.373	2338	1333	1005	103*/115$^+$
Chromosom 3	198.022.430	1789	1081	708	93*/85$^+$
Chromosom 4	191.154.276	1405	769	636	67*/66$^+$
Chromosom 5	180.915.260	1707	894	813	82*/72$^+$
Chromosom 6	171.115.067	1683	1055	628	90*/74$^+$
Chromosom 7	159.138.663	1562	983	579	79*/63$^+$
Chromosom 8	146.364.022	1413	702	711	53*/52$^+$
Chromosom 9	141.213.431	1294	809	485	66*/63$^+$
Chromosom 10	135.534.747	1332	772	560	66*/51$^+$
Chromosom 11	135.006.516	2016	1327	689	132*/98$^+$
Chromosom 12	133.851.895	1784	1071	713	92*/93$^+$
Chromosom 13	115.169.878	641	329	312	33*/38$^+$
Chromosom 14	107.349.540	1360	856	504	54*/51$^+$
Chromosom 15	102.531.392	1174	631	543	49*/49$^+$
Chromosom 16	90.354.753	1608	885	723	68*/58$^+$
Chromosom 17	81.195.210	1996	1209	787	98*/88$^+$
Chromosom 18	78.077.248	693	289	404	30*/22$^+$
Chromosom 19	59.128.983	2130	1485	645	70*/71$^+$
Chromosom 20	63.025.520	850	560	290	36*/31$^+$
Chromosom 21	48.129.895	491	243	248	23*/20$^+$

Chromosom	Anzahl der Basenpaare	Gesamtzahl identifizierte Gene (Stand 2014)	CG	LNCG	Davon Gene die Krankheiten verursachen
Chromosom 22	51.304.566	798	499	299	36*/25+
X-Chromosom	155.270.560	1102	830	272	208*/126+
Y-Chromosom	59.373.566	142	72	70	3*/5+

European Bioinformatics Institute, http://www.ensembl.org, +Genetics Home Reference http://http://ghr.nlm.nih.gov, *Deutsches Humangenom Projekt, http://www.dghp.de [Stand 2004]

Tabelle 1.1.18 Anzahl der Chromosomen in einer diploiden Zelle bei verschiedenen Arten

Die Tabelle ist nach der Anzahl der Chromosomen geordnet.

Spezies	Chromosomen	Spezies	Chromosomen
Natternzunge (Farn)	1260	Schwein	38
Streifenfarn	144	Apfelbaum	34
Adlerfarn	104	Regenwurm	32
Karpfen	104	Birke	28
Hund	78	Löwenzahn	24
Haushuhn	78	Seidenspinner	20
Pferd	66	Runkelrübe	18
Weinbergschnecke	54	Meerschweinchen	16
Schaf	54	Taube	16
Menschenaffen	48	Himbeere	14
Kartoffel	48	Roggen	14
Mensch	46	Ruhramöbe	12
Ratte	42	Taufliege	8
Saatweizen	42	Pferdespulwurm	4
Maus	40		

Knußmann 1996; Mörike, Betz, Mergenthaler 2007

Tabelle 1.1.19 Der DNA-Gehalt einer menschlichen Zelle im Vergleich zu anderen Spezies

Die Tabelle ist nach der Länge der DNA-Fäden geordnet. Dabei wird der Chromosomensatz einer haploiden Zelle zugrunde gelegt. Ein Basenpaar entspricht einer relativen Atommasse von 660.

Spezies	DNA-Länge in m	Anzahl der Basenpaare	Relative Masse	Haploider Chromosomen Satz
Lilie	100,00	$3{,}00 \cdot 10^{11}$	$2{,}0 \cdot 10^{14}$	11
Mais	2,20	$6{,}60 \cdot 10^{9}$	$4{,}4 \cdot 10^{12}$	10
Mensch	0,93	$2{,}75 \cdot 10^{9}$	$1{,}9 \cdot 10^{12}$	23
Kuh	0,83	$2{,}45 \cdot 10^{9}$	$1{,}6 \cdot 10^{12}$	30
Drosophila	0,06	$1{,}75 \cdot 10^{8}$	$1{,}2 \cdot 10^{11}$	4
Hefe	$6{,}0 \cdot 10^{-3}$	$1{,}75 \cdot 10^{7}$	$1{,}2 \cdot 10^{10}$	18
T4-Phage	$6{,}0 \cdot 10^{-5}$	$1{,}75 \cdot 10^{5}$	$1{,}2 \cdot 10^{8}$	1
λ-Phage	$1{,}6 \cdot 10^{-5}$	$4{,}65 \cdot 10^{4}$	$3{,}3 \cdot 10^{7}$	1
SV40-Virus	$1{,}7 \cdot 10^{-6}$	$5{,}22 \cdot 10^{3}$	$3{,}5 \cdot 10^{6}$	1

Hirsch-Kauffmann und Schweiger 2004

Tabelle 1.1.20 Die Dauer des Zellteilungszyklus am Beispiel einer Knochenzelle

Ein regulärer Zellteilungszyklus (Mitose) besteht aus einer Interphase und den anschließenden Mitose-Stadien. Die Interphase beginnt mit der G1-Phase (gap = Lücke). Hier steht die Proteinsynthese im Vordergrund. In der S-Phase (Synthese) verdoppelt die Zelle ihre DNA im Zellkern. In der G2-Phase bereitet sich die Zelle auf die eigentliche Mitose vor, z. B. durch die Ausbildung des Spindelfaserapparates.

Während der Mitose wird das in der S-Phase verdoppelte genetische Material gleichmäßig auf die beiden Tochterzellen aufgeteilt.

Durchschnittlicher Zellteilungszyklus gesunder Zellen	ca. 37 Stunden
Menschliche Tumorzelle	ca. 19,5 Stunden
zum Vergleich: Schleimpilz	ca. 7,7 Stunden

Durchschnittlicher Zellteilungszyklus gesunder Zellen	**ca. 37 Stunden**
Menschliche Zelle:	
Interphase	ca. 34–35 Stunden
G1-Phase	25 Stunden
S-Phase	8 Stunden
G2-Phase	1–2 Stunden
Mitose	ca. 2–3 Stunden
Prophase	1 Stunde
Metaphase	<1 Stunde
Anaphase	<30 Minuten
Telophase	einige Minuten

Kompaktlexikon der Biologie 2001; Junqueira, Carneiro, Gratzl 2004; Campbell 2009

Tabelle 1.1.21 Die Gesamtdauer der Meiose beim Menschen im Vergleich zu anderen Organismen

Die lange Dauer der Entwicklung der weiblichen Eizelle verursacht ein erhöhtes Risiko bei einer Schwangerschaft in fortgeschrittenem Alter der Frau. Schädigende Einflüsse summieren sich und können zu Veränderungen des Genmaterials und damit zu Fehlbildungen der Frucht führen.

Spezies	Meiosedauer in Tagen
Mensch (Spermiogenese)	40–60
Mensch (Oogenese)	4700–18.500
Weizen (Pollenentwicklung)	1
Roggen (Pollenentwicklung)	>2
Weiße Lilie (Pollenentwicklung)	7–14
Wanderheuschrecke (Spermiogenese)	5–7
Kaninchen (Oogenese)	15

Kleinig und Sitte 1999

Tabelle 1.1.22 Nukleotide der menschlichen DNA

Nukleotide sind die Bausteine der Nukleinsäuren. Dazu gehört die DNA = *desoxyribonucleid acid* (DNS = Desoxyribonukleinsäure = deutsche Schreibweise) und RNA = ribonucleid acid (RNS = Ribonukleinsäure).

Chemisch besteht ein Nukleotid aus einer Phosphorsäure, einer Pentose (DNA: Desoxyribose, RNA: Ribose) und einer von insgesamt fünf Nukleobasen (Adenin, Guanin, Cytosin, Thymin oder Uracil). Die DNA besteht aus vier Basen (A, G, C, T). In der RNA ist die Nukleobase Thymin (T) gegen Uracil (U) ausgetauscht.

Die genetische Information (genetischer Code) wird durch die Reihenfolge der Nukleotide kodiert. Drei miteinander verbundene Nukleotide bilden die kleinste Informationseinheit des genetischen Codes. Man nennt diese Informationseinheit ein Codon. Sie kodiert für genau eine Aminosäure. Rechnerisch könnte die menschliche DNA somit für 64 Aminosäuren kodieren. Jedoch kommen im menschlichen Körper lediglich 20 Aminosäuren vor.

Angaben zur Struktur und Funktion von Nukleotiden in der menschlichen DNA	
Atomgewicht eines Nukleotidpaares	$1 \cdot 10^{-21}$ g
Gesamtzahl der Nukleotidpaare im haploiden Chromosomensatz einer menschlichen Zelle	$3{,}069 \cdot 10^{9}$
Zahl der Nukleotidpaare in einer ringförmigen Doppelhelix der mitochondrialen Nukleinsäure (mtDNA)	16.569
Anteile der Nukleotide an der menschlichen DNA	
Thymin (T)	31 %
Adenin (A)	31 %
Cytosin (C)	19 %
Guanin (G)	19 %
Anzahl der Nukleotide (Basen), die für eine Aminosäure kodieren	3
Anzahl der verschiedenen Basen der DNA (Adenin, Guanin, Cytosin, Thymin)	4
Anzahl der Kodierungsmöglichkeiten für eine Aminosäure	43
Zahl der Kodierungsmöglichkeiten für ein Basentriplett	64
Anzahl der Aminosäuren im menschlichen Körper	20
Unterschiedliche Sequenzen (Basenfolgen) der DNA beim Menschen	
Anteil einmaliger Sequenzen	70 %
Anteil repetitiver (sich wiederholender) Sequenzen	30 %
davon hochrepetitiv	30 %
davon einfachrepetitiv	70 %

Löffler und Petrides 1997; Kleinig und Sitte 1999; Junqueira, Carneiro, Gratzl 2004; Campbell 2009

Tabelle 1.1.23 Die Gene des Menschen

Ein Gen nimmt einen bestimmten Abschnitt auf der menschlichen DNA ein und enthält die Grundinformationen zur Herstellung eines Proteins. Dieses Protein prägt durch seine Funktion ein Merkmal. Bei Menschen werden die kodierenden Abschnitte (Exons) durch nicht kodierende Abschnitte (Introns) unterbrochen. Die kodierenden Abschnitte werden in RNA transkribiert (umgeschrieben). Im Rahmen der Proteinbiosynthese entsteht das Protein an den Ribosomen im Cytoplasma der Zellen. Benachbarte DNA-Segmente (Promotoren oder Silencer) regulieren die Aktivität des Genes.

Pseudogene kodieren nicht für funktionierende Proteine. Über die Entstehung von Pseudogenen existieren mehrere Hypothesen; zwei davon gelten als am wahrscheinlichsten: (i) Einzelne Gene wurden durch Mutationen so verändert, dass sie nicht in funktionsfähige Genprodukte transkribiert werden können. (ii) Durch reverse Transkription von mRNA und die anschließende Aufnahme der entstandenen cDNA entstehen prozessierte Pseudogene.

Angaben zu den Genen des Menschen	
Genetische Übereinstimmung zweier beliebiger menschlicher Individuen	99,9 %
Größte Anzahl proteinkodierender Gene, die theoretisch auf die DNA eines Menschen passen	> 1 Millionen
Geschätzte Gesamtzahl der proteinkodierenden Gene im haploiden Chromosomensatz eines Menschen	
1990 vor Beginn der Sequenzierung des Genoms	140.000
2006 nach dem Ende der Sequenzierung	23.000
Geschätzte Gesamtzahl der daraus kodierten Proteine	500.000
Anzahl der 2013 bekannten proteinkodierenden Gene	21.541
Anzahl der 2004 bekannten Gene, die Krankheiten verursachen	*1788
Anteil viraler Fremd-DNA im menschlichen Genom	9 % des Genoms
Anzahl der Pseudogene im menschlichen Genom	ca. 20.000
Anteil der proteinkodierenden Gene an der Gesamt-DNA eines Menschen	ca. 3 %

*Deutsches Humangenom Projekt, http://www.dghp.de [Stand 2004]; GEOkompakt Nr. 7 2006; www.ensemble.org; www.pseudogene.org; www.encodeproject.org; Balasubramanian et al. 2011

Tabelle 1.1.24 Die Gendichte beim Menschen im Vergleich zu anderen Organismen

Als Gendichte bezeichnet man die Anzahl der Gene pro Million Basenpaare des Genoms. Eine hohe Gendichte bedeutet folglich einen hohen Anteil proteinkodierender DNA im Gesamtgenom der Spezies. Man geht jedoch davon aus, dass auch die nicht kodierende DNA regulatorische Aufgaben erfüllen kann. Es wird die Möglichkeit diskutiert, dass die Komplexität eines Organismus in Zusammenhang mit der Menge an DNA steht, die zwar keine Proteine kodiert, aber dennoch transkribiert, also in RNA übertragen wird.

Gendichte = Anzahl der Gene pro Millionen Basenpaare

Lebewesen	**Genomgröße in Basenpaaren**	**Anzahl der Gene**	**Gendichte**
Darmbakterium (*Escherichia coli*)	$4{,}6 \cdot 10^6$	4500	900
Bäckerhefe (*Saccharomyces cerevisiae*)	$1{,}2 \cdot 10^7$	6034	483
Ackerschmalwand (*Arabidopsis thaliana*)	$1 \cdot 10^8$	25.500	221
Fadenwurm (*Caenorhabditis elegans*)	$9{,}7 \cdot 10^7$	19.000	200
Taufliege (*Drosophila melanogaster*)	$1{,}8 \cdot 10^8$	13.061	117
Maus	$2{,}5 \cdot 10^9$	30.000	12
Mensch	$3 \cdot 10^9$	23.000	10

Deutsches Humangenom Projekt (DHGP) 2005; GEOkompakt Nr. 7 2006

Tabelle 1.1.25 Das Genom des Menschen im Vergleich zum Schimpansen

Die erste Version des sequenzierten Schimpansengenoms wurde 2003 vorgelegt. Die folgenden Analysen bestätigten 2005, was frühere genetische Studien schon erahnen ließen. Die Unterschiede zwischen dem Menschen und dem Schimpansen sind minimal und die Trennung der beiden Entwicklungslinien ist nicht, wie bislang angenommen, vor mindestens 20 Millionen Jahren erfolgt, sondern erst vor wenigen Millionen Jahren.

Vergleichende Angaben zum Genom des Menschen und des Schimpansen	
Anzahl der Chromosomen beim Menschen	46
Anzahl der Chromosomen beim Schimpansen	48
Gemeinsame Vorfahren von Mensch und Schimpanse	vor ca. 6 Mio. Jahren

Vergleichende Angaben zum Genom des Menschen und des Schimpansen	
Unterschiede im Genoms von Schimpanse und Mensch	1,2 %
Übereinstimmungen im Genom von Schimpanse und Mensch	98,8 %
Anzahl der Stellen des Genoms mit Unterschieden	35 Millionen
Geschätzte Anzahl proteinkodierender Gene (Stand 2005)	
beim Menschen	ca. 23.000
beim Schimpansen	ca. 25.000
Anteil der exakt identischen Proteine beim Menschen und beim Schimpansen	29 %
Anteil der Proteine mit wesentlichen Unterschieden	20 %
Unterschiedliche Aktivität der Gene von Schimpanse und Mensch	durchschnittlich 8 %

siehe nachfolgende Tabelle; Deutsches Humangenom Projekt, http://www.dghp.de [Stand 2004]

Tabelle 1.1.26 Das Genom des Menschen im Vergleich zu anderen Spezies

Nicht nur die Sequenzierung des Genoms von Mensch und Schimpanse stehen im Fokus des wissenschaftlichen Interesses. Mittlerweile wurden die Genome vieler Lebewesen veröffentlicht. Von besonderer Wichtigkeit sind die Studien an Maus und Ratte, da sie in der tierexperimentellen Forschung menschlicher Krankheiten eingesetzt werden.

Genom und Chromosomen des Menschen	
Geschätzte Entstehung des Y-Chromosoms während der Evolution	vor ca. 300 Millionen Jahren
Geschätzte Zeit bis das Y-Chromosom auf Grund von kumulierten Mutationen aus dem Genom verschwunden sein wird	in ca. 10 Millionen Jahren
Durchschnittslänge eines Chromosoms im Zustand maximaler Spiralisierung (Metaphase der Mitose)	4,5 µm
Vergleichende Angaben zum Genom der Maus	
Evolutionäre Distanz zwischen Mensch und Maus	60–100 Millionen Jahre
Veröffentlichung der Genomsequenz der Maus	2002
Anzahl der Basenpaare einer diploiden Mauszelle	2,6 Milliarden
Geschätzte Anzahl der Mausgene	ca. 30.000
Anzahl der im Jahr 2005 bekannten Mausgene	ca. 5000

Geschätzte genetische Übereinstimmung von Maus und Mensch	98%
Vergleichende Angaben zum Genom der Ratte	
Veröffentlichung der Genomsequenz der Laborratte (*Rattus norvegicus*)	2004
Anzahl der Basenpaare einer diploiden Rattenzelle	2,75 Milliarden
Geschätzte Anzahl der Gene einer Ratte	ca. 30.000
Übereinstimmung der Gene bei Mensch und Ratte	90%
Vergleichende Angaben zum Genom der Bakterien und der Reispflanze	
Veröffentlichung der Genomsequenz des kleinsten Bakteriums (SAR 11)	2005
Anzahl der Basenpaare von SAR 11	1,3 Millionen
Veröffentlichung der Genomsequenz der Reispflanze (*Oryza sativa*)	2002
Anzahl der Basenpaare	389 Millionen
Anzahl der bekannten Gene	37.544
Anzahl der Chromosomen	12

Gibbs 2004; Giovannoni et al. 2005; IRGSP 2005

Tabelle 1.1.27 Fortschritte in Genetik und Gentechnik

Ergänzend zu den Tab. 1.1.2 Fortschritte bei der Erforschung der Zelle und 3.2 Fortschritte in Biologie und Medizin werden in dieser Tabelle wegweisende Entdeckungen zur Genetik und Gentechnik chronologisch zusammengefasst.

Wegweisende Entdeckungen	Jahr
Der österreichische Augustinermönch *J.G. Mendel* entdeckte durch systematische Kreuzungsversuche bei Bohnen und Erbsen die grundlegenden Gesetze der Vererbung (Mendel'sche Regeln).	1865
Der Schweizer *Friedrich Miescher* beschrieb erstmalig die Nukleinsäure in Eileiterzellen.	1869
Der deutsche Biologe *Walther Flemming* beschrieb das Chromatin.	1880
Der amerikanische Zoologe *Thomas Hunt Morgan* erkannte, dass die Chromosomen die Träger der Gene, also der Erbinformation, sind.	1910
Frederick Griffith, britischer Mediziner und Bakteriologe, lieferte den ersten experimentellen Hinweis darauf, dass das Erbmaterial nicht aus Proteinen aufgebaut sein kann.	1928

Wegweisende Entdeckungen	**Jahr**
Der amerikanische Physiologe *Oswald Avery* wies nach, dass die genetische Information in den Nukleinsäuren gespeichert ist.	1944
Erwin Chargaff, Biochemiker in Amerika, fand heraus, dass vier Basen in der DNA in einem bestimmten Verhältnis zueinander vorliegen.	1950
Rosalind Franklin zeigte über Röntgenstrukturanalysen, dass die DNA wie eine Spirale (Helix) aufgebaut ist.	
James Watson und *Francis Crick* beschrieben die DNA-Doppelhelixstruktur.	1953
Albert Levan und *Joe Hin Tjio* wiesen nach, dass der Mensch 46 Chromosomen hat.	1956
Marshall Warren Nirenberg und *Heinrich Matthaei* zeigten, dass jede der 20 Aminosäuren durch drei Basen in der DNA definiert wird.	1961
Vernon Ingram und *Antony Stratton* führten die Sichelzellenanämie auf eine einzelne Mutation im Hämoglobin zurück.	1965
Der Franzose *Jacques Monod* klärte die Genexpression durch grundlegende Versuche an Bakterien auf.	1965
Der amerikanische Biochemiker *Robert W. Holley* sequenzierte die erste Transfer-RNA.	1966
Isolierung des ersten Gens (Harvard Medical School, USA).	1969
Herbert Boyer, Stanley Cohen und *Paul Berg* entwickelten Klonierungstechniken und stellten das erste gentechnisch veränderte Bakterium her (DNA aus einem afrikanischen Krallenfrosch im Darmbakterium *Escherichia coli*).	1972
Frederick Sanger, Allan Maxam und *Walter Gilbert* führten die DNA-Sequenzierung („Entschlüsselung des Erbguts") ein.	1975
Philip A. Sharp unterschied aktive Gene (Exons) und inaktive Gene (Introns) auf der DNA.	1977
Das erste Virus wurde vollständig sequenziert (~5200 Basenpaare).	1978
Das erste gentechnisch hergestellte Medikament (Insulin) kam in Amerika auf den Markt.	1982
Das erste Krankheitsgen (Veitstanz, Chorea Huntington) wurde entdeckt.	1983
Alec Jeffreys entwickelte den „genetischen Fingerabdruck", mit dem Sequenzvariationen bei Organismen verglichen werden können.	1984
Kary Mullis entwickelte die Polymerase-Kettenreaktion (PCR).	1986
Die automatische DNA-Sequenzierung wurde eingeführt.	1987
Gründung der Human Genome Organisation (HUGO).	1988

Wegweisende Entdeckungen	**Jahr**
Das Humangenomprojekt startete zur vollständigen Sequenzierung des menschlichen Genoms.	1990
Erster Gentherapieversuch bei ADA (Erkrankung des Immunsystems) misslang.	1990
Die Flavr-Savr (Antimatsch) Tomate wurde als erstes gentechnisch verändertes Nahrungsmittel in den USA zugelassen.	1994
Etwa 10 Millionen Basen des menschlichen Genoms wurden sequenziert.	1994
Das Genom des Bakteriums *Haemophilus influenzae* wurde von *Craig Venter* in den USA vollständig sequenziert („entschlüsselt").	1995
Jan Wilmut klonte erstmals ein Tier (Schaf Dolly).	1996
Das Genom der ersten Eukaryonten (Bierhefe) wurde in einem internationalen Projekt vollständig sequenziert.	1996
Ca. 50 Millionen Basen des menschlichen Genoms wurden sequenziert.	1996
Die erste Maus wurde geklont.	1998
Das erste Rind wurde geklont.	1998
Das Genom des ersten Mehrzellers, des Fadenwurms *Caenorhabditis elegans*, wurde vollständig sequenziert.	1998
Das menschliche Chromosom 22 wurde sequenziert.	1999
Das Genom der Fruchtfliege *(Drosophila melanogaster)* wurde komplett sequenziert.	2000
Ca. 300 Millionen Basen des menschlichen Genoms wurden sequenziert.	2000
Der erste menschliche Embryo wurde in den USA zum Zwecke der Stammzellgewinnung geklont.	2001
Das Genom der Hausmaus (*Mus musculus*) wurde annähernd vollständig sequenziert.	2002
Start des HapMap-Projekts. Ziel ist es, die genetische Variabilität anhand von Erbgutblöcken zu erfassen.	2002
Das Genom des Menschen wurde nahezu vollständig sequenziert. Es besteht aus ca. 3,2 Milliarden Basen.	2003
In Südkorea wurde der erste Hund geklont.	2005
Erstmalige Nutzung von viralen Vektoren um a) genetischen Hemmstoff gegen HI-Viren in menschliche Zellen und b) Ersatzgen in Knochenmarkszellen einzuschleusen.	2006
Start des The Cancer Genome Atlas – Projekts (TCGA) mit dem Ziel, Krebserkrankungen zu vermeiden, besser diagnostizieren und behandeln zu können	2006
Erstmalige Entschlüsselung des Erbguts eines Individuums, das Genom von *James Watson*	2007

Wegweisende Entdeckungen	Jahr
Start des 1000 Genomes Projekts. Ziel ist es, das Genom von mindestens eintausend Menschen zu sequenzieren und Aufschluss über Unterschiede verschiedener Populationen zu erhalten.	2008
Heilung einer Form von Farbblindheit bei einem Rhesusaffen mittels Gentherapie.	2009
HapMap-Projekt veröffentlicht eine umfangreiche Karte genetischer Unterschiede bei Menschen.	2010
Erste Behandlung der Blutkrankheit Beta-Thalassämie mittels Gentherapie. Nach drei Jahren normalisieren sich die Werte der Erythrocyten annähernd vollständig	2010
ENCODE-Projekt entschlüsselt alle funktionellen Elemente des Genoms sowie die an der Transkription der Gene beteiligten Moleküle und Prozesse	2012
1000-Genomes-Projekt stellt umfassende Karte des menschlichen Genoms mit Unterschieden verschiedener Individuen und ethnischer Gruppen vor.	2012
Zulassung des ersten gentherapeutischen Medikaments in der EU zur Behandlung der erblichen Lipoproteinlipasedefizienz	2012
Entdeckung von 21 gemeinsamen Signaturen von über 30 Krebsarten im Rahmen des TCGA-Projekts.	2013

Sajonski und Smollich 1990; Junqueira, Carneiro, Gratzl 2004; Campbell 2009; National Human Genome Research Institute www.genome.gov; Podbregar und Lohmann 2013; Alexandrov et al. 2013; The Cancer Genome Atlas cancergenome.nih.gov

1.2 Der Stütz- und Bewegungsapparat (Purves 2011, S. 1330 ff)

Zellen mit einheitlicher Struktur und Funktion bilden Gewebe. Wie bei den Tieren kann man die Gewebe beim Menschen in vier Gruppen einteilen: Epithelgewebe, Binde- und Stützgewebe, Muskelgewebe und Nervengewebe.

Die Skelettmuskulatur des Menschen macht rund 40 % des Körpergewichts aus, die Knochen dagegen nur 10 %. Für einen einzigen Schritt bedarf es der Aktivität von etwa 200 Muskeln, in einer Stunde Lesen vollführen die äußeren Augenmuskeln etwa 10.000 koordinierte Bewegungen.

Der menschliche Stützapparat (Purves 2011, S. 1347 ff), die Knochen, befinden sich in einem ständigen Auf- und Abbauprozess, so dass nach etwa sieben Jahren beispielsweise der Oberschenkelknochen vollständig erneuert wurde. Wie im gesamten Körper gilt hier besonders „use it or loose it!" – auch Knochensubstanz wird bei mangelnder Belastung abgebaut und verliert dadurch an Dichte und Festigkeit. Die Druckfestigkeit des Knochengewebes beträgt rund 15 Kilogramm pro Quadratmillimeter, das entspricht in etwa der Druckfestigkeit von Granit.

Tab. 1.2.1 Zahlen zum Staunen

Literatur siehe nachfolgende Tabellen

Ausgewählte Angaben zum Bewegungsapparat aus den nachfolgenden Tabellen	
Anzahl aller Muskeln im menschlichen Körper	ca. 640
Gesamtzahl aller Skelettmuskeln	ca. 400
Maximale Verkürzung eines Skelettmuskels	40 %
Anzahl der beim Lachen beteiligten Muskeln	15
Anzahl der beim Stirnrunzeln beteiligten Muskeln	43
Geschätzte tägliche Arbeit aller Muskeln (vergleichbar: Ein Kran hebt einen 6 t-LKW 50 m hoch)	ca. $3 \cdot 10^6$ N
Wirkungsgrad der Skelettmuskulatur beim Radfahren	20–25 %
Anteil der Knochen am Körpergewicht eines 70 kg schweren Menschen	7 kg (10 %)
Der längste gemessene Knochen war der Oberschenkelknochen eines 2,40 m großen Mannes	76 cm
Durchschnittslänge eines Oberschenkelknochens	46 cm
Länge des kleinsten Knochens im menschlichen Körper (Steigbügel im Mittelohr)	2,6–3,4 mm
Tragfähigkeit eines Oberschenkelknochens	1,65 Tonnen
Kalziumverlust eines Knochens in Schwerelosigkeit	1–2 % pro Monat
Anzahl der Osteoblasten, die die gleiche Knochenmenge aufbauen, die ein Osteoklast abbaut	100–150
Der größte Mann, der je lebte, war *Robert Wadlow* (1918–1940) in den USA	272 cm
Der kleinste ausgewachsene Mensch, der je gelebt hat, war *Gul Mohammed* (1961–1997) aus Indien	57 cm
Der schwerste Mann in der Geschichte der Medizin war *Jon Brower Minnoch* (1941–1983) in den USA	635 kg
Die erfolgreichste Schlankheitskur machte *Rosalie Bradford*, geb. 1944 in den USA	
Gewicht im Januar 1987	476 kg
Gewicht im September 1992	142 kg
Gewichtsverlust	334 kg

Tab. 1.2.2 Die Muskeln des Menschen (Purves 2011, S. 1330 ff)

Man unterscheidet die Skelettmuskulatur (quergestreifte Muskulatur), die glatte Muskulatur der inneren Organe und die Herzmuskulatur. Quergestreifte Skelettmuskeln bestehen aus langen, erregbaren Muskel-Fasern, die während der Embryonalentwicklung aus der Verschmelzung mehrere Muskelbildungszellen(= Myoblasten) entstanden sind. Eine Besonderheit der Muskelfasern ist die Vielkernigkeit – unter dem Sarkolemma (= Membran um die Muskelfaser) liegen bis zu 100 Zellkerne, das macht bis zu 40 Zellkerne pro Millimeter Muskelfaser. Die Zahl der Muskelfasern ist von Geburt an relativ konstant, so dass die Muskelzunahme durch gezieltes Krafttraining durch ein Dickenwachstum der Muskulatur erreicht wird. Die glatte Muskulatur besteht vorwiegend aus einzelnen Zellen, ebenso die meisten Zellen der Herzmuskulatur. Die Zellen der Herzmuskulatur sind (zum Teil verzweigt) miteinander verbunden – so genannte Glanzstreifen sorgen für eine Erregungsleitung von Zelle zu Zelle, um eine koordinierte Kontraktion des Herzmuskels zu gewährleisten.

Übersicht zur Anzahl, Struktur und Funktion der Muskeln beim Menschen	
Anzahl aller Muskeln im menschlichen Körper	ca. 640
Gesamtzahl der Skelettmuskeln	ca. 400
Anteil der Muskelmasse am Körpergewicht	
Mann	ca. 40 %
Frau	ca. 23 %
Schneidermuskel (*M. sartorius*), verläuft diagonal über dem Oberschenkelmuskel	längster Muskel >40 cm
Großer Gesäßmuskel (*M. glutaeus maximus*)	kräftigster Strecker
Steigbügelmuskel (M. *stapedius*), beeinflusst den Steigbügel im Ohr	kleinster Muskel (1,2 mm)
Flacher Rückenmuskel (*M. latissimus dorsi*)	flächenmäßig größter Muskel
Beim Lachen beteiligte Muskeln	15
Beim Stirnrunzeln beteiligte Muskeln	43

Keidel 1985; McCutcheon 1991; Campbell 2009; Schmidt, Lang, Heckmann 2010

Tab. 1.2.3 Motorische Einheiten

Eine motorische Einheit besteht aus einem Motoneuron (motorische Nervenzelle) und der von diesem Motoneuron innervierten Gruppe von Muskelfasern. Je kleiner die motorische Einheit ist, desto weniger Muskelfasern werden von einem Motoneuron innerviert und desto feiner können Muskelbewegungen abgestuft werden.

Die kleinste motorische Einheit	
Seitlicher gerader Augenmuskel	
Zahl der motorischen Einheiten pro Muskel	1740
Zahl der Muskelfasern pro motorischer Einheit	13
Maximalkraft pro motorischer Einheit	0,001 N
Die größte motorische Einheit	
Zweiköpfiger Oberarmmuskel	
Zahl der motorischen Einheiten pro Muskel	774
Zahl der Muskelfasern pro motorischer Einheit	750
Maximalkraft pro motorischer Einheit	0,5 N

Keidel 1985; Mörike, Betz, Mergenthaler 2007; Campbell 2009; Schmidt, Lang, Heckmann 2010

Tab. 1.2.4 Die Skelettmuskulatur

Die Skelettmuskulatur (quergestreifte Muskulatur) ist vor allem für die willkürliche Körperbewegung zuständig. Die lichtmikroskopisch sichtbare Querstreifung ergibt sich aus der regelmäßigen Anordnung der kontraktilen Filamente (Myofilamente) Aktin und Myosin. Die funktionalen Einheiten des Skelettmuskels sind die Sarkomere, in denen Myosinfilamente in zwei gegenüber liegende Aktinfilamente gleiten und auf diese Weise die Muskelkontraktion ermöglichen. Mehrere Sarkomere bilden die hochgeordneten Muskelfibrillen. Die Mysinfilamente sorgen lediglich für eine Verkürzung der Muskelfaser, die Streckung kann nur passiv erfolgen.

Die Skelettmuskeln kann man in rote und weiße Muskulatur unterteilen. Die rote ST-Muskulatur (Rotfärbung durch Myoglobin, ST für *slow twitching* = langsam kontrahierend) ist eher für die ausdauernden Bewegungen zuständig und beinhaltet deutliche mehr Mitochondrien. Die weiße FT-Muskulatur (FT für *fast twitching* = schnell kontrahierend) kontrahiert sich schneller und kräftiger, ermüdet aber rasch. Sie bildet bei Kraftsportlern und Sprintern einen erheblichen Teil der Muskelmasse.

Angaben zur Struktur der menschlichen Skelettmuskulatur	
Proteingehalt von 1 g Skelettmuskulatur	100 mg
davon Aktin	30 %
davon Myosin	70 %
Muskelfaser (Synzytium) mit Hunderten von Zellkernen	
Länge	1 mm–15 cm

Durchmesser	10–200 µm
Zellkerne pro mm Muskelfaser	20–40
Myofibrillen	
Durchmesser	0,5–2 µm
Volumenanteil der Filamentproteine	80 %
Sarkomer	
Länge	2 µm
Sarkomerlänge bei optimaler Kraftentwicklung	2 µm
Sarkomerlänge ohne Kraftentwicklung	> 3,6 oder < 1,5 µm
Zahl der Myosin-Filamente in einem Sarkomer	ca. 1000
Zahl der Aktin-Filamente in einem Sarkomer	ca. 2000
Myosin-Filamente	
Länge/Durchmesser	1,6 µm/10 nm
Aktin-Filamente	
Länge/Durchmesser	1 µm/5–7 nm
Angaben zur Funktion der menschlichen Skelettmuskulatur	
Verkürzungsgeschwindigkeit eines Skelettmuskels	1–8 m/s
Dauer einer Einzelkontraktion	10–80 ms
Maximale Verkürzung eines Skelettmuskels	40 %
Ruhemembranpotential einer Skelettmuskelfaser	–90 mV
Dauer eines Aktionspotentials	5–10 ms
Fortleitungsgeschwindigkeit des Aktionspotentials	5 m/s
Maximale aktive Spannungsentwicklung bei einer Kontraktion	40 N/cm^2
Latenzzeit zwischen Ca-Einstrom und Kontraktion	5 ms

Thews, Mutschler, Vaupel 1999; Campbell 2009; Schmidt, Lang, Heckmann 2010

Tab. 1.2.5 Energiequellen der Skelettmuskulatur

Der universelle Energieträger des Zellstoffwechsels ist Adenosintriphosphat (ATP). Bei Muskelarbeit wird ATP (chemische Energie) in mechanische Energie und thermische Energie umgewandelt. Da in der Muskelzelle nur wenig ATP gespeichert ist, muss diese chemische Energie ständig im Muskelstoffwechsel erneuert werden. Zur Verfügung stehen hierfür Kreatinphosphat (CP), Kohlenhydrate (Glukose in Form von Glykogen) und Fette. In Ausnahmefällen zieht der Körper auch Aminosäuren zur Energiegewinnung heran.

Die Bildung von ATP unter Verbrauch von Sauerstoff (aerober Stoffwechsel) erfolgt durch die vollständige Oxidation von Kohlenhydraten (Glukose) und Fetten (Fettsäuren). Die Bildung von ATP ohne Verbrauch von Sauerstoff (anaerober Stoffwechsel) erfolgt durch die unvollständige Verbrennung von Glukose unter Bildung von Milchsäure (Laktat). Nur die Intensität und Dauer der körperlichen Belastung entscheiden, welche Energiespeicher zur Energiegewinnung (ATP) herangezogen werden. Weltklasseschwimmer bewältigen die 50 m Sprintdistanz bisweilen ohne einen einzigen Atemzug während bei Ausdauersportarten die Sauerstoffaufnahmefähigkeit der leistungsbegrenzende Faktor ist.

Energiequellen pro g Muskelgewebe	
Adenosintriphosphat (ATP)	5 µmol
Kreatinphosphat (PC)	11 µmol
Glukose in Form von Glykogen	84 µmol
Triglyceride (Fettsäuren)	10 µmol
Energiebereitstellung in Abhängigkeit von der Belastung	
Zeit einer intensiven Belastung, nach der die ATP-Vorräte der Muskeln aufgebraucht sind	6–10 Sekunden
Zeit einer intensiven Belastung, nach der die Kreatinphosphat-Vorräte der Muskeln aufgebraucht sind	max. 15 Sekunden
Zeit, nach der bei Spitzenbelastung die Glykogenvorräte der Muskeln aufgebraucht sind (anaerober Stoffwechsel)	15–60 Sekunden
Zeit, nach der bei Ausdauerbelastung die Glykogenvorräte aufgebraucht sind (aerober Stoffwechsel)	90–120 min
Mögliche Zeitdauer einer Ausdauerbelastung mit geringer Intensität unter Fettverbrennung	Stunden bis zu Tage
Gesamtdauer der Muskeltätigkeit ohne Sauerstoffversorgung	ca. 30–60 s
Wirkungsgrade (Arbeit/chemische Energie × 100)	
Ausbeute bei Abbau von 1 mol Glukose (aerob)	38 mol ATP
Ausbeute bei Abbau von 1 mol Glukose (anaerob)	2 mol ATP
Wirkungsgrad der Skelettmuskulatur (Anteil der Energie, die in mechanische Bewegung umgesetzt wird)	25–33 %
Wirkungsgrad beim Rad fahren und Laufen *davon Wärmeverlust*	20–25 % 75–80 %
Maximaler Wirkungsgrad, der experimentell erreichbar ist *davon Wärmeverlust*	30–35 % 65–70 %
Geschätzte tägliche Arbeit aller Muskeln eines Menschen (zum Vergleich: ein Kran hebt einen 6 t-LKW 50 m hoch)	ca. $3 \cdot 10^6$ N

Keidel 1985; Mörike, Betz, Mergenthaler 2007; Campbell 2009; Schmidt, Lang, Heckmann 2010

Tab. 1.2.6 Energiequellen der Skelettmuskulatur in Abhängigkeit von ausgewählten sportlichen Belastungen (Purves 2011, S. 1343 ff)

Die Intensität und Dauer der körperlichen Belastung entscheidet, welche Energiespeicher zur Energiegewinnung (ATP) herangezogen werden. Bei kurzen, intensiven Belastungen spielen die ATP-Bereitstellung aus dem Abbau von Kreatinphosphat (CP) und der anaeroben Glykolyse die Hauptrolle. Bei längerer Ausdauerbelastung verschiebt sich die Energiebereitstellung über die aerobe Glykolyse zum Fettabbau. Im Muskel wird Glykogen gespeichert.

Belastungs-form	Fett	Glykolyse aerob	Glykolyse anaerob	CP
Laufdistanz				
24-Std.-Lauf	ca. 88 %	Muskel ca. 10 % Leber ca. 2 %	–	–
Marathon	ca. 20 %	Muskel ca. 75 % Leber ca. 5 %	–	–
10.000 m	–	ca. 95–97 %	ca. 3–5 %	–
5000 m	–	ca. 85–90 %	ca. 10–15 %	–
1500 m	–	ca. 75 %	ca. 25 %	–
800 m	–	ca. 50 %	ca. 50 %	–
400 m	–	ca. 25 %	ca. 60–65 %	ca. 10–15 %
200 m	–	ca. 10 %	ca. 65 %	ca. 25 %
100 m	–	–	ca. 50 %	ca. 50 %

Moosburger 1995; Campbell 2009

Tab. 1.2.7 Die Durchblutung der Skelettmuskulatur

Bei körperlicher Anstrengung wird der Sympathikus des vegetativen Nervensystems von Rezeptoren erregt und führt über die Änderung der Gefäßweite zu einer vermehrten Durchblutung der Skelettmuskulatur und einer verminderten Durchblutung der Eingeweidemuskulatur.

Die Werte dieser Tabelle beziehen sich auf einen 70 kg schweren Erwachsenen.

Angaben zur Durchblutung im Ruhezustand und bei maximaler Arbeit	
Im Ruhezustand	
Absolute Durchblutung der gesamten Muskulatur	900 ml/min
Anteil am Herz-Zeit-Volumen (HZV = 5,4 l/min)	17 %
Durchblutung pro 100 g Muskelgewebe	3 ml/min
O_2-Verbrauch der gesamten Muskulatur	ca. 60 ml/min
Arteriovenöse O_2-Differenz	0,1 ml O_2/ml Blut
Bei maximal arbeitender Skelettmuskulatur	
Absolute Durchblutung der gesamten Muskulatur	20.000 ml/min
Anteil am Herz-Zeit-Volumen (HZV = 25 l/min)	80 %
Durchblutung pro 100 g Muskelgewebe	60 ml/min
O_2-Verbrauch der gesamten Muskulatur	3–3,5 l/min
Arteriovenöse O_2-Differenz	0,15 ml O_2/ml Blut

Thews, Mutschler, Vaupel 1999; Campbell 2009; Schmidt, Lang, Heckmann 2010

Tab. 1.2.8 Die Herzmuskulatur

Die annähernd bandförmigen Herzmuskelzellen sind kürzer als die Skelettmuskelfasern, fügen sich aber zu längeren Zellsträngen miteinander verbundener Zellen zusammen. Die Verknüpfung der Zellen erfolgt in einem so genannten Glanzstreifen (*Disci intercalati*).

Die Herzmuskelzellen der Arbeitsmuskulatur sind für die Kontraktion des Herzens verantwortlich. Die Herzmuskelzellen des Reizleitungssystems sind für die Bildung und für die koordinierte Weiterleitung von Erregungen zuständig, so wird die Kontraktionsfolge von den Atrien über die Herzspitze zum gesamten Ventrikelmyokard gewährleistet. Die Herzaktionen laufen unwillkürlich ab. Im Gegensatz zu den anderen Muskelarten ist die Regenerationsfähigkeit beim Herzmuskel unter normalen Bedingungen sehr eingeschränkt.

Angaben zu Herzmuskelzellen beim Menschen	
Anzahl der Zellkerne pro Herzmuskelzelle	1–2
Dicke der Herzmuskelzelle	10–25 µm
Länge der Herzmuskelzelle	50–100 µm

Angaben zu Herzmuskelzellen beim Menschen	
Volumenanteile der Filamentproteine in einer Herzmuskelzelle	55–60 %
Aktin-zu-Myosin-Relation	2 : 1
Dauer einer Einzelkontraktion	200–300 ms
Maximale Verkürzung des Herzmuskels	40 %
Ruhemembranpotential einer Herzmuskelzelle	–90 mV
Dauer eines Aktionspotentials	180–350 ms
Fortleitungsgeschwindigkeit des Aktionspotentials	0,5–1 m/s
Maximale aktive Spannungsentwicklung bei einer Kontraktion	1,3 N/cm^2

Thews, Mutschler, Vaupel 1999; Bersell et al. 2009; Campbell 2009; Schmidt, Lang, Heckmann 2010

Tab. 1.2.9 Die glatte Muskulatur (Purves 2011, S. 1337 ff)

Die glatte Muskulatur des menschlichen Körpers wird vom vegetativen Nervensystem innerviert und unterliegt somit nicht der willkürlichen Kontrolle.

Im Gegensatz zu der quergestreiften Muskulatur kann sie sich ausdauernder zusammenziehen und die Spannung verglichen mit der Skelettmuskulatur sehr lange und mit geringem Energieaufwand aufrecht erhalten, sie ist aber vergleichsweise träge. Glatte Muskulatur kommt folglich überall dort vor, wo Spannung über längere Zeit aufrechterhalten werden muss (Peristaltik in Hohlorganen, Blutdruckregulation in den Innenwänden der Arterien). Die spindelförmigen kontraktilen Filamente Aktin und Myosin sind im Gegensatz zur quergestreiften Muskulatur nicht gleichmäßig in Myofibrillen organisiert.

Angaben zu Zellen und zum Muskel (glatte Muskulatur) beim Menschen	
Anzahl der Zellkerne pro Muskelzelle	1
Dicke einer Muskelzelle	2–10 µm
Länge einer Muskelzelle	30–200 µm
Volumenanteile der Filamentproteine in einer Muskelzelle	15–50 %
Aktin zu Myosin Relation	15 : 1
Dauer einer Einzelkontraktion	2 20 s
Ruhemembranpotential einer glatten Muskelzelle	–50 bis –70 mV
Dauer eines Aktionspotentials	25–100 ms
Fortleitungsgeschwindigkeit des Aktionspotentials	0,05–0,1 m/s

Angaben zu Zellen und zum Muskel (glatte Muskulatur) beim Menschen	
Latenzzeit zwischen Ca-Einstrom und Kontraktion	300 ms
Verkürzungsgeschwindigkeit eines glatten Muskels	wenige mm/s
Maximale Verkürzung eines glatten Muskels	75 %
Maximale Spannungsentwicklung bei einer Kontraktion	60 N/cm^2

Thews, Mutschler, Vaupel 1999; Campbell 2009; Schmidt, Lang, Heckmann 2010

Tab. 1.2.10 Die Reizung der Muskulatur und Auslösung einer Dauerkontraktion (Tetanus)

Zur Kontraktion des Muskels ist neben den Myofilamenten (Aktin und Myosin) auch die Anwesenheit von Kalzium (Ca) und ATP notwendig. Wird eine Muskelfaser von einem Motoneuron (Nervenzelle) aktiviert, breitet sich das Aktionspotential auf der Muskelfaser aus. Als Folge kommt es kurzzeitig zur Freisetzung von Kalzium aus dem sarkoplasmatischen Retikulum in der Muskelzelle und somit zur eigentlichen Kontraktion. Eine Dauerkontraktion (Tetanus) kann bei einer Skelettmuskelfaser durch eine hohe Erregungsfrequenz erreicht werden.

Die Reizung der Skelettmuskulatur beim Menschen	
Erschlaffte Muskelfaser vor dem Reiz:	
Membranpotential (Ruhepotential)	–90 mV
Kalziumkonzentration in der Muskelfaser	10^{-7} mol/l
ATP-Konzentration in der Muskelfaser	5 mmol/l
Kontrahierte Muskelfaser 5 ms nach dem Reiz:	
Aktionspotential	+30 mV
Kalziumkonzentration in der Muskelfaser	10^{-5} mol/l
Kontrahierte Muskelfaser 20 ms nach dem Reiz:	
Membranpotential	–80 mV
Kalziumkonzentration in der Muskelfaser	10^{-5} mol/l
Dauer eines Aktionspotentials	5–10 ms
Dauer des absoluten Refraktärstadiums	4 ms
Dauer des relativen Refraktärstadiums	3 ms
Ausbreitungsgeschwindigkeit eines Aktionspotentials	ca. 2–6 m/s

Auslösung einer Dauerkontraktion (Tetanus) beim Menschen	
Äußerer Augenmuskel	ab 350 Reize/s
Langsamer Skelettmuskel	ab 30 Reize/s
Glatte Muskulatur	ab 1 Reiz/s

Keidel 1985; Mörike, Betz, Mergenthaler 2007; Schmidt, Lang, Heckmann 2010

Tab. 1.2.11 Die Knochen des Menschen

Die Knochen sind die wichtigsten Bestandteile des menschlichen Stützapparats – des Skeletts. Sie schützen und stützen den Körper und seine Organe, bewegen ihn mit Hilfe der Muskeln, sie sind an der Blutbildung beteiligt und dienen als Speicherorgan (z. B. für Kalzium und Phosphor). Sie bestehen aus der Knochenhaut, der wabigen (spongiösen) Knochensubstanz und dem Knochenmark.

Das menschliche Skelett besteht aus 208 bis 214 Knochen. Die Anzahl variiert von Person zu Person, da unterschiedlich viele Kleinknochen in Fuß und Wirbelsäule vorhanden sein können. Das Skelett eines neugeborenen Menschen besteht aus mehr als 300 Knochen bzw. Knorpeln. Die Gesamtzahl der Knochen verringert sich im Verlauf der Entwicklung, da die einzelnen Knochenfragmente teilweise zu größeren Knochen verschmelzen.

Allgemeines zu den Knochen beim Menschen	
Durchschnittlicher Anteil der Knochen am Körpergewicht eines 70 kg schweren Menschen	7 kg (10 %)
Durchschnittlicher jährlicher Verlust an Knochenmasse nach dem 35. Lebensjahr	1,5 % pro Jahr
Durchblutung des Skelettsystems	
absolut	200–400 ml/min
Anteil am Herzzeitvolumen	6 %
Physikalische Größen zu ausgewählten Knochen	
Der längste je gemessene Knochen war der Oberschenkelknochen eines 2,40 m großen Mannes	76 cm
Durchschnittslänge eines Oberschenkelknochens	46 cm
Der kleinste Knochen des Menschen ist der Steigbügel (*Stapes*) im Mittelohr	
Länge	2,6–3,4 mm
Gewicht	2–4,3 mg
Tragfähigkeit eines Lamellenknochens	

Knochenspan mit einem Durchmesser von 1 mm	15 kg
Oberschenkelknochen	1,65 Tonnen
Druckbelastbarkeit eines Lamellenknochens	bis 15 kg/mm^2
Zugbelastbarkeit eines Lamellenknochens	12 kg/mm^2
Spezifisches Gewicht (Verhältnis Gewichtskraft zu Volumen)	
Knochen	*1,75*
Vergleichswert: Eisen	*7,20*
Winkel des Schenkelhalses zum Oberschenkelknochen	
Neugeborenes	150°
Kind von 3 Jahren	140°
Jugendlicher mit 15 Jahren	133°
Erwachsener	125°
alter Mensch	115°

Thews, Mutschler, Vaupel 1999; Junqueira, Carneiro, Gratzl 2004; Campbell 2009; Schmidt, Lang, Heckmann 2010; Faller 2012

Tab. 1.2.12 Der Aufbau der Knochen des Menschen

Knochen bestehen aus mineralisiertem Bindegewebe mit einer Außenwand (Kortikalis) und den Knochenbälkchen (Spongiosa) im Innern (Purves 2011, S. 1348 ff). Ein Osteon stellt die kleinste Baueinheit des Knochengewebes dar. Es besteht aus den schalenartig angeordneten Knochenlamellen, die konzentrisch um den Haver'schen Kanal angeordnet sind, in dem die versorgenden Blutgefäße und Nervenbahnen liegen.

Die Knochenzellen sind durch Zellfortsätze untereinander verbunden. Osteoblasten sind die knochenbildenden Zellen, die zunächst eine Matrix aus Kollagen bilden. Gleichzeitig scheiden sie Kalziumphosphat ab, das sich dort zu Hydroxyapatit verhärtet. Damit werden sie zu Osteozyten, den Knochenzellen, die von Knochensubstanz umgeben sind. Diese Kombination aus Hartsubstanz mit flexiblem Kollagen macht die Knochen hart und elastisch, ohne dass sie dabei spröde werden.

Das Knochengewebe wird andauernd auf- und abgebaut, Osteoblasten und Knochen abbauende Zellen (Osteoklasten) beeinflussen sich dabei in ihrer Aktivität gegenseitig. Osteoklasten entwickeln sich aus hämatopoetischen Stammzellen und ähneln in Form und Funktion den Makrophagen.

Lange Knochen, wie zum Beispiel der Oberschenkelknochen, bilden außen eine sehr dichte Schicht (Compacta) aus Haver'schen Systemen. An den Enden (Epiphysen) liegt die Spongiosa, die aus einem Schwammwerk feiner Knochenbälkchen besteht. In den Zwischenräumen liegt das Knochenmark, in dem die Bildung der Blutzellen erfolgt. Die Balkenstruktur der Spongiosa ist deutlich sichtbar entlang der Kraftverlaufslinien der Knochen ausgerichtet.

Mikroskopische Struktur des Knochen	
Anteil der Kortikalis an der Gesamtknochenmasse	80 %
Mineralanteil der Kortikalis	70 %
Anteil der Bälkchenknochen (Spongiosa) an der Gesamtknochenmasse	20 %
Größe der anorganischen Kristalle des Knochens	
Länge	20–40 nm
Breite	2–3 nm
Dicke einer Lamelle im Lamellenknochen	3–7 µm
Längsdurchmesser der Knochenhöhlen (*Lacuna ossea*), in denen die Osteozyten liegen	30 µm
Durchmesser der Knochenkanälchen (*Canaliculi ossei*), durch die die Osteozyten in Kontakt stehen	1 µm
Durchmesser des Zentralkanals (Haver'scher Kanal) eines Röhrenknochens	20–300 µm
Anzahl der Lamellen pro Osteon	3–20
Dicke eines Osteons (20 Lamellen und ein Haver'scher Kanal)	1 mm
Länge eines Osteons	3 mm
Zellen im Knochengewebe	
Durchmesser eines Osteoblasten	10–14 µm
Lebensdauer der Osteoblasten/Osteozyten	bis 25 Jahre
Durchmesser von knochenabbauenden Riesenzellen (Osteoklasten)	100 µm
Maximale Tiefe einer Resorptionslakune, in der ein Osteoklast Knochengewebe abbaut	70 µm
Anzahl der Osteoblasten, welche die gleiche Knochenmenge aufbauen, die ein einziger Osteoklast abbaut	100–150
Zeit, in der sich eine Knochenstammzelle verdoppelt	36 Stunden
Zeit, die eine Knochenstammzelle mindestens braucht, um sich in einen Osteoblasten umzuwandeln	9 Stunden

Kalzium und Knochen	
Gesamtkalzium eines Erwachsenen	1 kg
Anteil des Körperkalziums im Knochen	99 %
Anteil des Körperphosphats im Knochen	75 %
Anteil der Kalziumionen im Blut, die jede Minute durch Kalziumionen aus dem Knochengewebe ersetzt werden	25 %
Zeitraum, in dem das gesamte Knochenkalzium ausgetauscht wird	200 Tage
Kalziumverlust pro Monat bei einem Knochen in Schwerelosigkeit	1–2 %

Leonhardt 1990; Sajonski, Smollich 1990; Junqueira, Carneiro, Gratzl 2004; Campbell 2009

Tab. 1.2.13 Zusammensetzung des Knochengewebes

Die knochenbildenden Zellen (Osteoblasten) synthetisieren nicht nur die organische Matrix aus Kollagenfasern, sondern sie sind auch für die Ausfällung der Mineralsalze zuständig. Ein Enzym spaltet von Phosphorsäureestern des Blutes Phosphationen ab, die dann in der Mineralisierungszone abgelagert werden. Gleichzeitig kommt es dort auch zu einer Anreicherung von Kalziumionen.

Anteil von Substanzen am Knochengewebe		Darin enthaltene Substanzen	Anteil
Wasser 13 %			
Organische Substanzen 25 %	davon:	amorphe Grundsubstanz	5,0 %
		kollagene Fasern	95,0 %
Anorganische Substanzen 62 %	davon:	Kalziumphosphat	86,0 %
		Kalziumkarbonat	10,0 %
		Alkalisalze (NaCl, KCl)	2,0 %
		Magnesiumphosphat	1,5 %
		Ca-Fluorid/Ca-Chlorid	0,5 %

Leonhardt 1990; Mörike, Betz, Mergenthaler 2007

Tab. 1.2.14 Anzahl der Knochen

Die Wirbelsäule besteht in der Regel aus 33 Wirbeln, wobei Abweichungen recht häufig sind. Die 5 Kreuzwirbel verschmelzen zwischen dem 15. und 20. Lebensjahr zum Kreuzbein (*Os sacrum*), die 4 Steißwirbel zum Steißbein (*Os coccygis*).

Die Zahl der Knochen kann individuell variieren. So haben in Europa 5 % aller Männer eine zusätzliche Rippe. In Japan sind 7 % der Männer und bei den Inuit 16 % der Männer davon betroffen.

Das Becken verbindet die bewegliche Wirbelsäule mit den beiden unteren Extremitäten über ein straffes Gelenk, das Iliosakralgelenk. Das Hüftbein (*Os coxae*) besteht aus den drei Beckenknochen: Sitzbein, Darmbein und Schambein.

In der Tabelle wird die jeweilige Gesamtzahl der genannten Knochen im Körper des Menschen angegeben.

Schädelknochen (Ossa cranii)			
Hirnschädel (*Neurokranium*)		**Gesichtsschädel (*Viszerokranium*)**	
Stirnbein (*Os frontale*)	1	Oberkiefer (*Maxilla*)	2
Keilbein (*Os sphenoidale*)	1	Gaumenbein (*Os palatinum*)	2
Schläfenbein (*Os temporale*)	2	Jochbein (*Os zygomaticum*)	2
Scheitelbein (*Os parietale*)	2	Tränenbein (*Os lacrimale*)	2
Hinterhauptsbein (*Os occipitale*)	1	Nasenbein (*Os nasale*)	2
Siebbein (*Os ethmoidale*)	1	Untere Nasenmuschel (*Concha n.i.)*	2
		Pflugscharbein (*Vomer*)	1
		Unterkiefer (*Mandibula*)	1
Gehörknöchelchen (*Ossicula audit.*)		Zungenbein (*Os hyoideum*)	1
Hammer (*Maleus*)	2		
Ambos (Incus)	2	**Gesamtzahl der Schädelknochen**	29
Steigbügel (*Stapes*)	2	davon verschieden	18
Wirbelsäule (*Columna vertebralis*)			
Halswirbel (*Vertebrae cervicales*)	7	Kreuzwirbel (*Vertebrae sacrales*)	5
Brustwirbel (*Vertebrae thoracicae*)	12	Steißwirbel (*Vertebrae coccygeae*)	4
Lendenwirbel (*Vertebrae lumbales*)	5		
Schultergürtel (*Cingulum membri superioris*)			
Schulterblatt (*Skapula*)	2	Schlüsselbein (*Clavicula*)	2

Brustkorb (Thorax)			
Zahl der Rippen insgesamt	24	Rippen des Rippenbogens	6
Echte Rippen (haben Verbindung mit dem Brustbein)	14	Frei in der Bauchmuskulatur endende Rippen	4
Brustbein	1		
Obere Extremitäten			
Oberarmknochen (*Humerus*)	2	**Handwurzelknochen (*Ossa carpi*)**	16
Elle (*Ulna*)	2	Kahnbein (*Os naviculare*)	2
Speiche (*Radius*)	2	Mondbein (*Os lunatum*)	2
		Dreiecksbein (*Os triquetrum*)	2
Knochen der Hände insgesamt	54	Erbsenbein (*Os pisiforme*)	2
Mittelhandknochen (*Ossa*	10	Großes Vielbein (*Os trapezium*)	2
metacarpi)		Kleines Vielbein (*Os trapezoideum*)	2
Fingerknochen (*Ossa digitorum.*	28	Kopfbein (*Os capitatum*)	2
manu)		Hakenbein (*Os hamatum*)	2
Becken (Pelvis)			
Sitzbein (*Os ischii*)	2	Schambein (*Os pubis*)	2
Darmbein (*Os ilii*)	2		
Untere Extremitäten			
Oberschenkelknochen (*Femur*)	2	**Mittelfußknochen (*Ossa metatarsi*)**	10
Kniescheibe (*Patella*)	2	Sprungbein (*Talus*)	2
Schienbein (Tibia)	2	Fersenbein (*Calcaneus*)	2
Wadenbein (Fibula)	2	Kahnbein (*Os naviculare*)	2
		Keilbeine (*Ossa cuneiformia*)	6
		Würfelbein (*Os cuboideum*)	2
Gesamtzahl der Fußknochen	52	Zehenknochen (*Os.d.dis*)	28
Gesamtzahl der Knochen und Extremwerte			
Erwachsene (Durchschnitt)	215	Größte Gesamtzahl von Zehen	15
Größte Gesamtzahl von Fingern	14		

Schiebler, Schmidt, Zilles 2005

Tab. 1.2.15 Verknöcherung und Fontanellenschluss

Nach der Geburt wird das Knorpelgewebe durch Knochengewebe ersetzt (Ossifikation). Zwischen den Gelenkköpfen, die von Knorpel überzogen sind, und dem Knochenschaft (Diaphyse) liegen die knorpeligen Wachstumsfugen (Epiphysenfugen). Hier findet das Längenwachstum statt, das nach der Verknöcherung der Epiphysenfugen abgeschlossen ist.

Fontanellen sind Knochenlücken des frühkindlichen Schädels. Funktionell sind sie vor allem bei der Geburt wichtig. Sie sorgen für eine gewisse Verformbarkeit des Schädels im engen Geburtskanal. Später ermöglichen sie die Anpassung des Schädels an das Wachstum des Gehirns. Im Laufe der Entwicklung verschließen sich die Fontanellen und die Schädelnähte verknöchern.

Abkürzungen: E-Woche = Entwicklungswoche, E-Monat = Entwicklungsmonat, L-Jahr = Lebensjahr

Bezeichnung	Beginn der Verknöcherung		Schluss der Epiphysenfugen
Schlüsselbein	Diaphyse	6.–7. E-Woche	
	Epiphyse	16.–18. L-Jahr	20.–24. L-Jahr
Schulterblatt		8. E-Woche	
Oberarmknochen	Diaphyse	7.–8. E-Woche	
	Epiphyse	2. E-Woche bis 12. L-Jahr	15.–25. L-Jahr
Speiche	Diaphyse	7.–8. E-Woche	
	Epiphyse	1.–2. L-Jahr	15.–20. L-Jahr
Elle	Diaphyse	7.–8. E-Woche	
	Epiphyse	5.–12. L-Jahr	14.–24. L-Jahr
Handwurzelknochen		1.–12. L-Jahr	
Mittelhandknochen	Diaphyse	9.–10. E-Woche	
	Epiphyse	2.–3. L-Jahr	15.–20. L-Jahr
Fingerknochen	Diaphyse	9.–12. E-Woche	
	Epiphyse	2.–3. L-Jahr	20.–24. L-Jahr
Darmbein		2.–3. E-Monat	14.–18. L-Jahr
Sitzbein		4. E-Monat	14.–18. L-Jahr
Schambein		5.–6. E-Monat	14.–18. L-Jahr

Bezeichnung	Beginn der Verknöcherung		Schluss der Epiphysenfugen
Oberschenkelknochen	Diaphyse	7.–8. E-Woche	
	Epiphyse	1. L-Jahr	17.–19. L-Jahr
Schienbein	Diaphyse	7.–8. E-Woche	
	Epiphyse	10. E-Monat	19.–21. L-Jahr
Wadenbein	Diaphyse	8. E-Woche	
	Epiphyse	4.–5. L-Jahr	17.–20. L-Jahr
Fußwurzelknochen		5. E-Monat bis 3. L-Jahr	
Mittelfußknochen	Diaphyse	2.–3. E-Monat	
	Epiphyse	3.–4. L-Jahr	15.–20. L-Jahr
Zehenknochen	Diaphyse	5.–9. E-Monat	
	Epiphyse	1.–5. L-Jahr	15.–20. L-Jahr
Fontanellenschluss und Verknöcherungszeiten der Schädelnähte			
Stirnfontanelle			Fontanellenschluss nach 36 Monaten
Hinterhauptsfontanelle			Fontanellenschluss nach 3 Monaten
Vordere Seitenfontanelle			Fontanellenschluss nach 6 Monaten
Hintere Seitenfontanelle			Fontanellenschluss nach 18 Monaten
Lambdanaht (Sutura lambdoidea)			Verknöcherung nach 40–50 Jahren
Stirnnaht (Sutura frontalis)			Verknöcherung nach 1–2 Jahren
Pfeilnaht (Sutura sagittalis)			Verknöcherung nach 20–30 Jahren
Kranznaht (Sutura coronalis)			Verknöcherung nach 30–40 Jahren

Schiebler, Schmidt, Zilles 2005; Campbell 2009

Tab. 1.2.16 Bindegewebe und Knorpel

Das Bindegewebe besteht aus Bindegewebszellen (Fibroblasten) und Extrazellulärmatrix. Es geht entwicklungsgeschichtlich aus dem Mesoderm hervor. Bindegewebe erfüllt eine Vielzahl von Funktionen im menschlichen Körper. Je nach Vorkommen stützt, schützt oder umhüllt es Organe oder Strukturen des Organismus, dient als Leitstruktur oder fungiert als Gleit- und Verschiebeschicht. Spezialisierte Bindegewebe können an Speicherung und Produktion von Substanzen beteiligt sein und bilden die Stütz- und Stabilisierungsstrukturen des Körpers. Die verschiedenen Arten von Bindegewebe unterscheidet man prinzipiell nach der Zusammensetzung der Extrazellulärmatrix, welche von den Fibroblasten produziert wird. Häufig sind die Diffusionswege durch diese Extrazellularmatrix sehr lang und die Stoffwechselaktivität der Fibroblasten ist sehr gering. Die Chondrozyten des hyalinen Knorpelgewebes der Gelenkflächen beispielsweise sind unter physiologischen Umständen nicht in der Lage, sich zu teilen. Ist dieses Gewebe geschädigt, so kann es in der Regel nicht regeneriert werden.

Angaben zum Bindegewebe des Menschen	
Anteil des Kollagens am Gesamtkörpergewicht	6 %
Anteil des Kollagens am Gesamtprotein	25 %
Retikuläre Fasern (aus Kollagen Typ 3)	
Dicke der Fasern	0,2–1 µm
Kollagene Fasern (aus Kollagen Typ 1)	
Dicke einer kollagenen Faser	1–12 µm
Dicke einer Kollagenfibrille	0,3–0,5 µm
Dicke einer Mikrofibrille	20–200 nm
Zugfestigkeit	6 kg/mm^2
Tragfähigkeit des stärksten Bandes im Körper (Ligamentum iliofemorale)	350 kg
Dehnbarkeit	ca. 5 %
Verlängerbarkeit durch die gewellte Anordnung der einzelnen Kollagenfasern	ca. 3 %
Gesamtverlängerbarkeit	ca. 8 %
Irreversible Dehnung (Zerreißen)	ab 10 %
Elastische Fasern	
Dicke der Faser insgesamt	0,2–5 µm
Dehnbarkeit	150 %

Hauptaminosäuren der kollagenen Fasern	
Glycin	33 %
Prolin	12 %
Hydroxyprolin	10 %
Zusammensetzung und Druckbelastbarkeit der Interzellularsubstanz des hyalinen Knorpels	
Wasseranteil	70–80 %
Anteil an Chondrozyten	1–10 %
Chondromucoidanteil	20–30 %
Kollagen	12–14 %
Proteoglykane	7–9 %
Mineralstoffe	<4 %
Matrixproteine	<1 %
Druckbelastbarkeit eines hyalinen Knorpels	1,5 kg/mm^2

Leonhardt 1990; Metz 2001; Junqueira, Carneiro, Gratzl 2004; Mörike, Betz, Mergenthaler 2007; Faller 2012

Tab. 1.2.17 Die Gelenkmechanik der Extremitäten (Purves 2011, S. 1349 ff)

Scharniergelenke können sich nur um eine Achse bewegen: Fingermittel- und Fingerendgelenke, Oberarm-Ellengelenk. Kugelgelenke haben allseitige Bewegungsmöglichkeiten: Schultergelenk, Fingergrundgelenke, Hüftgelenk.

Gelenk und Beschreibung der Bewegungen	Bewegungswinkel
Gelenkmechanik des Ellenbogengelenks	
Beugung	40°
Streckung	180°
Gelenk zwischen Elle und Speiche	
Pronation (Einwärtsdrehung um die Längsachse)	60–80°
Supination (Auswärtsdrehung um die Längsachse)	70–90°
Gelenkmechanik des Handgelenks	
Palmarflexion (Beugung zur Handfläche hin)	90°
Dorsalflexion (Beugung zum Handrücken hin)	50–60°

Gelenk und Beschreibung der Bewegungen	Bewegungswinkel
Radialabduktion (zur Speiche hin abspreizen)	23–30°
Ulnarabduktion (zur Elle hin abspreizen)	30–40°
Gelenkmechanik der Fingergelenke (ohne Daumen)	
Grundgelenk: Beugung	90°
Grundgelenk: Streckung	10°
Grundgelenk: Abduktion (von der Mitte abspreizen)	45°
Mittelgelenk: Beugung	100°
Mittelgelenk: Streckung	10°
Endgelenk: Beugung	90°
Endgelenk: Streckung	10°
Gelenkmechanik des Hüftgelenks	
Anteversion (Beugung)	120°
Retroversion (Streckung)	10–15°
Abduktion in Rückenlage (Abspreizen des Beines)	30–50°
Adduktion in Rückenlage (Heranziehen des Beines)	10°
Innenrotation, Bauchlage gestreckte Knie	30–40°
Innenrotation, Bauchlage gebeugte Knie	40–50°
Außenrotation, Bauchlage gestreckte Knie	40–50°
Außenrotation, Bauchlage gebeugte Knie	30–45°
Gelenkmechanik des Kniegelenks	
Streckung	170–180°
Beugung	120–150°
Innenrotation	5–10°
Außenrotation	40°
Gelenkmechanik des oberen Sprunggelenks	
Dorsalflexion (Beugung)	30°
Plantarflexion (Streckung)	50°
Gelenkmechanik des unteren Sprunggelenks	
Supination (Einwärtskanten)	30°
Pronation (Auswärtskanten)	50°

Voss und Herrlinger 1985; Schiebler, Schmidt, Zilles 2005

Tab. 1.2.18 Die Gelenkmechanik von Kopf-, Schulter- und Wirbelgelenken

Die beiden oberen Halswirbel weisen eine besondere Form auf. Auf dem Atlas, der an Stelle eines Dornfortsatzes eine Knochenspange hat, sitzt der Schädel. Der zweite Halswirbel, der Axis wird auch als Dreher bezeichnet. Er besitzt eine nach oben ragende Verlängerung des Wirbelkörpers, den Zahn, mit dem der Atlas gelenkig verbunden ist. Um diesen Zahn dreht sich der Atlas mit dem darauf sitzenden Kopf. Seit-, Vor- und Rückneigungen sind zwischen Atlas und Axis nicht möglich und werden deshalb von den anderen Halswirbeln übernommen.

In der Brustwirbelsäule sind Bewegungen in jeder Richtung möglich. Obwohl das Bewegungsausmaß zwischen den einzelnen Wirbelkörpern nur wenige Grade umfasst, ergibt die Summe dieser Einzelbewegungen beachtliche Gesamtbewegungen.

In der Lendenwirbelsäule ist die Rumpfdrehung wegen der Stellung der Gelenkfortsätze stark eingeschränkt.

Das Kreuzbein bildet massige Seitenteile, welche die Gelenkflächen für das Iliosakralgelenk bilden.

Gelenke und Beschreibung der Bewegungen	Bewegungswinkel
Gelenkmechanik des Schultergelenks	
Abduktion (seitliches Abspreizen des Armes)	90°
Elevation (seitliches Abspreizen des Armes mit zusätzliche Drehung des Schulterblattes)	120°
Adduktion (Anlegen des Armes)	20°–40°
Anteversion (den Arm nach vorne abspreizen)	90°
Innenrotation (kreisförmige Drehbewegung)	90°
Außenrotation (kreisförmige Drehbewegung)	90°
Gelenkmechanik der Kopfgelenke	
Dorsalflexion (Beugung zum Rücken hin)	20°
Ventralflexion (Beugung zur Brust hin)	20°
Drehung	60°–80°
Seitwärtsneigung	10°–15°
Halswirbelsäule	
Beugung	40°
Streckung	70°
Neigung zur Seite	45°
Drehung	60°–80°

Gelenke und Beschreibung der Bewegungen	Bewegungswinkel
Brustwirbelsäule	
Beugung	35°
Streckung	20°
Neigung zur Seite	30°
Drehung	45°
Lendenwirbelsäule	
Beugung	70°
Streckung	70°
Neigung zur Seite	25°
Drehung	2°

Voss und Herrlinger 1985; Schiebler, Schmidt, Zilles 2005; Mörike, Betz, Mergenthaler 2012

Tab. 1.2.19 Extreme Größen und extreme Gewichte

Die Werte in Abschn. 1.2 beziehen sich in der Regel auf eine durchschnittliche Größe und ein durchschnittliches Gewicht eines Menschen. Welche außerordentliche Schwankungsbreite im Einzelfall und welche Extremwerte möglich sind, soll in der folgenden Tabelle verdeutlicht werden.

Personen mit Extremwerten	Angaben
Der größte Mann, der je lebte war *Robert Wadlow*, 1918–1940 (USA)	
Größe	272,0 cm
Armspannweite	288,0 cm
Die größte Frau der Geschichte war *Zen Jin–Lian* (1964–1982) in der zentralchinesischen Provinz Hunan	
Größe mit 4 Jahren	156,0 cm
Größe mit 13 Jahren	217,0 cm
Größe mit 18 Jahren	247,0 cm
Die größte 1999 lebende Frau ist *Sandy Allen* (USA)	231,7 cm
Größe mit 10 Jahren	190,5 cm
Schuhgröße	55
Derzeitiges Gewicht	142 kg

Personen mit Extremwerten	Angaben
Die kleinste Frau, die je gelebt hat, war *Pauline Musters* (1976–1995) Niederlande	
Größe bei der Geburt	30 cm
Größe mit 9 Jahren	55 cm
Größe mit 19 Jahren	59 cm
Der kleinste ausgewachsenen Mensch, der je gelebt hat, war *Gul Mohammed* (1961–1997), Indien	57 cm
Der schwerste Mann in der Geschichte der Medizin war *Jon Brower Minoch* (1941–1983)	
Gewicht im März 1978	635 kg
Gewicht im Juli 1979	216 kg
Der leichteste Mensch war *Lucia Zarate* (1863–89), Mexiko	
Gewicht bei der Geburt	1,10 kg
Gewicht mit 17 Jahren	2,13 kg
Gewicht mit 20 Jahren	5,90 kg
Größe	67 cm
Die erfolgreichste Schlankheitskur machte *Rosalie Bradford*, (1944), USA	
Gewicht im Januar 1987	476 kg
Gewicht im September 1992	142 kg
Gewichtsverlust	334 kg
Den Rekord im Zunehmen hält *Jon Brower Minoch*	
Gewichtszunahme in 7 Tagen	91 kg

Guinness Buch der Rekorde 1995,1999, 2006 und 2015

1.3 Das Blut (Purves 2011, S. 1395 ff)

Um das Blut ranken sich seit Anbeginn der Menschheitsgeschichte vielfältige Mythen: Odysseus verschafft den Toten im Hades durch Blutopfer Erinnerung, germanische Jäger tranken das Blut von Bären und anderen erlegten Tieren, um sich ihre Eigenschaften anzueignen. Der von Bram Stroker im 19. Jahrhundert initiierte Vampir-Mythos hat bis heute nichts von seiner Aktualität verloren. Das Blut steht als Symbol für Leben und in der Medizingeschichte finden sich viele Deutungsmuster für Krankheiten im Blut begründet, die mittelalterliche Standardtherapie des Aderlasses ist nur ein Beispiel dafür.

In der Tat ist das Blut ein besonderer Saft: Das Blut entsteht aus dem Mesenchym, das auf früher embryonaler Entwicklungsstufe aus dem mittleren Keimblatt hervorgeht und als embryonales Bindegewebe alle Hohlräume zwischen den Keimblättern ausfüllt. Beim Neugeborenen würde das gesamte Blutvolumen in eine große Tasse (300–350 ml) passen, beim Erwachsenen kommen 5–6 Liter zusammen. Auf Grund dieser Entstehung kann das Blut auch als spezialisiertes, flüssiges Bindegewebe aufgefasst werden.

Die Blutbildung ist ein fortlaufender Prozess und macht daher auch Blutspenden möglich. So hat beispielsweise der Australier *James Harrison* im Laufe von 38 Jahren bei 804 Spenden insgesamt 480 Liter Blut gespendet! Die Neuproduktionsrate der roten Blutkörperchen (Erythrozyten) beispielsweise beträgt etwa 1 % pro Tag, was etwa 2 Millionen Erythrozyten pro Sekunde entspricht.

Tab. 1.3.1 Zahlen zum Staunen

Literatur siehe nachfolgende Tabellen

Angaben zum Blut des Menschen aus den nachfolgenden Tabellen	
Gesamte Blutmenge eines Erwachsenen	5–6 Liter
Durchlaufzeit des gesamten Blutvolumens durch den Körper	20–60 Sekunden
Auswirkungen eines akuten Blutverlustes:	
keine Störungen bis	15 % des Blutvolumens
Volumenmangelschock ab	30 % des Blutvolumens
tödlich ohne Therapie ab	50 % des Blutvolumens
Anzahl der roten Blutkörperchen (Erythrozyten) bei einer Gesamtblutmenge von 5 Litern	25 Billionen
Oberfläche aller roten Blutkörperchen (Erythrozyten):	
Mann	3100 m^2
Frau	2500 m^2
Zum Vergleich: Größe eines Fußballfeldes	7500 m^2
Höhe des Turmes, der entstehen würde, wenn man alle roten Blutkörperchen eines Menschen flach aufeinander stapeln könnte	ca. 60.000 km
Länge der Kette, die entstehen würde, wenn man alle roten Blutkörperchen eines Menschen nebeneinander legen könnte	192.500 km (~ 5 Erdumrundungen am Äquator)
Fläche, die entstehen würde, wenn man alle roten Blutkörperchen eines Menschen nebeneinander pflastern könnte	über 1000 m^2
Mittlere Lebensdauer eines roten Blutkörperchens	120 Tage

Angaben zum Blut des Menschen aus den nachfolgenden Tabellen	
Anzahl der Zirkulationszyklen eines roten Blutkörperchens durch den Körper (bei mittlerer Lebensdauer)	300.000
Neubildung von roten Blutkörperchen bei einem Erwachsenen	
pro Sekunde	2,4 Millionen
pro Tag	208 Milliarden
Austauschhäufigkeit des gesamten Blutplasmas gegen die interstitielle Flüssigkeit	alle 3 Sekunden
Entdeckung des Blutkreislaufs durch *William Harvey*	im Jahr 1628
Erste Übertragung von Schafblut auf den Menschen	im Jahr 1667

Tab. 1.3.2 Zusammensetzung und Eigenschaften des Blutes

Blut besteht als flüssiges Bindegewebe aus Blutzellen und Blutplasma. Zu den Aufgaben des Blutes gehören unter anderem der Gasaustausch mit der Sauerstoffversorgung der Gewebe und dem CO_2-Abtransport, der Transport von Nährstoffen, Hormonen und Abbauprodukten des Zellstoffwechsels, die Wärmeregulation des Körpers, die Immunabwehr, dem Wundverschluss, sowie als Speicher- und pH-Puffer.

Aus chemisch-physikalischer Sicht ist Blut eine Suspension aus Wasser und den zellulären Bestandteilen. Je höher der Hämatokritwert (Anteil der zellulären Bestandteile am Volumen des Blutes) und je geringer die Strömungsgeschwindigkeit ist, desto höher ist die Viskosität. Aufgrund der Verformbarkeit der roten Blutkörperchen verhält sich Blut bei steigender Fließgeschwindigkeit nicht mehr wie eine Zellsuspension, sondern wie eine Emulsion.

Angaben zu Blutverteilung, Bluteigenschaften, Blutverlust, Blutbildung	
Gesamtblutmenge eines Erwachsenen	5–6 Liter
Anteil des Blutes am Körpergewicht	
Erwachsene	ca. 6–8 %
Kinder	ca. 8–9 %
Durchlaufzeit des gesamten Blutvolumens durch den Körper	20–60 Sekunden
Zelluläre Bestandteile (Blutzellen)	ca. 40–50 %
Flüssige Bestandteile (Blutplasma)	ca. 56 %
Ausgewählte physikalische Daten des Blutes	
Osmotischer Druck des Blutes	ca. 750 kPa

Angaben zu Blutverteilung, Bluteigenschaften, Blutverlust, Blutbildung	
Kolloidosmotischer Druck des Serums	2,7–4,7 kPa
Relative Pufferkapazität der Blutzellen	79 % (Vollblut 100 %)
Temperatur des Blutes beim Lebenden	37 °C
Gefrierpunktserniedrigung	0,56 °C
pH-Wert des Blutes beim Erwachsenen	7,36–7,44
Dichte	
des Blutes insgesamt	1,05–1,06 kg/l
der Blutzellen	1,1 kg/l
des Blutplasmas	1,03 kg/l
Relative Viskosität	
Wasser	1
Blut	3,5–5,4
Blutplasma	1,9–2,6
Auswirkungen akuter Blutverluste	
keine Störungen	15 % des Blutvolumens
Volumenmangelschock	30 % des Blutvolumens
tödlich ohne Therapie	50 % des Blutvolumens
Orte der Blutbildung während der Entwicklung	
Dottersack	ab dem 13. Tag
Milz	2. Monat bis 8. Monat
Leber	2. Monat bis Geburt
Knochenmark	ab dem 5. Monat

Kruse-Jarres 1993; Thews, Mutschler, Vaupel 1999; Mahlberg et al. 2004; Schiebler, Schmidt, Zilles 2005; Schmidt, Lang, Heckmann 2010; Faller 2012; Pschyrembel 2014

Tab. 1.3.3 Die zellulären Bestandteile des Blutes (Purves 2011, S. 1394 f)

Die Beurteilung der Zellzahl ist im medizinisch-diagnostischen Bereich von Bedeutung. So ist bei einer Anämie (Blutarmut) die Zahl der roten Blutkörperchen (Erythrozyten) vermindert und bei einem entzündlichen Prozess die Zahl der weißen Blutkörperchen (Leukozyten) erhöht.

Als Hämatokrit bezeichnet man den Volumenanteil der Erythrozyten im Blut. Er wird üblicherweise in % angegeben. Ein hoher Hämatokritwert spricht für einen hohen Erythrozyten-Anteil (Polyglobulie) oder einen Mangel an Flüssigkeit. Bei Sportwettkämpfen wird – jeweils abhängig vom Sportverband – eine Schutzsperre für Sportler erlassen, wenn der Hämatokritwert über 50 und der Hämoglobinwert über 17,5 g/dl (Männer) bzw. 16 g/dl bei Frauen Blut liegen (Beispiel Biathlon). Der Hämoglobinwert lässt sich beim Erwachsenen durch Training nur geringfügig verändern, sodass genetische Prädispositionen oder sportliche (Ausdauer-)Aktivität in der Kindheit ausschlaggebend sind. Dieser Wert eignet sich daher sehr gut für die Doping-Kontrolle.

Anzahl der verschiedenen Blutzellen und Hämatokritwerte

Rote Blutkörperchen (Erythrozyten)	
Männer	4,6–6,2 Millionen pro µl
Frauen	4,2–5,4 Millionen pro µl
Retikulozyten (Vorstufen der Erythrozyten)	60.000 pro µl
Weiße Blutkörperchen (Leukozyten)	5000–10.000 pro µl
Neutrophile Granulozyten	55–70 %
Segmentkernige (ausgewachsen)	50–66 %
Stabkernige (Jugendform)	3–4 %
Eosinophile Granulozyten	2–4 %
Basophile Granulozyten	0,5–1 %
Kleine Lymphozyten (T- und B-Zellen)	16–30 %
Große Lymphozyten (natürliche Killerzellen)	4–8 %
Monozyten	4–7 %
Blutplättchen (Thrombozyten)	150.000–400.000 pro µl
Hämatokritwerte	
Neugeborene	ca. 57 %
Einjährige	ca. 35 %
Mann	ca. 40–52 %
Frau	ca. 37–47 %
Bei Höhenaufenthalten	bis 70 %

Thews, Mutschler, Vaupel 1999; Schiebler, Schmidt, Zilles 2005; Prommer et al. 2008; Schmidt, Lang, Heckmann 2010

Tab. 1.3.4 Die Blutkörperchensenkungsgeschwindigkeit (BSG)

Die Blutkörperchensenkungsgeschwindigkeit ist ein Maß für die Sedimentationsgeschwindigkeit von Erythrozyten in ungerinnbar gemachtem Blut. Sie ist bei bestimmten krankhaften Prozessen erhöht, wie zum Beispiel bei Entzündungen, Tumoren oder Lebererkrankungen.

Untersuchte Person	Zeitpunkt der Ablesung	Normwerte
Mann	1. Stunde	3–8 mm
	2. Stunde	5–18 mm
Frau	1. Stunde	6–11 mm
	2. Stunde	8–20 mm

Thews, Mutschler, Vaupel 1999; Schmidt, Lang, Heckmann 2010; Pschyrembel 2014;

Tab. 1.3.5 Die roten Blutkörperchen (Erythrozyten) (Purves 2011, S. 1371 f)

Als rote Blutkörperchen (Erythrozyten) bezeichnet man die Zellen des menschlichen Blutes, die den Blutfarbstoff Hämoglobin tragen. Sie haben eine bikonkave Form, sind kernlos und somit nicht mehr zur Zellteilung befähigt.

Rote Blutkörperchen werden im Knochenmark aus Stammzellen gebildet und gelangen von dort aus in den Blutstrom. Nach einer Lebensdauer von etwa 120 Tagen werden sie in Leber, Milz und Knochenmark abgebaut.

Da Erythrozyten keine Mitochondrien enthalten, erfolgt die Energiegewinnung auf dem Weg der Glykolyse (Purves 2011, S. 224 ff). Die wichtigste Aufgabe der roten Blutkörperchen ist der Transport der Atemgase Sauerstoff und Kohlendioxid zwischen der Lunge und den Geweben. Diese Leistung wird durch das Hämoglobin (siehe Tab. 1.3.6) vermittelt.

Anzahl und Größe der roten Blutkörperchen (Erythrozyten)	
Anzahl der Erythrozyten im Blut	
bei Neugeborenen	5,9 Mio./µl
bei Männern	4,6–6,2 Mio./µl
bei Frauen	4,2–5,4 Mio./µl
bei längeren Höhenaufenthalten	bis 8 Mio./µl
Erythrozytenzahl in der Gesamtblutmenge von 5 l	25 Billionen
Erythrozytenzahl in einem Tropfen Blut	250 Millionen

Anzahl und Größe der roten Blutkörperchen (Erythrozyten)	
Physikalische Daten eines Erythrozyten	
Mittlere Dicke am Rand	2,4 µm
Mittlere Dicke im Inneren	1 µm
Mittlerer Durchmesser bei Erwachsenen/Neugeborenen	7,7 µm/8,5 µm
Mittleres Volumen bei Erwachsenen/Neugeborenen	87 $µm^3$/107 $µm^3$
Durchschnittliche Oberfläche eines Erythrozyten	100 $µm^2$
Oberfläche aller Erythrozyten des Menschen	
Mann	ca. 3100 m^2
Frau	ca. 2500 m^2
Zum Vergleich: Größe eines Fußballfeldes	7500 m^2
Höhe des Turmes, der entstehen würde, wenn man alle Erythrozyten eines Menschen aufeinander stapeln könnte	ca. 60.000 km
Länge der Kette, die entstehen würde, könnte man alle Erythrozyten eines Menschen nebeneinander legen (entspricht 5 Umrundungen des Äquators)	192.500 km
Fläche, die entstehen würde, könnte man alle Erythrozyten eines Menschen nebeneinander pflastern	über 1000 m^2
Bildung und Lebensdauer der roten Blutkörperchen (Erythrozyten)	
Mittlere Lebensdauer eines Erythrozyten	120 Tage
Zirkulationszyklen während der mittleren Lebensdauer (120 Tage)	300.000
Erythrozytenneubildung bei einem Erwachsenen	2,4 Mio./s

Keidel 1985; Schenck und Kolb 1990; McCutcheon 1991; Thews, Mutschler, Vaupel 1999; Schiebler, Schmidt, Zilles 2005; Schmidt, Lang, Heckmann 2010; Faller 2012

Tab. 1.3.6 Das Hämoglobin in den roten Blutkörperchen

Blut verdankt seine rote Farbe dem Hämoglobin (roter Blutfarbstoff). Es ist ein eisenhaltiges Protein der roten Blutkörperchen und macht ca. 35 % ihres Gewichts aus. Das Hämoglobin ist für den Sauerstofftransport im Blut sowie für die Regulation des pH-Wertes des Blutplasmas (Purves 2011, S. 1372) verantwortlich.

Mit Sauerstoff angereichertes Blut ist heller und kräftiger rot als sauerstoffarmes Blut. Die Hämgruppe macht bei der Aufnahme des Sauerstoffs eine Konformitätsänderung durch, die eine Veränderung des Absorptionsspektrums des Lichts zur Folge hat.

Abkürzungen: Hb-F = fetales Hämoglobin; Hb-A = adultes Hämoglobin bei Erwachsenen

Angaben zum Hämoglobin im Blut und zu seinen Eigenschaften		
Hämoglobinproduktion eines gesunden Mannes		57 g pro Tag
Hämoglobingesamtbestand eines Erwachsenen		650 g
Hämoglobinkonzentration im Blut		
Neugeborenes		200 g/l
Im Alter von einem Jahr		110 g/l
Männer		140–180 g/l
Frauen		120–160 g/l
Mittlerer Hämoglobingehalt eines Erythrozyten (MCH)		28–32 pg (10^{-12} g)
Mittlere Hämoglobinkonzentration eines Erythrozyten (MCHC)		30–35 g/100 ml
Isotone NaCl-Lösung (gleicher osmotischer Druck wie im Plasma)		0,90 % NaCl
Hämolyse in Abhängigkeit der NaCl-Konzentration		
Beginn bei		0,45 % NaCl
vollständig ausgebildet bei		0,30 % NaCl
Maximales Sauerstoffbindungsvermögen		
für 1 g Hämoglobin bei Erwachsenen		1,39 ml O_2
für 1 g Hämoglobin bei Feten		1,74 ml O_2
Zusammensetzung des Hämoglobins		
Globulin-Anteil		94 %
Häm-Anteil		4 %
Anzahl der Atome pro Hb-Molekül		10.000
Anzahl der Polypeptidketten pro Hb-Molekül		4
Molekulargewicht des Hb-Moleküls		64.500
Eisengehalt		0,34 %
Hämoglobinanteile bei Feten, Säuglingen und Erwachsenen		
Fetus	Hb-F-Anteil	100 %
Neugeborenes	Hb-F-Anteil	80 %
	Hb-A-Anteil	20 %
Säugling mit 5 Monaten	Hb-F-Anteil	10 %
	Hb-A-Anteil	90 %
Erwachsener	Hb-A-Anteil	97,5 %
	Hb-A2-Anteil	2,5 %

Hick 2006; Schmidt, Lang, Heckmann 2010; Pschyrembel 2014

Tab. 1.3.7 Weiße Blutkörperchen (Leukozyten) (Purves 2011, S. 1156 ff)

Leukozyten (weiße Blutkörperchen) kommen nicht nur im Blut vor, sondern besitzen die Fähigkeit aktiv aus dem Blutstrom in verschiedene Zielgewebe einzuwandern. Entgegen der landläufigen Meinung ist ein Großteil der Leukozyten nicht im Blut, sondern im Gewebe oder in den Schleimhäuten der Atemwege und Verdauungsorgane zu finden. Auf der Peyer'schen Plaque im Dünndarm beispielsweise befinden sich bis zu 80 % aller Antikörper produzierenden Zellen. Leukozyten tragen ihren Namen, da sie keinen Blutfarbstoff tragen und deshalb im Blutausstrich hell bis weiß erscheinen.

Man kann die Leukozyten nach morphologischen und funktionellen Kriterien grob in Granulozyten, Lymphozyten und Monozyten unterteilen. Sie erfüllen spezielle Aufgaben in der Abwehr von Krankheitserregern und körperfremden Strukturen. Sie gehören zum Immunsystem und sind dort Teil der spezifischen und unspezifischen Immunabwehr. Im Gegensatz zu den Erythrozyten besitzen sie einen Zellkern.

Anzahl weißer Blutkörperchen	
Anzahl der weißen Blutkörperchen im Blut	
In einem Liter Blut	5–10 Milliarden
Im gesamten Blut (5 l)	25–100 Milliarden
Anzahl der weißen Blutkörperchen in 1 µl Blut	
Neugeborene	ca. 15.000–40.000
Einjährige	ca. 10.000
Normwert beim Erwachsenen	5000–10.000
Bei Infektionskrankheiten	40.000
Bei Leukämie	bis 500.000
Gesamtmasse aller Lymphozyten im Körper	ca. 1500 g
Gesamtmasse aller Lymphozyten im Blut	ca. 3 g
Eigenschaften weißer Blutkörperchen und Verweildauer im Blut	
Durchmesser verschiedener weißer Blutkörperchen	
Kleiner Lymphozyt (90 % der Lymphozyten)	6–8 µm
Großer Lymphozyt (10 % der Lymphozyten)	11–16 µm
Plasmazelle	10–15 µm
Eosinophiler Granulozyt	11–14 µm
Basophiler Granulozyt	8–11 µm
Neutrophiler Granulozyt	10–12 µm
Monozyt	15–20 µm

Verweildauer weißer Blutkörperchen im Blut	
Neutrophile Granulozyten	8 Stunden
Lebensdauer insgesamt	4–5 Tage
Eosinophile Granulozyten	4–10 Stunden
Lebensdauer insgesamt	10 Tage
Basophile Granulozyten	ca. 1 Tag
Monozyten (wandern in das Gewebe aus)	10–100 Stunden
Lebensdauer insgesamt	wenige Monate
Lymphozyten	5 Tage bis Jahre

Schenck und Kolb 1990; McCutcheon 1991; Thews, Mutschler, Vaupel 1999; Schiebler, Schmidt, Zilles 2005; Hick 2006; Mörike, Betz, Mergenthaler 2007; Schmidt, Lang, Heckmann 2010; Rink, Kruse, Haase 2012; Pschyrembel 2014

Tab. 1.3.8 Blutplättchen (Thrombozyten) und Blutgerinnung (Purves 2011, S. 1396)

Die Blutplättchen sind für die Blutgerinnung wichtig. Sie sind kernlos und entstehen im Knochenmark durch Abschnürung aus dem Cytoplasma von Knochenmarksriesenzellen. Bei der Blutgerinnung (Hämostase) werden primär die Gefäße zusammengezogen, die Blutplättchen werden an den Kollagenfasern des Endothels aktiviert. Hierbei verändern sie ihre Form und verhaken sich gegenseitig an Ausstülpungen, den Pseudopodien. Auf diese Weise entsteht zunächst ein wenig belastbarer weißer Blutpfropf. Die aktivierten Thrombozyten setzen die sekundäre, die so genannte plasmatische Gerinnung in Gang.

Angaben zu Blutplättchen, sowie Blutungs- und Gerinnungszeiten	
Anzahl der Blutplättchen im Blut	
Neugeborene	ca. 230.000/μl
Einjährige	ca. 280.000/μl
Erwachsene	200.000–400.000/μl
Durchmesser der Blutplättchen	1–4 μm
Dicke der Blutplättchen	0,5–2 μm
Mittlere Lebensdauer eines Blutplättchens	5–11 Tage
Erhöhte Blutungsneigung ab einer Blutplättchenkonzentration von weniger als	60.000/μl

Angaben zu Blutplättchen, sowie Blutungs- und Gerinnungszeiten	
Blutungszeit (nach Duke)	1–3 Minuten
Gerinnungszeit (in einem Glasröhrchen bei 37 °C)	5–7 Minuten

Schiebler, Schmidt, Zilles 2005; Mörike, Betz, Mergenthaler 2007; Schmidt, Lang, Heckmann 2010

Tab. 1.3.9 Ausgewählte Plasmafaktoren der Blutgerinnung

Die plasmatischen Gerinnungsfaktoren gewährleisten bei Gefäßwandverletzungen zusammen mit den verletzten Zellen der Gefäßwand und den Blutplättchen (Thrombozyten) die Blutgerinnung (Hämostase). Bei verminderten Konzentrationen der Gerinnungsfaktoren kommt es zur Blutungsneigung. So ist bei der Hämophilie A der Faktor 8, bei der Hämophilie B der Faktor 9 vermindert. Die Hämophilie A und B wird X-chromosomal-rezessiv vererbt. In Europäischen Königshäuser traten überdurchschnittlich häufig Formen der Hämophilie auf, weshalb sie auch „Krankheit der Könige" genannt wurde.

Faktor	Bezeichnung	Biologische Halbwertszeit	Molekulargewicht
I	Fibrinogen	4–5 Tage	340.000
II	Prothrombin	2–3 Tage	72.000
V	Acceleratorglobulin	20–30 Stunden	330.000
VII	Proconvertin	5–10 Stunden	63.000
VIII	Antihämophiles Globulin A	10–20 Stunden	10^5–10^7
IX	Christmas-Faktor	1–2 Tage	57.000
X	Stuart-Prower-Faktor	2 Tage	60.000
XI	Plasmathromboplastinantecedent	2 Tage	160.000
XII	Hageman-Faktor	2 Tage	80
XIII	Fibrinstabilisierender Faktor	4–5 Tage	320
–	Fletscher-Faktor	–	90.000
–	Fitzgerald-Faktor	–	16.000

Schenck und Kolb 1990; Mörike, Betz, Mergenthaler 2007; Schmidt, Lang, Heckmann 2010

Tab. 1.3.10 Das Blutplasma

Das Blutplasma ist der flüssige, zellfreie Anteil des Blutes. Blutserum ist Blutplasma ohne Fibrinogen und hat deshalb die Fähigkeit zur Gerinnung verloren. Blutplasma dient als Transportmedium für Glukose, Lipide, Hormone, Stoffwechselendprodukte, in geringem Umfang auch für Kohlendioxid und Sauerstoff. Außerdem ist es das Speicher- und Transportmedium von Gerinnungsfaktoren.

Die Zahl der gut trennbaren Eiweißstoffe (Plasmaproteine) im Blutplasma ist sehr groß und liegt weit über 100. Sie werden vor allem in der Leber aufgebaut und an das Plasma abgegeben. Durch den Proteingehalt des Blutplasmas kann der kolloidosmotische Druck des Blutes aufrechterhalten werden.

Alle Werte sind auf eine Körperkerntemperatur von 37 °C bezogen.

Anteile und Zusammensetzung des Plasmas im Blut	
Anteil des Plasmas am Blutvolumen	ca. 56 %
Plasmamenge bei einem Gesamtblutvolumen von 5,5 l	ca. 3 Liter
Wassergehalt	90 %
Gehalt an hochmolekularen Stoffen (Eiweiß)	6–8 %
Gehalt an niedermolekularen Stoffen	2–4 %
Mittlerer Eiweißgehalt	6,72 g/100 ml
Gehalt an Albumin	4,04 g/100 ml
Gehalt an Globulin	2,34 g/100 ml
Gehalt an Fibrinogen	0,34 g/100 ml
Anzahl der unterschiedlichen Plasmaeiweiße	ca. 100
Gesamtmenge der im Plasma gelösten Eiweiße bei einem Blutvolumen von 5,5 Liter	ca. 200 g
Elektrolytgehalt des Plasmas	0,9 %
Kohlenhydrate	60–120 mg/100 ml
Fette und Lipide	50–80 mg/100 ml
Sonstige Werte zum Blutplasma	
Osmotischer Druck des Plasmas	750 kPa (7,4 atm)
Anteil des NaCl am osmotischen Druck	ca. 96 %
Kolloidosmotischer Druck des Plasmas	3,3 kPa (25 mmHg)
Anteil des Albumins am kolloidosmotischen Druck	ca. 80 %
Zum Vergleich: kolloidosmotischer Druck des Interstitiums	0,7 kPa (5 mmHg)

Anteile und Zusammensetzung des Plasmas im Blut	
Osmolalität	290 mosmol/kg H_2O
Dichte	1,03 kg/l
Relative Viskosität gegenüber Wasser	1,9–2,6
Austauschhäufigkeit des gesamten Plasmas gegen die interstitielle Flüssigkeit	20 mal pro Minute
Pufferkapazität (Vollblut = 100 %)	21 %
pH-Wert im arteriellen Blut	7,4
Gefrierpunktserniedrigung	0,54 °C

Keidel 1985; Thews, Mutschler, Vaupel 1999; Hick 2006; Mörike, Betz, Mergenthaler 2007; Schmidt, Lang, Heckmann 2010

Tab. 1.3.11 Der Sauerstofftransport im Blut (Purves 2011, S. 1371 f)

98,6 % des Sauerstofftransportes erfolgt durch Bindung an das Hämoglobin in den Erythrozyten. Lediglich 1,4 % des Sauerstofftransportes erfolgt in physikalisch gelöster Form.

Der Bunsen'sche Löslichkeitskoeffizient entspricht der Anzahl ml eines Gases, die sich in 1 ml Flüssigkeit bei einem Druck von 760 mm Hg physikalisch lösen.

Angaben zum Hämoglobin und zum Sauerstoff im Blut	
1 g Hämoglobin (Hb) bindet maximal	1,39 ml O_2
Maximale O_2 Bindung des Hb im Blut:	
Mann (15 g Hb pro 100 ml Blut)	21 ml O_2/100 ml Blut
Frau (14 g Hb pro 100 ml Blut)	19,5 ml O_2/100 ml Blut
Säugling	24 ml O_2/100 ml Blut
Physikalische Löslichkeit des O_2 im Serum (bei einem O_2-Partialdruck von 90 mmHg)	0,3 ml O_2/100 ml Blut
Anteil des physikalisch gelösten O_2 am Gesamt-O_2 des Blutes	ca. 1,4 %
Bunsen'scher Löslichkeitskoeffizient α	0,028 (siehe Erläuterung)
O_2-Transport im Blut pro Tag bei normaler Belastung	500 Liter
O_2-Transport im Blut pro Tag bei starker Belastung	bis zu 1000 Liter

Documenta Geigy 1975, 1977; Hick 2006; Schmidt, Lang, Heckmann 2010

Tab. 1.3.12 Der Kohlenstoffdioxidtransport im Blut

Kohlenstoffdioxid (CO_2) entsteht als wesentliches Endprodukt des Stoffwechsels durch die Oxidation von kohlenstoffhaltigen Substanzen in den Zellen. Der Transport von den Geweben zur Lunge erfolgt zu 80 % in Form von Bikarbonat, die Umwandlung erfolgt in den Erythrozyten. Eine untergeordnete Rolle spielt der physikalisch gelöste Anteil sowie der Anteil, der an das Hämoglobin gebunden wird.

Der Bunsen'sche Löslichkeitskoeffizient entspricht der Anzahl ml eines Gases, die sich in 1 ml Flüssigkeit bei einem Druck von 760 mm Hg physikalisch lösen.

Angaben zu Eigenschaften und Transport von CO_2 im Blut

CO_2-Transport im Blut	
physikalisch gelöst	ca. 10 %
als Carbaminoverbindung am Hämoglobin	ca. 10 %
als Bikarbonat	ca. 80 %
CO_2-Transport pro Tag	
normale Belastung	500 Liter
bei starker körperlicher Anstrengung	bis zu 1000 Liter
Physikalische Löslichkeit des CO_2 im Serum bei einem CO_2-Partialdruck von 40 mmHg	2,6 ml CO_2/100 ml Blut
Bunsen'scher Löslichkeitskoeffizient α	0,49

Keidel 1985; Thews, Mutschler, Vaupel 1999; Mörike, Betz, Mergenthaler 2007; Silbernagl 2012

Tab. 1.3.13 Verteilung des Kohlenstoffdioxids im arteriellen und venösen Blut

Kohlenstoffdioxid (CO_2) entsteht als Endprodukt des Stoffwechsels in den Zellen des Körpers. Über das venöse Blut wird es zu den Lungen transportiert, wo es abgeatmet wird. Folglich finden sich im venösen Blut höhere CO_2-Konzentrationen im Vergleich zum arteriellen Blut.

Art des Transports von Kohlenstoffdioxid

Blut und Blutbestandteile		Gelöst ml CO_2 pro l Blut	Bicarbonat ml CO_2 pro l Blut	Carbamino ml CO_2 pro l Blut	Gesamt ml CO_2 pro l Blut
arteriell	Plasma	15,6	293,8	2,2	311,7
	Erythrozyt	11,1	144,7	24,5	180,3
	Blut insgesamt	26,7	438,5	26,7	491,9
venös	Plasma	17,8	318,3	2,2	338,4
	Erythrozyt	13,4	160,3	31,2	204,8
	Blut insgesamt	31,2	478,6	33,4	543,2

Silbernagel 2012

Tab. 1.3.14 Arterielle und venöse Blutgasanalyse

Die arterielle Blutgasanalyse erlaubt vor allem die Beurteilung des pulmonalen Gasaustausches. Die venöse Blutgasanalyse wird vorwiegend zur Beurteilung des Säure-Base-Haushaltes eingesetzt. Die Normwerte für den arteriellen Sauerstoffpartialdruck sind altersabhängig und schwanken zwischen etwa 81 mmHg (60–70 J) und 94 mmHg (20–30 J). Weitere Informationen siehe 1.6 Atmung, Grundumsatz und Energiestoffwechsel.

	Arterielles Blut	Venöses Blut	Arteriovenöse Differenz
O_2-Partialdruck	90–100 mmHg	35–45 mmHg	
O_2-Sättigung	92–96 %	55–70 %	
O_2-Konzentration	0,2 ml $O_{2/}$ml Blut	0,15 ml $O_{2/}$ml Blut	0,05
CO_2-Partialdruck	35–45 mmHg	40–50 mmHg	
CO_2-Konzentration	0,46 ml $CO_{2/}$ml Blut	0,5 ml $CO_{2/}$ml Blut	0,04
pH-Wert	7,36–7,44	7,36–7,40	
Basenüberschuss	–2 bis +2	–2 bis +2	
Standardbikarbonat	22–26	24–30	

Thews, Mutschler, Vaupel 1999, Tortora und Derrickson 2006

Tab. 1.3.15 Serumproteine

Das Blutserum ist Blutplasma ohne Fibrinogen. Es hat die Fähigkeit zur Gerinnung verloren und die Serumproteine können durch Serumelektrophorese aufgetrennt werden. Diese Auftrennung erlaubt Rückschlüsse auf das Vorliegen bestimmter Krankheiten (z.B. entzündliche Prozesse, hämatologische Erkrankungen, Lebererkrankungen oder Nierenerkrankungen).

Fraktionen	Molekulargewicht	Isoelektrischer Punkt	Konzentration in g/l	Anteil am Gesamteiweiß
Albumin				55–65 %
Präalbumin	61.000	4,7	0,1–0,4	
Albumin	69.000	4,9	35–50	
α1-Globuline				2,5–4 %
α_1-Lipoprotein	200.000	5,1	2,9–7,7	
α_1-Antitrypsin	54.000	–	1,5–3,0	
α_1-Glykoprotein	44.000	2,7	0,5–1,5	
α_1-Antichymotrypsin	68.000	–	0,3–0,6	
α2-Globuline				7 %
α_2-Makroglobulin	820.000	5,4	1,5–4,0	
α_2-Haptoglobulin	85.000	4,1	0,7–2,2	
α_2-Glykoprotein	49.000			
β-Globuline				8–12 %
β-Lipoprotein	2.400.000	–	2,9–9,5	
Transferrin	80.000	5,8	3	
γ-Globuline				15–20 %

Schmidt und Thews 1995; Thews, Mutschler, Vaupel 1999; Tortora und Derrickson 2006; Mörike, Betz, Mergenthaler 2007

Tab. 1.3.16 Die verschiedenen Immunglobulin-Klassen (Purves 2011, S. 1169)

Die Immunglobuline (Antikörper) werden von den B-Lymphozyten gebildet und vermitteln die spezifische Immunität des Menschen.

	IgG	IgA	IgM	IgD	IgE
Molekulargewicht	150.000	160.000	950.000	175.000	190.000
Anteil am Gesamtimmunglobulin	80 %	13 %	6 %	1 %	0,002 %
Halbwertszeit in Tagen	21	6	5	3	2
Serumkonzentration in mg/dl	1000	200	100	20	0,1
Kohlenhydratanteil	3 %	5–6 %	12 %	12 %	12 %
Valenz für Antigenbindung	2	2	5/10	2	2
Isoelektrischer Punkt	5,8	7,3	–	–	–

Mörike, Betz, Mergenthaler 2007; Schmidt, Lang, Heckmann 2010

Tab. 1.3.17 Häufigkeit der Blutgruppen bei verschiedenen Völkern

Beim Menschen sind 29 verschiedene Blutgruppensysteme von der ISBT (International Society of Blood Transfusion) anerkannt. Die beiden wichtigsten sind das AB0-System und das Rhesus-System. Eine Blutgruppe beschreibt die individuelle Zusammensetzung der Blutgruppenantigene auf den roten Blutkörperchen eines Menschen. Das Immunsystem bildet Antikörper gegen fremde Blutgruppenantigene. Folglich kommt es zur Verklumpung der roten Blutkörperchen, wenn das Blut verschiedener Blutgruppen gemischt wird.

Blutgruppen sind erblich und können zur Prüfung von Verwandtschaftsverhältnissen herangezogen werden. Die häufigste Blutgruppe der Welt ist mit durchschnittlich 46 % die Blutgruppe 0.

	Blutgruppe 0 in %	Blutgruppe A in %	Blutgruppe B in %	Blutgruppe AB in %
Europa				
Deutsche	39,1	43,5	12,5	4,9
Engländer	46,7	41,7	8,6	3,0
Finnen	34,1	41,0	18,0	6,9
Franzosen	42,9	46,7	7,2	3,0
Italiener	45,6	40,5	10,6	3,3
Russen	32,9	35,6	23,2	8,1
Schotten	51,2	34,2	11,8	2,7
Ungarn	35,7	43,3	15,7	5,3
Sinti und Roma	28,5	26,6	35,3	9,6
Mittelwert für Europa	ca. 40,0	ca. 40,0	ca. 10,0	ca. 5,0
Afrikanisch-asiatischer Raum				
Ainu	17,0	31,8	32,4	18,4
Buschmänner	56,0	33,9	8,5	1,6
Chinesen	36,0	28,0	23,0	13,0
Japaner	30,5	38,2	21,9	9,4
Kikuyu	60,4	18,7	19,8	1,1
Perser	37,9	33,3	22,2	6,6
Pazifischer Raum				
Australier	53,2	44,7	2,1	–
Papuas	40,8	26,7	23,1	9,4
Sonstige				
Bororo	100,0	–	–	–
Inuit	54,2	38,5	4,8	2,0
Navajo	72,6	26,9	0,2	0,5
Urbevölkerung der Neuen Welt	90,0 bis 95,0	–	–	
US-Schwarze	17,4	81,8	–	0,7
US-Weiße	45,0	41,0	10,0	4,0

Vogel und Angermann 1984; Keidel 1985; Bundschuh et al. 1992

Tab. 1.3.18 Prozentuale Verteilung der Rhesus-Faktoren bei ausgewählten Völkern

Das Rhesus-System besteht aus 3 Faktoren-Paaren: C/c, D/d und E/e. Bei vorhandenem D ist der Phänotyp rh+. Fehlt D, ist der Phänotyp rh–.

Rhesus-System

	CDE %	CDe %	cDE %	cDe %	Cde %	cde %	rh+ %	rh– %
Afghanen	0	60	24	2	0	14	86	14
Austral. Ureinwohner	0	79	18	3	0	0	100	0
Beduinen	0	41	17	14	0	28	72	28
Brahmanen	3	51	12	9	4	21	75	25
Brasilian. Indianer	4	59	33	0	0	4	96	4
Chinesen	0	71	18	3	0	8	92	8
Deutsche	13	53	14	2	2	16	82	18
Engländer	0	41	16	1	2	40	58	42
Eskimos	3	73	22	2	0	0	100	0
Hottentotten	0	19	6	68	0	7	93	7
Karibische Indianer	1	55	28	16	0	0	100	0
Mikronesier	0	49	47	4	0	0	100	0
Mitteleuropäer	–	–	–	–	–	–	85	15
Nuer aus dem Sudan	0	0	2	81	0	17	83	17
Südafrikan. Bantus	0	14	1	60	2	23	75	25

Weiner 1971; Knußmann 1996

Tab. 1.3.19 Zeittafel der Bluttransfusionen

Berichte über Transfusionen	Name	Jahr
Entdeckung des Blutkreislaufs	*William Harvey*	1628
Erste dokumentierte erfolgreiche Transfusion bei Hunden	*Richard Lower*	1666
Erste dokumentierte erfolgreiche Transfusion von Tierblut (Lamm) auf einen Menschen	*Jean-Baptiste Deis*	1667
Erste dokumentierte Transfusion von Menschenblut, der Patient verstarb.	*Blundell*	1818
Entdeckung des AB0-Blutgruppensystems	*Karl Landsteiner*	1901
Entdeckung der Verhinderung der Blutgerinnung durch Natriumzitrat in Brasilien, Belgien, USA	*d'Agote, Hustin, Lewisohn*	1914
Erstes Blutdepot im Rockefeller-Institut	*Robertson*	1919
Entdeckung des Rhesus-Blutgruppen-Systems	*Karl Landsteiner*	1939
Die ersten HIV-Tests für Blutkonserven werden in den USA eingeführt		1985
Testung aller deutschen Blutspenden auf Hepatitis C		1999
Ablehnung von Blutspenden von Personen, die zwischen 1980 und 1999 längere Zeit in Großbritannien verbracht haben		2001
Leukozytendepletion: Entfernung der Leukozyten, um Kontamination der Blutkonserven mit Erregern der Creutzfeld-Jakob-Krankheit (gebunden an die Oberfläche der Leukozyten) zu vermeiden		2001

Bundschuh et al. 1992; Löwer 2001; Pschyrembel 2014

Tab. 1.3.20 Normalwerte des Blutes

Referenzwerte aus dem Universitätsklinikum Heidelberg für 2006.

Abkürzungen: U/l = units pro Liter, HDL = High Density, LDL = Low Density, VLDL = Very Low Density, GOT/AST = Glutamat-Oxal-acetat-Transaminase/Aspartat-Amino-Transferase, GPT/ALT = Glutamat-Pyruvat (Transaminase/Alanin-Aminotransferase), gGT = Gamma-Glutamyl-Transferase), CK-MB = Creatinkinase Herzmuskeltyp, LDH = Laktat-Dehydrogenase

Elektrolyte im Blut			
Natrium	135–145 mmol/l	Kupfer	12–24 µmol/l
Kalium	3,5–4,8 mmol/l	Zink	13–18 µmol/l
Calcium	2,1–2,65 mmol/l	Selen	0,75–1,8 µmol/l
Chlorid	97–110 mmol/l	Eisen Frauen	12–27 µmol/l
Magnesium	0,75–1,05 mmol/l	Eisen Männer	14–32 µmol/l
Kupfer	12–24 µmol/l		
Substrate			
Kreatinin	bis 1,3 mg/dl	Bilirubin gesamt	bis 1,0 mg/dl
Harnstoff	bis 45 mg/dl	Bilirubin direkt	bis 0,3 mg/dl
Harnsäure Frauen	bis 6,0 mg/dl	Laktat	0,9–1,6 mmol/l
Harnsäure Männer	bis 7,0 mg/dl	Ammoniak	bis 50 mmol/l
Phosphat	0,8–1,5 mmol/l		
Kohlenhydrat-stoffwechsel			
Glucose nüchtern	65–110 mg/dl	Hämoglobin A1c	bis 6,1 %
Lipidstoffwechsel			
Triglyceride	bis 150 mg/dl	LDL-Cholesterin	150 mmol/l
Cholesterin	bis 200 mg/dl	VLDL-Cholesterin	20 mmol/l
Phopholipide	160–250 mg/dl	Apo-Lipoproteine:	
freie Fettsäuren	0,3–1,0 mmol/l	Apo A1	1,02–2,2 g/l
freies Glycerin	bis 0,1 mmol/l	Apo B	0,59–1,6 g/l
HDL-Cholesterin	mmol/l	Lipoprotein (a)	bis 25 (30) mg/dl
Frauen	> 50 mmol/l	Lipoprotein (x)	nicht nachweisbar
Männer	> 40 mmol/l	Phytansäure	< 1,0 %
Enzymwerte bei 25 °C und 37 °C			
Alkal. Phosphatase 25 °C 37 °C	40–170 U/l 38–126 U/l	Parotisamylase 25 °C 37 °C	
Amylase 25 °C 37 °C	bis 110 U/l bis 220 U/l	Parotisamylase 25 °C 37 °C	bis 50 U/l bis 90 U/l
Pankreasamylase 25 °C 37 °C	bis 65 U/l bis 46 U/l	Cholinesterase 25 °C 37 °C	3–9,3 kU/l 5,32–12,92 kU/l

Elektrolyte im Blut			
GOT/AST Frauen 25 °C Frauen 37 °C	bis 15 U/l bis 31 U/l	Creatinase Männer 25 °C Männer 37 °C	bis 80 U/l bis 171 U/l
GPT/ALT Frauen 25 °C Frauen 37 °C	bis 18 U/l bis 34 U/l	CK-MB 37 °C –	2–14 U/l –
GPT/ALT Männer 25 °C Männer 37 °C	bis 24 U/l bis 45 U/l	Lipase 25 °C 37 °C	bis 190 U/l bis 51 U/l
gGT Frauen 25 °C Frauen 37 °C	bis 18 U/l bis 38 U/l	LDH 25 °C 37 °C	120–240 U/l bis 248 U/l
gGT Männer 25 °C Männer 37 °C	bis 25 U/l bis 37 U/l	Saure Phosphatase 37 °C	– bis 11 U/l
Creatinase Frauen 25 °C Frauen 37 °C	bis 70 U/l bis 145 U/l	Lysozym 25 °C	3–9 U/l
Plasmaproteine			
Gesamtprotein	60–80 g/l	Coeruloplasmin	0,2–0,6 g/l
Albumin	30–50 g/l	Haptoglobin	0,3–2,0 g/l
Immunglobulin G	8–16 g/l	Freies Hämoglobin	bis 20 mg/dl
Immunglobulin A	0,4–4,0 g/l	Transferrin	2,0–3,6 g/l
Immunglobulin M	0,4–2,3 g/l	C-reaktives Protein	< 5 mg/l
Immunglobulin E	Bis 100 U/ml	Lysozym	3,0–9,0 mg/l
Immunglobulin D	< 100 g/l	Präalbumin	0,25–0,4 g/l
Immunglobulin G1	3,2–8,8 g/l	Ferritin Frauen	20–120 µg/l
Immunglobulin G2	1,4–5,4 g/l	Ferritin Männer	30–300 µg/l
Immunglobulin G3	0,05–1,05 g/l	Beta-2-Mikroglobulin	bis 2,5 µg/l
Immunglobulin G4	< 0,905 g/l	Troponin I	bis 0,6 µg/l
Alpha-1-Antitrypsin	0,9–2,0 g/l	Troponin T	bis 0,1 µg/l
Vitamine			
Vitamin A	2,0–4,0 µmol/l	Folsäure	3–30 nmol/l
Vitamin E	10–40 µmol/l	Vitamin B1	60–180 nmol/l
Vitamin B12	200–750 pmol/l	Vitamin B6	20–120 nmol/l
Endokrinologie			
Renin basal	5–47 mU/l	Noradrenalin	bis 1625 pmol/l
Renin stimuliert	7–76 mU/l	Adrenalin	bis 464 pmol/l
Parathormon	1,3–7,6 pmol/l	Dopamin	bis 560 pmol/l
Calcitonin basal Männer	< 11,5 ng/l	Serotonin	0,3–2,0 µmol/l

Elektrolyte im Blut			
Calcitonin basal Frauen	<4,6 ng/l	Erythropoetin	2,0–21,5 mIU/ml
Insulin	6–25 mU/l	Procalcitonin	<0,5 mg/l

www.med.uni-heidelberg.de/med/zlab/normwerte.html, aufgerufen am 29. Juni 2015

1.4 Das Herz (Purves 2011, S. 1387 ff)

Das Herz betreibt als Druck- und Saugpumpe zwei Kreisläufe und wird deshalb durch Scheidewände in zwei Hälften getrennt. Die rechte Herzhälfte treibt das vom Körper kommende Blut in die Lungen, die linke Herzhälfte das von den Lungen kommende Blut in den Körper. Dabei nimmt die Auswurfleistung pro Herzschlag mit der Füllmenge des Herzens zu: Je größer das in der Diastole einströmende Blutvolumen, desto größer auch die in der Systole ausgeworfene Blutmenge. Das Herz ist ein ausgezeichnetes Beispiel für die Verdeutlichung von Struktur-Funktions-Zusammenhängen: Das Zusammenwirken des Herzmuskelgewebes, des bindegewebigen Herzskeletts sowie die elastische „Aufhängung" des Herzmuskels an den großen Blutgefäßen sorgt für einen optimalen Wirkungsgrad des Herzens als Motor des Kreislaufsystems.

In Deutschland sind 2012 Erkrankungen des Herz-Kreislaufsystems mit über 40 % nach wie vor die häufigste Todesursache, die unmittelbaren Folgen eines Myokardinfarkts sind verantwortlich für 6,4 % der Todesfälle. Insgesamt aber ist seit 1998 ein rückläufiger Trend bei Herz-Kreislauf-bedingten Todesfällen zu beschreiben.

Tab. 1.4.1 Zahlen zum Staunen

Literatur siehe nachfolgende Tabellen

Ausgewählte Angaben zum Herz aus den nachfolgenden Tabellen	
Anschauliche Größe eines menschlichen Herzens	entspricht der geballten Faust des Trägers
Einfluss des Alters auf das Herzminutenvolumen bei körperlicher Ruhe	
gesunder Jugendlicher	4,9 l/min
im Alter von 70 Jahren	2,5 l/min
Auswurfvolumen des Herzens pro Zeit	
in einer Stunde	ca. 290 l

Ausgewählte Angaben zum Herz aus den nachfolgenden Tabellen	
an einem Tag	ca. 7000 l
in einem Jahr	ca. 2.550.000 l
in 75 Jahren (Altersabhängigkeit berücksichtigt)	ca. 178.850.000 l
Gesamtleistung des Herzens	
Anteil des Herzens am Grundumsatz des Menschen	9 %
pro Tag	96 kJ/Tag
in 75 Jahren	2.628.000 kJ
Druckpulswellengeschwindigkeit	
in der Aorta	3–5 m/s
in Arterien	5–10 m/s
in Venen	1–2 m/s
Herzfrequenzanstieg pro Anstieg der Körpertemperatur um 1 °C	10/min
Erste Herztransplantation der Welt (an *Louis Washkansky* durch *Prof. Barnard*)	3. Dezember 1967
Längste Lebenszeit mit einem fremden Herzen (*John McCafferty*, Transplantation: 20. Oktober 1982)	32 Jahre (1982–2014)
Alter der jüngsten Patientin, der ein Herz transplantiert wurde (1996)	1 Stunde
Zeitdauer, bis es zu einem Atemstillstand kommt, nachdem das Herz aufgehört hat zu schlagen	30–60 s
Zeitdauer bis zum Herzstillstand, nachdem ein Mensch aufgehört hat zu atmen	3–5 min
Anzahl der Herzschläge in einem Leben, das 70 Jahre dauert	ca. 3 Milliarden

Tab. 1.4.2 Das Herz (Purves 2011, S. 1388)

Das Herz (*Cor*) ist ein muskuläres Hohlorgan, das den Körper durch rhythmische Kontraktionen mit Blut versorgt und dadurch die Durchblutung aller Organe sichert. Das gesunde Herz wiegt etwa 0,5 % des Körpergewichts (300–350 g).

Bei chronischer Belastung reagiert das Herzmuskelgewebe mit einer Vergrößerung der Herzmuskelzellen (Hypertrophie) und damit des ganzen Herzens. Da die Koronararterien (arterielle Blutversorgung des Herzens) nicht im gleichen Maße mitwachsen können, kommt es ab dem so genannten „kritischen Herzgewicht“ von ca. 500 g zu einem erhöhten Risiko einer Mangelversorgung des Organs mit Sauerstoff bei körperlicher Belastung (Angina Pectoris-Anfall).

Die Werte in der Tabelle beziehen sich auf Erwachsene mit einem durchschnittlichen Gewicht von 70 kg.

Angaben zu Lage, Größe und Gewicht des Herzens	
Lage des Herzens	
Anteil links	2/3
Anteil rechts	1/3
Größe des Herzens	
Länge	15 cm
Breite	10 cm
Anschauliche Größe	geballte Faust des Trägers
Herzgewicht	
normal	300–350 g
kritisch	500 g
Anteil am Körpergewicht	0,5 %
Angaben zu Wanddicke, Gewicht und Volumen der Herzkammern	
Wanddicke	
rechte Herzkammer	4–5 mm
linke Herzkammer	12 mm
rechter Vorhof	1,5 mm
linker Vorhof	1,5 mm
Gewicht	
rechter Vorhof	13 g
linker Vorhof	17 g
Vorhofseptum	10 g
rechte Herzkammer	50 g
linke Herzkammer	150 g
Volumen aller Herzkammern	
Normalperson	780 ml
(11 ml/kg Körpergewicht)	
Kurzstreckenläufer, Turner, Fechter	790 ml

Angaben zu Lage, Größe und Gewicht des Herzens	
(12 ml/kg)	
Mittelstreckler, Tennisspieler, Fußballspieler	bis 880 ml
Langstreckenläufer, Skilangläufer, Ruderer	bis 920 ml
(17 ml/kg)	
Radprofi	bis 1000 ml
(16 ml/kg)	

Mörike, Betz, Mergenthaler 2007; Weineck 2009a; Schmidt, Lang, Heckmann 2010

Tab. 1.4.3 Kammer- und Transportvolumen des Herzens

Das Herz gewährleistet durch rhythmische Kontraktionen (Purves 2011, S. 1389) den kontinuierlichen Blutfluss im menschlichen Körper. Die linke Herzkammer (linker Ventrikel) pumpt das Blut in den Körperkreislauf, die rechte Herzkammer (rechter Ventrikel) pumpt das Blut in den Lungenkreislauf.

Die Transportvolumen werden immer für eine Herzkammer angegeben, wobei die Werte für linke und rechte Kammer nahezu identisch sind. Unter dem Herzminutenvolumen versteht man das Blutvolumen, welches pro Minute vom Herz durch den Körperkreislauf gepumpt wird. Das Herzminutenvolumen ist variabel und kann bei körperlicher Belastung deutlich gesteigert werden.

Angaben zum Herzkammervolumen	
Füllvolumen eines Ventrikels	
in Ruhe	140 ml
bei starker körperlicher Anstrengung	200–300 ml
Volumen, das nach der Systole im Ventrikel verbleibt	
in Ruhe	60–70 ml
bei starker körperlicher Anstrengung	10–30 ml
Schlagvolumen (ausgetriebenes Blutvolumen pro Schlag)	
in Ruhe	60–70 ml
bei starker körperlicher Anstrengung	bis 130 ml
bei Ausdauersportlern	bis 160 ml
Ejektionsfraktion (Anteil am Kammervolumen, das mit jeder Systole ausgetrieben wird)	ca. 66 %

Angaben zum Herzkammervolumen	
Angaben zum Transportvolumen des Herzens	
Herzminutenvolumen	
in Ruhe (Schlagvolumen 70 ml; Puls 70/min)	4,9 l/min
bei starker Anstrengung (Schlagvolumen 130 ml; Puls 195/min) Nichtsportler Ausdauersportler	 19,0 l/min 30,4 l/min
Einfluss des Alters auf das Herzminutenvolumen in körperlicher Ruhe	
gesunder Jugendlicher	4,9 l/min
30 Jahre	3,4 l/min
40 Jahre	3,2 l/min
50 Jahre	3,0 l/min
60 Jahre	2,7 l/min
70 Jahre	2,5 l/min
Transportvolumen des Herzens pro Zeit	
in einer Stunde	ca. 290 l
an einem Tag	ca. 7000 l
in einem Jahr	ca. 2.550.000 l
in 75 Jahren (Altersabhängigkeit berücksichtigt)	ca. 178.850.000 l
Erhöhung des Transportvolumens im Liegen	20 %

Schiebler, Schmidt, Zilles 2005; Mörike, Betz, Mergenthaler 2007; Schmidt, Lang, Heckmann 2010

Tab. 1.4.4 Arbeit und Leistung des Herzens sowie Druckverhältnisse im Herz (Purves 2011, S. 1389)

Die Arbeitsleistung des Herzens setzt sich zusammen aus Druck-Volumen-Arbeit und Beschleunigungsarbeit. Die Beschleunigungsarbeit ist beim gesunden jungen Menschen vernachlässigbar im Vergleich zur Druck-Volumen-Arbeit. Das Leistungsgewicht ist der Quotient aus dem Gewicht und der Leistung.

In der Systole spannt sich die Herzmuskulatur an und das Blut wird ausgetrieben. In der Diastole entspannt sich die Herzmuskulatur und das Herz wird wieder mit Blut gefüllt.

Zur Leistung des Herzens siehe auch Tab. 1.4.6

Angaben zu Arbeit und Leistung des Herzens	
Arbeit des Herzens pro Schlag in körperlicher Ruhe	1,1 J
Arbeit der linken Herzkammer (mittlerer Aortendruck 100 mmHg, Schlagvolumen 70 ml)	ca. 0,95 J (86 %)
Arbeit der rechten Herzkammer (mittlerer Druck der Lungenschlagader 20 mmHg, Schlagvolumen 70 ml)	ca. 0,15 J (14 %)
Gesamtleistung bei jedem Schlag (bei einer Frequenz von 60 Schlägen/min)	1,1 J/s (Watt) (= 0,0015 PS)
Gesamtarbeit des Herzens pro Tag	ca. 96 kJ
Gesamtarbeit in einem Leben (70 Jahre)	ca. $3{,}3 \cdot 10^9$ kJ
Wirkungsgrad der Herzarbeit	25–30 %
Im Vergleich: Wirkungsgrad der Skelettmuskulatur	20–25 %
Gesamtenergiebedarf des Herzens pro Tag	300–400 kJ/Tag (70–90 kcal/Tag)
Anteil des Herzens am Grundumsatz	5 %
Leistungsgewicht eines Herzens von 300 g	3 N/W
Vergleichswert Automotor	ca. 0,05 N/W

Angaben zu den Druckverhältnissen im Herz			
Rechter Vorhof	Diastole	0–0,26 kPa	0–2 mm Hg
	Systole	0,13–0,66 kPa	1–5 mm Hg
Linker Vorhof	Diastole	0,66–1,20 kPa	5–9 mm Hg
	Systole	1,06–1,59 kPa	8–12 mm Hg
Rechte Herzkammer	Diastole	0–0,53 kPa	0–4 mm Hg
	Systole	2,66–3,99 kPa	20–30 mm Hg
Linke Herzkammer	Diastole	0,26–1,06 kPa	2–8 mm Hg
	Systole	11,99–17,33 kPa	90–130 mm Hg
Aorta	Diastole	7,99–11,99 kPa	60–90 mm Hg
	Systole	11,99–17,33 kPa	90–130 mm Hg
Arteria pulmonalis	Diastole	1,06–1,59 kPa	8–12 mm Hg
	Systole	2,66–3,99 kPa	20–30 mm Hg
Blutdruck aller Gefäße bei Herzstillstand		0,79 kPa	6 mm Hg

Keidel 1985; Mörike, Betz, Mergenthaler 2007; Schmidt, Lang, Heckmann 2010

Tab. 1.4.5 Herzzyklus, Erregung des Herzens und Herztöne

Ein Herzzyklus (Purves 2011, S. 1387 ff) besteht aus einer Systole und einer Diastole. In der Systole spannt sich die Herzmuskulatur an und das Blut wird ausgetrieben. In der Diastole entspannt sich die Herzmuskulatur und das Herz wird wieder mit Blut gefüllt. Sowohl die Dauer eines Herzzyklus wie auch das Verhältnis von Systole und Diastole sind abhängig von der Herzfrequenz.

Im Gegensatz zu den normalen Herztönen, die streng genommen auch Geräusche sind, spricht der Arzt nur dann von „Herzgeräuschen", wenn diese akustischen Erscheinungen einem Herzfehler zuzuordnen sind. Meist entstehen solche Nebengeräusche beim unvollkommenen Öffnen oder Schließen der Herzklappen. Ein systolisches Herzgeräusch tritt während der Auswurfphase (Systole), ein diastolisches Herzgeräusch hingegen während der Füllungsphase (Diastole) des Herzens auf.

Angaben zum Herzzyklus	
Dauer eines Herzzyklus	
bei einer Frequenz von 70 Schlägen/min	850 ms
bei einer Frequenz von 150 Schlägen/min	400 ms
Dauer der Systole	
bei einer Frequenz von 70 Schlägen/min	270 ms
Anspannung	60 ms
Austreibung	210 ms
bei einer Frequenz von 150 Schlägen/min	250 ms
Dauer der Diastole	
bei einer Frequenz von 70 Schlägen/min	560 ms
Entspannung	60 ms
Füllung	500 ms
bei einer Frequenz von 150 Schlägen/min	150 ms
Verhältnis von Systole zu Diastole	
bei einer Frequenz von 70 Schlägen/min	1 : 2
bei einer Frequenz von 90 Schlägen/min	1 : 1
bei einer Frequenz von 150 Schlägen/min	5 : 3
Angaben zur Erregung des Herzens und Herztöne (Purves 2011, S. 1390 ff)	
Ruhemembranpotential einer Herzmuskelzelle	−90 mV
Membranpotential während eines Aktionspotentials (Maximalwert)	+30 mV

Mittlere Dauer eines Aktionspotentials	250 ms
bei hohen Herzfrequenzen	180 ms
bei niederen Herzfrequenzen	350 ms
Refraktärperioden bei einer mittleren Aktionspotentialdauer von 250 ms	
Dauer der absoluten Refraktärperiode	200 ms
Dauer der relativen Refraktärperiode	50 ms
Frequenzbereich der normalen Herztöne	15–400 Hz
Frequenzbereich auffälliger Herzgeräusche	800 Hz

Keidel 1985; Mörike, Betz, Mergenthaler 2007; Schmidt, Lang, Heckmann 2010

Tab. 1.4.6 Die Herzschlagfrequenz

Die Herzschlagfrequenz wird normalerweise in körperlicher Ruhe angegeben. Sie beträgt beim Gesunden 50–100 Herzschläge pro Minute. Sportlich trainierte Menschen haben eine niedrigere Herzfrequenz im Vergleich zu untrainierten Menschen des gleichen Alters.

Gemessen wird die Herzfrequenz über den tastbaren Puls der *Arteria radialis* oder *Arteria carotis externa*. Hat nicht jeder Herzschlag eine tastbare Pulswelle zur Folge, spricht man von einem Pulsdefizit. Die maximal erreichbare Herzfrequenz unter körperlicher Belastung nimmt mit zunehmendem Alter ab. Herzrhythmusstörungen können mit einer erhöhten Herzfrequenz einhergehen.

Beschreibung	Herzschläge
Herzschlagfrequenz in Ruhe (Ruhepuls) in Abhängigkeit vom Alter	
Neugeborenes	140/min
10-jähriges Kind	90/min
Erwachsener	60–80/min
Erhöhung der Herzfrequenz beim Wechsel vom Liegen zum Stehen	15–20/min
Herzschläge am einem Tag (bei 70 Schlägen/min)	ca. 100.800
Herzschläge im Leben eines 70-Jährigen (bei 70 Schlägen/min)	ca. 2,7 Milliarden
Maximal erreichbare Herzfrequenz bei extremer körperlicher Anstrengung (Durchschnitt)	
Alter 30 Jahre	200/min
Alter 40 Jahre	182/min

Beschreibung	Herzschläge
Alter 50 Jahre	171/min
Alter 60 Jahre	159/min
Alter 70 Jahre	150/min
Ruhepuls von trainierten Sportlern	
Fechter	68/min
Gewichtheber	65/min
Volleyballspieler	60/min
Kurzstreckenläufer	58/min
Football-Spieler	55/min
Ruderer	50/min
Schwimmer und Langstreckenläufer	40–45/min
Marathonläufer	35/min
Frequenz des Kammerflatterns	200–350/min
Frequenz des Kammerflimmerns	>350/min
Autonome Frequenz eines frisch transplantierten denervierten Herzens	100/min
Normalwerte der Herzfrequenz bei Erwachsenen nach der *American Heart Association*	50–100/min
Herzfrequenzanstieg pro Anstieg der Körpertemperatur um 1 °C	10/min

Mörike, Betz, Mergenthaler 2007; Schmidt, Lang, Heckmann 2010; Faller 2012

Tab. 1.4.7 Durchblutung und Sauerstoffversorgung des Herzens in Ruhe und bei schwerer Arbeit

Die Pumpfunktion des Herzen ist eine Grundlage des menschlichen Lebens. Die Versorgung des Herzmuskels mit Sauerstoff und Nährstoffen erfolgt über die beiden Herzkranzgefäße. Die rechte und linke Herzkranzarterie entspringen der Aorta kurz hinter der Aortenklappe. Bei körperlicher Belastung steigt der Sauerstoffbedarf des Herzmuskels. Folglich muss die Durchblutung der Herzkranzgefäße zunehmen, um das Herz ausreichend mit Sauerstoff versorgen zu können.

Bei einer koronaren Herzerkrankung ist das Lumen der Herzkranzgefäße durch arteriosklerotische Plaques eingeengt. Folglich kann bei körperlicher Belastung die Durchblutung nicht adäquat gesteigert werden. Die Folge ist eine Sauerstoffunterversorgung des Herzmuskels, was zu starken Brustschmerzen führt (Angina Pectoris Anfall). Wird eine

Herzkranzarterie komplett verschlossen kommt es zum Untergang von Herzmuskelgewebe (Herzinfarkt). Im Gegensatz zur Skelettmuskulatur kann sich Herzmuskelgewebe nur sehr eingeschränkt regenerieren.

Durchblutung und Sauerstoffverbrauch	**in Ruhe**	**bei schwerer Arbeit**
Durchblutung bezogen auf 100 g Herzgewebe	83 ml/min	350 ml/min
Durchblutung der Herzkranzgefäße eines durchschnittlichen Herzens (300 g)	250 ml/min	1050 ml/min
Anteil der Durchblutung der Herzkranzgefäße an der Menge des in die Aorta gepumpten Blutes	5 %	bis zu 10 %
O_2-Verbrauch bezogen auf 100 g Herz	10 ml/min	55 ml/min
O_2-Verbrauch eines durchschnittlichen Herzens (300 g)	30 ml	165 ml
Anteil des O_2-Verbrauchs des Herzens am Gesamtsauerstoffverbrauch des Körpers	ca. 10 %	ca. 1 %
O_2-Konzentration im arteriellen Schenkel der Koronargefäße	0,2 ml O_2/ml Blut	0,2 ml O_2/ ml Blut
O_2-Konzentration im venösen Schenkel der Koronargefäße	0,07 ml O_2/ml Blut	0,04 ml O_2/ ml Blut
Arterio-venöse Konzentrationsdifferenz	0,13 ml O_2/ml Blut	0,16 ml O_2/ml Blut
Anteile unterschiedlicher Substrate am oxidativen Stoffwechsel des Herzens		
Freie Fettsäuren	34 %	21 %
Glukose	31 %	16 %
Laktat (Milchsäure)	28 %	61 %
Pyruvat, Ketone, Aminosäuren	7 %	2 %

Mörike, Betz, Mergenthaler 2007; Schmidt, Lang, Heckmann 2010; Faller 2012

Tab. 1.4.8 Erregungsleitung und Automatiezentren im Herz (Purves 2011, S. 1391 ff)

Bei der normalen Erregungsausbreitung im Herz entsteht die Erregung im Sinusknoten, der im rechten Vorhof liegt. Von dort breitet sich die Erregung über die Vorhofmuskulatur aus, sammelt sich im AV-Knoten (Atrioventrikularknoten zwischen Vorhof und Herzkammer), durchfließt die Kammerschenkel bis sie dann durch die Purkinje-Fasern die Herzkammerwand erregt. Fällt der Sinusknoten aus, kann der AV-Knoten als sekundäres Automatiezentrum einspringen. Dabei sinkt die Herzfrequenz deutlich.

Die AV-Fasern sind spezialisierte Herzmuskelfasern und haben eine Länge von etwa 5 mm. Grundsätzlich können jedoch alle Herzmuskelzellen Erregungen in Form von Aktionspotentialen weiterleiten.

Erregungsleitung im Herz	**Ruhepotential in mV**	**Faserdurchmesser**	**Leitungsgeschwindigkeit**	**Leitungszeit ab Sinusknoten**
Sinusknoten	−50 bis −60	2–7 µm	–	–
Vorhofwand	−80 bis −90	3–17 µm	0,8–1,0 m/s	80 ms
AV-Fasern	−60 bis −70	3–11 µm	0,05 m/s	160 ms
Kammerschenkel	−90 bis −95	9–18 µm	2,5 m/s	–
Kammerwand	−80 bis −90	10–25 µm	0,5–1 m/s	250 ms
Frequenz der Automatiezentren				
Sinusknotenfrequenz (Keith-Flack-Knoten)				60–80/Minute
AV-Knotenfrequenz (Aschoff-Tawara-Knoten)				40–60/Minute
Kammereigenfrequenz				20–40/Minute

Schmidt, Lang, Heckmann 2010; Faller 2012

1.5 Blutkreislauf und Stoffaustausch (Purves 2011, S. 1388 ff)

Das Herz befördert das Blut in den Gefäßen durch den Körper. Die Arterien führen das Blut aus dem Herz heraus, die Venen bringen es zum Herz zurück. Im Körper liegen zwischen den Arterien und den Venen die mikroskopisch kleinen Kapillaren (Haargefäße), durch deren Wände der Stoffaustausch erfolgt.

Bei diesem Stoffaustausch in den Kapillaren werden große Moleküle in kleinen Bläschen (Vesikel) durch die Kapillarwände transportiert. Kleinere Moleküle und das Wasser können durch den Blutdruck filtriert werden oder sie werden durch den osmotischen Druck transportiert.

Tab. 1.5.1 Zahlen zum Staunen

Literatur siehe nachfolgende Tabellen

Ausgewählte Angaben zum Blutkreislauf aus den nachfolgenden Tabellen	
Geschätzte Gesamtzahl aller Kapillaren im Körper eines erwachsenen Menschen	30 Milliarden
Mittlerer Durchmesser einer Kapillare	7 µm
Zum Vergleich: Durchmesser eines Erythrozyten	7,5 µm
Gesamtquerschnitt aller Kapillaren im Körper	3000 cm^2
Austauschfläche aller Kapillaren im Körper	ca. 300 m^2
Gesamtvolumen aller Kapillaren im Körper	60 cm^3
Blutversorgung von Organen	
Durchblutung der Gehirnrinde	780 ml/min
Durchblutung der Nierenrinde	1200 ml/min
Sauerstoffversorgung von Organen	
Sauerstoffverbrauch pro Minute in der Gehirnrinde	3,5 ml/100 g
Sauerstoffverbrauch pro Minute in der Nierenrinde	6,7 ml/100 g
Zeitdauer, die ein rotes Blutkörperchen braucht, um durch eine Kapillare zu fließen	0,5–5 s
Wasseraustausch in den Kapillaren des Körpers pro Minute	ca. 55 l
Wasseraustausch in den Kapillaren des Körpers pro Tag	ca. 80.000 l
Plasmavolumen, das pro Tag aus dem Blut in den Zwischenzellraum filtriert wird	20 l/Tag
Anteil der filtrierten Menge, der von den Blutgefäßen wieder aufgenommen (reabsorbiert) wird	90 % (18 l/Tag)
Anteil der filtrierten Menge, die als Lymphe abtransportiert wird	10 % (2 l/Tag)
Pulswellengeschwindigkeit in der Aorta (Mittelwert)	5–6 m/s
Pulswellengeschwindigkeit in den Unterschenkelarterien	10 m/s
Zeitdauer, die eine Pulswelle vom Herz bis zur Fußarterie braucht	ca. 0,2 s

Tab. 1.5.2 Größenangaben zu den Blutgefäßen

Abkürzung: Strömungs-V = Strömungsgeschwindigkeit

Gefäße einzeln	**Anzahl im Körper**		**Länge im Körper**	**Durchmesser**
Aorta	1		400 mm	20.000 µm
Lungenschlagader	1		–	15.500 µm
Große Arterien	40		200 mm	3000 µm
Arterienäste	600		100 mm	1000 µm
Arterienzweige	1800		10 mm	600 µm
Arteriolen	40 Mio.		2 mm	20 µm
Kapillaren	30.000 Mio.		1 mm	8 µm
Lungenkapillaren	600 Mio.		1 mm	7 µm
Venolen	80 Mio.		2 mm	30 µm
Venenzweige	1800		10 mm	1500 µm
Venenäste	600		100 mm	2400 µm
Große Venen	40		200 mm	6000 µm
Hohlvene	1		400 mm	12.500 µm
Gefäße zusammen	**Länge im Körper**	**Querschnitt**	**Oberfläche**	**Volumen**
Aorta	40 cm	4 cm^2	126 cm^2	30 cm^3
Große Arterien	800 cm	3 cm^2	754 cm^2	60 cm^3
Arterienäste	6000 cm	5 cm^2	1884 cm^2	50 cm^3
Arterienzweige	18.000 cm	5 cm^2	339 cm^2	5 cm^3
Arteriolen	8.000.000 cm	125 cm^2	50.240 cm^2	25 cm^3
Kapillaren	120.000.000 cm	3000 cm2	3.001.440 cm^2	60 cm^3
Venolen	16.000.000 cm	570 cm^2	150.720 cm^2	110 cm^3
Venenzweige	1800 cm	30 cm^2	848 cm^2	30 cm^3
Venenäste	6000 cm	27 cm^2	4522 cm^2	270 cm^3
Große Venen	800 cm	11 cm^2	1507 cm^2	220 cm^3
Hohlvene	40 cm	1,2 cm^2	157 cm^2	50 cm^3

Gefäße einzeln	Durchmesser	Mittlerer Druck	Strömungs-V
Aorta	20.000–25.000 µm	105 mmHg	1000 mm/s
Kleine Arterie	–	85–105 mmHg	50–100 mm/s
Sehr kleine Arterie	–	75–85 mmHg	20 mm/s
Arteriolen Anfang	20–80 µm	75 mmHg	2–3 mm/s
Arteriolen Ende	–	32–37 mmHg	–
Kapillare			
arterielles Ende	8–2 µm	32–37 mmHg	0,3–0,5 mm/s
in der Mitte	6 µm	21–26 mmHg	0,2–0,5 mm/s
venöses Ende	8–30 µm	16–21 mmHg	0,3–0,5 mm/s
Sehr kleine Vene	23–50 µm	10–21 mmHg	5–10 mm/s
Kleine bis mittlere Vene	–	< 10 mmHg	10–50 mm/s
Mittlere bis große Vene	5000–10.000 µm	< 10 mmHg	50–150 mm/s
Hohlvene	20.000–30.000 µm	< 10 mmHg	100–160 mm/s

Schneider 1971; Schmidt, Thews 1995; ergänzt aus Flindt 2003

Tab. 1.5.3 Der Blutdruck (Purves 2011, S. 1390) in Abhängigkeit von Alter und Geschlecht

Die indirekte Blutdruckmessung erfolgt mit einem Blutdruck-Messgerät, das aus einer mit einem Manometer verbundenen aufblasbaren Gummimanschette besteht. Die Manschette wird am Oberarm angelegt und solange aufgepumpt, bis der Oberarm kein Blut mehr durchlässt. Durch Ablassen der Luft vermindert sich der Druck in der Manschette, und das Herz presst ab einem bestimmten Druck wieder Blut in die zusammengedrückte Arterie. Mit einem Stethoskop werden nun Strömungsgeräusche abgehört.

Das erste hörbare Geräusch ist der obere Wert, der systolische Wert. Er wird hörbar, wenn sich das Herz zusammenzieht und dadurch Blut in die Gefäße pumpt. Das Verschwinden des Strömungsgeräusches markiert den unteren Wert, den diastolischen Wert. Ab diesem Wert fließt das Blut wieder ohne jegliche Behinderung durch die Arterie. Der diastolische Wert entspricht dem Ruhedruck der Gefäße während der Erschlaffungsphase des Herzens. Während der Systole werden die elastischen Strukturen der Arterien gedehnt, in der Diastole üben diese Strukturen wieder einen Druck auf die Blutsäule aus und das Blut wird weitergepresst.

Die Werte in den Klammern sind nach dem Internationalen Einheiten-System in Kilo-Pascal (kPa) umgerechnet (mm Hg × 0,133 = kPa).

	Frauen		**Männer**	
Alter in Jahren	**systolisch mm Hg (kPa)**	**diastolisch mm Hg (kPa)**	**systolisch mm Hg (kPa)**	**diastolisch mm Hg (kPa)**
Neugeb.	60–80 (8–10,5)	– –	60–80 (8–10,5)	– –
1	95 (12,7)	65 (8,7)	96 (12,8)	66 (8,8)
2	92 (12,3)	60 (8,0)	99 (13,2)	64 (8,5)
3	100 (13,3)	64 (8,5)	100 (13,3)	67 (8,8)
5	92 (12,3)	62 (8,3)	92 (12,3)	62 (8,3)
10	103 (13,7)	70 (9,3)	103 (13,7)	69 (9,2)
12	106 (14,1)	72 (9,6)	106 (14,1)	71 (9,5)
15	112 (14,9)	76 (10,1)	112 (14,9)	75 (10,0)
20–24	116 (15,5)	72 (9,6)	123 (16,4)	76 (10,1)
25–29	117 (15,6)	74 (9,9)	125 (16,7)	78 (10,4)
30–34	120 (16,0)	75 (10,0)	126 (16,8)	79 (10,5)
35–39	124 (16,5)	78 (10,4)	127 (16,9)	80 (10,7)
40–44	127 (16,9)	80 (10,7)	129 (17,2)	81 (10,8)
45–49	131 (17,5)	82 (10,9)	130 (17,3)	82 (10,9)
50–54	137 (18,3)	84 (11,2)	135 (18,0)	83 (11,1)
55–59	139 (18,5)	84 (11,2)	138 (18,4)	84 (11,2)
60–64	144 (19,2)	85 (11,3)	142 (18,9)	85 (11,3)
65–69	154 (20,5)	85 (11,3)	143 (19,1)	83 (11,1)
70–74	159 (21,2)	85 (11,3)	145 (19,3)	82 (10,9)
75–79	158 (21,1)	84 (11,2)	146 (19,5)	81 (10,8)
80–84	157 (21,0)	83 (11,1)	145 (19,3)	82 (10,9)
85–89	154 (20,5)	82 (10,9)	145 (19,3)	79 (10,5)
90–94	150 (20,0)	79 (10,5)	145 (19,3)	78 (10,4)

Documenta Geigy 1975, 1977; Pschyrembel 2014

Tab. 1.5.4 Die Verteilung des Blutvolumens im Gefäßsystem und die Verteilung des Herzminutenvolumens auf die Organe

Unter dem Herzzeitvolumen versteht man das aus einer Herzkammer ausgetriebene Blutvolumen. Beim Herzminutenvolumen wird das in einer Minute ausgetriebene Volumen angegeben.

Beim ruhenden Erwachsenen sind das ungefähr 4,9 l/min.

Die Verteilung ändert sich mit den verschiedenen Bedürfnissen des Körpers. So nimmt bei körperlicher Anstrengung die Durchblutung der Skelettmuskulatur und während der Verdauung die Durchblutung der Baucheingeweide stark zu. Normalerweise ist das Herzminutenvolumen der rechten Herzkammer fast gleich groß wie das Herzminutenvolumen der linken Herzkammer.

Aus praktischen Erwägungen hat sich zur Beurteilung der Pumpfunktion des Herzens eher der Wert der Auswurffraktion oder Ejektionsfraktion (EF) eingebürgert, da er direkt aus der Echokardiografie ablesbar ist. Das Herzminutenvolumen wird dagegen bei aufwändigeren Herzkatheteruntersuchungen bestimmt.

Die Angaben beziehen sich auf einen Erwachsenen mit 5,4 l Blut.

Verteilung des Blutvolumens in den verschiedenen Gefäßabschnitten	**Volumen in ml**	**Anteil in %**
Herz	400	7 %
Lungenkreislauf	600	11 %
Körperkreislauf	4400	82 %
davon entfallen auf große Arterien	300	6 %
davon entfallen auf kleine Arterien	500	9 %
davon entfallen auf Kapillaren	300	6 %
davon entfallen auf Venen	3300	61 %
Insgesamt	5400	100 %
Zentrales Blutvolumen (Lungengefäße und linke Herzhälfte)	500–900	19 %
Blutvolumen im Brustkorb	1600	30 %
Verteilung des Herzminutenvolumens in Ruhe		
Die linke Herzkammer pumpt 4,9 l/min in den Körperkreislauf		100 %
davon entfallen auf die Baucheingeweide		21 %

davon entfallen auf das Gehirn	15 %
davon entfällt auf die Haut	8 %
davon entfallen auf die Herzkranzgefäße	5 %
davon entfallen auf die Leber	7 %
davon entfallen auf die Skelettmuskulatur	17 %
davon entfallen auf die Nieren	23 %
Die rechte Herzkammer pumpt 4,9 l/min über den Lungenkreislauf ausschließlich in die Lunge	100 %

Schmidt, Thews 1995; Schmidt, Lang, Heckmann, 2010

Tab. 1.5.5 Die Durchblutung verschiedener Organe

Die absolute Organdurchblutung stellt die Durchblutung des gesamten Organs in ml pro Minute dar. Die relative Organdurchblutung gibt den Anteil der absoluten Durchblutung am gesamten Herzzeitvolumen (HZV) wieder. Die spezifische Organdurchblutung entspricht der absoluten Durchblutung von einem Gramm Gewebe.

Die Durchblutung der Haut dient auch der Regulation des Wärmehaushaltes des Menschen. Bei extremer Hitzebelastung kann die Durchblutung um das 10- bis 20-fache ansteigen.

Organ	Absolute Durchblutung	Relative Durchblutung	Spezifische Durchblutung	Gewicht
Gehirn	780 ml/min	15,0 % v. HZV	0,5 ml/g/min	1,40 kg
Rinde	–	–	1,0 ml/g/min	–
Mark	–	–	0,2 ml/g/min	–
Myokard				
in Ruhe	250 ml/min	5,0 % v. HZV	0,83 ml/g/min	0,30 kg
bei max. Arbeit	–		3,5 ml/g/min	0,30 kg
Nieren	1200 ml/min	23,0 % v. HZV	4,0 ml/g/min	0,30 kg
Rinde	1100 ml/min	21,1 % v. HZV	5,3 ml/g/min	0,21 kg
äußeres Mark	84 ml/min	1,6 % v. HZV	1,4 ml/g/min	0,03 kg
inneres Mark	16 ml/min	0,3 % v. HZV	0,4 ml/g/min	0,06 kg
Skelettmuskel				
in Ruhe	900 ml/min	17,0 % v. HZV	0,03 ml/g/min	30,0 kg
bei max. Arbeit	15.000 ml/min	80,0 % v. HZV	0,6 ml/g/min	30,0 kg

Organ	Absolute Durchblutung	Relative Durchblutung	Spezifische Durchblutung	Gewicht
max. bei Hochleistungssportlern	25.000 ml/min	80,0 % v. HZV	1,0 ml/g/min	30,0 kg
Haut	400 ml/min	8,0 % v. HZV	0,1 ml/g/min	4,0 kg
Leber	1500 ml/min	28,0 % v. HZV	1 ml/g/min	1,5 kg
Milz	k.A.	k.A.	1 ml/g/min	0,15–0,3 kg

Schmidt, Lang, Heckmann, 2010; Behrends et al. 2012

Tab. 1.5.6 Der Sauerstoffverbrauch der Organe

Der normale Sauerstoffverbrauch eines Erwachsenen liegt in Ruhe bei ungefähr 150–300 ml/min. Bei kurzzeitigen Höchstleistungen kann der Wert auf fast 5 Liter pro Minute ansteigen.

Die arterio-venöse Differenz entspricht der unterschiedlichen Sauerstoffkonzentration im arteriellen und im venösen Blut eines Organs und ist somit ein Maß für die Menge an Sauerstoff, die das Organ pro ml Blut aufnimmt. Als Maß für die O_2-Versorgungssituation eines Organs dient die O_2-Utilisation, die das Verhältnis von O_2-Verbrauch zu O_2-Angebot darstellt.

Organ	O_2-Verbrauch	Art.-ven.-O_2-Differenz	O_2-Utilisation
Gehirn	3,5 ml/100 g/min	0,07 ml O_2/ml Blut	35 %
Rinde	10 ml/100 g/min	0,1 ml O_2/ml Blut	45 %
Mark	1 ml/100 g/min	0,05 ml O_2/ml Blut	30 %
Herz			
in Ruhe	10 ml/100 g/min	0,13 ml O_2/ml Blut	60 %
bei maximaler Arbeit	55 ml/100 g/min	0,16 ml O_2/ml Blut	–
Nieren	8 ml/100 g/min	0,02 ml O_2/ml Blut	8 %
Rinde	6,7 ml/100 g/min	–	10 %
äußeres Mark	1,2 ml/100 g/min		25 %
inneres Mark	0,9 ml/100 g/min	–	8 %
Skelettmuskel			
in Ruhe	0,3 ml/100 g/min	0,1 ml O_2/ml Blut	50 %

Organ	O_2-Verbrauch	Art.-ven.-O_2-Differenz	O_2-Utilisation
bei maximaler Arbeit	15 ml/100 g/min	0,15 ml O_2/ml Blut	–
Haut	–	–	–
Leber	5 ml/100 g/min	0,05 ml O_2/ml Blut	25 %
Milz	1 ml/100 g/min	0,01 ml O_2/ml Blut	5 %

Schmidt, Lang, Heckmann, 2010

Tab. 1.5.7 Die Kapillaren (Purves 2011, S. 1397 f)

Die Hauptaufgabe des Blutes ist die Versorgung der Gewebe mit Nährstoffen und Sauerstoff (O_2) sowie der Abtransport von Stoffwechselprodukten und Kohlenstoffdioxid (CO_2). Der Stoffaustausch wird in den Kapillaren vollzogen. Dabei sind in den einzelnen Regionen des Körpers unterschiedlich viele Kapillaren vorhanden. In Geweben mit hohem Sauerstoffbedarf befinden sich viele Kapillaren. Es gibt auch Körpergewebe ohne Kapillaren. So werden Gelenkknorpel oder Herzklappen ausschließlich durch Diffusion versorgt. Entsprechend gering ist der Stoffwechsel dieser Gewebe durch lange Diffusionswege und ihre Regenerationsfähigkeit ist eingeschränkt.

Angaben zu Anzahl und Anatomie der Kapillaren	
Geschätzte Gesamtzahl der Kapillaren im Körper	30.000 Mio.
Gesamtzahl der durchströmten Kapillaren in Ruhe	10.000 Mio. (ca. 30 %)
Mittlerer Durchmesser einer Kapillare	7 µm
Zum Vergleich: Durchmesser rotes Blutkörperchen	7,5 µm
Gesamtquerschnitt aller Kapillaren eines Menschen	3000 cm^2
Austauschfläche aller Kapillaren eines Menschen	ca. 300 m^2
Gesamtvolumen aller Kapillaren eines Menschen	60 cm^3
Anzahl der Kapillaren pro Flächeneinheit:	
Phasische Skelettmuskulatur	300–1000/mm^2

Angaben zu Anzahl und Anatomie der Kapillaren	
Tonische Skelettmuskulatur	1000/mm^2
Gehirn, Nieren, Herzwand	2500–4000/mm^2
Mittlere Länge einer Kapillare	1 mm
Mittlere Dicke der Kapillarwand	0,5 µm

Schmidt Thews 1995; Schmidt, Lang, Heckmann, 2010

Tab. 1.5.8 Stoffaustausch durch Filtration und Reabsorption in den Kapillaren (Purves 2011, S. 1398f)

Der Hauptteil des Stoffaustausches zwischen Kapillarblut und Gewebe vollzieht sich durch die Diffusion, deren treibende Kraft der Konzentrationsunterschied der Stoffe im Blut und im Gewebe ist.

Zusätzlich werden auch über rein druckabhängige Filtration und Reabsorption Stoffe zwischen den Kapillaren und den Geweben ausgetauscht. Die Filtrationsrate an den Kapillaren hängt vom Gewebe ab: In der Skelettmuskulatur beispielsweise sind die Interzellulärspalten des Endothels deutlich kleiner als im Nieren- oder Lebergewebe. Zwischen der im arteriellen Kapillarschenkel filtrierten und der im venösen Kapillarschenkel sowie im Lymphsystem reabsorbierten Flüssigkeit entsteht unter physiologischen Bedingungen ein Fließgleichgewicht.

Druckverhältnisse im Kapillarbett	
Hydrostatischer Druck	
im arteriellen Schenkel der Kapillare	30 mmHg
im venösen Schenkel der Kapillare	20 mmHg
im Interstitium	0 mmHg
Kolloidosmotischer Druck	
im Blut	25 mmHg
im Interstitium	8 mmHg
Effektiver Filtrationsdruck im arteriellen Schenkel der Kapillare	13 mmHg
Effektiver Reabsorptionsdruck im venösen Schenkel der Kapillare	7 mmHg
Stoffaustausch, Filtrations- und Reabsorptionsvolumen in den Kapillaren	
Kapillarer Wasseraustausch	
pro Minute	ca. 55 l/min
pro Tag	ca. 80.000 l/Tag

Kapillarer Glukoseaustausch	
pro Minute	ca. 14 g/min
pro Tag	ca. 20.000 g/Tag
Verbrauch pro Tag	ca. 400 g
Anteil des Plasmas, das pro Zirkulationszyklus filtriert wird	0,5 %
Volumen, das pro Tag im ganzen Körper eines Erwachsenen filtriert wird	20 Liter/Tag
Anteil der filtrierten Menge, die pro Tag wieder reabsorbiert wird	90 % (18 Liter/ Tag)
Anteil der filtrierten Menge, die pro Tag als Lymphe abtransportiert wird	10 % (2 Liter/Tag)
Mittlere Strömungsgeschwindigkeit des Blutes in den Kapillaren	0,2–1 mm/s
Zeitdauer, die ein rotes Blutkörperchen braucht, um durch eine Kapillare zu fließen	0,5–5 s

Hick 2006; Mörike, Betz, Mergenthaler 2007

Tab. 1.5.9 Porenweite der Kapillaren und Molekülradien

Die Wände der Kapillaren besitzen nur eine dünne, auf der Basalmembran liegende Endothelzellschicht. Die Zellen sind miteinander durch Kalziumproteinat verkittet. Weiße Blutkörperchen können Kapillarwände aktiv durchstoßen.

Die Porengröße der Kapillarwand ist entscheidend für den Austausch wasserlöslicher Stoffe zwischen dem Kapillarblut und den Geweben.

Porenweite der Kapillaren im Vergleich zu Molekülradien	
Anatomischer Porenradius	15–20 nm
Tatsächlicher Porenradius des Passageweges	4–5 nm
Anteil der Poren an der Oberfläche der Kapillaren	0,1–0,3 %
Verhältnis von Molekülradius zu Porenradius, ab dem die Diffusion erheblich eingeschränkt wird	1/10
Molekülradien zum Vergleich	
Sauerstoff	0,16 nm
Na^+, Cl^-	0,23 nm
Harnstoff	0,26 nm
Glukose	0,36 nm

Porenweite der Kapillaren im Vergleich zu Molekülradien	
Insulin	1,50 nm
Myoglobin	1,90 nm
Albumin	3,50 nm
γ-Globulin	5,60 nm
Fibrinogen	10,80 nm

Hick 2006; Schmidt, Lang, Heckmann, 2010

Tab. 1.5.10 Veränderungen im Herzkreislaufsystem beim Übergang vom Liegen zum Stehen

Beim Übergang vom Liegen zum Stehen versacken beim Erwachsenen etwa 600 ml Blut in den Beinen. Dieser Volumenmangel wird durch Kompensationsmechanismen des Herz-Kreislauf-Systems ausgeglichen.

Parameter	Veränderung
Herzfrequenz	Zunahme um 30 %
Zentrales Blutvolumen	Abnahme um 400 ml
Blutvolumen in den Beinen	Zunahme um 600 ml
Zentraler Venendruck (im rechten Vorhof)	Abnahme um 3 mmHg
Schlagvolumen des Herzens	Abnahme um 40 %
Herzminutenvolumen (HMV)	Abnahme um 25 %
Diastolischer Blutdruck	Zunahme um 5 mmHg
Totaler peripherer Widerstand im Gefäßsystem	Zunahme um 30 %
Durchblutung in Abdomen, Niere und Extremitäten	Abnahme um 25 %

Schmidt, Lang, Heckmann, 2010

Tab. 1.5.11 Einfluss des hydrostatischen Drucks im Stehen auf venöse und arterielle Druckwerte in Organen und Extremitäten

Die Blutdruckwerte des stehenden Menschen werden durch die Erdgravitation beeinflusst. So entsteht neben dem Blutdruck ein zusätzlicher hydrostatischer Druck durch das Gewicht der Blutsäule.

Aus diesem Grund sind die arteriellen und venösen Drücke im Fuß wesentlich höher als die im Kopf. Am hydrostatischen Indifferenzpunkt, der 5–10 cm unterhalb des Zwerchfells liegt, ändern sich die Blutdruckwerte beim Lagewechsel vom Liegen zum Stehen nicht.

	Venendruck	**Arterieller Druck**
Kopf (*Sinus sagittalis*)	−10 mmHg	+70 mmHg
Herz	0 mmHg	+100 mmHg
Bauch	+11 mmHg	–
Bein (*A.-V. femoralis*)	+40 mmHg	–
Fuß (*A.-V. dorsalis pedis*)	+90 mmHg	+190 mmHg
Hand (herunterhängend)	+35 mmHg	–
Hand (hochgestreckt)	−30 mmHg	+5 mmHg

Hick 2006; Schmidt, Lang, Heckmann, 2010

Tab. 1.5.12 Pulswellengeschwindigkeit im Blutgefäßsystem

Unter Pulswellengeschwindigkeit versteht man die Ausbreitungsgeschwindigkeit der Pulswelle. Sie ist erheblich größer als die Strömungsgeschwindigkeit des Blutes in den entsprechenden Abschnitten des Gefäßsystems.

Eine höhere Pulswellengeschwindigkeit (kürzere Pulswellenlaufzeit) geht mit einer Erhöhung des Blutdrucks einher. Eine niedrigere Pulswellengeschwindigkeit wird von Blutdruckerniedrigung begleitet.

Pulswellengeschwindigkeit in verschiedenen Arterien	
Gesamte Aorta (Mittelwert)	5–6 m/s
Aufsteigende Aorta (A. ascendens)	4 m/s
Armarterien	6 m/s
Unterschenkelarterien	10 m/s
Lungenarterie	1,5–2 m/s
Zeitdauer, die eine Pulswelle vom Herz bis zur Fußarterie braucht	ca. 0,2 s
Pulsdauer	
Systolischer Abschnitt	0,2–0,3 s
Diastolischer Abschnitt	0,5–0,7 s

Keidel 1985

Tab. 1.5.13 Der fetale Blutkreislauf

Die Plazenta dient dem Fetus als „Darm“ (Nährstoffaufnahme), als „Niere“ (Ausscheidung von Abbauprodukten) und auch als „Lunge“ (O_2-Aufnahme und CO_2-Abgabe). Aus diesem Grund ist eine nennenswerte Durchblutung von Lunge und Leber im Fetus nicht erforderlich, was durch 3 Kurzschlüsse im fetalen Kreislauf erreicht wird:

- *Foramen ovale*: Das Blut fließt vom rechten Vorhof direkt zum linken Vorhof.
- *Ductus arteriosus* (Botalli): Das Blut fließt von der Lungenarterie in die Aorta.
- *Ductus venosus*: Blut der Nabelvene fließt an der Leber vorbei.

Abkürzung: KG = Körpergewicht

Besonderheiten beim fetalen Blutkreislauf und Veränderungen nach der Geburt	
Vitalparameter des Fetus kurz vor der Geburt	
Herzfrequenz	130–160 Schläge/min
mittlerer Blutdruck	65 mmHg (8,7 kPa)
Herzzeitvolumen	0,25 l/kg KG/min
Herzzeitvolumen (Körpergewicht von 3,5 kg)	0,875 l/min
Verteilung des Herzzeitvolumens im Fetus	
Plazenta	50 %
Lunge	15 %
Körper	35 %
Blutauswurf der rechten Herzkammer	
zur Lunge	25 %
über *Ductus arteriosus* (Botali) zur Aorta	75 %
Sauerstoffsättigung des Blutes (volle Sättigung = 100 %)	
Blut in der Plazenta	80 %
Blut in der Nabelvene	80 %
Blut in der unteren Hohlvene nach dem Zusammenfluss mit der Nabelvene	67 %
Blut in der unteren Hohlvene vor dem Zusammenfluss mit der Nabelvene	25 %
Blut in der Aorta	60 %
Blut in der Lungenarterie	52 %

Besonderheiten beim fetalen Blutkreislauf und Veränderungen nach der Geburt	
Veränderungen des Kreislaufs nach der Geburt	
Funktioneller Verschluss des *Ductus arteriosus*	Stunden bis Tage
Morphologischer Verschluss *des Ductus arteriosus*	Ende 1. Lebensjahr
Funktioneller Verschluss des *Ductus venosus*	nach 3 Stunden
Beginn des Verschlusses des *Foramen ovale*	nach 1 Stunde
Ende des Verschlusses des *Foramen ovale*	nach wenigen Tagen
Anteil der Menschen mit einem offenen *Foramen ovale* (für den Blutkreislauf meist unbedeutend)	20–30 %

Keidel 1985; Silbernagl 2012

1.6 Atmung (Purves 2011, S. 1354 ff), Grundumsatz und Energiestoffwechsel (Purves 2011, S. 1116 ff)

Die Lunge (Purves 2011, S. 1365 ff) ist neben dem Herz ein weiteres zentrales Organ des menschlichen Körpers. Durch die äußere Atmung wird Sauerstoff (O_2) in den Körper gebracht und Kohlenstoffdioxid (CO_2) aus ihm entfernt. Auf ihrem Weg durch Nase, Mund und Hals wird die eingeatmete Luft erwärmt, mechanisch gereinigt und angefeuchtet. Die Atemluft gelangt durch das Heben des Brustkorbs und/oder durch die Kontraktion des Zwerchfells in die Lungen. Die Lugen selbst werden lediglich durch einen dünnen Flüssigkeitsfilm im Pleuralspalt flexibel und beweglich am Thorax gehalten und sie folgen passiv dessen Bewegungen. In den Lungenbläschen findet der Gasaustausch statt.

Das Blut transportiert den Sauerstoff zu den Zellen, in denen bei der Zellatmung energiereiche Stoffe unter Sauerstoffverbrauch und ATP-Bildung abgebaut werden.

Tab. 1.6.1 Zahlen zum Staunen

Literatur siehe nachfolgende Tabellen

Ausgewählte Angaben zur Atmung aus den nachfolgenden Tabellen	
Luftmenge, die ein gesunder Erwachsener täglich ein- und ausatmet	mind. 10.000 l Luft
Gesamtventilation während einer Lebensdauer von 75 Jahren	ca. 285 Millionen l Luft
Atemgrenzwert (maximales ventilierbares Gasvolumen)	120–170 l/min

Ausgewählte Angaben zur Atmung aus den nachfolgenden Tabellen	
Sauerstoffaufnahme eines gesunden Erwachsenen (durchschnittlich)	400–800 l/Tag
Kohlenstoffdioxidabgabe eines gesunden Erwachsenen (durchschnittlich)	350–700 l/Tag
Anzahl der Lungenbläschen in der Lunge	
Mann (durchschnittlich)	400 Millionen
Frau (durchschnittlich)	320 Millionen
Innere Austauschfläche in der gesamten Lunge eines Erwachsenen	
durchschnittlich	60–90 m^2
bei der Einatmung	103–129 m^2
bei der Ausatmung	40–50 m^2
Gesamtlänge aller Lungenkapillaren der Lunge eines Erwachsenen (nach Rucker)	ca. 13 km
Täglicher Blutdurchsatz durch die Lungen	7000 Liter
Druckerhöhung auf einen Taucher pro 10 m Tauchtiefe	ca. 1 bar (100 kPa)
Außendruck in 40 m Wassertiefe	ca. 5 bar (3800 mmHg)
Luftdruck (Außendruck) auf dem Mount Everest	ca. 0,28 bar (210 mmHg)
Höhe, ab der Körperflüssigkeiten ohne Schutz anfangen würden zu sieden	20.000 m

Tab. 1.6.2 Die Lunge und die Luftröhre des Menschen

Die Werte sind, wenn nicht anders angegeben, Mittelwerte für einen männlichen Erwachsenen.

Anatomische und physiologische Werte zu den Lungen	
Gewicht der Lunge nach dem Alter	
bei einem Kleinkind, 1 Jahr alt	ca. 170 g
bei einem Kind, 5 Jahre alt	ca. 300 g
bei einem Kind, 10 Jahre alt	ca. 450 g
bei einem Jugendlichen, 15 Jahre alt	ca. 700 g
bei einem Erwachsenen, 20 Jahre alt	ca. 1100 g
Länge eines Lungenflügels	ca. 25 cm

Zahl der Lungenlappen	links 2, rechts 3
Zahl der Lungensegmente	links 9, rechts 10
Volumen der Lungenflügel: links/rechts	1400 cm^3 l/1500 cm^3
Zahl der Lungenbläschen beim Mann	ca. 400 Mio.
Zahl der Lungenbläschen bei der Frau	ca. 320 Mio.
Innere Austauschfläche (durchschnittlich)	60–90 m^2
bei der Einatmung	103–129 m^2
bei der Ausatmung	40–50 m^2
Dicke des Hauptbronchus: links/rechts	0,7 cm/0,9 cm
Länge des Hauptbronchus: links/rechts	4,5 cm/3,0 cm
Innerer Durchmesser der Endbronchioli	0,4 mm
Lichte Weite eines Lungenbläschens bei Einatmung	0,1–0,2 mm
Lichte Weite eines Lungenbläschens bei Ausatmung	0,5 mm
Flüssigkeit im Pleuralspalt	5 ml
Gesamtlänge aller Lungenkapillaren (nach Rucker)	ca. 13 km
Durchlaufzeit eines Erythrozyten durch eine Lungenkapillare	0,6–1,0 s
Blutvolumen in allen Gefäßen der Lunge	ca. 600 ml
Täglicher Blutdurchsatz durch die Lungen	7000 Liter
Anatomische und physiologische Werte zur Luftröhre (Trachea)	
Länge der Luftröhre beim Erwachsenen	10–12 cm
Innendurchmesser bei einer lebenden Person	12 mm
Innendurchmesser nach dem Tode	16 mm
Anzahl der Knorpelspangen	16–20
Längsdehnung bei tiefer Einatmung	
normale Kopfhaltung	1,5 cm
zusätzlich Kopf in den Nacken	2,5 cm
Bifurkationswinkel (zwischen den beiden Hauptbronchien)	
beim Kind	70–80°
beim Erwachsenen	55–65°
Geschwindigkeit des Partikeltransports durch das Flimmerepithel	15 mm/min

Keidel 1985; Mörike, Betz, Mergenthaler 2007; Schmidt, Lang, Heckmann 2010; Faller und Schünke 2012

Tab. 1.6.3 Aufzweigungsschritte des Atemwegsystems

In der Leitungszone kommt die Luftbewegung durch Konvektion zustande. Ab der Übergangszone nimmt die Diffusion eine immer wichtigere Stellung ein.

Atemwegsystem	Aufteilungsschritte	Gesamtquerschnitt	Durchmesser in mm
Luftröhre	0	6,3 cm²	12–15
Hauptbronchien	1	–	10
Segmentbronchien	3	< 30 cm²	–
Bronchioli	4–15	–	< 1
Bronchioli terminales	16	150 cm²	0,4
Bronchioli respiratorii	17–19	–	0,15–0,2
Alveolen (Lungenbläschen)	23	1 Mio. cm²	0,25

Schmidt und Thews 1995; Junqueira, Carneiro, Gratzl 2004; Schmidt, Lang, Heckmann 2010

Tab. 1.6.4 Atemfrequenz, Atemzugvolumen und Ateminutenvolumen in Abhängigkeit vom Alter und dem Geschlecht

Das Atemminutenvolumen errechnet sich aus dem Produkt von Atemzugvolumen und Atemfrequenz bei körperlicher Ruhe. Es nimmt bei steigender körperlicher Aktivität zu.

Alter und Geschlecht	Atemfrequenz	Atemzugvolumen	Atemminutenvolumen
Neugeborene	49,7	17,3 ml	0,83 l/min
Säuglinge	62,8	17,5 ml	1,03 l/min
Kinder, 2–3 Jahre	23,7	122,0 ml	2,80 l/min
Kinder, 4–5 Jahre	23,2	138,0 ml	4,00 l/min
Kinder, 6–7 Jahre	21,1	203,0 ml	4,30 l/min
Knaben, 12 Jahre	16,3	305,0 ml	4,80 l/min
Mädchen, 12 Jahre	16,1	289,0 ml	4,50 l/min
Knaben, 14 Jahre	17,0	316,0 ml	5,30 l/min

Alter und Geschlecht	Atemfrequenz	Atemzugvolumen	Atemminutenvolumen
Mädchen, 14 Jahre	15,6	315,0 ml	4,90 l/min
Knaben, 16 Jahre	15,6	344,0 ml	5,10 l/min
Mädchen, 16 Jahre	15,2	282,0 ml	4,20 l/min
Erwachsene, 20–39 Jahre	17,2	494,2 ml	8,50 l/min
Erwachsene, 40–59 Jahre	16,9	562,1 ml	9,50 l/min
Erwachsene, ab 60 Jahren	16,3	644,1 ml	10,50 l/min
Männer, ruhend	11,7	630,0 ml	7,40 l/min
Männer, leichte Arbeit	17,1	1670,0 ml	28,60 l/min
Männer, Schwerarbeit	21,2	2030,0 ml	43,00 l/min
Männer, hoch ausdauertrainiert (Durchschnitt N=56)	70,0	4000,00 ml	<250 l/min
Frauen, ruhend	11,7	390,0 ml	4,60 l/min
Frauen, leichte Arbeit	19,0	860,0 ml	16,40 l/min

Documenta Geigy 1975, 1977; Weineck 2009b

Tab. 1.6.5 Lungenvolumina und Ventilation

Gasvolumina werden bei Körpertemperatur, standardisiertem Luftdruck und Wasserdampfsättigung angegeben und sind Mittelwerte für einen gesunden jungen Mann mit 1,7 m^2 Körperoberfläche in körperlicher Ruhe.

Das Totraumvolumen ist die Luftmenge, die nicht aktiv am Gasaustausch beteiligt ist, also bei der Atmung im Raum zwischen Mund und Lungenbläschen stehen bleibt.

Lungenvolumina	
Totalkapazität	6000 ml
Vitalkapazität (maximale Ausatmung nach maximaler Einatmung)	4500 ml

Residualvolumen (Restvolumen der Lunge nach maximaler Ausatmung)	1500 ml
Atemzugvolumen (die bei normaler Atemtätigkeit bewegte Luftmenge)	500 ml
Inspiratorisches Reservevolumen (zusätzliche maximale Einatmung nach normaler Einatmung)	3000 ml
Exspiratorisches Reservevolumen (zusätzliche maximale Ausatmung nach normaler Ausatmung)	1000 ml
Funktionelles Reservevolumen (Restvolumen der Lunge nach normaler Ausatmung)	2500 ml
Totraumvolumen (hier findet kein Gasaustausch statt)	150 ml
Totraumvolumen pro kg Körpergewicht	2 ml/kg
Anteil des Totraumvolumens am Atemzugvolumen	ca. 30 %
Ventilation	
Atemminutenvolumen (Atemzugvolumen 0,5 l, Atemfrequenz 15/min)	7500 ml/min
davon alveolare Ventilation	5250 ml/min
davon Totraumventilation	2225 ml/min
Atemgrenzwert (maximales ventilierbares Gasvolumen)	120–170 ml/min
Ventilation	
beim Schlafen	ca. 5 l Luft/min
beim Liegen	ca. 8 l Luft/min
beim Spazierengehen	ca. 14 l Luft/min
bei längerem Radfahren	ca. 40 l Luft/min
beim Schwimmen	ca. 43 l Luft/min
beim Rudersport	ca. 140 l Luft/min
bei schnellstem Lauf	ca. 170 l Luft/min
Tägliche Ventilation der Lunge (≙ Lehrschwimmbecken 20 × 10 m)	mind. 10.000 l Luft
Gesamtventilation im Leben (≙ Ladevolumen mittelgroßer Öltanker)	ca. 285 Mio l Luft

Hick 2006; Mörike, Betz, Mergenthaler 2007; Schmidt, Lang, Heckmann 2010; Faller und Schünke 2012

Tab. 1.6.6 Unterschiede der Vitalkapazität nach Geschlecht, Alter, Körperlänge und bei Sportlern

Die Vitalkapazität entspricht dem Volumen einer maximalen Ausatmung, wenn davor maximal eingeatmet wurde. Gemessen wird mit einem Spirometer. Das Ausatmen erfolgt dabei über ein Mundstück, die Nasenatmung sollte durch eine Nasenklemme verhindert werden.

Die Messgenauigkeit hängt neben physikalischen Faktoren, wie z. B. dem Luftdruck, sehr stark von dem Bemühen der Probanden ab und muss deshalb subjektiv gewertet werden.

Man unterscheidet die statische Vitalkapazität, die nur das Luftvolumen der Lunge selbst betrachtet, und die dynamische Vitalkapazität, die den Gasfluss bei Ein- und Ausatmung mit berücksichtigt.

Zu den statischen Kenngrößen zählen die exspiratorische und die inspiratorische Vitalkapazität. Zu den dynamischen Kenngrößen zählt die forcierte Vitalkapazität.

Die Werte beziehen sich auf Messungen mit Atemvolumengeräten von der Firma Aesculap. Bei den Durchschnittswerten der Sportler wurde von männlichen Erwachsenen mit 70 kg Körpermasse ausgegangen.

Alter	Vitalkapazität bei Jungen	Vitalkapazität bei Mädchen
9 Jahre	1400 ml	1400 ml
10 Jahre	1650 ml	1500 ml
11 Jahre	1800 ml	1600 ml
12 Jahre	1900 ml	1750 ml
13 Jahre	2050 ml	1900 ml
14 Jahre	2300 ml	2100 ml
15 Jahre	2400 ml	2200 ml
Körperlänge	**Vitalkapazität bei Männern**	**Vitalkapazität bei Frauen**
150 cm	2350 ml	2200 ml
155 cm	2600 ml	2400 ml
160 cm	2900 ml	2600 ml
165 cm	3200 ml	2800 ml
170 cm	3500 ml	3000 ml
175 cm	3800 ml	3200 ml
180 cm	4100 ml	3400 ml

Sportart	Vitalkapazität bei männlichen Sportlern
Schwerathlet	3950 ml
Fußballspieler	4200 ml
Leichtathlet	4750 ml
Boxer	4800 ml
Schwimmer	4900 ml
Ruderer	5450 ml

Mörike, Betz, Mergenthaler 2007

Tab. 1.6.7 Sauerstoffverbrauch und Gasaustausch (Purves 2011, S. 1371 ff)

Sauerstoff ist für den Menschen absolut lebensnotwendig. Ein Mangel an Sauerstoff (Hypoxie) führt zur Störung der Körperfunktion oder gar zum Tod. Ist die Versorgung von Zellen mit Sauerstoff unterbrochen (z. B. bei einem Herzstillstand) treten beispielsweise im Gehirn nach wenigen Minuten irreversible Schädigungen an Neuronen auf, die Funktionserhaltungszeit des Herzens beträgt unter Hypoxie (Sauerstoffmangelversorgung) noch etwa eine Minute. Die Atemgase werden entlang eines Konzentrations- bzw. Partialdruckgefälles durch Diffusion transportiert. Die Diffusionskapazität ist ein Maß für die Fähigkeit eines Atemgases, die alveokapilläre Membran (Blut-Luft-Schranke) zu passieren.

Durchschnittlicher Sauerstoffverbrauch eines Erwachsenen	
In Ruhe	150–300 ml/min
Bei leichter Arbeit (60 W)	1000–1200 ml/min
Bei mittelschwerer Arbeit (120 W)	1600–1950 ml/min
Bei schwerer Arbeit (180 W)	2000–2600 ml/min
Bei kurzzeitigen Spitzenleistungen	3000–4900 ml/min
Anteil der Skelettmuskulatur	4500 ml/min
Anteil der Herzmuskulatur	90 ml/min
Anteil der Leber	50 ml/min
Bei kurzzeitigen Spitzenleistungen von Spitzensportlern in Ausdauersportarten	bis 7000 ml/min

Sauerstoffverbrauch pro kg Körpergewicht	
Frühgeborene	2,6 ml/min
Neugeborene (bis 7. Tag)	5,7 ml/min
Säugling, 3 Monate	6,9 ml/min
Säugling, 6 Monate	7,1 ml/min
Säugling, 12 Monate	7,0 ml/min
Erwachsene	
in Ruhe	3,4 ml/min
bei Schwerstarbeit	70,0 ml/min
Angaben zum Gasaustausch	
Alveokapilläre Membran (Blut-Luft-Schranke)	
Dicke	1 µm
Kontaktzeit eines Erythrozyten	0,7 s
Diffusionszeit für O_2	0,3 s
Verhältnis Ventilation zu Durchblutung in der Lunge	0,8–1
Sauerstoffaufnahme pro Tag	400–800 l
Sauerstoffaufnahme pro Minute	280 ml/min
Kohlenstoffdioxidabgabe pro Tag	350–700 l
Kohlenstoffdioxidabgabe pro Minute	230 ml/min
Respiratorischer Quotient V_{CO2}/V_{O2}	0,82
O_2-Diffusionskapazität	225 ml · min^{-1} · kPa^{-1}
CO_2-Diffusionskapazität	5100 ml · min^{-1} · kPa^{-1}
CO-Diffusionskapazität	300 ml · min^{-1} · kPa^{-1}

Flügel, Greil, Sommer 1986; Wieser 1986

Tab. 1.6.8 Zusammensetzung der Atemluft sowie Partialdrücke

In einem Gasgemisch addieren sich die Teil- oder Partialdrücke der einzelnen Gase immer zum Gesamtdruck (auf Meereshöhe: 760 mmHg bzw. 101,3 kPa). Die trockene Außenluft wird bei der Passage durch die Luftwege vollständig mit Wasser gesättigt.

Atemgas	Anteile des Luftgemisches	Anteil am Gesamtvolumen	Partialdruck des Gases
Inspirationsluft	Sauerstoff (O_2)	20,9 Vol %	150 mmHg (20 kPa)
	Kohlenstoffdioxid (CO_2)	0,03 Vol %	0,23 mmHg (0,03 kPa)
	Stickstoff (N_2) u. Edelgase	79,1 Vol %	601 mmHg (80,13 kPa)
Alveoläres Luftgemisch	Sauerstoff (O_2)	13,2 Vol %	100 mmHg (13,33 kPa)
	Kohlenstoffdioxid (CO_2)	5,1 Vol %	39 mmHg (5,2 kPa)
	Stickstoff (N_2) u. Edelgase	75,5 Vol %	574 mmHg (76,5 kPa)
	Wasserdampf	6,2 Vol %	47 mmHg (6,27 kPa)
Expirationsluft	Sauerstoff (O_2)	15,1 Vol %	115 mmHg (15,33 kPa)
	Kohlenstoffdioxid (CO_2)	4,3 Vol %	33 mmHg (4,4 kPa)
	Stickstoff (N_2) u. Edelgase	74,4 Vol %	565 mmHg (75,33 kPa)
	Wasserdampf	6,2 Vol %	47 mmHg (6,27 kPa)

Schmidt, Lang, Heckmann 2010; Silbernagl 2012

Tab. 1.6.9 Atemgase im Blut und im Gewebe

In der Lunge findet ein vollständiger Partialdruckausgleich zwischen den Alveolen und dem Blut statt. Die Partialdrücke in den Alveolen und im arteriellen Blut sind nicht identisch, da sich das arterielle Blut schon in der Lunge mit etwas venösem und sauerstoffarmen Blut mischt.

Atemgas	Anteile des Luftgemisches	Partialdruck des Atemgases
Arterielles Blut	Sauerstoff (O_2)	95 mmHg (12,66 kPa)
	Kohlenstoffdioxid (CO_2)	41 mmHg (5,47 kPa)
	Stickstoff (N_2) u. Edelgase	573 mmHg (76,4 kPa)
	Wasserdampf	47 mmHg (6,27 kPa)

Atemgas	Anteile des Luftgemisches	Partialdruck des Atemgases
Gewebe	Sauerstoff (O_2)	< 40 mmHg (< 5,33 kPa)
	Kohlenstoffdioxid (CO_2)	> 45 mmHg (> 6,0 kPa)
	Stickstoff (N_2) u. Edelgase	573 mmHg (76,4 kPa)
	Wasserdampf	47 mmHg (6,27 kPa)
Venöses Blut	Sauerstoff (O_2)	40 mmHg (5,33 kPa)
	Kohlenstoffdioxid (CO_2)	45 mmHg (6,0 kPa)
	Stickstoff (N_2) u. Edelgase	573 mmHg (76,4 kPa)
	Wasserdampf	47 mmHg (6,27 kPa)

Schmidt, Lang, Heckmann 2010; Silbernagl 2012

Tab. 1.6.10 Partialdrücke der Atemgase im fetalen Blut

Die Plazenta erfüllt für den Fetus unter anderem die Funktion einer Lunge. Das arterielle Blut der Mutter gibt Sauerstoff an den fetalen Kreislauf ab und nimmt Kohlenstoffdioxid auf.

Die *Vena umbilicalis* bringt sauerstoffreiches Blut von der Plazenta zum Fetus. Die *Arteria umbilicalis* bringt sauerstoffarmes Blut vom Fetus zur Plazenta.

Gefäße des Fetus und zum Vergleich von Jugendlichen	O_2-Partialdruck in mmHg (kPa)	O_2-Sättigung in %	CO_2-Partialdruck in mmHg (kPa)	CO_2-Gehalt/100 ml Blut in ml
Vena umbilicalis	25 (3,3)	60	43 (5,7)	40
Arteria umbilicalis	15 (2,0)	25–30	55 (7,3)	47
Zum Vergleich:				
arterielles Blut eines Jugendlichen	95 (12,6)	97	40 (5,3)	48
venöses Blut eines Jugendlichen	40 (5,3)	73	45 (6,0)	52

Keidel 1985; Schmidt, Lang, Heckmann 2010

Tab. 1.6.11 Atembedingungen beim Tauchen

Beim Tauchen ist der normale Zugriff zur Atemluft versperrt. Darüber hinaus steigt der Außendruck mit zunehmender Tiefe unter Wasser erheblich an, so dass ab 1,12 m Tauchtiefe die Atemmuskulatur den Brustraum nicht mehr erweitern kann – daher kann nur noch mit Überdruckgeräten eingeatmet werden.

Angaben zu Atembedingungen beim Tauchen und beim Schnorcheln	
Erhöhung des Außendrucks pro 10 m Wassertiefe	ca. 100 kPa (760 mmHg)
Tauchtiefe, ab der sich das Lungenvolumen nicht mehr verkleinert	30–40 m
Partialdruck des O_2, ab dem eine den Zellstoffwechsel schädigende Wirkung eintritt	220 kPa
das entspricht einer Tauchtiefe	> 75 m
Narkotisierende Wirkungen des N_2 (Tiefenrausch)	
ab einem Partialdruck von	500 kPa
das entspricht einer Tauchtiefe	> 40–60 m
Tauchen mit einem Schnorchel	
Maximales Volumen eines Schnorchels nach DIN-Norm	134 ml
das entspricht einer Todraumvergrößerung auf	284 ml
Maximale Schnorchellänge nach DIN-Norm	20–30 cm
Zusätzlicher Kraftaufwand der Atemmuskulatur beim Schnorcheln an der Wasseroberfläche	2,9 kPa

Keidel 1985; Flügel, Greil, Sommer 1986; Schenck und Kolb 1990; Mörike, Betz, Mergenthaler 2007; Klingmann und Tetzlaff 2012

Tab. 1.6.12 Drücke und Lungenvolumen beim Tauchen

Bei den Werten handelt es sich um Durchschnittswerte eines Erwachsenen.

Tauchtiefe	Umgebungsdruck	Lungenvolumen	O_2-Partialdruck
0 m	1 bar (760 mmHg)	5,0 l	105 mmHg
10 m	2 bar (1520 mmHg)	2,5 l	210 mmHg
40 m	5 bar (3800 mmHg)	1,0 l	525 mmHg

Schmidt, Lang, Heckmann 2010; Silbernagl 2012

Tab. 1.6.13 Atembedingungen in großer Höhe

Die O_2-Partialdrücke in der Luft und in den Alveolen (Lungenbläschen) sind nicht identisch, da die Alveolarluft vollständig mit Wasserdampf gesättigt ist.

Bei normaler Atmung wäre die Hypoxieschwelle (alveolarer Sauerstoffpartialdruck <35 mmHg) bei 4000 m erreicht. Durch Steigerung des Atemzeitvolumens (Hyperventilation) können aber nach ausreichend Akklimatisationszeit Höhen bis 7000 m toleriert werden.

	Luftdruck	**O2-Partialdruck in der Luft**	**O2-Partialdruck in den Alveolen**
Meereshöhe	760 mmHg (101 kPa)	150 mmHg (20 kPa)	100 mmHg (13,3 kPa)
2000 m	596 mmHg (79 kPa)	125 mmHg (16,6 kPa)	76 mmHg (10,1 kPa)
3000 m	523 mmHg (64 kPa)	100 mmHg (13,3 kPa)	67 mmHg (8,9 kPa)
4000 m	462 mmHg (61,4 kPa)	97 mmHg (12,9 kPa)	50 mmHg (6,6 kPa)
5000 m	404 mmHg (53,7 kPa)	75 mmHg (10 kPa)	46 mmHg (6,1 kPa)
7000 m	308 mmHg (41 kPa)	55 mmHg (7,3 kPa)	35 mmHg (4,7 kPa)
Mount Everest	210 mmHg (27,9 kPa)	44,1 mmHg (5,9 kPa)	34 mmHg (4,5 kPa)
Hypoxieschwelle			35 mmHg (4,7 kPa)

Auswirkungen großer Höhen auf den Menschen	
Kompensationszone (Körper kann akklimatisiert werden)	3000–5000 m
Störungszone (Leistungsfähigkeit erheblich eingeschränkt)	5000–7000 m
Höhentod	>7000 m
Gewöhnung an große Höhen in Bergdörfern	
Lamakloster Rongbuk in Tibet	5030 m
Bergarbeitersiedlung Auncanquilcha in Chile	5240 m
Höhe, ab der die Körperflüssigkeiten ohne Schutz anfangen würden zu sieden	20.000 m

Thews, Mutschler, Vaupel 1999; Silbernagel 2012

Tab. 1.6.14 Das Atemgift Kohlenmonoxid (CO)

Kohlenmonoxid (CO) besitzt zu Hämoglobin eine 200–300-fach höhere Affinität als Sauerstoff (O_2). So reichen bei einem Sauerstoffgehalt der Luft von 21 Vol % schon 0,07 Vol % CO, um die Hälfte des Hämoglobins zu besetzen. Das gebildete CO-Hämoglobin steht für den Sauerstofftransport nicht mehr zu Verfügung, die CO-Häm-Bindung erhöht zudem die Affinität des bereits an das Häm gebundene O_2. Die Folge ist ein Sauerstoffmangel in den Geweben.

Kohlenmonoxid kommt unter anderem in Erd- u. Grubengasen, in Auspuffgasen und bei unvollkommener Verbrennung von Kohle und Holz vor. In einer geschlossenen Garage können durch Autoabgase eine CO-Konzentration von 7,0 Vol % erreicht werden.

Der höchste gesetzlich zugelassene MAK-Wert für CO liegt bei 30 ppm (ml/m^3).

Anteil des CO an der Einatemluft	Anteil des CO-Hämoglobins am Gesamt-Hämoglobin	Symptomatik
Einatemluft (CO-Konzentration 0,003 Vol%)	1 %	keine
Einatemluft bei Rauchern	5–10 %	keine
Erhöhte CO-Konzentration		
0,01 Vol %	10 %	Leichte Einschränkung der visuellen Wahrnehmung
0,025 Vol %	27 %	Bewusstseinseinschränkung
0,05 Vol %	42 %	Bewusstseinsschwund
0,07 Vol %	50 %	Tiefe Bewusstlosigkeit
0,1 Vol %	59 %	Tödlich in einer Stunde
0,2 Vol %	74 %	Tödlich in einigen Minuten
0,3 Vol %	81 %	Tödlich in einigen Minuten
0,4 Vol %	85 %	Tödlich in einigen Minuten

Schmidt, Thews 1995; Gorman et al. 2003; Mörike, Betz, Mergenthaler 2007; Silbernagl 2012

Tab. 1.6.15 Das Kohlenstoffdioxid (CO_2) als Atemgift

Kohlendioxid ist ein farbloses, nicht brennbares Gas. Es besitzt eine höhere Dichte als Luft und kann deswegen z. B. in einem Keller einen CO_2-See bilden.

Der MAK-Wert für CO_2 (höchste zugelassene Konzentration) liegt bei. 5000 ppm (ml/m^3).

Beschreibung	Volumenanteile, Partialdruck
Normalventilation Einatemluft	0,03 Vol % CO_2
Normalventilation Ausatemluft	4,30 Vol % CO_2
Kopfschmerzen ab	ca. 8–10 Vol % CO_2 in der Außenluft
Ohnmacht tritt ein bei	ca. 15 Vol % CO_2 in der Außenluft
Tod tritt ein bei einer Konzentration von	ca. 20 Vol % CO_2 in der Außenluft
Wirkung bei 8- bis 10-fach gesteigerter Ventilation	Erhöhung des Partialdrucks im Blut von 46 auf 70 mmHg

Schmidt, Lang, Heckmann 2010; Pschyrembel 2014

Tab. 1.6.16 Grund-, Freizeit- und Arbeitsumsatz (Purves 2011, S. 1116 ff)

Der Grundumsatz ist die Energiemenge, die der Körper in nüchternem Zustand bei völliger Ruhe und einer Umgebungstemperatur von 20 Grad Celsius benötigt.

Abkürzung: KG = Körpergewicht

Beschreibung	Mann	Frau
Grundumsatz		
Energie pro kg Körpergewicht	4,2 kJ/kg KG/h	3,8 kJ/kg KG/h
Gesamtenergie pro Tag	7100 kJ/Tag	6300 kJ/Tag
Tagesleistung	85 W	76 W
Sauerstoffaufnahme	145 ml/min	215 ml/min
Freizeitumsatz		
Gesamtenergie pro Tag	9600 kJ/Tag	8400 kJ/Tag
Tagesleistung	115 W	100 W
Sauerstoffaufnahme	330 ml/min	275 ml/min
Arbeitsumsatz (Werte addieren sich zum Freizeitumsatz)		
Leichte Arbeit	+2000 kJ/Tag	+2000 kJ/Tag
Mäßige Arbeit	+4000 kJ/Tag	+4000 kJ/Tag
Mittelschwere Arbeit	+6000 kJ/Tag	+6000 kJ/Tag
Schwere Arbeit	+8000 kJ/Tag	+8000 kJ/Tag
Schwerstarbeit	+10.000 kJ/Tag	+10.000 kJ/Tag

Beschreibung	Mann	Frau
Zulässige Höchstwerte für jahrelange berufliche Arbeit		
Durchschnittliche Energie	21.100 kJ/Tag	15.500 kJ/Tag
Tagesleistung	240 W	186 W
Sauerstoffaufnahme	690 ml/min	535 ml/min

Hick 2006; Schmidt, Lang, Heckmann 2010

Tab. 1.6.17 Äußere Einflüsse auf den Energieumsatz

Die Zunahme des Energieumsatzes bezieht sich auf den Ruheumsatz. Durch den dabei erhöhten Eiweißstoffwechsel nimmt die Stickstoffausscheidung im Urin zu.

	Zunahme in Prozent	
Beschreibung	**Energieumsatz**	**N_2-Ausscheidung**
Nach mittelschwerem chirurgischen Eingriff	24 %	150 %
Nach schwerem Verkehrsunfall	32 %	275 %
Nach einer Schussverletzung	37 %	280 %
Bei einer Blutvergiftung	79 %	330 %
Nach großflächigen Verbrennungen	132 %	335 %

Schmidt, Thews 1995; Schmidt, Lang, Heckmann 2010

Tab. 1.6.18 Anteile verschiedener Organe am Grundumsatz

Der Grundumsatz ist die Mindestmenge an Energie, die zur Aufrechterhaltung der normalen Körperfunktionen unter standardisierten Bedingungen notwendig ist.

Produziert die Schilddrüse zu wenig Hormone, sinkt der Grundumsatz. Die Folgen sind geistige und körperliche Teilnahmslosigkeit. Bei Schilddrüsenüberfunktion kann der Grundumsatz um bis zu 100 Prozent steigen.

Auf die Erhaltung des Zellstoffwechsels in den verschiedenen Organen entfällt etwa die Hälfte des gesamten Energieverbrauchs im menschlichen Körper (50–55 %). Dabei entfällt unter anderem auf die Aufrechterhaltung des Membranpotentials durch die Na/K-ATPase ein wesentlicher Anteil. Nach dem Essen ist der Energieverbrauch für die Verdauung um 6–8 % gesteigert.

Die Werte stellen Durchschnittswerte für den gesunden Erwachsenen in körperlicher Ruhe dar.

Organ	**Anteil am Grundumsatz**	**Sauerstoff-verbrauch des Organs**	**Organmasse**	**Anteil an der Körpermasse**
	in %	**$ml \cdot min^{-1} \cdot kg^{-1}$**	**in kg**	**in %**
Leber	26,4	66	1,5	2,1
Gehirn				
beim Erwachsenen	18,3	46	1,4	2,0
im Alter von 4–5 J	66			
Herz	9,2	23	0,3	0,4
Nieren	7,2	18	0,3	0,4
Skelettmuskulatur	25,6	64	27,8	39,7
Übrige Organe	13,3		38,8	55,4

Schmidt, Thews 1995; Schmidt, Lang, Heckmann 2010, Pape, Kurtz, Silbernagl 2014

Tab. 1.6.19 Die Energievorräte im Körper

Die Werte beziehen sich auf einen Menschen mit 70 kg Körpergewicht. Der Energieverbrauch wird auf den Grundumsatz bezogen.

Angaben zu Energievorräten und zum täglichen Energieverbrauch		
Energievorrat		
Fettgewebe (Fettgehalt 6,4 kg)	60.000 kcal	252.000 kJ
Leber (als Glykogen gespeichert)	100 kcal	418 kJ
Leber (als Fett gespeichert)	750 kcal	3140 kJ
Blutplasma (als Glukose gespeichert)	8 kcal	33 kJ
Blutplasma (als Fettsäuren gespeichert)	3 kcal	13 kJ

Angaben zu Energievorräten und zum täglichen Energieverbrauch		
Blutplasma (als Triacylglyceride gespeichert)	5 kcal	22 kJ
Energieverbrauch pro Tag		
Insgesamt	2200 kcal	9212 kJ
davon aus Fett	1600 kcal	6700 kJ
davon aus Glukose und Aminosäuren	600 kcal	2512 kJ

Schenck und Kolb 1990

Tab. 1.6.20 Unterschiedliche Tätigkeiten und die dabei erbrachte Leistung

Beschreibung der Tätigkeit	Erbrachte Leistung in Watt	Verhältnis Maximalleistung zu Ruheleistung
Bewegungsweisen		
Schlafen	55–83	0,88
Liegen (Ruheumsatz)	95	1,0
Stehen	140	1,5
Gehen (6 km · h^{-1})	208–483	5,1
Treppensteigen	700–983	10,3
Sport und Freizeit		
100 m-Lauf (36 km/h)	2070	–
Marathonlauf (19,5 km/h)	1180	–
Fußballspielen	790–1040	–
Volleyballspielen	380–640	–
Radfahren (20 km · h^{-1})	317–767	8,1
Tennis	483–700	7,4
Skifahren	700–1400	14,7
Brustschwimmen (28 m/min)	460	–
Brustschwimmen in Kleidern (28 m/min)	730	–
Tanzen (Wiener Walzer)	355	–

Beschreibung der Tätigkeit	Erbrachte Leistung in Watt	Verhältnis Maximalleistung zu Ruheleistung
Familie und Haushalt		
Spielen mit Kindern	250–700	7,4
Wäschewaschen	140–350	3,7
Bügeln	283	3,0
Schuhe putzen	95–208	2,2
Beruf		
Betätigung von Maschinen	140–417	4,4
Schwere manuelle Arbeiten wie Schaufeln, Bohren, Mähen, Pflügen	350–767	8,1
Bäume sägen	600–900	9,5
Bäume fällen	483–1400	14,5

Wieser 1986; Schmidt, Lang, Heckmann 2010

1.7 Verdauung und Verdauungsorgane (Purves 2011, S. 1410 ff)

Die Verdauung ist der Prozess, bei dem komplexe Moleküle in resorbierbare Bausteine zerlegt werden. So wird aufgenommene Nahrung durch ein komplexes Zusammenwirken physikalischer, chemischer und enzymatischer Prozesse zerlegt und vom Körper aufgenommen.

Tab. 1.7.1 Zahlen zum Staunen

Literatur siehe nachfolgende Tabellen

Ausgewählte Angaben aus den nachfolgenden Tabellen	
Anteil der Neugeborenen, die schon Zähne haben	0,05 %
Größte Zahl an Milchzähnen, die bei einem Neugeborenen je gezählt wurde (geb. 11.3.1961)	9
Durchbruchstermin des ersten Zahnes beim Milchgebiss (ein Schneidezahn)	mit 6–8 Monaten
Durchbruchstermin des ersten Zahnes beim bleibenden Gebiss (ein Mahlzahn)	mit 6–7 Jahren

Ausgewählte Angaben aus den nachfolgenden Tabellen	
Maximale Kaukraft eines Mahlzahnes	1900 N
Größte Masse, die je mit Zähnen 17 cm hochgehoben wurde	281,5 kg
Erste Anfertigung von Zahnprothesen (Brücken) durch die Etrusker	700 Jahre v. Chr.
Speichelproduktion pro Tag bei normaler Ernährung	500–1500 ml/Tag
Anzahl der Schluckvorgänge bei einem Menschen pro Tag (Durchschnitt)	ca. 600
Anzahl der abgestoßenen Schleimhautzellen im Magen eines Erwachsenen	ca. 500.000/min
Zeitdauer, in der das Dünndarmepithel durch Neubildung vollständig ersetzt wird (Mauserungszeit)	ca. alle 2 Tage
Masse der abgestoßenen Zellen im Dünndarm eines Erwachsenen pro Tag	250 g
Anzahl der Bakterien pro ml Speisebrei	
im Zwölffingerdarm (*Duodenum*)	$10–10^5$
im Krummdarm (*Jejunum*)	ca. $10^5–10^6$
im Dickdarm (*Colon*)	$10^{11}–10^{12}$
Fortbewegung des Darminhaltes	
im Dünndarm	1–4 cm/min
im Dickdarm	0,04–0,6 cm/min
Innere Austauschfläche des Dünndarms	200 m^2
Darmgasvolumen, das durch das Rektum ausgeschieden wird	
Durchschnitt beim Erwachsenen	ca. 600 ml/Tag
Anzahl der Einzelabgaben	15 pro Tag
Volumen einer Einzelportion	40 ml

Tab. 1.7.2 Kohlenhydrate und ihre Verdauung

Die Grundeinheiten der Kohlenhydrate (Purves 2011, S. 65 ff) sind die Einfachzucker wie Traubenzucker (Glukose), Fruchtzucker (Fruktose) und Schleimzucker (Galaktose und Ribose). Wichtige Zweifachzucker sind der Rohrzucker (Saccharose = Glukose + Fruktose) und der Milchzucker (Laktose = Glukose + Galaktose).

Die Vielfachzucker (Polysaccharide) setzen sich aus langen Ketten von Einfachzuckern zusammen. Die räumliche Anordnung der Polysaccharidketten ist sehr unterschiedlich: Stärke beispielsweise ist ein netzartig-locker organisiertes Molekül während die Polysaccharide in der Zellulose parallel angeordnet und dicht gepackt sind, weshalb Enzyme hier nur schlecht angreifen können. Das wichtigste Polysaccharid im menschlichen Körper ist das Glykogen, das aus vielfach verzweigten Ketten von Glukose besteht.

Zufuhr und Verdauung von Kohlenhydraten in der Nahrung sowie Vorratsbildung	
Empfohlene tägliche Zufuhr pro kg Körpergewicht eines Erwachsenen	5–6 g
Empfohlene Zufuhr für einen 70 kg schweren, erwachsenen Mann	350–420 g/Tag
Minimale tägliche Zufuhr pro kg Körpergewicht eines Erwachsenen	2–3 g
Deckung des Energiebedarfes durch Kohlenhydrate bei leichter Arbeit	50 %
Glykogenvorräte des Körpers	ca. 350 g
Glukosebedarf des Gehirns	100 g/Tag
Empfohlener Kohlenhydratanteil an der gesamten Energiezufuhr (Nahrung)	50–55 %
Kohlenhydrate in der Nahrung	
Stärke	60 %
Rohrzucker (Saccharose)	30 %
Milchzucker (Laktose)	8 %
Glykogen	1 %
Traubenzucker (Glukose)	geringe Anteile
Fruchtzucker (Fruktose)	geringe Anteile
Verdauung und Resorption	
Anteil der Speichelamylase bei der Spaltung von Stärke	50 %
Maximale Resorption von Einfachzuckern im oberen Dünndarm	120 g/h

Hick 2006; Schmidt, Lang, Heckmann 2010

Tab. 1.7.3 Eiweiße und ihre Verdauung

Eiweiße (Proteine, Purves 2011, S. 50 ff) stellen in den meisten menschlichen Zellen den Hauptanteil der Trockensubstanz. Alle Proteine sind aus 20 Aminosäuren aufgebaut, die in unterschiedlicher Anzahl und Reihenfolge die unvorstellbare Formenmannigfaltigkeit der extrem unterschiedlichen Proteine bewirken. Das Gemeinsame aller Aminosäuren ist eine Carboxylgruppe mit einer benachbarten Aminogruppe. Durch Peptidbindungen können Di-, Oligo- und Polypeptide entstehen.

Die Proteinverdauung beginnt im sauren Milieu des Magens (Purves 2011, S. 1426 ff). Die Salzsäure des Magensaftes (pH 2–4) aktiviert das inaktive Pepsinogen zum aktiven Verdauungsenzym Pepsin.

Im Dünndarm wird der Nahrungsbrei durch das Sekret der Bauchspeicheldrüse auf neutrale bis leicht alkalische Werte eingestellt. Die im Magen entstandenen Polypeptide (hochmolekular) bzw. Oligopeptide (niedermolekular) werden dort durch die Enzyme Trypsin und Chymotrypsin weiter hydrolytisch gespalten. Im Bürstensaum der Darmschleimhaut werden die Di- und Tripeptide in freie Aminosäuren zerlegt. Diese werden resorbiert und gelangen im Blut über die Pfortader zur Leber.

Die biologische Wertigkeit eines Nahrungsproteins hat den Wert 100, wenn aus 100 g Nahrungsprotein die gleiche Menge körpereigenes Eiweiß aufgebaut werden kann.

Zufuhr und Verdauung von Eiweißen sowie Nahrungsproteine	
Empfohlene tägliche Zufuhr pro kg Körpergewicht	
Erwachsener	0,8–0,9 g
Kleinkind	2,0–2,4 g
Schulkind, Schwangere, Stillende, Arbeiter	1,2–2 g
Minimale tägliche Zufuhr pro kg Körpergewicht eines Erwachsenen	0,5 g
Eiweißvorräte des Körpers	45 g
Eiweißmasse des Körpers insgesamt	10 kg
Anteil der Eiweiße bei der Deckung des Energiebedarfes bei leichter Arbeit	10–15 %
Herkunft der Eiweiße im Darm	
aus der Nahrung	50 %
aus körpereigenen Sekreten und Darmzellen	50 %
Verdauung und Resorption der Eiweiße	
Anteil des Nahrungseiweißes, das durch Pepsin gespalten wird	15 %
Zeitdauer bis zur Bildung von Peptidasen der Bauchspeicheldrüse nach dem Essen	10–20 min
Anteil der Spaltprodukte der Nahrungseiweiße	
Resorption im Zwölffingerdarm (Duodenum)	50–60 %
Resorption bis zum Krummdarm (Ileum)	80–90 %
Reste von unverdautem Eiweiß im Dickdarm, die überwiegend von Bakterien abgebaut werden	ca. 10 %
Nahrungsproteine (Purves 2011, S. 1415)	
Durchschnittlicher Anteil essentieller Aminosäuren an den Nahrungsproteinen	40 %
Biologische Wertigkeit pflanzlicher Proteine	70–80
Soja	84–86
Reis	82

Zufuhr und Verdauung von Eiweißen sowie Nahrungsproteine	
Bohnen (52 %) + Mais (48 %)	101
Biologische Wertigkeit tierischer Proteine	80–100
Molkenprotein	104–110
Vollei (Referenzwert)	100
Geflügel	70
Vollei (36 %) + Kartoffel (64 %)	137

Hick 2006; Biesalski, Bischoff, Puchstein 2010; Schmidt, Lang, Heckmann 2010

Tab. 1.7.4 Fette und ihre Verdauung

Fette (Purves 2011, S. 70 ff) sind in Wasser nicht oder nur sehr schwer löslich. Als Depotfette können sie bei Bedarf zur Energiegewinnung abgebaut werden. Fettgewebe eignen sich auch sehr gut zur Wärmeisolation und um darin empfindliche Organe wie z. B. die Nieren zu lagern. Chemisch gesehen sind Fette Ester der Fettsäuren mit dem Alkohol Glycerin.

Im Magen und im Darm werden die Fette emulgiert und durch Lipasen unter Mithilfe der Gallensäuren zu freien Fettsäuren abgebaut, die dann resorbiert werden können. Bei einer Störung der Fettverdauung ist auch die Resorption anderer fettlöslicher Stoffe, wie z. B. der fettlöslichen Vitamine, eingeschränkt. Abkürzung: KG = Körpergewicht

Zufuhr und Verdauung von Fetten sowie Fettausscheidung im Stuhl	
Empfohlene Fettaufnahme bei leichter Arbeit	1 g/kg/Tag
Durchschnittliche Fettaufnahme eines Erwachsenen pro Tag	60–80 g
Empfohlener Fettanteil der Nahrung	25–30 %
Anteil des Fettes bei der Deckung des Energiebedarfes bei leichter Arbeit	40 %
Mittlere Zusammensetzung der Nahrungsfette	
Triacylglycerole (Triglyceride, Neutralfette)	90 %
Phospholipide (Lezithin), Cholesterolester, fettlösliche Vitamine	10 %
Empfohlener Anteil mehrfach ungesättigter Fettsäuren an den aufgenommenen Nahrungsfetten	30 %
Cholesterinneugewinn	
durchschnittlich	0,9–2 g/Tag
Aufnahme mit der Nahrung	0,5–0,8 g/Tag
Eigensynthese im Körper	0,4–1,2 g/Tag

Zufuhr und Verdauung von Fetten sowie Fettausscheidung im Stuhl	
Verdauung und Resorption von Fetten	
Fettresorption	
bei ausreichender Menge an Gallensäure	97 % der Nahrungsfette
ohne Gallensäure	50 % der Nahrungsfette
Anteil der Fette, die im Magen gespalten werden	10–30 %
Anteil der Fette, die im Zwölffingerdarm (Duodenum) und Leerdarm (Jejunum) gespalten werden	70–90 %
Anteil der Fettspaltprodukte, die im Anfangsteil des Leerdarms (*Jejunum*) resorbiert sind	95 %
Durchmesser der Emulsionströpfchen (entstehen vor allem durch die Magenmotorik)	0,5–1,5 µm
Durchmesser der Mizellen (entstehen mit Hilfe der Gallensalze)	3–6 nm
Fettausscheidung im Stuhl	
Fettmenge im Stuhl bei normaler Kost	5–7 g/Tag
Fettmenge im Stuhl bei fettfreier Diät (durch Darmzellen und Bakterien)	3 g/Tag

Schmidt und Thews 1995; Hick 2006; Silbernagl 2012; DGE 2013

Tab. 1.7.5 Flüssigkeitsbilanz (Purves 2011, S. 1452 ff) und Verweildauer des Speisebreis im Magen-Darm-Kanal

Beteiligte Organe Sekrete und Substanzen	Einstrom in das Darmlumen in Liter/24 h	Ausstrom aus dem Darmlumen in Liter/24 h	Verweildauer
Mund (Nahrung und Trinken)	1,5 l	–	wenige Sekunden
Speicheldrüsen	1,0 l	–	–
Magen	1,5 l	–	1–5 Stunden
Galle	0,6 l	–	–
Bauchspeicheldrüse	1,4 l	–	–
Dünndarm	–	–	2–4 Stunden
Zwölffingerdarm	0,2 l	–	–

Beteiligte Organe Sekrete und Substanzen	Einstrom in das Darmlumen in Liter/24 h	Ausstrom aus dem Darmlumen in Liter/24 h	Verweildauer
Leerdarm	2,0 l	5,0 l	–
Krummdarm	0,6 l	2,9 l	–
Dickdarm	0,2 l	1,0 l	5–70 Stunden
Mastdarm	–	–	wenige Sekunden
After	–	0,1 l	–
Gesamtbilanz von Ein- und Ausstrom	9,0 l	9,0 l	–

Schenck und Kolb 1990; Hick 2006; Tortora und Derrickson 2006; Schmidt, Lang, Heckmann 2010

Tab. 1.7.6 Resorption im Magen-Darm-Kanal

Die Resorptionskapazität ist auf den ganzen Magen-Darm-Kanal bezogen.

Resorption von Stoffen im Magen-Darm-Kanal				
Stoff	**Magen**	**Zwölffingerdarm**	**Leerdarm**	**Krummdarm**
Fett	–	+	+++	Reserve
Eiweiß	–	+	+++	Reserve
Kohlenhydrate	Reserve	+	+++	+
Sonstiges	–	Eisen Kalzium	Folsäure Vit. E,D,K,A	Vit. B_{12} Gallensäure Kalzium
Maximale Resorptionskapazität in g/Tag				
Wasser	18.000	Cholesterin		4
Glukose	3600	Eisen		0,012
Aminosäuren	600	Vitamin B_{12}		0,000.001

Schenck und Kolb 1990; Hick 2006; Schmidt, Lang, Heckmann 2010

Tab. 1.7.7 Das Milchgebiss

Für die physikalische Zerkleinerung der Nahrung ist das Gebiss zuständig. Die Zahnentwicklung beginnt bereits während der Embryonalentwicklung. Die Durchbruchszeiten einzelner Milchzähne können individuell sehr verschieden sein. Für Milchzähne werden als Abkürzungen kleine Buchstaben genommen (vergleiche mit Tab. 1.7.8).

Die Milchzähne fallen zwischen dem 6. und 12. Lebensjahr wieder aus.

Anzahl und Ausbildung der Milchzähne	
Anzahl der Zähne im Milchgebiss	20
Milchschneidezähne	8
Milcheckzähne	4
Milchbackenzähne (Milchmolare)	8
Beginn der Zahnentwicklung	2. Embryonalmonat
Abschluss der Milchgebissausbildung	ca. 2. Lebensjahr
Anteil der Neugeborenen mit Zähnen	0,05 %
Größte Anzahl an Milchzähnen bei einem Neugeborenen (geb. 11.3.1961)	9
Durchbruchszeiten der Milchzähne im Alter von Monaten	
Erster Schneidezahn (*Dentes incisivi* = i): i1	6–8 Monate
Zweiter Schneidezahn (*Dentes incisivi* = i): i2	8–12 Monate
Eckzahn (*Dentes canini* = c): c	16–20 Monate
Erster Milchbackenzahn (Milchmolarer: m1)	12–16 Monate
Zweiter Milchbackenzahn (Milchmolarer: m2)	20–24 Monate
Zahnformel einer linken Kieferhälfte	ii c mm

Guinness Buch der Rekorde 1995, 2006, 2015; Faller und Schünke 2012

Tab. 1.7.8 Das Dauergebiss (Purves 2011, S. 1420)

Die Durchbruchszeiten der einzelnen Zähne können individuell sehr verschieden sein. Vor allem bei den späteren Zähnen können die Unterschiede Monate bis Jahre betragen.

Anzahl der Zähne im Dauergebiss und Zahnformel	
Anzahl der Zähne im Dauergebiss	28–32
Schneidezähne (*Dentes incisivi* = I)	8
Eckzähne (*Dentes canini* = C)	4
Backenzähne (*Dentes prämolares* = P)	8
Mahlzähne (*Dentes molares* = M)	8–12
Zahnformel einer linken Kieferhälfte	II C PP MMM
Durchbruchszeiten beim Dauergebiss im Alter von Jahren	
Erster Mahlzahn (M 1)	6–7 Jahre
Mittlerer Schneidezahn (I 1)	7–8 Jahre
Seitlicher Schneidezahn (I 2)	8–9 Jahre
Erster Backenzahn (P 1)	9–11 Jahre
Zweiter Backenzahn (P 2)	11–13 Jahre
Eckzahn (C)	11–13 Jahre
Zweiter Mahlzahn (M 2)	12–14 Jahre
Dritter Mahlzahn (Weisheitszahn, M 3)	17–40 Jahre (oder nie)
Kaukraft, Zahnhöcker, Zahnwurzeln und Extremwerte	
Maximale Kaukraft eines Mahlzahnes	1900 N
Zahl der Höcker	
Backenzähne	2
Mahlzähne	3
Zahl der Wurzeln	
Mahlzähne im Oberkiefer	3
Mahlzähne im Unterkiefer	2
Größte Masse, die je mit Zähnen 17 cm hochgehoben wurde	281,5 kg
Erste Anfertigung von Zahnprothesen (Brücken) durch die Etrusker	700 Jahre v. Chr.

Schenck und Kolb 1990; McCutcheon 1991; Guinness Buch der Rekorde 1995, 2006, 2015; Schiebler, Schmidt, Zilles 2005; Faller und Schünke 2012

Tab. 1.7.9 Zusammensetzung eines Zahnes

Der Kern eines Zahnes besteht aus Zahnbein (Dentin), das die Zahnpulpa umschließt. Das Zahnbein wird in der Zahnkrone vom Zahnschmelz, in der Zahnwurzel vom Wurzelzement umgeben.

Bestandteile	Schmelz in %	Zahnbein in %	Zement in %
Wasser	2,3	13,5	32,0
Mineralstoffe	96,0	69,0	46,0
Organische Verbindungen	1,7	17,5	22,0
Bezogen auf 100 g Asche			
Kalzium	36,1	35,3	35,5
Magnesium	0,5	1,2	0,9
Phosphor	17,3	17,1	17,1
Fluorid	0,02	0,02	0,02
Chlorid	0,3	–	0,1

Schenck und Kolb 1990

Tab. 1.7.10 Speichel, Speicheldrüsen und Speichelproduktion

Der Speichel schützt die Mundschleimhaut und den Zahnschmelz. Er ist Lösungsmittel für die Geschmacksstoffe, die nur in gelöster Form die Geschmacksknospen erreichen können. Der Speichel leitet den Beginn der enzymatischen Verdauung von Kohlenhydraten im Mund ein.

Anteil der Speicheldrüsen an der Gesamtspeichelsekretion		
Ohrspeicheldrüse	Ruhesekretion	ca. 25 %
(Lebensleistung ca. 25.000 Liter)	nach Stimulation	ca. 34 %
Unterkieferspeicheldrüse	Ruhesekretion	ca. 70 %
	nach Stimulation	ca. 63 %
Unterzungenspeicheldrüse	Ruhesekretion	ca. 5 %
	nach Stimulation	ca. 3 %

Menge und Fließrate der Speichelsekretion	
Geschätzte Speichelmenge bei normaler Ernährung	500–1500 ml/Tag
Maximale Speichelsekretion beim Kauen von Paraffinwachs	250 ml/h
Unstimulierte Speichelsekretion (zum Feuchthalten der Mundhöhle ohne Nahrungsaufnahme)	ca. 20 ml/h
Zum Vergleich: Speichelsekretion eines Rindes bei Fütterung mit Heu	150–190 l/Tag
Stimulation des Speichelflusses durch Speisen	
Wasser	0 ml/Minute
Fleisch	1,1 ml/Minute
Weißbrot	2,2 ml/Minute
Zwieback	3,4 ml/Minute
Suppenwürfel	4,4 ml/Minute
Salzsäure (0,5 %)	über 4,4 ml/Minute
Zusammensetzung des Speichels	
Wassergehalt	994 g/l = 99,4 %
Trockensubstanz	6 g/l = 0,6 %
davon gelöst	80 %
davon suspendiert	20 %
Dichte	1,01–1,02 g/ml
pH-Wert bei Ruhesekretion	5,5–6,5
nach Stimulation	7,7
Osmolalität bei einem Speichelfluss von 1 ml/min	ca. 90 mosmol/kg H_2O
bei einem Speichelfluss von 4 ml/min	ca. 270 mosmol/kg H_2O
Amylase im Gesamtspeichel	0,3 g/l
Menschen mit Antigenen des AB0-Systems im Speichel	ca. 80 %

Documenta Geigy 1975, 1977; Schmidt, Lang, Heckmann 2010

Tab. 1.7.11 Die Speiseröhre und der Schluckvorgang

Die Speiseröhre ist ein elastisches Muskelrohr, das den Nahrungsbrei aktiv vom Schlund zum Magen befördert. Beim Schlucken, das aus einer willkürlichen oralen sowie einer reflektorischen Phase besteht, wird der Bissen durch peristaltische Kontraktionswellen der Speiseröhre in den Magen befördert.

Angaben zur Anatomie und Physiologie der Speiseröhre	
Länge der Speiseröhre (Ösophagus)	25–30 cm
Länge nach Abtrennung vom Magen beim Lebenden	10 cm
Lichte Weite an der engsten Stelle	1,5 cm
Maximale Dehnung an nicht verengten Stellen	3,0 cm
Geschwindigkeit der peristaltischen Wellen	2–4 cm/s
Zeit für den Durchlauf einer peristaltischen Welle	ca. 9 s
Länge des kontrahierten Abschnitts während der Peristaltik	4–8 cm
Verschlussdruck des oberen Ösophagusverschlusses	50–100 mmHg
Verschlussdruck des unteren Ösophagusverschlusses	15–25 mmHg
pH-Wert des Magenrückflusses, der Sodbrennen verursacht	<4
Der Schluckvorgang	
Optimale Kauzeit vor dem Schlucken	30 s
Zahl der beteiligten Muskeln im Rachenbereich	>20
Druck der Rachenmuskulatur und der Zunge auf den Bissen	0,53–1,33 kPa
Transportzeit durch die Speiseröhre	
Flüssigkeiten	1 s
breiiger Inhalt	5 s
feste Partikel	9–10 s
Abläufe nach dem Beginn des Schluckens	
Öffnung des oberen Ösophagusverschlusses nach	0,2–0,3 s
Verschluss des oberen Ösophagusverschlusses nach	0,7–1,2 s
Druck der peristaltischen Welle im unteren Bereich der Speiseröhre	4–16 kPa
Öffnungszeit des unteren Ösophagusverschlusses beim Durchtritt des Bissens	5–7 s
Luftmenge, die mit einem Bissen verschluckt wird	2–3 ml

Anzahl der Schluckvorgänge pro 24 Stunden	ca. 600
davon im Schlaf	ca. 50
davon beim Essen	ca. 200
übrige Zeit	ca. 350
Anteil der Nahrungsbestandteile, die beim Schlucken kleiner als 1 mm sind	
Fleisch	20 %
Gemüse	30 %
Käse	50 %
Maximale Größe der Nahrungsteile beim Schlucken	12 mm

Schmidt und Thews 1995; Schmidt, Lang, Heckmann 2010; Faller und Schünke 2012

Tab. 1.7.12 Magen und Verweildauer der Nahrung im Magen (Purves 2011, S. 1427)

Der Magen ist im nicht gefüllten Zustand ein muskulöser Schlauch, der an zwei Bändern (großes und kleines Netz) aufgehängt ist. Zwei einander gegenüber liegende Falten der Magenschleimhaut bilden die Magenstraße, in der Flüssigkeiten sehr schnell dem Magenausgang (Pylorus) zugeführt werden. Sobald Nahrung in den Magen kommt, setzen nach einer kurzen Erschlaffung peristaltische Magenbewegungen ein, die den Nahrungsbrei durchmischen und durchkneten.

Die Belegzellen der Magenschleimhaut wirken bei der Produktion der Salzsäure mit, durch die Nahrungsstoffe denaturiert und damit für die Verdauungsenzyme besser angreifbar werden. Die Hauptzellen geben Pepsinogen ab, das dann im sauren Milieu des Magens in die aktive Form des Verdauungsenzyms Pepsin umgewandelt wird. Pepsin spaltet Proteine zu Polypeptiden.

Im Magen werden die geschluckten Speisen gespeichert und homogenisiert. Nach und nach wird der Speisebrei an den Zwölffingerdarm (Duodenum) abgegeben.

Magen	
Länge im nicht gefüllten Zustand	ca. 20 cm
Fassungsvermögen	bis zu 1,5 l
Dicke der Magenwand	2–3 mm
Dicke der Schleimhaut	0,5–1 mm
Dicke der den Magen auskleidenden Schleimschicht	0,6 mm
Lebensdauer der Schleimhautzellen im Magen	3–5 Tage
Anzahl der abgestoßenen Schleimhautzellen	500.000 pro min

Tiefe der Drüsenschläuche (*Foveolae gastricae*)	1,5 mm
Zahl der Drüsenschläuche	100 pro mm^2
Anteil der Hauptzellen Schleimhaut	50 %
Anzahl der Belegzellen beim Mann	ca. $1{,}09 \cdot 10^9$
Anzahl der Belegzellen bei der Frau	ca. $0{,}82 \cdot 10^9$
Nahrungspartikel beim Verlassen des Magens	
durchschnittlich	0,25 mm
maximale Größe	2 mm
pH-Werte im Magen:	
in der Epithelschicht unter der Schleimschicht	7,0
über der Schleimschicht im Magenlumen	2,0
Peristaltische Magenbewegungen zur Durchmischung und Homogenisierung der Speisebreis	ca. alle 3 min
Verweildauer der Nahrung im Magen	
Flüssigkeiten	einige Minuten
Fisch, Reis	1,5 Stunden
Gemüse, Milch, Pudding, Brot	2–2,5 Stunden
Gekochtes Fleisch	3 Stunden
Gebratenes Fleisch	4–6 Stunden
Sehr fettes Fleisch, Ölsardinen	8 Stunden und mehr

Rucker 1967; Documenta Geigy 1975, 1977; Schenck und Kolb 1990; Schiebler, Schmidt, Zilles 2005; Mörike, Betz, Mergenthaler 2007

Tab. 1.7.13 Der Magensaft

Der Magensaft ist ein saures Sekret, das in den Magendrüsen gebildet wird.

Siehe Erläuterungen Tab. 1.7.15

Angaben zu Produktion, Fließrate und Zusammensetzung des Magensaftes	
Magensaftproduktion	
beim Erwachsenen (durchschnittlich)	2–3 l pro Tag
pro kg Körpergewicht	ca. 35 ml
Fließrate des Magensaftes unstimuliert	ca. 0,9 ml/min
Fließrate des Magensaftes stimuliert	ca. 9 ml/min
pH-Wert beim Erwachsenen	0,9–2,5

Angaben zu Produktion, Fließrate und Zusammensetzung des Magensaftes	
Zusammensetzung des Magensaftes	
Wassergehalt	994 g/l
Trockensubstanz	5,6 g/l
Konzentration der Salzsäure	ca. 0,5 %
Wasserstoffionenkonzentration unstimuliert	26,9 mmol/l
stimuliert	97,6 mmol/l
Chloridionenkonzentration unstimuliert	104 mmol/l
stimuliert	129 mmol/l
Pepsinsekretion unstimuliert Mittelwert	33,3 mg/h
Extremwerte	12,2–68,2 mg/h
Pepsinsekretion stimuliert, Mittelwert	80,9 mg/h
Extremwerte	32,4–153 mg/h

Documenta Geigy 1955, 1977; Schenck und Kolb 1990; Schiebler, Schmidt, Zilles 2005

Tab. 1.7.14 pH-Werte des Darminhaltes im Magen-Darm-Kanal

Die Werte geben den Extrembereich wieder.

Ort der Messung	pH-Werte
Magenausgang	4,0–7,2
Dünndarm oberer Abschnitt	5,6–7,0
mittlerer Abschnitt	6,8–7,6
unterer Abschnitt	7,2–8,3
Blinddarm (*Caecum*)	5,8–7,6
Dickdarm (*Colon*)	6,5–7,8
Mastdarm (*Rektum*)	6,5–7,5
Der ausgeschiedene Stuhl (*Fäzes*)	6,0–7,3

Documenta Geigy 1975, 1977

Tab. 1.7.15 Die Leber (Purves 2011, S. 1429)

Die Leber (*Hepar*) ist das zentrale Stoffwechselorgan des Menschen. Sie vermittelt über die Pfortader zwischen dem Verdauungssystem und dem Körper, sie entgiftet die Produkte des Zellstoffwechsels, sie speichert und synthetisiert viele wichtige Verbindungen und sie ist die größte ausscheidende Drüse (über Gallenblase und Darm) des Menschen.

Die Leberläppchen sind die Baueinheiten der Leber und werden von den Kapillaren der Pfortader und der Leberarterie umsponnen.

Anatomische und physiologische Angaben zur Leber	
Durchschnittliche Masse der Leber bei Erwachsenen	1500 g
Anteil am Körpergewicht	ca. 2,5 %
Verhältnis Lebergewicht/Körpergewicht	
im 6. Entwicklungsmonat	1/10
beim Erwachsenen	1/50
Anzahl der Leberlappen	4
Volumenanteile in der gesamten Leber (gesund)	
Leberzellen (Hepatozyten)	72 %
andere Zellen	6 %
extrazellulärer Raum (Blut-, Lymphgefäße, Gallengänge)	22 %
Bindegewebsanteil im Extrazellulärraum (normale Leber)	1–2 %
Bindegewebsanteil im Extrazellulärraum (zirrhotische Leber)	< 50 %
Anzahl der Leberläppchen (Lobuli hepatitis)	50.000–100.000
Durchmesser eines Leberläppchens	1–2 mm
Lebensdauer einer Leberzelle (Hepatozyt)	150–180 Tage
Anteil Leberzellen mit einem Kern	80 %
Anteil Leberzellen mit 2 Kernen	20 %
Anzahl der	
Mitochondrien in einer Leberzelle (Hepatozyt)	1000–3000
Peroxisomen in einer Leberzelle (Hepatozyt)	200–300
Ribosomen in einer Leberzelle (Hepatozyt)	mehrere Millionen
Blutbildung in der Leber	2.–8. Entwicklungsmonat
Blutversorgung	
Anteil am Herzzeitvolumen in Ruhe	28 %

Anatomische und physiologische Angaben zur Leber	
Durchblutung pro 100 g Lebergewebe in Ruhe	100 ml/min
Durchblutung einer 1,5 kg schweren Leber in Ruhe	1500 ml/min
aus der Pfortader	75–80 %
aus der Arteria hepatica	20–25 %
Durchblutung einer 1,5 kg schweren Leber bei maximaler Muskelarbeit	ca. 200 ml/min
Sauerstoffverbrauch	
pro 100 g Lebergewebe in Ruhe	5 ml O_2/min
einer 1,5 kg schweren Leber in Ruhe	75 ml O_2/min
Anteile an der Sauerstoffversorgung der Leber	
durch Blut aus der Pfortader	60 %
durch Blut aus der *Arteria hepatica*	40 %

Documenta Geigy 1975, 1977; Keidel 1985; Schenck und Kolb 1990; Mörike, Betz, Mergenthaler 2001; Gerok et al. 2007; Schmidt, Lang, Heckmann 2010; Silbernagl 2012

Tab. 1.7.16 Die Galle

Die Gallenflüssigkeit wird in der Gallenblase gesammelt und durch Wasserrückresorption eingedickt. Die in der Galle enthaltene Gallensäure wirkt als Emulgator und erleichtert die Fettverdauung im Dünndarm durch die Oberflächenvergrößerung der Fett-Mizellen. Eine weitere Funktion der Galle ist die Ausscheidung von Endprodukten des Leberstoffwechsels.

Galle, Gallensäure, Bilirubin und Gallensteine in der Übersicht	
Galle	
Gallenproduktion beim gesunden Erwachsenen	600–700 ml/Tag
davon in den Leberzellen	80 %
im Gallengangepithel	20 %
oberer Extremwert	1600 ml/Tag
Fließrate der Lebergalle	0,36 ml/min
Verteilung der Primärgalle	
als Lebergalle direkt in den Dünndarm	ca. 50 %
in die Gallenblase (Blasengalle)	ca. 50 %

Galle, Gallensäure, Bilirubin und Gallensteine in der Übersicht	
Wasseranteil Lebergalle/Blasengalle	967–977/820 mmol/l
Gallensäureanteil Lebergalle/Blasengalle	20/80 mmol/l
Cholesterolanteil Lebergalle/Blasengalle	4/10 mmol/l
Lezithinanteil Lebergalle/Blasengalle	3/30 mmol/l
Na^{+}-Anteil Lebergalle/Blasengalle	146/130 mmol/l
K^{+}-Anteil Lebergalle/Blasengalle	5/13 mmol/l
Ca^{2+}-Anteil Lebergalle/Blasengalle	2,5/11
Cl^{-}-Anteil Lebergalle/Blasengalle	105/66 mmol/l
HCO^{3-}-Anteil Lebergalle/Blasengalle	30/19 mmol/l
Eindickungsfaktor in der Gallenblase (in 4 Stunden)	ca. 1/10
Gallensäure	
Gallensäurebestand im gesamten Körper	2–4 g
Gallensäuren in 600 ml Galle (tägliche Ausscheidungsmenge)	12–18 g
Bedarf an Gallensäuren zum Emulgieren der Fette	20 g/100 g Fett
Durchschnittliche Fettaufnahme eines Erwachsenen	60–100 g/Tag
Zirkulation der Gallensäure durch Resorption im Dünndarm	6–10 mal/Tag
Rückresorption der Gallensäure aus dem Krummdarm	95 %
Ausscheidung der Gallensäure mit dem Stuhl	0,6 g/d
Anteil an der sezernierten Menge	5 %
Bilirubin	
Tägliche Ausscheidung mit der Galle	200–250 mg
Rückresorption im Darm	15–20 %
Ausscheidung über Niere	10 %
Gelbsucht ab einer Plasmakonzentration von	>2 mg/dl (35 µmol/l)
Anteil der Bevölkerung mit Gallensteinen	ca. 12 %
davon mit cholesterinhaltigen Steinen	90 %
davon mit Pigmentsteinen	10 %

Documenta Geigy 1975, 1977; Keidel 1985; Schenck und Kolb 1990; Mörike, Betz, Mergenthaler 2007; Schmidt, Lang, Heckmann 2010; Silbernagl 2012

Tab. 1.7.17 Die Gallenblase

Am Ausführgang der Leber sitzt die birnenförmige Gallenblase, die an die Unterseite der Leber angeheftet ist. Sie kann sich mit Hilfe ihrer Wandmuskulatur zur Entleerung in den Zwölffingerdarm zusammenziehen.

In der Gallenblase und in den Gallenwegen können Gallensteine durch das Auskristallisieren von Cholesterin oder die Ausfällung von Kalziumsalzen entstehen (siehe Tab. 1.7.16).

Angaben zur Anatomie und Physiologie der Gallenblase	
Länge	8–12 cm
Breite	4–5 cm
Dicke der Gallenblasenwand	1 mm
Inhalt der Gallenblase	
Kleinkind	8,5 ml
Erwachsener	50–65 ml
Entleerung der Gallenblase	
Beginn (nach Reizung der Darmwand durch Fett)	nach 2 min
Vollständige Entleerung	nach 15–90 min
Kontraktionsfrequenz der Wandmuskulatur	2–6 pro min
Erreichte Drücke in der Gallenblase	25–30 mmHg
Ableitendes System der Galle	
Länge des *Ductus hepaticus communis*	4–6 cm
Länge des *Ductus choledochus*	3–10 cm

Mörike, Betz, Mergenthaler 2007; Schmidt, Lang, Heckmann 2010; Silbernagl 2012

Tab. 1.7.18 Die Bauchspeicheldrüse (Pankreas) und der Pankreassaft

Das Pankreas besteht aus einem exokrinen Anteil, der Enzyme für die Verdauung im Dünndarm produziert, und einem hormonproduzierenden endokrinen Anteil in Form von Langerhans-Inseln. Die Langerhans-Inseln sind im ganzen Pankreas verstreut und produzieren Insulin und Glukagon. Der Pankreassaft enthält reichlich Bikarbonat und Verdauungsenzyme, die zur Spaltung von Eiweißen, Fetten und Kohlenhydraten im Speisebrei benötigt werden.

Angaben zur Bauchspeicheldrüse (Pankreas)	
Länge	13–18 cm
Breite	3–4 cm
Gewicht	80–100 g
Exokrines Pankreas (Verdauungsenzyme produzierend)	
Gewicht des exokrinen Teils des Pankreas	78–95 g
Anteil am Pankreasgesamtgewicht	ca. 98 %
Extrembereiche der Pankreassaftproduktion bei Erwachsenen	700–2500 ml/Tag
Größe der Pankreasläppchen	1–3 mm
Anzahl der Drüsenzellen pro Azinus	100
Dicke des Ausführungsganges der Pankreas (*Ductus pancreaticus*)	2–3 mm
Menschen mit einem weiteren Nebenausführungsgang	40 %
Endokrines Pankreas (Langerhans-Inseln, Hormonproduktion)	
Gewicht des endokrinen Pankreas	2–5 g
Anteil am Pankreasgewicht	ca. 2 %
Gesamtzahl der Inseln bei Neugeborenen	200.000
Gesamtzahl der Inseln bei Erwachsenen	1–2 Millionen
Durchmesser einer Insel	100–500 µm
Volumen aller Inseln im Pankreas	2–5 cm^3
Anzahl der Zellen pro Insel	3000
Anteil an A-Zellen (produzieren Glukagon)	20 %
Anteil an B-Zellen (produzieren Insulin)	80 %
Bildung und Zusammensetzung des Bauchspeicheldrüsensekrets	
Bildung des Bauchspeicheldrüsensekrets	
Ruhesekretion (beim Erwachsenen)	5 ml pro Stunde
Sekretion bei maximaler Stimulation	480 ml pro Stunde
durchschnittliche Sekretion (Erwachsener, normale Essens- und Schlafenszeiten)	700–2500 ml pro Tag
durchschnittliche Sekretion pro kg Körpergewicht	17–20 ml pro Tag
Extreme Sekretion	3300 ml pro Tag

Angaben zur Bauchspeicheldrüse (Pankreas)	
Sekretion des Pankreassaftes nach Nahrungsaufnahme	
Beginn	nach ca. 1–2 Minuten
Ende	nach ca. 3 Stunden
pH-Wert des Pankreassaftes	
unstimuliert (bei Ruhesekretion)	7,0–7,7
nach Stimulation	7,5–8,8
Dichte des Pankreassaftes	1.007–1.014
Zusammensetzung des Bauchspeicheldrüsensekrets	
Wassergehalt	987 g/l
Trockensubstanz	13 g/l
Albumin	600 mg/l
Globulin	400 mg/l
Glukose	(90–180 mg/l)
Elektrolyte	
Bikarbonatkonzentration (nach Stimulation)	bis 140 mmol/l
Vergleich: Plasmakonzentration	24 mmol/l
Chloridkonzentration (nach Stimulation)	30 mmol/l
Vergleich: Plasmakonzentration	100 mmol/l
Natriumkonzentration (nach Stimulation)	142 mmol/l
Kaliumkonzentration (nach Stimulation)	4 mmol/l

Plenert und Heine 1967; Documenta Geigy 1975, 1977; Leonhardt 1990; Junqueira, Carneiro, Gratzl 2004; Mörike, Betz, Mergenthaler 2007; Schmidt, Lang, Heckmann 2010; Silbernagl 2012

Tab. 1.7.19 Der Dünndarm (Purves 2011, S. 1428)

Der Dünndarm entspringt am Magenausgang und endet mit dem Übergang in den Dickdarm. Im Dünndarm findet der überwiegende Teil der Verdauung der Nahrung durch Enzyme statt. Die Spaltprodukte werden in das Blut aufgenommen (Resorption).

Der Dünndarm wird in drei Abschnitte unterteilt: Zwölffingerdarm (*Duodenum*), Leerdarm (*Jejunum*) und Krummdarm (*Ileum*).

Angaben zur Anatomie und Physiologie des Dünndarms	
Länge des gesamten Dünndarms (im lebenden Zustand)	3,75 m
Länge des gesamten Dünndarms (nach dem Tod)	6 m
Länge des Zwölffingerdarms (Duodenum)	20–30 cm
Länge des Krummdarms (Jejunum)	1,5 m
Länge des Leerdarms (Ileum)	2 m
Anzahl der Bakterien pro ml Speisebrei	
im Zwölffingerdarm (Duodenum)	$10–10^5$
im Krummdarm (Jejunum)	ca. $10^5–10^6$
Fassungsvermögen des Dünndarms (je nach Körpergröße)	3–6 l
Erneuerung des Darmepithels (Mauserungszeit)	ca. alle 2 Tage
Masse der abgestoßenen Zellen pro Tag (Erwachsener)	250 g
Dünndarmsekretion	
Durchschnitt beim Erwachsenen	60–120 ml/Stunde
Durchschnitt beim Kind	20–40 ml/Stunde
Angaben zur Dünndarmmotorik	
Frequenz der rhythmischen Segmentations- und Pendelbewegungen zur Durchmischung des Speisebreis	
im Zwölffingerdarm (Duodenum)	12/min
im Krummdarm (Jejunum)	10/min
im Leerdarm (Ileum)	8/min
Geschwindigkeit der peristaltischen Kontraktionswelle (zur Fortbewegung des Speisebreis)	30–120 cm/min
Fortbewegung des Darminhaltes	1–4 cm/min
Passagezeit des Speisebreis im gesamten Dünndarm	2–4 Stunden
Angaben zur Durchblutung des Dünndarms	
Durchblutung in Verdauungsruhe pro g Darmgewebe	0,3–0,5 ml/min
davon in der Schleimhaut	75 %
davon in der Submukosa	5 %
davon in der Muskelschicht	20 %
Durchblutung bei der Verdauung pro g Darmgewebe	1,5–2,5 ml/min
davon in der Schleimhaut	90 %

Plenert und Heine 1967; Documenta Geigy 1975, 1977; Leonhardt 1990; Junqueira, Carneiro, Gratzl 2004; Mörike, Betz, Mergenthaler 2007; Schmidt, Lang, Heckmann 2010; Silbernagl 2012

Tab. 1.7.20 Oberflächenvergrößerung der Schleimhaut des Dünndarms

Die Verdauung (Abbau der Nährstoffe und Resorption) spielt sich teils im Dünndarmlumen, teils an der Oberfläche der Schleimhaut ab und erfordert so eine große Schleimhautoberfläche.

Kerckring-Falten sind makroskopisch sichtbare Auffaltungen der Schleimhaut. Dünndarmzotten sitzen auf den Kerckring-Falten und ragen ins Darmlumen. Mikrovilli sind Ausstülpungen der Membranen der einzelnen Darmzellen.

Die Oberflächenvergrößerung verschiedener Strukturen des Dünndarms	
Bezugslänge des Dünndarms	280 cm
Bezugsdurchmesser des Dünndarms	4 cm
Innere Oberfläche des Dünndarmlumens	0,33 m^2
Relative Oberfläche	1
Auffaltungshöhe der Kerckring-Falten	1 cm
Gesamtzahl der Kerckring-Falten im Dünndarm	600
Innere Oberfläche des Dünndarmlumens	1 m^2
Relative Zunahme der Oberfläche	Faktor 3
Auffaltungshöhe der Dünndarmzotten	1 mm
Dicke der Dünndarmzotten	0,1 mm
Anzahl der Zotten im Dünndarm pro Schleimhautfläche	2000–3000/cm^2
Innere Oberfläche des Dünndarmlumens	ca. 10 m^2
Relative Zunahme der Oberfläche	Faktor 30
Auffaltungshöhe der Mikrovilli	1–2 μm
Dicke der Mikrovilli	0,1 μm
Anzahl der Mikrovilli auf einer Zelle	ca. 3000
Anzahl der Mikrovilli pro Schleimhautfläche	200 Mio./mm^2
Innere Oberfläche des Dünndarmlumens	200 m^2
Relative Zunahme der Oberfläche	Faktor 600

Schmidt und Thews 1995; Schiebler, Schmidt, Zilles 2005; Tortora und Derrickson 2006

Tab. 1.7.21 Dickdarm und Mastdarm

Im Dickdarm (*Colon*) werden hauptsächlich Wasser und Salze aus dem Speisebrei resorbiert, der dadurch eingedickt wird. In der Ampulle des Mastdarms wird der eingedickte Kot gesammelt, bis auf einen Dehnungsreiz hin die Stuhlentleerung erfolgt.

Angaben zur Anatomie und Physiologie des Dickdarms	
Längen der verschiedenen Anteile des Dickdarms	
Dickdarm (beim Lebenden)	1,2 m
Dickdarm (beim Toten)	1,4 m
Blinddarm (*Caecum*)	7 cm
Wurmfortsatz (*Appendix vermiformis*)	9 cm
Dicke des Wurmfortsatzes	0,5–1 cm
Tiefe der Schleimhautkrypten im Dickdarm	0,5 mm
Anzahl der Bakterien pro ml Speisebrei	~ 1010
Anteil anaerober Bakterien	99 %
Anteil aerober Bakterien	1 %
Zahl der verschiedenen Bakterienarten	über 400
Die Wasserreabsorption im Dickdarm	
Flüssigkeit, die vom Dünndarm in den Dickdarm gelangt	1000 ml/Tag
Flüssigkeit, die vom Dickdarm ausgeschieden wird	100 ml/Tag
Anteil der Flüssigkeit, die im Dickdarm resorbiert wird	90 %
Porendurchmesser der Zellzwischenräume für den Flüssigkeitstransport durch die Schleimhaut	0,2–0,25 nm
Potentialdifferenz zwischen Darmlumen und dem Gewebe	20–40 mV
Die Dickdarmmotorik	
Frequenz der rhythmischen Segmentations- und Pendelbewegungen (zur Durchmischung des Speisebreis)	
am Anfang des Dickdarmes	4 pro Minute
in der Mitte des Dickdarmes	6 pro Minute
Anzahl der peristaltischen Wellenkontraktionen zur Fortbewegung des Speisebreis	3–4 mal pro Tag
Fortbewegung des Darminhaltes im Dickdarm	0,04–0,6 cm/min
Passagezeit des Speisebreis im gesamten Dickdarm	5–70 Stunden

Angaben zur Anatomie und Physiologie des Mastdarms	
Länge des Mastdarms (*Rektum*) insgesamt	15 cm
Ampulla recti	10–12 cm
Canalis analis	3–4 cm
Maximale Füllung der *Ampulla recti*	2 Liter
Entleerungsfrequenz	
Neugeborene	3–4/Tag
Säuglinge 1. Woche	4–5/Tag
Säuglinge 3.–6. Woche	2–3/Tag
Erwachsene	einmal/Tag bis zweimal/Woche
Kotmenge	
Erststuhl	70–90 g/Tag
Säugling, muttermilchernährt	30–40 g/Tag
Säugling, kuhmilchernährt	15–25 g/Tag
Mittelwert beim Erwachsenen	124 g/Tag

Documenta Geigy 1975, 1977; Leonhardt 1990; Schenck und Kolb 1990; Mörike, Betz, Mergenthaler 2007; Schmidt, Lang, Heckmann 2010

Tab. 1.7.22 Die Kotmenge und Passagezeiten in Abhängigkeit von der Ernährung

Andere Bezeichnungen für Kot sind Stuhl oder Stuhlgang. Der Begriff Fäkalien wurde aus dem französischen Adjektiv *fécal* ins Deutsche entlehnt. Unter Kot versteht man die meist festen und mehr oder weniger stark riechenden Ausscheidungen (Exkremente) des Darmes. In der nachfolgenden Tabelle werden die Kotmengen und Passagezeiten bei unterschiedlichen Ernährungsformen dargestellt. Weiter werden Kinder, Erwachsene und erwachsene Vegetarier verglichen. Die mitteleuropäische Diät bezieht sich auf die Arbeiten von Biesalski und Kollegen (2010).

Passagezeit = Zeit von der Nahrungsaufnahme bis zur Kotabgabe.

Nahrung	**Passagezeit in Stunden**		**Stuhlmenge in g/Tag**	
	Mittelwert	**Extremwerte**	**Mittelwert**	**Extremwerte**
Faserstoffreich				
Kind	34	20–48	275	150–350
Vegetarier	42	18–97	225	71–488

Nahrung	Passagezeit in Stunden		Stuhlmenge in g/Tag	
	Mittelwert	Extremwerte	Mittelwert	Extremwerte
Gemischt				
Kind	45	24–59	165	120–260
Erwachsene	44	23–64	155	–
Europäisch				
Kind	76	35–120	110	71–142
Erwachsene	83	44–144	104	39–223

Documenta Geigy 1975, 1977; Mörike, Betz, Mergenthaler 2007

Tab. 1.7.23 Die Zusammensetzung des Kots

Der Kot enthält neben unverdaulichen Nahrungsbestandteilen vom Darm und den Drüsen abgestoßene Schleime und Gallenstoffe sowie große Mengen an Bakterien, die bis zu 10 % der Kotmenge ausmachen können.

Angaben zur Menge und zur Zusammensetzung des Kots	
Mittleres Stuhlgewicht beim Erwachsenen	124 g/Tag
Gewichtsanteile des Stuhles eines Erwachsenen	
Wasser	76 %
Bakterien	8 %
Schleimhautzellen des Darmes	8 %
Nahrungsreste	8 %
Zusammensetzung der Trockensubstanz	
anorganische Substanzen	33 %
stickstoffhaltige Substanzen	33 %
Zellulose (u. ä.)	17 %
Fette (Lipide)	17 %
Wasserabgabe über den Stuhl	
Erwachsener (Durchschnitt)	70–80 ml pro Tag
obere Normalgrenze	150 ml pro Tag
Wasserabgabe beim Krankheitsbild der Asiatischen Cholera	bis 20.000 ml pro Tag

Angaben zur Menge und zur Zusammensetzung des Kots	
Wasseranteil des Stuhls in Abhängigkeit vom Alter	
Neugeborene	774 g/kg
Säugling, muttermilchernährt	870 g/kg
Säugling, kuhmilchernährt	740 g/kg
Erwachsene	770 g/kg
Sonstige Werte zum Stuhl	
Relative Dichte	1,09
Osmolalität	357 mosmol/kg
Anzahl der Bakterien pro ml Stuhl	10^{11}
Bakterienanteil an der Trockenmasse	30–50 %
Aschegehalt bei Erwachsenen	200 g/kg
pH-Wert bei Säuglingen:	
muttermilchernährt	5,1
kuhmilchernährt	6,5
Brennwert	
insgesamt	0,58 MJ/Tag
auf ein Kilo Trockenmasse bezogen	21,5 MJ/kg

Rucker 1967; Documenta Geigy 1975, 1977; Plenert und Heine 1984; Schmidt, Lang, Heckmann 2010; Silbernagl 2012

Tab. 1.7.24 Die Darmgase

Die Gase im Darm können hauptsächlich drei Quellen zugeordnet werden:

1. Verschluckte Luft
2. Bildung im Darmlumen beim enzymatischen und mikrobiellen Abbau der Nahrungsbestandteile
3. Diffusion einiger Gase vom Blut in das Darmlumen.

Angaben zur Entstehung und zur Zusammensetzung der Darmgase	
Darmgasbildung	
Gasvolumen im gesamten Darm	50–200 ml
bei normaler Kost	ca. 15 ml
bei Genuss von Bohnen	176 ml

Angaben zur Entstehung und zur Zusammensetzung der Darmgase	
N_2-Menge, die in das Darmlumen diffundiert	1–2 ml/min
Verschluckte Luftmenge pro Bissen (ein großer Teil wird wieder aufgestoßen)	2–3 ml
Ausscheidung durch das Rektum	
Gasvolumen (durchschnittlicher Wert beim Erwachsenen)	ca. 600 ml/Tag
Anzahl der Einzelabgaben	15/Tag
Volumen einer Einzelportion	40 ml
Extremwerte der abgegebenen Gasvolumina	200–2000 ml/Tag
Anteil geruchloser Gase (z. B. Stickstoff, Sauerstoff, Kohlenstoffdioxid, Wasserstoff, Methan)	99 %
Anteil geruchstarker Gase (z. B. Schwefelwasserstoff, Methylsulfate)	1 %
Durchschnittlicher Anteil einiger Gase	
Stickstoff	71,0 Vol %
Kohlenstoffdioxid	10,8 Vol %
Wasserstoff	15,6 Vol %
Methan	2,2 Vol %
Sauerstoff	0,6 Vol %

Documenta Geigy 1975, 1977; Schenck und Kolb 1990; Schiebler, Schmidt, Zilles 2005; Mörike, Betz, Mergenthaler 2007

1.8 Harnorgane, Harnbildung und Wasserhaushalt (Purves 2011, S. 1442 ff)

Die Nieren (Purves 2011, S. 1455 ff) sind die sogenannten „Klärwerke" des menschlichen Körpers. Sie scheiden Endprodukte des Stoffwechsels aus (harnpflichtige Substanzen, Giftstoffe, Medikamente), die sie aus dem Blut filtern. Diese werden dann über die ableitenden Harnwege (Harnleiter, Harnblase und Harnröhre) mit dem Urin ausgeschieden. Beim Ausfall der Nieren kommt es zur Akkumulation dieser Stoffe im Körper und somit zu Vergiftungserscheinungen. Ohne Therapie, z. B. in Form eine Dialyse, kommt es unweigerlich zum Tode. Die gesunden Nieren des Menschen bilden täglich die unglaubliche Menge von 180 Liter Primärharn. Durch Rückresorptionsvorgänge in den Nieren wird diese Menge auf das normale Harnvolumen von etwa 1,5 Liter reduziert. Die Nieren erfüllen auch wichtige Aufgaben in der Blutdruckregulation (Purves 2011, S. 1463 f.) durch die Produktion des Hormons Renin sowie in der Blutbildung durch die Produktion des Hormons Erythropoetin.

Tab. 1.8.1 Zahlen zum Staunen

Literatur siehe nachfolgende Tabellen.

Ausgewählte Angaben aus den nachfolgenden Tabellen	
Überlebenszeit nach dem Ausfall beider Nieren	24–36 Stunden
Erste erfolgreiche Nierenverpflanzung durch *R. H. Lawler*	17.06.1950
Anzahl aller Nephrone in einer Niere	1–2 Millionen
Gesamtlänge aller Nephrone einer Niere	ca. 50 km
Gesamte Filtrationsfläche in beiden Nieren	1,5 m^2
Tägliche Bildung von Primärharn	180 Liter pro Tag
Das Blutplasmavolumen (3 Liter) wird vollständig filtriert	60 mal pro Tag
Tägliche Bildung von Endharn (entspricht der Harnausscheidung pro Tag)	1,5 Liter
Verhältnis von Primärharn zu Endharn	ca. 100 : 1
Täglicher Wasserverlust über die Niere bei einer Wasserharnruhr (*Diabetes insipidus*)	bis 25 Liter/Tag
Durchschnittliche Harnmenge, mit der die Harnblase pro Minute gefüllt wird	3–6 Tropfen
Maximales Fassungsvermögen der Harnblase bei stärkster Füllung	ca. 1500 ml
Gesamtlänge aller Glomeruluskapillaren einer Niere	25 km
Täglicher Blutdurchfluss durch die beiden Nieren eines gesunden 70 kg schweren Erwachsenen	ca. 1700 Liter
Tägliche Durchflusszyklen des gesamten Blutvolumens durch die Nieren innerhalb eines Tages	300 mal
Täglicher Sauerstoffverbrauch beider Nieren	ca. 35 Liter

Tab. 1.8.2 Entwicklung, Lage und Bau der Nieren

Während der Entwicklung der harnableitenden Organe entstehen im Fetus drei Nierengenerationen. Die Vorniere ist funktionslos, die Urniere hat nur begrenzte Funktion, die Nachniere entwickelt sich zum bleibenden Organ.

Die Nieren liegen links und rechts der Wirbelsäule in Höhe des 12. Brustwirbels bis zur Höhe des 2. oder 3. Lendenwirbels. Sie sind an der Rückwand des Bauchraumes gut geschützt in einem Bindegewebskörper mit sehr viel Fettgewebe aufgehängt.

Die Nierenentwicklung vor und nach der Geburt	
Ausbildung der Vorniere (*Pronephros*)	3.–5. Entwicklungswoche des Fetus
Ausbildung der Urniere (*Mesonephros*)	4.–8. Entwicklungswoche des Fetus
Ausbildung der Nachniere (*Metanephros*)	ab dem 2. Entwicklungsmonat
Zeitpunkt der vollen Funktionstüchtigkeit der Nieren	6 Wochen nach der Geburt
Angaben zu Lage, Bau und Physiologie der Nieren	
Abstand der Niere zur Hautoberfläche	6–8 cm
Lageveränderung der Niere beim Stehen gegenüber Liegen	ca. 3 cm tiefer
Lageveränderung der Nieren beim Ein- und Ausatmen	ca. 3 cm
Angaben zur Größe einer Niere	
Länge	10–12 cm
Breite	5–6 cm
Dicke	ca. 4 cm
Volumen	ca. 120 cm^3
Relation der Nierengröße zur Größe der Nebenniere	
beim Neugeborenen	3 : 1
beim Erwachsenen	30 : 1
Gewicht einer Niere	120–200 g
davon Nierenrinde (*Cortex renis*)	75 %
davon Nierenmark (*Medulla renis*)	25 %
Dicke der Nierenrinde	1 cm
Zahl der verwachsenen Einzellappen einer Niere	10–20
Anzahl der Markpyramiden in einer menschlichen Niere	7–9
Anzahl der Markstrahlen, die in eine Pyramide ziehen	400–500
Anzahl der Sammelrohre pro Markstrahl	4–6
Wassergehalt einer Niere	82,7 %
Menge an Blut, die täglich durch die Nieren strömt	ca. 1500 Liter
Menge an Urin, die von den Nieren im Leben produziert wird	ca. 40.000 Liter

Pitts 1972; Leonhardt 1990; Schenck und Kolb 1990; Junqueira, Carneiro, Gratzl 2004; Schiebler, Schmidt, Zilles 2005; Mörike, Betz, Mergenthaler 2007; Schmidt, Lang, Heckmann 2010

Tab. 1.8.3 Das Nephron

Das Nephron (Purves 2011, S. 1452) ist die kleinste Funktionseinheit der Niere. Es besteht aus dem Nierenkörperchen (Malpighi-Körperchen) und einem Tubulussystem, das aus einem proximalen Tubulus, dem Überleitungsstück (Henle-Schleife) und dem distalen Tubulus besteht. Das Nierenkörperchen ist aus einem Gefäßknäuel (Glomerulus) und der umschließenden Bowman-Kapsel aufgebaut.

Im Nierenkörperchen wird der Primärharn aus den Kapillarschlingen als Ultrafiltrat des Blutplasmas abgepresst. Das Ultrafiltrat enthält alle löslichen Bestandteile mit Ausnahme der Eiweißkörper in gleicher Konzentration wie das Blut. Der Primärharn gelangt über das Tubulussystem in das Sammelrohr. Auf diesem Weg werden in der Niere Wasser und andere Bestandteile des Primärharns rückresorbiert (Purves 2011, S. 1456 f.).

Nephron (Nierenkörperchen und Nierenkanälchen)	
Zahl der Nephrone pro Niere	1–2 Millionen
Länge eines Nephrons	30–38 mm
Gesamtlänge aller Nephrone einer Niere aneinandergereiht	ca. 80–100 km
Gesamtlänge von einem Nephron und einem Sammelrohr	50–60 mm
Anzahl der Nephrone, die in ein Sammelrohr einmünden	8–10
Nierenkörperchen (Malpighi-Körperchen)	
Durchmesser eines Nierenkörperchens	ca. 0,16 mm
Wand der Glomeruluskapillaren	
Porengröße der Endothelzellen	70–90 nm
Dicke der Basalmembran	0,3 µm
Filtrationsschlitze zwischen den Podozytenfortsätzen	25 nm
Anzahl der Kapillarschlingen in einem Nierenkörperchen	30–40
Gesamtlänge aller Glomeruluskapillaren einer Niere	25 km
Gesamtfläche der glomerulären Filtrationsfläche einer Niere	1,5 m^2
Nierenkanälchen (Tubulussystem)	
Proximaler Tubulus	
Länge (Dicke)	15 mm (40–60 µm)
Lumenweite	20–40 µm
Anzahl der Mikrovilli einer Tubuluszelle	6000–7000
Überleitungsstück (Henle-Schleife)	
Länge	bis zu 10 mm
Lumenweite	10–12 µm

Höhe des Epithels	0,9 µm
Distaler Tubulus	
Länge (Dicke)	12 mm (40–60 µm)
Lumenweite	30–50 µm
Innere Gesamtoberfläche der Nierenkanälchen	20 m²

Pitts 1972; Leonhardt 1990; Schenck und Kolb 1990; Junqueira, Carneiro, Gratzl 2004; Schiebler, Schmidt, Zilles 2005; Mörike, Betz, Mergenthaler 2007; Schmidt, Lang, Heckmann 2010

Tab. 1.8.4 Die Filtration in den Nierenkörperchen

In den Nierenkörperchen entsteht der Primärharn als Filtrat des Blutplasmas. Aufbau des Nierenkörperchens (Malpighi-Körperchen) siehe Tab. 1.8.3.

Über den Harn und dessen Zusammensetzung regeln die Nieren den Elektrolythaushalt des Extrazellulärraums, den Blutdruck und den Säure-Basen-Haushalt.

Angaben zum Bau und zur Physiologie der Nierenkörperchen	
Gesamte Filtrationsfläche in beiden Nieren	3 m²
Filtrationsbarriere der Glomeruluskapillaren (anatomisch)	
Porengröße der Endothelzellen	70–90 nm
Dicke der Basalmembran	0,3 µm
Filtrationsschlitze zwischen den Podozytenfortsätzen	25 nm
Durchmesser der modellhaften Poren (funktionell verhält sich die Niere, als würden Poren existieren)	2–4 nm
Effektiv resultierender Filtrationsdruck in den Glomeruluskapillaren	11 mmHg
dieser setzt sich aus folgenden Komponenten zusammen	
Blutdruck in den Glomeruluskapillaren	+48 mmHg
Kolloidosmotischer Druck im Kapillarblut	−25 mmHg
Hydrostatischer Druck in der Bowmankapsel	−12 mmHg
Anteil des Plasmas, der in den Nierenkörperchen als Primärharn abfiltriert wird	20 %
Tägliche Bildung von Primärharn	180 Liter pro Tag

Angaben zum Bau und zur Physiologie der Nierenkörperchen	
Glomeruläre Filtrationsrate (GFR), die der Bildung von Primärharn in beiden Nieren entspricht	125 ml/min
davon werden in der Niere resorbiert (wieder aufgenommen)	124 ml/min
Tägliche Bildung von Endharn (entspricht der Harnausscheidung pro Tag)	1.5 l
Verhältnis von Primärharn zu Endharn	ca. 100/1
Glomeruläre Filtrationsrate der Frau im Vergleich zum Mann	10 % weniger
Abnahme der glomerulären Filtrationsrate bei Männern und Frauen ab 40 Jahren	1 % pro Jahr weniger
Filtrationsrate eines einzelnen Nierenkörperchens	50 ml/min
Filtrationszyklen	
gesamtes Blutplasmavolumen (3 Liter)	60 mal/Tag
gesamte Extrazellulärflüssigkeit (14 Liter)	13 mal/Tag
Molekülgröße, ab der eine Behinderung der Filtration in den Nieren einsetzt (z. B. Inulin)	5500 Dalton
Molekülgröße, bei der nur noch 1 % der Menge der Stoffe im Plasma abfiltriert werden (z. B. Albumin)	69.000 Dalton

Pitts 1972; Schenck und Kolb 1990; Leonhardt 1990; Junqueira, Carneiro, Gratzl 2004; Schiebler, Schmidt, Zilles 2005; Mörike, Betz, Mergenthaler 2007; Schmidt, Lang, Heckmann 2010

Tab. 1.8.5 Durchblutung, Sauerstoffverbrauch und Energiehaushalt der Nieren

Die Nieren sind sehr stark durchblutet und weisen eine spezielle Gefäßarchitektur auf. Durch Autoregulationsmechanismen bleibt die Durchblutung und auch die glomeruläre Filtration bei schwankenden Blutdruckwerten von 80–220 mmHg konstant (Bayliss-Effekt).

Die Durchblutung der Nieren	
Täglicher Blutdurchfluss durch beide Nieren eines gesunden 70 kg schweren Erwachsenen	ca. 1700 Liter
Blutdurchfluss pro Minute	1,2 Liter
Durchfluss des gesamten Blutvolumens (6 l) durch die Nieren	alle 5 min

Durchfluss des gesamten Blutvolumens durch die Nieren innerhalb eines Tages	300 mal
Anteil der Nierendurchblutung am Herzzeitvolumen in körperlicher Ruhe	23 %
Zur Erinnerung: Anteil der beiden Nieren am Körpergesamtgewicht	0,5 %
Spezifische Durchblutung	4 ml/g/min
Blutdruck in den Glomeruluskapillaren	46–48 mmHg
Anteil an der Durchblutung	
Nierenrinde	92 %
Nierenmark	8 %
Der Sauerstoffverbrauch der Nieren	
Täglicher Sauerstoffverbrauch beider Nieren	ca. 35 Liter
Sauerstoffverbrauch pro 100 g Nierengewebe	8 ml/min
Sauerstoffverbrauch pro 100 g Rindengewebe	6,7 ml/min
Sauerstoffverbrauch pro 100 g Markgewebe	
äußeres Mark	1,2 ml/min
inneres Mark	0,9 ml/min
Der Energieumsatz der Nieren	
Durchschnittstemperatur der Nieren	41,3 °C
Energie für die tägliche Wärmebildung der Nieren	600 kJ
Anteil des Energieverbrauchs der Nieren am Gesamtenergieverbrauch des Körpers in Ruhe	13 %
Anteil verschiedener Substrate an der Energiegewinnung in den Nieren	
Glutamin	35 %
Laktat	20 %
Glukose	15 %
Fettsäure	15 %

Leonhardt 1990; Schmidt und Thews 1995; Schiebler, Schmidt, Zilles 2005; Mörike, Betz, Mergenthaler 2007; Schmidt, Lang, Heckmann 2010

Tab. 1.8.6 Das harnableitende System

Der Harn fließt aus den Nephronen (siehe Tab. 1.8.3) in die Sammelrohre. Diese werden zu den Papillengängen, die in den Papillen enden. Von den Papillen tropft der Harn in die Nierenkelche, die sich wiederum zu den Nierenbecken vereinigen. Von den Nierenbecken gelangt der Harn in die Harnleiter, deren glatte Muskulatur den Harn in peristaltischen Wellen „tröpfchenweise" in die Harnblase befördert (Purves S. 1455).

Die Harnblase ist ein Hohlmuskel und liegt dem Beckenboden auf. Hier wird der Harn gesammelt. Ab einer Füllmenge von etwa 200 ml setzt leichter, ab 400 ml starker Harndrang ein. Da die Harnleiter schräg durch die Blasenwand ziehen, drückt die Harnblase bei starker Füllung auf die Harnleiter und verhindert so einen Harnrückfluss in die Harnleiter.

Harnableitende Strukturen in den Nieren	
Sammelrohre	
Anzahl der Nephrone, die in ein Sammelrohr einmünden	8–10
Durchmesser eines Sammelrohres	40 µm
Länge eines Sammelrohres in den Markpyramiden	20–23 mm
Papillengänge (*Ductus papillares*)	
Anzahl der Sammelrohre, die in einen Papillengang einmünden	5
Durchmesser eines Papillenganges	100–200 µm
Zusammenfassungsschritte vom Papillengang bis zum Nierenbecken	
Anzahl der Papillengänge, die in eine Papille münden	15–20
Anzahl der Papillen, die in einen Endkelch münden	1–3
Anzahl der Endkelche, die in einen Hauptkelch münden	10
Anzahl der Hauptkelche, die ins Nierenbecken münden	2–3
Anzahl der Nierenbecken pro Niere	1
Volumen des Nierenbeckens	5–10 ml
Die Harnleiter (*Ureter*)	
Länge eines Harnleiters	25–30 cm
Durchmesser eines Harnleiters	2–7 mm
Anzahl der Längsfalten eines Harnleiters	5–7
Peristaltische Kontraktionswellen des Harnleiters	5–6 pro min
Menge des beförderten Harns	3–6 Tropfen pro min

Die Harnblase (*Vesica urinaria*)	
Anzahl der Muskelschichten	3
Fassungsvermögen: normal (bei stärkster Füllung)	150–500 ml (ca. 1500 ml)
Wanddicke: nach Entleerung (bei maximaler Füllung)	5–7 mm (1,5–2 mm)
Einsetzen des Harndrangs ab einer Füllmenge von	200–350 ml

Junqueira, Carneiro, Gratzl 2004; Schiebler, Schmidt, Zilles 2005; Mörike, Betz, Mergenthaler 2007; Schmidt, Lang, Heckmann 2010

Tab. 1.8.7 Der Harn und das Harnsediment

Die Osmolalität gibt die Teilchenanzahl osmotisch aktiver Substanzen in 1 kg Lösungsmittel an. Sie ist einzig und allein abhängig von der Anzahl, nicht aber von der Größe der Teilchen. Sie bestimmt bei Körperflüssigkeiten die Verteilung des Wassers zwischen den verschiedenen Zellkompartimenten.

Unter dem Harnsediment versteht man den Bodensatz nach Zentrifugation des Harns.

Physikalische Daten zum Harn	
Spezifisches Gewicht	1012–1022 g/l
pH-Wert	4,8–7,6
Relative Viskosität	1,0–1,4
Osmolalität	
Erwachsener	50–1400 mosmol/kg
Kind (1 Jahr)	600–1160 mosmol/kg
Kind (5 Jahre)	380–1200 mosmol/kg
Das Harnsediment	
Zelluläre Bestandteile	
rote Blutkörperchen (pro 24-Stundenurin)	<2.000.000
weiße Blutkörperchen (pro 24-Stundenurin)	<4.000.000
Hyaline Zylinder	<15.000

Thews, Mutschler, Vaupel 1999; Pschyrembel 2014

Tab. 1.8.8 Täglich ausgeschiedene Inhaltsstoffe des Harns

Die Werte beziehen sich auf eine tägliche Harnmenge von 1–2 Litern.

Bestandteil	Ausscheidung in g/Tag	Bestandteil	Ausscheidung in mg/Tag
Harnstoff	20–50	Kalzium	100–400
Gesamtstickstoff	10–20	Magnesium	100–400
Chlorid	4–9	Citrat	100–300
Natrium	4–6	Phenolsulfat	80–120
Kalium	1,5–3,0	Glucuronat	40–400
Phosphat	1,0–2,5	Steroide	50–250
Sulfat	1,0–2,0	Glukose	10–200
Kreatinin	1,0–1,5	Purinbasen	10–60
NH_4	0,5–1	Urobilinogen	0,5–2,0
Benzoylglycin	0,4–0,8	Porphyrine	0,02–0,1
Harnsäure	0,2–1	Indoxylsulfat	0–32

Schenck und Kolb 1990; Mörike, Betz, Mergenthaler 2007; Schmidt, Lang, Heckmann 2010

Tab. 1.8.9 Filtrations-, Resorptions- und Ausscheidungswerte verschiedener Stoffe in der Niere

Die Werte stellen Durchschnittswerte dar. Sie können für die angegebenen Stoffe je nach Ernährungsweise sehr stark schwanken.

	Durchschnittliche Konzentration in Gramm %		Filtriert in g/Tag	Resorbiert in g/Tag	Ausgeschieden in g/Tag
	Blutplasma	Harn	Nierenkörperchen	Nierentubulus	Harn
Wasser	–	–	170.000	168.500	1500
Glukose	0,100	0,010	170	169,5	0,5
Harnsäure	0,005	0,035	8,5	7,9	0,53
Harnstoff	0,027	1,800	46	19	27
Kreatinin	0,001	0,110	1,7	0	1,7

	Durchschnittliche Konzentration in Gramm %		Filtriert in g/Tag	Resorbiert in g/Tag	Ausgeschieden in g/Tag
	Blutplasma	Harn	Nierenkörperchen	Nierentubulus	Harn
Natrium	0,333	0,333	566	561	5
Kalzium	0,010	0,015	17	16,8	0,2
Kalium	0,017	0,180	28,9	26,2	2,7
HCO_3^-	0,159	0,020	270	269,7	0,3
Chlorid	0,373	0,353	634	628,7	5,3
Phosphat	0,003	0,073	5,1	4	1,1
NH_4	–	0,047	–	–	0,7

Schneider 1971

Tab. 1.8.10 Die Beziehung zwischen Molekulargewicht, Molekülgröße und glomerulärer Filtrierbarkeit

Unter dem Siebkoeffizienten wird das Verhältnis der Konzentration eines Stoffes im Primärharn zu der Konzentration dieses Stoffes im Plasma angegeben.

Substanz	Molekulargewicht in Dalton (Da)	Molekülradius in nm	Siebkoeffizient
Wasser	18	0,10	1,00
Harnstoff	60	0,16	1,00
Glukose	180	0,36	1,00
Rohrzucker	342	0,44	1,00
Inulin	5500	1,48	0,98
Myoglobin	17.000	1,95	0,75
Eieralbumin	43.500	2,85	0,22
Hämoglobulin	68.000	3,25	0,03
Serumalbumin	69.000	3,55	$<0,01$

Schmidt und Thews 1995

Tab. 1.8.11 Normalwerte der Harninhaltsstoffe

Die Angaben pro Liter beziehen sich auf einen Liter Urin, wobei die durchschnittliche Urinmenge eines Erwachsenen 1,5 Liter pro Tag beträgt. Die Angabe pro Tag (d) bezieht sich auf einen 24-Stunden Sammelurin.

Abkürzung: dl = Deziliter

Substanz	Konzentration im Harn	Substanz	Konzentration im Harn
α1-Mikroglobulin	< 13,3 mg/d	**Kalzium**	
α2-Mikroglobulin	< 0,3 mg/l	*Erwachsener*	0,1–0,4 g/d
Albumin	< 20 mg/l	*Kleinkind*	60–160 mg/d
Amylase	32–600 U/l	*Säugling*	20–100 mg/d
ß2-Mikroglobulin	< 129 µg/l	Kupfer	< 50 µg/d
Blei	< 70 µg/l	Kreatinin	
Cadmium	< 5 µg/l	*Frau*	< 270 mg/d
C-Peptid Erwachs.	33–60 µg/d	*Mann*	< 189 mg/d
C-Peptid Kind	16–28 µg/d	Laktose	< 35 mg/d
Chlorid		Lysozym	< 1,4 mg/l
Erwachsener	170–210 mmol/d	Magnesium	1,5–7,5 mmol/d
bis 6 Monate	0,22–0,36 g/d	Mangan	0,2–1,0 µg/l
7–24 Monate	0,65–1,58 g/d	Molybdän	< 5 µg/l
2–7 Jahre	1,19–2,63 g/d	Myoglobin	negativ
8–14 Jahre	1,86–4,18 g/d	**Natrium**	
Chrom	0,6–2,9 µg/l	Erwachs. beim Fasten	3–6 g/d
Citrat	2,08–4,16 mmol/d	Säugling bis 6 Mon.	0,05–0,14 g/d
Cobalt	< 10 µg/l	Kind 2–7 Jahre	0,62–1,43 g/d
Cystin	< 30 mg/dl	8–14 Jahre	1,17–2,51 g/d
Eiweiß (Protein)	< 150 mg/d	Nickel	< 1,7 µg/l
Fluorid	0,3–1,5 mg/d	**Oxalsäure**	
Fruktose	< 30 mg/d	Erwachsener	< 29 mg/d
Galaktose		Kind	< 50 mg/d
Erwachsener	< 10 mg/dl	Phosphat, anorg.	300–1000 mg/d
Säugling	< 20 mg/dl	Porphobilinogen	0–2 mg/l

Substanz	Konzentration im Harn	Substanz	Konzentration im Harn
Glukose	< 0,3 g/d	Porphyrine gesamt	< 100 µg/d
	(16,65 mmol/d)	Quecksilber	< 20 µg/l
Hämoglobin, frei	0,02 mg/dl	Selen	74–139 µg/l
Harnsäure	2,38–4,46 mmol/d	Urobilin	negativ
Harnstoff	13–33 g/24 h	Zink (Kreatinin)	< 140 µg/g
Homocystin	< 1 mg/d	Zinn	< 2 µg/l
Kalium			
Erwachsener	2–4 g/d		
bis 6 Monate	0,2–0,74 g/d		
7–24 Monate	0,82–1,79 g/d		
2–7 Jahre	0,82–2,03 g/d		
8–14 Jahre	1,01–3,55 g/d		

Krapf 1995; Dormann et al. 2008

Tab. 1.8.12 Die Wasserbilanz bei Erwachsenen und Säuglingen

Oxidationswasser entsteht bei der Verbrennung der Nährstoffe (Zellatmung). Pro Gramm Eiweiß entstehen 0,44 ml Wasser; pro Gramm Kohlenhydrat 0,6 ml Wasser und pro Gramm Fett 1,09 ml Wasser.

Beim insensiblen Wasserverlust wird Wasser über Haut und Schleimhaut (Atmung) durch Diffusion und Verdunstung ohne Beteiligung der Schweißdrüsen abgegeben.

Die Angaben sind Durchschnittswerte eines gesunden Erwachsenen mit einem Gewicht von 70 kg und eines gesunden Säuglings mit einem Gewicht von 7 kg. Damit ergibt sich für den Säugling ein Flüssigkeitsbedarf von mindestens 100 ml pro kg Körpergewicht, während es beim Erwachsenen mindestens 21 ml/kg sind.

Wasserzufuhr in ml/Tag		Wasserabgabe in ml/Tag	
Beim Erwachsenen		**Beim Erwachsenen**	
Nahrung	900	Stuhl (Fäzes)	150
Trinken	1300	Urin	1500
Oxidationswasser	300	Insensibler Wasserverlust	750

Wasserzufuhr in ml/Tag		**Wasserabgabe in ml/Tag**	
Insgesamt	2500	*über die Haut*	375
		über die Lunge	375
		Schweiß	100
		Insgesamt	2500
Beim Säugling		**Beim Säugling**	
Nahrung und		Stuhl	30
Trinken	620	Urin	500
Oxidationswasser	80	Insensibler Wasserverlust	170
Insgesamt	700	Insgesamt	700

Schmidt und Thews 1995; Pschyrembel 2014

Tab. 1.8.13 Der tägliche Wasserbedarf

Alter	**Körpergewicht (KG)**	**Geschätzter Wasserbedarf**	
	in kg	**in ml/kg**	**Gesamt (ml)**
3 Tage	3,0	80–100	240–300
10 Tage	3,2	125–150	400–480
3 Monate	5,4	140–160	760–860
6 Monate	7,3	130–155	950–1060
9 Monate	8,6	125–145	1080–1250
1 Jahr	9,5	120–135	1140–1280
2 Jahre	11,8	115–125	1360–1480
4 Jahre	16,2	100–110	1620–1780
6 Jahre	20,0	90–100	1800–2000
10 Jahre	28,7	70–85	2010–2440
14 Jahre	45,0	50–60	2250–2700
18 Jahre	54,0	40–50	2160–2700
Erwachsene	70,0	21–43	1500–3010

Documenta Geigy 1975, 1977

Tab. 1.8.14 Die Verteilung des Körperwassers

Die Werte geben den durchschnittlichen Flüssigkeitsgehalt der verschiedenen Flüssigkeitsräume bei Erwachsenen mit einem Gewicht von 70 kg wieder.

Bei Frauen ist der Wassergehalt des Organismus deutlich geringer als bei Männern. Bei Frauen ist das Fettgewebe, das nur 10–30 % Wasser enthält, meist relativ stärker ausgebildet. Der Körperwasseranteil nimmt mit dem Alter (Säugling 65–75 %, Greisin ca. 46 %) ab.

Die Werte geben den prozentualen Anteil am Körpergewicht wieder.

Die Verteilung des Körperwassers in den Flüssigkeitsräumen

Körperwasser	**Volumen in Liter**	**Anteil am Körpergewicht in Prozent**	
Extrazelluläre Flüssigkeit	17,0	24,0	
davon: Interstitielle Flüssigkeit	13,0	18,6	
davon: Blutplasma	3,0	4,0	
davon: Transzelluläre Flüssigkeit	1,0	1,4	
Intrazelluläre Flüssigkeit	28,0	40,0	
davon: Gewebezellenflüssigkeit	25,5	36,5	
Davon: Blutzellenflüssigkeit	2,5	3,5	
Gesamtkörperwasser	45,0	64,0	
Die Verteilung des Körperwassers bei Frauen, Männern und Säuglingen			
	Mann	**Frau**	**Säugling**
Gesamtkörperwasser	60 %	50 %	75 %
Intrazelluläre Flüssigkeit	40 %	30 %	40 %
Extrazelluläre Flüssigkeit	20 %	20 %	35 %
Intravasale Flüssigkeit	4 %	4 %	5 %
Interstitielle Flüssigkeit	16 %	16 %	30 %
Feste Substanzen	40 %	50 %	25 %

Documenta Geigy 1975, 1977; Schmidt, Lang, Heckmann 2010, Pschyrembel 2014

1.9 Haut, Haare, Geschmacks- und Geruchssinn

Die Haut ist nicht nur das größte, sondern auch das schwerste Organ des Menschen. Sie bedeckt die gesamte Körperoberfläche und sie vermittelt durch die Vielzahl der eingebauten Sinneszellen als wichtiges Sinnesorgan zwischen dem Körper und der Umwelt (Purves

S. 1285 f). Trotz vieler Schutzmechanismen ist die Haut allerdings auch verletzlich und maligne Melanome der Haut sind die fünfthäufigste Tumorerkrankung bei Männern und Frauen in Deutschland (RKI 2013).

Tab. 1.9.1 Zahlen zum Staunen

Literatur siehe nachfolgende Tabellen

Ausgewählte Angaben zur Haut sowie dem Geschmacks- und Geruchssinn	
Oberfläche der gesamten Haut eines Erwachsenen (abhängig von der Größe der Person)	1,5–1,8 m^2
Oberflächliche Verbrennungen sind lebensbedrohend ab einer betroffenen Hautoberfläche von	20 %
Gewicht der Haut eines Menschen	ca. 11–15 kg
Anzahl der Zellen in der Haut	ca. 10^{11}
Länge aller Blutgefäße pro 1 cm^2 Haut	ca. 1 m
Durchschnittliche Abgabe von Hornschuppen	10 g/Tag
Anzahl der Druckrezeptoren, die bei einem Händedruck erregt werden	ca. 1500
Geschätzte Länge der Nervenfasern der gesamten Haut eines Erwachsenen	80 km
Gesamtzahl der Schweißdrüsen eines Erwachsenen	ca. 2 Millionen
Gesamtschweißsekretion bei Schwerstarbeit unter extremer Hitzebelastung	bis 18 Liter täglich
Anteil der Männer, die ihre Kopfhaare mit etwa 25 Jahren verlieren	ca. 20 %
Anteil der Männer, die ihre Kopfhaare das ganze Leben lang behalten	ca. 20 %
Zahl der Linkshänder unter blonden Menschen gegenüber Menschen mit brünettem oder rotem Haar	doppelt so hoch
Anteil der Europäer, die einen linksdrehenden Haarwirbel am Hinterkopf haben	80 %
Anzahl der Talgdrüsen auf der Kopfhaut	ca. 120.000
Länge der Talgstränge, die von allen Haarbalgdrüsen produziert werden	30 m/Tag 11 km/Jahr
Den längsten Bart hatte bisher *Hans Langseth*, geb. 1846 in den USA	5,33 m

Tab. 1.9.2 Anatomie, Physiologie und die Blutversorgung der Haut

Die Haut (*Cutis*) ist ein lebenswichtiges Organ, das die äußere Oberfläche des Körpers bildet und damit eine Schranke zwischen Umwelt und innerem Milieu darstellt. Sie ist aufgebaut aus der Oberhaut (*Epidermis*) und der Lederhaut (*Dermis*). Unter der Haut liegt die fettgewebsreiche Unterhaut (*Subcutis*).

Die Haut erfüllt vielfältige Aufgaben im täglichen Leben:

- Sie vermittelt mit Hilfe der großen Zahl unterschiedlicher Sinneszellen einen Eindruck von der Umwelt.
- Sie bietet Schutz gegen chemische und physikalische Schädigungen von außen.
- Sie stellt eine Barriere gegen das Eindringen von gefährlichen Mikroorganismen dar und bietet anderen gleichzeitig einen Lebensraum.
- Sie ist für die Thermoregulation des Körpers zuständig und regelt den Wasserhaushalt, um ein Austrocknen des Körpers zu verhindern.

Angaben zu Anatomie und Physiologie der Haut	
Oberfläche der gesamten Haut eines Erwachsenen (abhängig von der Größe der Person)	1,5–1,8 m^2
Oberflächliche Verbrennungen sind lebensbedrohend ab einer betroffenen Hautoberfläche von	20 %
Gesamtgewicht mit Unterhaut (*Subkutis*)	ca. 11–15 kg
Gewicht von Oberhaut und Lederhaut	ca. 4 kg
Anteil der Haut mit Unterhaut an der Gesamtkörpermasse	
bei einem Erwachsenen mit normalem Gewicht	16 %
bei einem Erwachsenen mit hohem Fettanteil am Gewicht	20 %
Anzahl der Zellen in der Haut	
insgesamt (hochgerechnet)	ca. 10^{11}
pro cm^2	6 Millionen
Anzahl der Nervenzellen pro cm^2 Haut	500
Geschätzte Anzahl der Mikroorganismen auf der Haut	ca. 10^{13}
in Arealen mit viel Talk- und Schweißdrüsen	$10^6/cm^2$
in trockenen Arealen	10^2–$10^3/cm^2$
Anteil der Felderhaut an der Gesamthautfläche	96,5 %
Anteil der Leistenhaut auf Handflächen und Fußsohlen (die Leistenhaut bildet den Fingerabdruck)	3,5 %

Die Blutversorgung der Haut	
Durchblutung der gesamten Haut in Ruhe	400 ml/min
Durchblutung der gesamten Haut bei extremer Hitzebelastung	3000 ml/min
Durchblutung in Ruhe pro 100 g Haut	ca. 10 ml/min
Fassungsvermögen des Venengeflechts der Haut	1500 ml
Länge aller Blutgefäße pro 1 cm^2 Haut	ca. 1 m

Leonhardt 1990; Schiebler, Schmidt, Zilles 2005; Mörike, Betz, Mergenthaler 2007; Schmidt, Lang, Heckmann 2010;

Tab. 1.9.3 Die Oberhaut

Die Oberhaut (*Epidermis*) liegt auf der Lederhaut (*Dermis*) auf und bildet somit die Grenzschicht des Körpers zur Umwelt. Sie ist aus mehreren mikroskopisch unterscheidbaren Schichten aufgebaut. Da die Oberhaut selbst gefäßlos ist, erfolgt die Versorgung über Diffusionsvorgänge aus den Kapillaren der Lederhaut. Durch die stark gefaltete Papillarschicht als Grenzfläche zwischen Epidermis und Dermis wird einerseits die Oberfläche für die Versorgung der Oberhaut deutlich vergrößert und andererseits für eine kraft- und formschlüssige Verbindung der beiden Schichten gesorgt.

Die Epithelzellen (Keratinozyten) der Haut werden in der Basalzellschicht der Epidermis gebildet. Während ihrer passiven Wanderung an die Oberfläche verlieren sie wesentliche Eigenschaften lebender Zellen und sie bilden sich zu Hornzellen um. Etwa 20–30 Tage nach ihrer Bildung werden sie als „tote" Hornschuppen von der Haut abgestoßen. Melanozyten kommen in der Basalzellschicht der Oberhaut vor und sind durch die Produktion von Melanin für die Pigmentierung der Haut verantwortlich. Zellen des Immunsystems (Langerhans'sche Zellen) bewegen sich frei durch die unteren Schichten der Epidermis (Stachelzellschicht) und bilden die erste Abwehrlinie gegen Pathogene.

Angaben zur Anatomie der Oberhaut und zur Lebensdauer	
Dicke der Oberhaut	
durchschnittlich	0,05–0,1 mm
Handfläche	0,5 mm
Fußsohle	0,75–1,2 mm
in Schwielen (infolge hoher Beanspruchung)	bis 4 mm
Anteil der Epithelzellen (Keratinozyten) an der Gesamtzellzahl der Haut	85 %
Anteil spezieller Zellen, die nicht der Hornbildung dienen	15 %

Abhängigkeit der Zellteilungen in der Haut von der Tageszeit	
maximale Zellteilung	8–10 Uhr
minimale Zellteilung	20–22 Uhr
Zeitraum von der Bildung bis zum Abstoßen der Epithelzellen (Keratinozyten)	20–30 Tage
Durchschnittliche Abgabe von Hornschuppen	10 g/Tag
Breite der Spalten in der Oberhaut	0,01 µm
Zum Vergleich: Größe des Bakterium *Staphylococcus aureus* (Eitererreger)	0,8–1,2 µm
Melanozyten (bilden das Hautpigment Melanin)	
Anzahl der Melanozyten pro mm^2 Haut	ca. 1000
Zahl der Epithelzellen in der Basalzellschicht pro Melanozyt	4–12
Anzahl der epidermalen Langerhans-Zellen	10^9
Die Schichten der Epidermis	
Basalzellschicht (*Stratum basale*), in der die Keratinozyten gebildet werden	
Anzahl der Zellen, die die Basis der Zellsäulen bilden	10–15 Zellen
Stachelzellschicht (*Stratum spinosum*)	
Anzahl der Zelllagen	4–8
Verhornungsschicht (*Stratum granulosum*)	
Anzahl der Zelllagen	2–5
Größe der Granula (Keratohyalinkörnchen)	0,1–0,5 µm
Hornschicht (*Stratum corneum*)	
Anzahl der Zelllagen (Fußsohle)	mehrere Hundert
Länge der Hornzellen	30 µm
Dicke der Hornzellen	0,5 µm

Leonhardt 1990; Banchereau, Steinmann 1998; Junqueira, Carneiro, Gratzl 2004; Schiebler, Schmidt, Zilles 2005

Tab. 1.9.4 Der Tastsinn der Haut und die simultanen Raumschwellen

Die Sensibilität der Haut ist nicht gleichmäßig verteilt. Je dichter die Sinnespunkte angeordnet sind, umso feiner ist das örtliche Auflösungsvermögen. Dies lässt sich quantitativ über die simultane Raumschwelle bestimmen. Gemessen werden die kleinsten Abstände, bei denen zwei gleichzeitig gesetzte Reize noch als getrennt wahrgenommen werden.

Mechanorezeptoren wie die Merkel-Zellen, Ruffini-Körperchen und Meissner-Tastkörperchen reagieren auf Druck oder Druckänderungen, die Vater-Pacini-Lamellenkörperchen reagieren auf Vibration.

Die Mechanorezeptoren der Haut (Tastsinn)	
Durchschnittliche Anzahl der Druckrezeptoren auf der Haut	28/cm^2
Anzahl der Druckrezeptoren, die bei einem Händedruck gereizt werden	ca. 1500
Reizschwelle für die Wahrnehmung von Druck oder Druckänderung	0,31 mg/mm^2
Merkel-Zellen liegen in der Oberhaut (feiner Druck, langsam adaptierend)	
Anzahl im gesamten Körper	ca. 60 Millionen
Durchmesser einer Merkel-Zelle (Größe der Granula)	10 µm (100 nm)
Ruffini-Körperchen liegen in der Unterhaut (Hautdehnung, langsam adaptierend)	
Länge	0,5–2 mm
Meißner-Tastkörperchen liegen in der Lederhaut (Feinberührung, schnell adaptierend)	
Länge/Dicke	100 µm/40 µm
Anzahl im gesamten Körper	500.000
Anzahl (Fingerspitze)	bis zu 200/cm^2
maximale Empfindlichkeit	<60 Hz
Vater-Pacini-Lamellenkörperchen liegen in der Unterhaut (Druckänderung, schnell adaptierend)	
Länge/Dicke	4 mm/2 mm
Maximale Empfindlichkeit	100–400 Hz
Anzahl im gesamten Körper	40.000
Anzahl auf der Handfläche	über 600
Anzahl der Zellen pro Körperchen	20–50

Simultane Raumschwellen der Haut			
Ort der Berührung	**min. Abstand**	**Ort der Berührung**	**min. Abstand**
Zungenspitze	1,1 mm	Stirn	22,0 mm
Fingerspitze	2,3 mm	Handrücken	31,6 mm
Roter Teil der Lippen	4,5 mm	Scheitel	33,9 mm

Nasenspitze	6,8 mm	Unterarm	40,6 mm
Daumen	9,0 mm	Unterschenkel	40,6 mm
Zungenrand	9,0 mm	Brustbeinbereich	45,1 mm
Augenlid (äußere Fläche)	11,3 mm	Oberarmmitte	67,7 mm
Handinnenfläche	11,3 mm	Oberschenkelmitte	67,7 mm
Wange	11,3 mm	Rückenmitte	67,7 mm

Rucker 1967; Schenck und Kolb 1990; Schiebler, Schmidt, Zilles 2005; Mörike, Betz, Mergenthaler 2007; Schmidt, Lang, Heckmann 2010;

Tab. 1.9.5 Der Wärmesinn der Haut

Die Thermorezeption basiert auf zwei entgegengesetzten Qualitäten, der Warm- und der Kaltempfindung. In einem mittleren Bereich der Hauttemperatur von 31–36 °C besteht eine neutrale Wärmeempfindung. Dabei wird der thermische Reiz weder als warm noch als kalt empfunden (Indifferenzumgebungstemperatur). Bei den Warm- und Kaltsensoren handelt es sich um freie Nervenendigungen, die sich in der Lederhaut befinden und relative Temperaturänderungen registrieren.

Arbeitsbereiche der Thermorezeptoren		
Geschätzte Anzahl der freien Nervenendigungen in der Haut eines Erwachsenen		4 Millionen
Durchschnittliche Anzahl der freien Nervenendigungen in der Haut		150/cm²
Geschätzte Länge der Nervenfasern der gesamten Haut eines Erwachsenen		80 km
Verteilung von Warm- und Kaltpunkten		
Körperregion	**Kaltpunkte pro cm²**	**Warmpunkte pro cm²**
Stirn	5,5–8	2
Nase	8–13	1
Mund	16–19	–
übriges Gesicht	8,5–9	1,7
Brust	9–10,2	0,3
Unterarm	6–7,5	0,3–0,4
Handfläche	1–5	0,4

Fingerrücken	7–9	1,7
Finger, Innenseite	2–4	1,6
Oberschenkel	4,5–5,2	0,4

Gauer, Kramer, Jung 1972; Thews, Mutschler, Vaupel 1999; Schmidt und Schaible, 2005; Schmidt, Lang, Heckmann 2010

Tab. 1.9.6 Die Schweißsekretion und Schweißdrüsen

Die Schweißsekretion ist ein wesentlicher Bestandteil bei der Thermoregulation des Körpers. Durch die Verdunstung des Wassers in den Schweißdrüsen (unsichtbare Transpiration) und auf der Hautoberfläche (sichtbare Transpiration) wird dem Körper Wärmeenergie entzogen, was zu einer Abkühlung führt.

Angaben zum Schwitzen und zum Schweiß	
Gesamtzahl der Schweißdrüsen eines Erwachsenen	ca. 2.000.000
Durchmesser einer Schweißdrüse	0,4 mm
Gesamtschweißsekretion unter Normalbedingungen	bis 800 ml täglich
in den Tropen	bis 3–4 Liter täglich
unter schweren Arbeitsbedingungen	bis 10 Liter täglich
bei Schwerstarbeit unter extremer Hitzebelastung	maximal 18 Liter täglich
Sekretionsleistung einer einzelnen Schweißdrüse	4–15 µl/Tag
Wärmemengeverlust pro Liter Schweiß	2428 kJ
Nicht sichtbare Schweißabgabe bei Temperaturen unter 31 °C	20–30 ml/h
Beginn der sichtbaren Schweißsekretion	bei über 31 °C
Zusammensetzung des Schweißes	
Spezifisches Gewicht	1,005–1,009
pH–Wert	5,7–7,0
Menge der Trockenmasse	5–10 g/l
Wassergehalt	990–995 g/l
Anorganische Bestandteile	
Kalzium	29,000 mg/l
Magnesium	3,200 mg/l
Zink	1,150 mg/l

Eisen	0,412 mg/l
Phosphor	0,240 mg/l
Organische Bestandteile	
Aminosäuren	1,380 g/l
Harnstoff	1,180 g/l
Milchsäure	0,616 g/l
Gesamtprotein	0,077 g/l
Glukose	0,070 g/l

Verteilung der Schweißdrüsen und der Vergleich zwischen ethnischen Gruppen

Rücken	$55/cm^2$		Anzahl insg.
Gesäß	$57/cm^2$	Mitteleuropäer gesamt	2,00 Mio.
Wangen	$75/cm^2$		
Bein	$80/cm^2$	**Vergleich zu anderen ethnischen Gruppen**	
Fußrücken	$125/cm^2$	Ainus	1,45 Mio.
Unterarm (außen)	$150/cm^2$	Russen	1,89 Mio.
Bauch	$155/cm^2$	Inuit, männlich	1,90 Mio.
Brust	$155–250/cm^2$	Negroide, männl. (USA)	2,18 Mio.
Unterarm (innen)	$160/cm^2$	Japaner	2,28 Mio.
Stirn	$170/cm^2$	Inuit, weiblich	2,39 Mio.
Hals	$185/cm^2$	Chinesen (Thailand)	2,42 Mio.
Handrücken	$200/cm^2$	Siamesen	2,42 Mio.
Fußsohle	$350–400/cm^2$	Kaukasier, männl. (USA)	2,47 Mio.
Handteller	$375–425/cm^2$	Philippinos	2,80 Mio.
Ellenbeuge	$751/cm^2$	Kaukasier, weibl. (USA)	3,12 Mio.

Stüttgen 1965; Diem, Lentner 1977; Morimoto 1978; Keidel 1985; Flindt 2000; Schmidt, Lang, Heckmann 2010; Silbernagl 2012

Tab. 1.9.7 Die Haare des Menschen

Haare (*Pili*) sind röhrenförmig aufgebaut und bestehen im Wesentlichen aus der Hornsubstanz Keratin. Die Oberfläche der Röhre ist mit kleinen schuppenartig übereinander liegenden Hornplatten bedeckt. Haare sind saugfähig und dehnen sich bei Feuchtigkeit aus. Nur die Haarwurzel ist mit Blut und Nerven versorgt.

Haare dienen dem Wärmeschutz und der Tastempfindung. Aus den Lanugohaaren (Flaumhaaren) der Fetalzeit werden nach der Geburt etwas dickere Vellushaare (Wollhaare). Vor allem bei Frauen bleiben diese Wollhaare am ganzen Körper lebenslang erhalten. Die Terminalhaare entstehen im Bereich des Kopfes, der Augenbrauen, der Wimpern sowie sexualhormonabhängig im Bart-, Achsel-, Brust- und Schambereich, im äußeren Gehörgang und am Naseneingang.

Allgemeine Angaben zu den Haaren der Menschen	
Bildung der Flaumhaare	ab 4. Fetalmonat
Ersatz der Flaumhaare durch die Wollhaare	im Alter von 6 Monaten
Mittlerer Durchmesser eines Haares	0,1 mm
Anteil der Kopfhaare an allen Haaren des Körpers	ca. 25 %
Anteil der Körperoberfläche beim weiblichen Geschlecht, auf der die Wollhaare lebenslang erhalten bleiben	65 %
Anteil der Männer, die ihre Kopfhaare mit etwa 25 Jahren verlieren	ca. 20 %
Anteil der Männer, die ihre Kopfhaare das ganze Leben lang behalten	ca. 20 %
Größe des Haarverlustes bei Frauen innerhalb von 3 Monaten nach der Niederkunft	50 %
Anteil der Menschen mit rotem Haar in Schottland (höchster Wert auf der Erde)	11 %
Anteil der Europäer, die einen linksdrehenden Haarwirbel am Hinterkopf haben	80 %
Gesamtanzahl der Talgdrüsen auf der Kopfhaut eines Erwachsenen	ca. 120.000
Länge der Talgstränge, die alle Haarbalgdrüsen produzieren	30 m/Tag und 11 km/Jahr
Rekordverdächtiges zu den Haaren	
Normalerweise erreichbare Haarlänge	70–90 cm
Das längste Haar der Welt hat Xie Qiuping aus China	3,86 m
Das längste Haar in Deutschland hat eine 1943 geborene Frau	5,62 m

Den längsten Schnurrbart der Welt hat *Ram Singh Chauhan* aus Indien	4,29 m
Den längsten Bart hatte *Hans Langseth*, geb. 1846 in den USA	5,33 m
Die maximale Belastung, die jemals ein Haar ausgehalten hat	261 g

Rucker 1967; McCutcheon 1991; Guinness Buch der Rekorde 1995, 2015; Mörike, Betz, Mergenthaler 2007

Tab. 1.9.8 Anzahl der Haare an verschiedenen Körperstellen bei Menschen und zum Vergleich bei Affen

Die Haarwurzel jedes einzelnen Haares befindet sich im Haarfollikel, der bis in das Unterhautbindegewebe reichen kann. In der Haarpapille liegt die Wachstumszone des Haares, hier wird das Haar mit Nährstoffen über das Blut versorgt.

Die Haarfarbe wird unter anderem durch den Melaningehalt bestimmt. Fehlt das Pigment ganz, dann sind die Haare von Anfang an weiß (Albino). Bei älteren Menschen werden die Haare durch einen allmählichen Pigmentverlust weiß. Eine kleine Variation der Pigmentstruktur gibt rotes Haar. Bei der autosomal dominant vererbten Krankheit Hypertrichose sind bis zu 98 % des Körpers mit Haaren bedeckt.

Die Werte beim Menschen beziehen sich auf einen durchschnittlichen, gesunden Erwachsenen.

Anzahl der Haare an verschiedenen Körperstellen (Mittelwert)			
Haupthaar		Körperhaare	25.000
blond	150.000	Augenbrauen	600
braun	110.000	Wimpern	420
schwarz	100.000		
rot	90.000		
Anzahl der Haare pro Quadratzentimeter und Körperstelle des Menschen			
Scheitel	300–320/cm²	Kniescheibe	22/cm²
Hinterhaupt	200–240/cm²	Handrücken	18/cm²
Stirn	200–240/cm²	Oberarm	16/cm²
Kinn	44/cm²	Oberschenkel	15/cm²
Schamberg	30–35/cm²	Brust	9/cm²

Unterarm	24/cm²	Unterschenkel, Wade	9/cm²
Anzahl der Haare pro Quadratzentimeter und Körperstelle bei Affenarten			
Gibbon		**Schimpanse**	
Kopf	2100/cm²	Kopf	180/cm²
Rücken	1720/cm²	Rücken	100/cm²
Brust	600/cm²	Brust	70/cm²
Pavian		**Orang-Utan**	
Kopf	640/cm²	Kopf	160/cm²
Rücken	655/cm²	Rücken	170/cm²
Brust	135/cm²	Brust	100/cm²
Gorilla			
Kopf	410/cm²		
Rücken	140/cm²		
Brust	5/cm²		

Oppenheimer und Pincussen 1935; Meyer 1964; Rucker 1967; Schultz 1969; Mörike, Betz, Mergenthaler 2007

Tab. 1.9.9 Wachstum und Verlust der Haare

Das menschliche Haar wächst zyklisch. Man unterscheidet eine Wachstumsphase, eine Involutionsphase (Rückbildungsphase) und eine Ruhephase. Anschließend fällt das Haar aus.

Das Wachstum unterschiedlicher Haartypen	
Kopfhaare	
Durchschnittliches Wachstum pro Tag	0,35 mm
Lebensdauer eines Kopfhaares	2–6 Jahre
Anteil der Kopfhaare in der Wachstumsphase	80 %
Durchschnittliche Dauer der Wachstumsphase	3–5 Jahre
Barthaare	
Wachstum pro Woche	2,1–3,5 mm
Wachstum pro Jahr	ca. 9 cm

Wachstum im ganzen Leben	ca. 10 m
Wachstum verschiedener Haartypen	
Augenbrauen	0,16 mm/Tag
Achselhaare	0,3 mm/Tag
Armhaare	1,5 mm/Woche
Oberschenkelhaare	0,2 mm/Tag
Normaler Haarverlust	
Beim Jugendlichen	40 Haare/Tag
Beim Erwachsenen	90 Haare/Tag
Beim alten Mensch	110 Haare/Tag
Wachstumspause nach der Abstoßung eines Haupthaares	3–4 Monate

Altman und Dittmer 1972; McCutcheon 1991; Mörike, Betz, Mergenthaler 2007

Tab. 1.9.10 Wachstum bei Fingernägel und bei Zehennägel

Die Finger- und Zehennägel entstehen und ruhen im Nagelbett. Sie schützen die Endglieder der Finger und Zehen und bilden ein Widerlager für den Druck, der auf die Tastballen ausgeübt wird. Beim Verlust eines Nagels ist die Tastempfindung eingeschränkt.

Angaben zum Wachstum bei Finger- und bei Zehennägel	
Daumennagel	0,095 mm/Tag
Fingernagel	0,086 mm/Tag
Nagel der großen Zehe	0,006 mm/Tag
Zehennagel	0,004 mm/Tag
Dauer des Wachstums von der Nagelhaut bis zur Spitze	150 Tage
Längster Daumennagel (*S. Chilla*, Indien)	158 cm
Längste Fingernägel an einer Hand	705 cm

McCutcheon 1991; Guinness Buch der Rekorde 2015

Tab. 1.9.11 Der Wärmehaushalt des menschlichen Körpers

Der Mensch gehört zu den gleichwarmen (homoiothermen und endothermen) Lebewesen, deren Körperkerntemperatur auch bei wechselnder Umgebungstemperatur relativ konstant gehalten wird. Die Temperatur der Körperschale kann sich jedoch deutlich verändern.

Eine Steigerung der Wärmeabgabe erfolgt durch eine vermehrte Durchblutung der Kapillarbereiche der oberen Hautschichten, die über die arterio-venösen Anastomosen (Gefäßverbindungsstellen) erreicht wird. Darüber hinaus beeinflussen Wärmeabstrahlung, Wärmeleitung und Verdunstung die Wärmeabgabe.

Angaben zur Temperatur und zu Temperaturveränderungen im Körper	
Durchschnittliche Körperkerntemperatur	
Normalwert beim Erwachsenen	36,4–37,4 °C
Im Greisenalter	36 °C
Bei leichter Arbeit oder Emotion	bis zu 37,8 °C
Bei schwerer körperlicher Arbeit	bis zu 40 °C
Temperatur der Finger (Körperschale)	
bei Indifferenzumgebungstemperatur (31–36 °C)	33–34 °C
Umgebungstemperatur von 0 °C	bis unter 10 °C
Umgebungstemperatur von 40–50 °C	bis über 39 °C
Temperaturmessung unter der Zunge im Vergleich zur Rektalmessung	0,2–0,4 °C niedriger
Tagesschwankungen der Kerntemperatur	
Säuglinge	keine
Kinder	> 1,5 °C
Jüngere Frau	1,2 °C
Jüngerer Mann	1,5 °C
Maximale Schwankungsamplitude	2,1 °C
Minimale Schwankungsamplitude	0,7 °C
Anstieg der Körpertemperatur der Frau bei der Ovulation (Eisprung)	0,4–0,5 °C
Übertemperatur (Hyperthermie)	
Gefahr eines Hitzekollapses ab einer Körperkerntemperatur von	ca. 40 °C
Hitzetod tritt normalerweise ein ab	43 °C

Angaben zur Temperatur und zu Temperaturveränderungen im Körper	
Die höchste gemessene Rektaltemperatur, die ein Mensch überlebte	43,5 °C
Untertemperatur (Hypothermie)	
Kältezittern tritt auf	bis 35 °C
Teilnahmslosigkeit tritt auf bei	34–30 °C
Sprache beeinträchtigt, Bewusstsein getrübt bei	<30 °C
Keine Eigenreflexe der Muskeln, keine Pupillenreflexe, Erlöschen der Spontanatmung bei	27–25 °C
Gefahr des Kammerflimmerns	unter 25 °C

Keidel 1985; Mörike, Betz, Mergenthaler 2007; Schmidt, Lang, Heckmann 2010

Tab. 1.9.12 Wärmeabgabe, Wärmebildung und Temperaturen

Angaben zur Wärmeabgabe des menschlichen Körpers beziehen sich auf eine definierte Außenumgebung: Indifferenzumgebungstemperatur (31–36 °C), Luftfeuchtigkeit 50 %, Windstille.

Der Wärmedurchgangswiderstand ist ein Maß für die Isolierfähigkeit.

Die Absorptionszahl ist ein Maß für die Fähigkeit eines Stoffes, thermische Energie der Sonnenstrahlung aufzunehmen.

Wärmeabgabe, Wärmedurchgangswiderstand, Absorptionszahl, Wärmebildung	
Gesamtwärmeabgabe des menschlichen Körpers	
Über die Haut	90 %
Strahlung/Leitung und Konvektion	45 %/25 %
Wasserverdunstung	20 %
Über die Atemwege	10 %
Leitung und Konvektion/Wasserverdunstung	2 %/8 %
Relativer Wärmedurchgangswiderstand	
Straßenanzug (Bezugsgröße)	1
Körperschale des Menschen (je nach Durchblutung)	0,1–0,7
1 cm Fettschicht	0,4
1 cm Muskulatur	0,15

Winterkleidung			2
Polarkleidung			5
Absorptionszahl bei Sonnenbestrahlung			
Schwarzer Körper (Bezugsgröße)			1
Menschliche Haut, je nach Pigmentierung			0,5–0,8
Weiße Kleidung			0,3
Blanke Metallflächen			<0,1
Anteile der verschiedenen Organe an der Wärmeproduktion			
Brust- und Bauchhöhle			56 %
Gehirn			16 %
Muskulatur und Haut			18 %
Restliche Gewebe			10 %
Anteil der Muskulatur an der Wärmebildung bei starker Arbeit			90 %
Unterschiedliche Temperaturen im Körper			
Hoden	32–35 °C	Gesäßmuskel	37,7 °C
Lunge	35,2–35,6 °C	Untere Hohlvene	38,1 °C
Mundhöhle	36,5 °C	Großer Brustmuskel	38,3 °C
Gehörgang	36,7 °C	Linker Vorhof	38,6 °C
Obere Hohlvene	36,8 °C	Aorta	38,7 °C
Achselhöhle	36,9 °C	Rechter Vorhof	38,8 °C
Magen	37,0–37,3 °C	Leber	41,3 °C

Keidel 1985; Thews, Mutschler, Vaupel 1999; Flindt 2000; Mörike, Betz, Mergenthaler 2007; Schmidt, Lang, Heckmann 2010; Silbernagel 2012

Tab. 1.9.13 Der Geschmackssinn der Zunge

Der Geschmackssinn dient als chemischer Nahsinn der Kontrolle der aufgenommenen Nahrung. Daneben lösen die Geschmackssensoren reflektorische Vorgänge wie zum Beispiel Speichelsekretion, Magensaftsekretion oder Erbrechen aus.

Die Geschmackssinneszellen liegen in den verschiedenen Zungenpapillen innerhalb von Geschmacksknospen. Die fünf Geschmacksqualitäten süß, bitter, sauer, salzig und umami (japanisch für schmackhaft) sind über die gesamte Zungenoberfläche verteilt. Dabei binden die Geschmacksstoffe entweder an spezifischen Rezeptoren und lösen eine G-Protein vermittelte Transduktionskaskade aus (süß, bitter, umami). Oder Ionen passieren die Membranen der Geschmackssinneszellen und sorgen unmittelbar für eine Depolarisation (salzig, sauer). Je höher die Konzentration des Geschmacksstoffes ist, desto höher ist die Impulsfrequenz in den ableitenden Nervenfasern. Obwohl Geschmacksknospen grundsätzlich für alle Geschmacksqualitäten sensibel sind, werden rezeptive Felder für eine Geschmacksqualität ausgebildet und Geschmacksreize werden als Erregungs-Ensembles weitergeleitet. Geschmacksreize unterhalb der Wahrnehmungsschwelle führen damit zu einem intensiveren Geschmackserlebnis der Geschmacksreize, die über der Wahrnehmungsschwelle liegen. Die Umami-Rezeptoren beispielsweise reagieren auf Glutamat (Salz der Glutaminsäure), das proteinhaltige Nahrung wie Fleisch, Milch, Käse, Getreide und Gemüse anzeigt und als Geschmacksverstärker in der Nahrungsmittelindustrie eingesetzt wird. Neben Glutamat lösen auch andere Aminosäuren und kleine Peptide den Umamigeschmack aus.

Eine Reihe von Stoffen, die selbst völlig geschmacklos sind, können den Umami-Geschmack verstärken. Es sind Nukleotide wie Inosin-, Adenosin- und Guanosinmonophosphat, die im Nukleinsäurestoffwechsel gebildet werden. Manche Menschen gelten als „Superschmecker", da sie besonders sensibel auf bitteren Geschmack (Kaffee, Tee, Grapefruit, Brokkoli) reagieren. Zunächst wurde ein Zusammenhang zwischen der Anzahl an Geschmacksknospen und der Abneigung gegen Bitteres angenommen: Superschmecker hatten deutlich mehr davon. Aktuelle Arbeiten zeigen jedoch eine genotypisch belegbare Variation der Raumstruktur des Bitterrezeptors als Ursache für den „Supergeschmackssinn".

Angaben zu Geschmacksknospen und Geschmacksgrundqualitäten	
Geschmacksknospen	
Höhe	30–70 µm
Durchmesser	25–40 µm
Zahl der Sinneszellen pro Geschmacksknospe	10–50
Lebensdauer einer Geschmackssinneszelle	10 Tage
Zahl der Geschmacksknospen	
Anzahl insgesamt bei einem jungen Erwachsenen	9000
Anzahl insgesamt bei einem alten Menschen	4000
In einer Pilzpapille (*Papillae fungiformes*)	3–4
In einer Blätterpapille (*Papillae foliatae*)	50
In einer Wallpapille (*Papillae vallatae*)	100 und mehr
Zahl der Zungenpapillen eines Erwachsenen	
Pilzpapillen	200–400
Blätterpapillen	15–20
Wallpapillen	7–12

Anzahl der unterscheidbarer Geschmacksgrundqualitäten	4
Empfindlichkeitsschwelle	10^{16} Moleküle/ml
bitter (Chininsulfat)	0,005 g/l Wasser
sauer (Salzsäure)	0,01 g/l Wasser
süß (Glukose)	0,2 g/l Wasser
salzig (Kochsalz)	1,0 g/l Wasser
Ausgewählte Schwellenkonzentrationen	
Coffein (bitter)	$9{,}4 \cdot 10^{17}$ Moleküle/10 ml Lsg. ($1{,}6 \cdot 10^{-4}$ mol/l)
Chininsulfat (bitter)	$6{,}5 \cdot 10^{14}$ Moleküle/10 ml Lsg. ($1{,}1 \cdot 10^{-7}$ mol/l)
Strichninhydrochlorid (bitter)	$4{,}9 \cdot 10^{15}$ Moleküle/10 ml Lsg. ($8{,}1 \cdot 10^{-7}$ mol/l)
Weinsäure (sauer)	$9{,}3 \cdot 10^{17}$ Moleküle/10 ml Lsg. ($1{,}5 \cdot 10^{-4}$ mol/l)
Kochsalz (salzig)	$5{,}2 \cdot 10^{19}$ Moleküle/10 ml Lsg. ($8{,}6 \cdot 10^{-3}$ mol/l)
Rohrzucker	$6{,}2 \cdot 10^{19}$ Moleküle/10 ml Lsg. ($1{,}0 \cdot 10^{-2}$ mol/l)
Saccharin	$1{,}6 \cdot 10^{16}$ Moleküle/10 ml Lsg. ($2{,}7 \cdot 10^{-6}$ mol/l)
Ein feiner Geschmackssinn als Kapital	
Versicherungssumme für die Zunge des Kaffee-Sommeliers *Gennaro Pelliccia* (GB)	12 Mio €

Keidel 1985, Schmidt und Thews 1995; Tortora und Derricson 2006; Schmidt, Lang, Heckmann 2010; Silbernagel 2012; Garneau et al. 2014, Guinness Buch der Rekorde 2015

Tab. 1.9.14 Das Riechsystem

Der Geruchssinn ist der empfindlichste chemische Sinn des Menschen. Da der Luftstrom bei normaler Nasenatmung vorwiegend durch die beiden unteren Nasengänge zieht, gelangen Duftstoffe nur über Diffusion durch den Nasenschleim zum Riechepithel. Beim Schnuppern kommt die Luft direkt zum Riechepithel und verbessert so die Geruchsleistung.

Während die absolute Schwellenkonzentration beim Menschen bei 10^7 Moleküle/ml Luft liegt, nimmt ein Hund noch Konzentrationen von 10^3 Moleküle/ml Luft wahr.

Die Nasenschleimhaut und das Niesen	
Gesamtoberfläche der Nasenschleimhaut	140–160 cm²
Erneuerung der Schleimschicht	alle 10 Stunden
Transportgeschwindigkeit des Nasenschleims durch Zilien	1 cm pro Stunde
Geschwindigkeit der Partikel beim Niesen (im Kehlkopfbereich)	über 150 km/h
Die Riechschleimhaut (Regio olfaktoria)	
Fläche der Riechschleimhaut (*Regio olfaktoria*) beider Nasenhöhlen Zum Vergleich: Fläche der Riechschleimhaut bei Hunden	5 cm² 100 cm²
Anteil der Riechschleimhaut an der gesamten Nasenschleimhaut des Menschen	ca. 3,5 %
Höhe der Riechschleimhaut	30–60 µm
Anzahl der Riechsinneszellen eines Erwachsenen	ca. 20–30 Millionen
Lebensdauer einer Riechsinneszelle	ca. 1 Monat
Anzahl der Riechhärchen einer Riechsinneszelle	6–8
Anzahl der Riechsinneszellen, die mit einem zum Riechhirn führenden Neuron verbunden sind	ca. 1000
Anzahl der insgesamt unterscheidbaren Düfte	ca. 10.000
Empfindlichkeitsabnahme (Gewöhnung) bei längerem Einwirken eines Riechstoffes in gleicher Konzentration	65–75 %

McCutcheon 1991; Lexikon der Biologie 1992; Campenhausen 1993; Mörike, Betz, Mergenthaler 2007; Schmidt, Lang, Heckmann 2010

Tab. 1.9.15 Wahrnehmungsschwelle für Geruchstoffe

Die Empfindungen beim Riechen werden 1952 von Amoore in 7 Duftklassen (Primärgerüche) eingeteilt. Die Wahrnehmungsschwelle entspricht der Konzentration eines Duftstoffes, ab der man etwas riecht, aber nicht genau sagen kann, was es ist.

Die Erkennungsschwelle entspricht der Konzentration eines Duftstoffes, ab der man diesen eindeutig identifizieren kann. Die Erkennungsschwelle liegt ungefähr um den Faktor 10 über der Wahrnehmungsschwelle.

Duftklasse	Substanz (Auswahl)	Riecht nach	Wahrnehmungsschwelle Moleküle/ml Luft)
blumig	Geraniol	Rosenöl	10^{14}
minzig	Menthol	Pfefferminze	10^{14}
ätherisch	Benzylazetat	Birne	10^{14}
moschusartig	Moschus	Moschus	10^{13}–10^{15}
kampferartig	Kampfer	Eukalyptus	10^{14}
schweißig	Buttersäure	Schweiß	10^{9}–10^{11}
faulig	Schwefelwasserstoff	faulen Eiern	10^{7}–10^{10}
Ein feiner Geruchsinn als Kapital			
Versicherungssumme für die Nase des Weingut-Besitzers *Ilja Gort* (NL)			5 Mio €

Thews, Mutschler, Vaupel 1999; Schmidt, Lang, Heckmann 2010

1.10 Auge (Purves 2011, S. 1292 ff) und Ohr (Purves 2011, S. 1286 ff)

Das Auge und das Ohr gehören zu den menschlichen Sinnesorganen. Sie gewährleisten die Wahrnehmung optischer und akustischer Signale und ermöglich so Interaktion des Menschen mit der Umwelt. Die insgesamt 127 Millionen Sehsinneszellen des Auges wandeln optische Reize in elektrische Erregungen um. Diese Informationen werden durch den Sehnerv zu den integrativen Zentren des Sehzentrums weitergeleitet. Der so im Gehirn eingehende Informationsfluss wird auf 10^7 bit pro Sekunde hochgerechnet. Das menschliche Ohr wandelt in den Haarzellen in einem hochkomplexen System den Schall in elektrische Impulse um. Durch integrative Verarbeitung der Informationen beider Ohren ist das Gehirn in der Lage, die Schallquelle im Raum zu orten.

Tab. 1.10.1 Zahlen zum Staunen

Literatur siehe nachfolgende Tabellen

Ausgewählte Angaben zu Auge und Ohr aus den nachfolgenden Tabellen	
Knochenwanddicke zwischen Augenhöhle und Kieferhöhle	0,5 mm
Gesamtzahl der Sehsinneszellen der Netzhaut (Retina)	127 Millionen

Ausgewählte Angaben zu Auge und Ohr aus den nachfolgenden Tabellen	
Dauer von Adaptionszeiten des Auges	
Dauer der Helladaption nach vollständiger Dunkeladaption	15–60 s
Dauer der Dunkeladaption nach vollständiger Helladaption	30–45 min
Mindestzahl von Photonen, die nötig sind, um eine Sehsinneszelle zu erregen	5
Leistungen des Farbsehens	
Unterscheidbare Farbtöne	ca. 200
Wahrnehmbare Sättigungsstufen	20–25
Wahrnehmbare Helligkeitsstufen	ca. 500
Farbdifferenzierungsmöglichkeiten insgesamt	mehrere Millionen
Anteil der Männer mit einer Farbsehstörung	8 %
Anteil der Frauen mit einer Farbsehstörung	0,4 %
Durchschnittliche Häufigkeit des Augenlidschlages	alle 20 Sekunden
Richtungshören	
Minimaler unterscheidbarer Intensitätsunterschied für beidohriges Hören	1 dB
Minimaler unterscheidbarer Laufzeitunterschied für beidohriges Hören	0,03 ms
Minimaler unterscheidbarer Wegunterschied des Schalls zu beiden Ohren	1 cm
Kleinster unterscheidbarer Winkel zur Lokalisation einer Schallquelle	3,0°
Tiefster Ton eines Bassisten	45 Hz
Höchster Ton einer Sopranistin	2000 Hz

Tab. 1.10.2 Das Auge und die äußere Augenhaut

Im Auge (Purves 2011, S. 1296) werden mit Hilfe des optischen Apparats Objekte der Umwelt auf der Netzhaut abgebildet. Die elektrisch kodierte Information wird dann über den Sehnerv (*Nervus opticus*) in das primäre Sehzentrum der Großhirnrinde geleitet. Der Augapfel setzt sich aus 3 Augenhäuten zusammen:

- äußere Augenhaut (Hornhaut und Lederhaut)
- mittlere Augenhaut (Iris, Ziliarkörper und Aderhaut) siehe Tab. 1.10.3
- innere Augenhaut (Netzhaut) siehe Tab. 1.10.4

Angaben zu Augenhöhle, Augenmuskeln und Augapfel	
Umgebende Knochen	
Anzahl der Knochen, die die Augenhöhle bilden	6
Knochenwanddicke zwischen Augenhöhle und Kieferhöhle	0,5 mm
Knochenwanddicke zwischen Augenhöhle und den Siebbeinzellen	0,3 mm
Äußere Augenmuskeln	
Anzahl	6
Zahl der Hirnnerven, die die Augenmuskeln innervieren	3
Augapfel (*Bulbus oculi*)	
Durchmesser Neugeborene	17,0 mm
Durchmesser Dreijährige	23,0 mm
Durchmesser Erwachsene	24,0 mm
Umfang beim Erwachsenen	74,9 mm
Gewicht des Augapfels	7,5 g
Volumen des Augapfels	6,5 ml
Angaben zur äußeren Augenhaut	
Lederhaut (*Sklera*)	
Dicke vorne	0,5 mm
Dicke hinten	1,0 mm
Hornhaut (*Cornea*)	
Vertikaler Durchmesser	11,0 mm
Horizontaler Durchmesser	11,9 mm
Oberfläche der Hornhaut	1,3 cm^2
Dicke, zentral	0,5 mm
Dicke, peripher	0,7 mm
Krümmungsradius der vorderen Hornhautfläche	7,8 mm
Brechkraft der Hornhaut	45 Dioptrien
Tränenfilm der Hornhaut	
Dicke der Muzinschicht (direkt auf der Hornhaut)	0,2 µm
Dicke der Wasserschicht (in der Mitte)	10,0 µm
Dicke der Lipidschicht (zur Außenwelt hin)	0,1 µm

Francois und Hollwich 1977; Keidel 1985; Leydhecker 1985; Schenck und Kolb 1990; Schmidt und Thews 1995; Mörike, Betz, Mergenthaler 2007; Schmidt, Lang, Heckmann 2010

Tab. 1.10.3 Die mittlere Augenhaut, Glaskörper und Linse

Der Ziliarkörper enthält glatte Muskelfaserzüge und reguliert den Krümmungsgrad der Linse. Das Sehloch (Pupille) liegt im Zentrum der Regenbogenhaut (Iris). Deshalb wird die Pupillenweite größer, wenn sich die Iris zusammenzieht.

Angaben zu Ziliarkörper und Regenbogenhaut	
Ziliarkörper	
Zahl der Fortsätze im Ziliarkörper	70–75
Länge eines Ziliarfortsatzes	2 mm
Dicke eines Ziliarfortsatzes	0,5 mm
Regenbogenhaut (Iris) und Pupille	
Veränderung der Pupillenweite durch Belichtung	2–8 mm
Verkürzungsfähigkeit der Regenbogenhaut	80 %
Reaktionszeit nach Belichtung	0,3–0,8 s
Angaben zu Größe, Gewicht, Brechkraft und Bau der Linse	
Dicke	4 mm
Durchmesser	9 mm
Gewicht	174 mg
Krümmungsradius	
der Vorderfläche	10,0 mm
der Hinterfläche	6,0 mm
Brechkraft der Linse	19–33 Dioptrien
Wasseranteil (Rest: Eiweiß)	65 %
Linsenkapsel	
Dicke, vorne	10–20 µm
Dicke, hinten	5 µm
Linsenfasern	
Länge	7–10 mm
Breite	1–10 µm
Dicke	2 µm
Anteil unlöslicher Proteine der Linse	
im Alter von 10 Jahren	3 %
im Alter von 80 Jahren	40 %

Angaben zum Glaskörper	
Volumen	4,4 ml
Gewicht	4 g
Brechungsindex des Glaskörpers	1,33
Wasseranteil (Rest: Eiweiß)	99 %

Francois und Hollwich 1977; Keidel 1985; Leydhecker 1985; Schenck und Kolb 1990; Schmidt und Thews 1995; Mörike, Betz, Mergenthaler 2007; Schmidt, Lang, Heckmann 2010

Tab. 1.10.4 Die innere Augenhaut (Netzhaut)

Die Netzhaut (Retina) (Purves 2011, S. 1297 ff) ist aus 10 Schichten aufgebaut. Hier liegen die Sehsinneszellen (Stäbchen und Zapfen). Diese sind in der Lage, Lichtreize in elektrische Signale umzuwandeln. Unter einem rezeptiven Feld versteht man die Anzahl der Sehsinneszellen, die ihre Informationen über eine einzelne Nervenfaser in Richtung Gehirn weiterleiten (durchschnittlich 130). In der *Fovea centralis*, hat ein rezeptives Feld nur eine Sehsinneszelle. Der „*Blinde Fleck*" liegt an der Durchtrittsstelle des Sehnervs durch die Retina.

Angaben zur Netzhaut (Retina)	
Anzahl der Schichten der Retina	10
Dicke der Netzhaut	
Am Gelben Fleck (*Macula lutea*)	0,2 mm
An der *Ora serrata* (Grenze zwischen dem lichtempfindlichen und dem lichtunempfindlichen Teil der Retina)	0,1 mm
Gesamtzahl der Sehsinneszellen der Retina	127 Millionen
Anzahl der Sehsinneszellen pro mm²	400.000
Zum Vergleich Waldkauz	680.000
Zum Vergleich Katze	510.000
Durchschnittliche Anzahl der Sehsinneszellen eines rezeptiven Feldes der Retina	130 Sehzellen
Größe eines rezeptiven Feldes in der *Fovea centralis* (Ort des schärfsten Sehens)	1 Sehzelle
Dauer der Helladaption nach vorheriger Dunkeladaption	15–60 s
Dauer der Dunkeladaption nach vorheriger Helladaption	30–45 min
Arbeitsbereich der Sehzellen (cd = Candela)	10^{-7}–10^{6} cd

Angaben zur Netzhaut (Retina)	
Absorptionsbereich der Sehzellen (sichtbares Licht violett-rot)	400–760 nm
Durchmesser des Blinden Flecks (*Discus nervi optici*)	1,5 mm
Durchmesser des Gelben Flecks (*Macula lutea*)	1,5 mm

Thompson 1992; Schmidt und Thews 1995; Junqueira, Carneiro, Gratzl, 2004; Mörike, Betz, Mergenthaler 2007; Schmidt, Lang, Heckmann 2010

Tab. 1.10.5 Die Sehsinneszellen in der Netzhaut

Stäbchen vermitteln das Dämmerungssehen, Zapfen das Farbsehen. In der *Fovea centralis* (Ort des schärfsten Sehens) gibt es nur Zapfen.

Angaben zu den Stäbchen (Dämmerungssehen)	
Anzahl der Stäbchen in der Netzhaut	120 Millionen
Dicke/Länge eines Stäbchens	1–5 µm/50 µm
Anzahl der scheibenförmigen Bläschen pro Stäbchen	600–2000
Anzahl der Rhodopsinmoleküle (Sehpigment) pro Bläschen	20.000–800.000
Empfindlichkeitsmaximum aller Sehpigmente der Stäbchen	550 nm
Flimmerverschmelzungsfrequenz	65–80 Reize/s
Minimale Größe eines gesehenen Blitzes	500 nm
Mindestzahl von Photonen zur Erregung eines Stäbchens	5
Absolute Reizschwelle beim Dämmerungssehen	$2–6 \cdot 10^{17}$ Ws
Angaben zu den Zapfen (Farbsehen)	
Anzahl der Zapfen in der Netzhaut	ca. 7 Millionen
Dicke/Länge eines Zapfens	3–5 µm/40 µm
Zapfenabstand in der *Fovea centralis*	2,5 µm
Unterscheidbare Farbtöne	ca. 200
Wahrnehmbare Sättigungsstufen	20–25
Wahrnehmbare Helligkeitsstufen	ca. 500
Farbdifferenzierungsmöglichkeiten insgesamt	mehrere Millionen
Absorptionsmaxima der 3 Sehpigmente der Zapfen Blau/Grün/Rot	420/535/565 nm
Kumulatives Empfindlichkeitsmaximum	510 nm

Flimmerverschmelzungsfrequenz	15–25 Reize/s
Störungen des Farbsehens bei Männern	8 % aller Männer
Störungen des Farbsehens bei Frauen	0,4 % aller Frauen

Thompson 1992; Schmidt und Thews 1995; Junqueira, Carneiro, Gratzl 2004; Mörike, Betz, Mergenthaler 2007; Schmidt, Lang, Heckmann 2010

Tab. 1.10.6 Das abbildende System des Auges

Das abbildende System des Auges entwirft auf der Netzhaut ein reelles, umgekehrtes und verkleinertes Bild der betrachteten Gegenstände. Die Brechkraft wird in Dioptrien (dpt) angegeben (reziproker Wert der in Metern gemessenen Brennweite). Akkommodation ist die Fähigkeit des Auges, die Brechkraft der Linse der Entfernung des fixierten Gegenstandes anzupassen. Dem passiven Streben der elastischen Linse zur Kugelform (hohe Brechkraft = Naheinstellung) steht die Zugwirkung des radiären Aufhängeapparats (Zonulafasern) entgegen, die eine Abflachung der Linse bewirkt (geringe Brechkraft = Ferneinstellung).

Akkommodationsruhe (Fernakkommodation)	
Gegenstandsweite, ab der die Fernakkommodation einsetzt	>5 m
Gesamtbrechkraft in Akkomodationsruhe	59 dpt
Luft-Hornhaut	49 dpt
Hornhauthinterfläche	−6 dpt
Linse	16 dpt
Maximale Akkommodation (Nahakkommodation)	
Gegenstandsweite, ab der die Nahakkommodation einsetzt	<5 m
Gesamtbrechkraft bei maximaler Akkommodation	
beim Jugendlichen insgesamt	69 dpt
Luft-Hornhaut	49 dpt
Hornhauthinterfläche	−6 dpt
Linse	26 dpt
im Alter (Altersweitsichtigkeit) insgesamt	59 dpt
Luft-Hornhaut	49 dpt
Hornhauthinterfläche	−6 dpt
Linse	16 dpt

Brechungsindex der an der Abbildung beteiligten Systeme	
Luft	1,00
Hornhaut	1,38
Kammerwasser	1,34
Linsenkern	1,41
Glaskörper	1,34

Mörike, Betz, Mergenthaler 2007; Schmidt, Lang, Heckmann 2010

Tab. 1.10.7 Das Kammerwasser

Das Kammerwasser in der vorderen und der hinteren Augenkammer wird durch den Ziliarkörper gebildet und im Kammerwinkel wieder resorbiert. Es dient der Formerhaltung des Augapfels sowie der Ernährung von Linse und Hornhaut. Störungen des Abflusses können zu einer Erhöhung des Augeninnendrucks und damit zum Glaukom führen.

Angaben zur Bildung und zur Zusammensetzung des Kammerwassers	
Volumen des Kammerwassers pro Auge	0,2–0,4 ml
Bildung des Kammerwassers	2 µl/min
Bildung pro Tag	2,9 ml
Vollständiger Austausch des Kammerwasser durch Neubildung	1–2 Stunden
Brechungsindex	1,3
Zusammensetzung des Kammerwassers	
Eiweiß	669 mg/100 ml
Kochsalz	658 mg/100 ml
Natrium	445 mg/100 ml
Kalium	116 mg/100 ml
Glukose	65 mg/100 ml

Junqueira, Carneiro, Gratzl 2004; Schmidt, Lang, Heckmann 2010

Tab. 1.10.8 Angaben zur Funktion des Auges

Unter Sakkaden (Ruck, kurzes Rütteln) versteht man bei der willkürlichen Augenbewegung die kleinen Sprünge von einem Fixationspunkt zum anderen.

Angaben zu Gesichtsfeld, Brennweite, Sehwinkel, Fixationsperiode, Augeninnendruck und Nahpunkten der Augen	
Das Gesichtsfeld oben/unten/zur Nase hin/schläfenwärts	60/70/60/90°
Vordere Brennweiten im Auge	
optisches System ohne Linse	23,2 mm
optisches Systems mit Linse	17,0 mm
Hintere Brennweite	
optisches Systems ohne Linse	31,0 mm
optisches System mit Linse	24,0 mm
Sehfeld gesamt	145°
Binokulares (räumliches) Sehen	120°
Dem Auflösungsvermögen des Auges entsprechender Sehwinkel	20″
Sehwinkel, der der Größe eines Zapfenaußenglieds entspricht	0,4′
Strecke auf der Retina, die dem Sehwinkel von 1° entspricht	0,29 mm
Dauer einer Fixationsperiode beim Umherblicken	0,2–0,6 s
Dauer der Sakkaden beim Umherblicken	10–80 ms
Größe der Sakkadenamplituden (abhängig von der Größe der betrachteten Umgebung)	wenige Winkelminuten bis 90°
Durchschnittliche Winkelgeschwindigkeit der Augenbewegungen	200–600°/s
Maximale Winkelgeschwindigkeit von Objekten, die ohne Kopfbewegung verfolgt werden können	60°/s
Augeninnendruck	
Durchschnittswerte	15–18 mmHg
Normalwerte	10–22 mmHg
Nahpunkt des Auges	
im Alter von 5/10 Jahren	7/8 cm
im Alter von 20/30 Jahren	10/12 cm
im Alter von 40/50 Jahren	17/45 cm
im Alter von 60/70 Jahren	70/100 cm
Akkommodationsbreite des Auges	
im Alter von 5/10 Jahren	–/12,0 Dioptrien
im Alter von 20/30 Jahren	10,0/8,0 Dioptrien
im Alter von 40/50 Jahren	6,0/2,0 Dioptrien
im Alter von 60/70 Jahren	1,4/1,0 Dioptrien

Keidel 1985; Schmidt und Thews 1995; Mörike, Betz, Mergenthaler 2007; Schmidt, Lang, Heckmann 2010

Tab. 1.10.9 Die Tränenflüssigkeit

Die Tränenflüssigkeit wird ab der 3. Lebenswoche in den Tränendrüsen gebildet. Der Abtransport erfolgt über die Tränenkanäle in die Nase. Aufgabe der leicht salzig schmeckenden Flüssigkeit ist die Bildung eines Flüssigkeitsfilms, der die Hornhaut vor Austrocknung schützt und somit die physiologische Quellung des Epithels aufrechterhält. Der Lidschlag sorgt dafür, dass immer alle Teile der Hornhaut benetzt sind. Ohne Lidschlag, z. B. bei einer Nervenlähmung, trocknet die Hornhaut aus, was zur Erblindung führen kann. Das bakterizide Enzym Lysozym verhindert das Eindringen oder die Infektion durch Bakterien von außen.

Angaben zur Produktion und zur Zusammensetzung der Tränenflüssigkeit

Beginn der Tränenproduktion	ab der 3. Lebenswoche
Tägliche Produktion an Tränenflüssigkeit	ca. 1 ml
Produktionsrate	
Erwachsene	38 µl/Stunde
Kinder	84 µl/Stunde
Häufigkeit des Lidschlages	alle 20 Sekunden
pH-Wert	7,4–7,8
Zusammensetzung der Tränenflüssigkeit	
Wasser	981,30 g/l
Trockensubstanz	18,70 g/l
Gesamtprotein	6,69 g/l
Gesamtalbumin	3,94 g/l
Gesamtglobulin	2,75 g/l
Lysozym (bakterizid)	1,70 g/l

Diem und Lentner 1977; Mörike, Betz, Mergenthaler 2007

Tab. 1.10.10 Die Vererbung der Augenfarben

Babys werden in allen ethnischen Gruppen mit blauen Augen geboren. Schon Stunden nach der Geburt kann sich jedoch die Pigmentierung ändern. Nach dem Tod ist die Augenfarbe grünbraun. Die Angaben in der Tabelle beruhen auf einer dänischen Studie.

		Anzahl der Kinder mit den Augenfarben		
Augenfarben der Eltern		**blau**	**braun**	**graubraun/ blaugrau**
Vater	blau	625	12	7
Mutter	blau			
Vater	blau	317	322	9
Mutter	braun			
Vater	braun	25	82	
Mutter	blau			

McCutcheon 1991

Tab. 1.10.11 Äußeres Ohr und Mittelohr

Zum äußeren Ohr zählen die Ohrmuschel und der äußere Gehörgang. Der äußere Gehörgang ist durch das Trommelfell vom Mittelohr getrennt. Mit dem Ohrenschmalz (Zerumen) werden Haare und Schmutzpartikel eingehüllt und über den äußeren Gehörgang abtransportiert.

Das Mittelohr besteht aus der Paukenhöhle, die durch das Trommelfell von dem äußeren Gehörgang und durch das ovale Fenster vom Innenohr getrennt wird. Über die Ohrtrompete (Eustachische Röhre) ist das Mittelohr mit dem Rachen verbunden. Ankommender Schall wird vom Trommelfell durch die Gehörknöchelchen zum ovalen Fenster in das Innenohr geleitet (Purves 2011, S. 1287).

Angaben zur Entwicklung und zum Bau des äußeren Ohrs	
Ausformung der Ohrmuschelform bei Neugeborenen	ab ca. 40. Woche
Äußerer Gehörgang	
Öffnungsfläche	0,4 cm^2
Länge, Erwachsener	3–3,5 cm
Länge, Kleinkind	wenige mm
Breite, Erwachsener	0,5–1 cm
Volumen	1,04 ml
Angaben zum Mittelohr mit den Gehörknöchelchen	
Trommelfell (*Membrana tympani*)	
Durchmesser	9 mm

Gesamtfläche	ca. 88 mm^2
Fläche, die mit dem Hammerstiel verbunden ist	55 mm^2
Dicke des Trommelfells	0,1 mm
Paukenhöhle (*Cavum tympani*)	
Volumen der Paukenhöhle	2 ml
Höhe der Paukenhöhle	20 mm
Länge der Paukenhöhle	10 mm
Schmalste Stelle der Paukenhöhle	2 mm
Gehörknöchelchen	
Gewicht des Hammers (*Malleus*)	25 mg
Gesamtlänge des Hammers	8 mm
Gewicht des Amboss (*Incus*)	28 mg
Gewicht des Steigbügels (*Stapes*)	3 mg
Länge/Breite der Fußplatte des Steigbügels	3 mm/1,4 mm
Fläche der Fußplatte des Steigbügels	3,5 mm^2
Kraftverstärkung der weitergeleiteten Schwingungen durch die Gehörknöchelchen	20-fach
Verhältnis der Hebelarme von Ambossfortsatz : Hammergriff	1 : 1,3
Flächenrelation von Trommelfell und ovalen Fenster	17 : 1
Größte Leistungsfähigkeit der Gehörknöchelchen bei einer Frequenz von	ca. 2000 Hz

Spector 1956; Mörike, Betz, Mergenthaler 2007; Schmidt, Lang, Heckmann 2010

Tab. 1.10.12 Das Innenohr

Das Innenohr (Purves 2011, S. 1288 ff) besteht aus der Hörschnecke (Cochlea) und dem Gleichgewichtsorgan (Vestibularorgan). Das Innere der Hörschnecke wird von 3 übereinanderliegenden, flüssigkeitsgefüllten Gängen, der Vorhofstreppe (*Scala vestibuli*), dem häutigen Schneckengang (*Ductus cochlearis*) und dem Paukengang (*Scala tympani*) gebildet. Der Begriff *Scala* kommt aus dem Lateinischen und bedeutet Treppe. Der Schall wird über die Gehörknöchelchen des Mittelohrs über das ovale Fenster auf die Flüssigkeit des Innenohrs übertragen.

Im Innenohr läuft die Druckwelle in der Vorhofstreppe (*Scala vestibuli*) durch die Schnecke. An der Spitze der Schnecke ist die Vorhofstreppe über das *Helicotrema* mit der Paukengang (*Scala tympani*) verbunden. Diese endet am runden Fenster, das frei schwingen kann. Zwischen Vorhofstreppe und Paukengang) liegt in der *Scala media* das Hörorgan (Cortisches Organ). Die Scala media ist durch die Reißner-Membran von der Vorhofstreppe und durch die Basilarmembran vom Paukengang getrennt.

Das Hörorgan (Corti-Organ) ist Träger der Sinneszellen (Haarzellen) des Innenohrs, die von Stütz- und Pfeilerzellen stabilisiert werden. Durch die Bewegung der Endolymphe im Schneckengang werden die haarartigen Zellfortsätze (Stereozilien) der inneren Haarzellen bewegt. Das hat die Depolarisation der Zelle zur Folge und die mechanische Energie der Schallwelle wird in eine elektrische Information umgewandelt. Diese kann nun in Form eines Aktionspotentials über den Hörnerv (*Nervus vestibulocochlearis*) zum Gehirn geleitet werden.

Angaben zur Anatomie der Schnecke	
Fläche des ovalen Fensters (*Fenestra vestibuli*)	2,8 mm^2
Fläche des runden Fensters (*Fenestra cochleae*)	2,0 mm^2
Anzahl der Windungen der Schnecke	2,5
Gesamtvolumen der Schnecke	98 mm^3
Volumen/Durchmesser der Vorhofstreppe (*Scala vestibuli*)	54 mm^3/3,5 mm
Volumen der Paukentreppe (*Scala tympani*)	37 mm^3
Volumen/Länge der *Scala media*	6,7 mm^3/35 mm
Fläche zwischen *Scala tympani* und *Scala media*	0,14 mm^2
Länge/Dicke der Basilarmembran	30 mm/$<$ 0,003 mm
Angaben zum Hörorgan (Cortisches Organ)	
Querschnittsfläche	0,0036 mm^2
Gesamtzahl der Ganglienzellen im Innenohr	ca. 30.500
Anzahl/Länge der innere Haarzellen	3500/34 μm
Anzahl/Länge der äußere Haarzellen	12.000/28–66 μm
Anzahl der inneren Pfeilerzellen	5600
Anzahl der äußeren Pfeilerzellen	3850
Regenerierbarkeit der Sinneszellen	keine
Anzahl der Nervenfasern, die vom Hörorgan in den Hörnerv (*Nervus vestibulocochlearis*) ziehen	30.000–40.000
Maximale Frequenz der geleiteten Signale	800/s

Keidel 1985; Mörike, Betz, Mergenthaler 2007

Tab. 1.10.13 Hörleistungen

Eine Schallquelle verdichtet und verdünnt die sie umgebende Luft. Die Druckschwankungen werden über das Trommelfell und die Gehörknöchelchen an das Innenohr übertragen.

Haben die Druckmittelwerte die Form von Sinusschwingungen, werden sie als Töne empfunden. Da die menschliche Stimme und Musikinstrumente in der Regel keine reinen Sinusschwingungen erzeugen, spricht man von Klang. Die Lautstärke wird durch die Amplitude der Schwingung, die Tonhöhe durch die Frequenz in Hertz charakterisiert (1 Hz = 1 Schwingung/s).

Die Hörbarkeit eines Schallereignisses hängt nicht nur von der Frequenz der Schwingungen ab, sondern auch von ihrer Intensität. Der objektive Schalldruckpegel wird in Dezibel (dB) angegeben. Da die Empfindlichkeit des menschlichen Gehörs frequenzabhängig ist, wurde noch der subjektive Lautstärkepegel Phon eingeführt.

Angaben zu Hörbereich, Empfindlichkeit, Hörschäden und Richtungshören	
Hörbereich eines gesunden Jugendlichen	20–21.000 Hz
Abnahme des oberen Hörbereichs im Alter	
Mit 35 Jahren	15.000 Hz
Mit 50 Jahren	12.000 Hz
Im Greisenalter	5000 Hz
Größte Empfindlichkeit des menschlichen Ohres	2000–5000 Hz
Schalldruck (bei 3000 Hz)	
Absolutschwelle	$2\ 10^{-5}$ Pa
Mittlerer Bereich	1 Pa (10 dyn/cm^2)
Schmerzschwelle	100 Pa (1000 dyn/cm^2)
Durchschnittlicher Hörverlust bei einem	
60-jährigen Mann bei 8000 Hz	40 dB
60-jährigen Mann bei 4000 Hz	30 dB
Schmerzgrenze beim Hören	130 dB
Hörschäden entstehen ab einer Dauerbelastung von	90 dB
Frequenzunterschiedsschwelle bei 1000 Hz	3 Hz
Intensitätsunterschiedsschwelle	
an der Hörschwelle	3–5 dB
oberhalb der Hörschwelle	1 dB

Angaben zu Hörbereich, Empfindlichkeit, Hörschäden und Richtungshören	
Richtungshören	
Minimaler unterscheidbarer Intensitätsunterschied für beidohriges Hören	1 dB
Minimaler unterscheidbarer Laufzeitunterschied für beidohriges Hören	0,000.03 s
Minimaler unterscheidbarer Wegunterschied des Schalls zu beiden Ohren	1 cm
Kleinster unterscheidbarer Winkel zur Lokalisation einer Schallquelle	3,0°
zum Vergleich Hund	2,5°
zum Vergleich Katze	1,5°

Keidel 1985; Mörike, Betz, Mergenthaler 2007; Schmidt, Lang, Heckmann 2010

Tab. 1.10.14 Stimme und Sprache

Bei der Stimmbildung (Phonation) werden die Stimmlippen durch den Luftstrom aus der Lunge in Schwingungen versetzt. Die Frequenz der Schwingung kann durch die Spannung der Stimmlippen verändert werden, die Lautstärke über die Stärke des Luftstromes.

Formanten sind Obertöne der Grundfrequenz, die durch verschiedene Konfigurationen des Mundraumes entstehen. Die Grundfrequenz im Kehlkopf beim Erzeugen von Vokalen liegt beim Mann bei 100–130 Hz, bei der Frau bei 200–300 Hz.

Angaben zu Stimmumfang, Frequenzbereichen und Leistungen der Sprache	
Durchschnittlicher Stimmumfang eines Erwachsenen	2 Oktaven
Stimmumfang geübter Sänger	3 Oktaven
Unterschied der Sprechlage von Mann und Frau	1 Oktave
Normaler Frequenzbereich beim Singen	70–1200 Hz
Tiefster Ton eines Bassisten	45 Hz
Höchster Ton einer Sopranistin	2000 Hz
Ausreichender Frequenzbereich zur Übertragung von Sprache	300–3500 Hz
Durchschnittliche Dauer eines Vokals	0,2 s
Dauer eines sehr schnell gesprochenen Vokals	0,05 s

Normale Hörweite der männlichen Stimme			180 m
Brüllrekorde: männlich/weiblich			128,0 dB/119,4 dB
Frequenzbereiche der Formanten			
Vokal [a]	–	800–1100 Hz	–
Vokal [e]	400–600 Hz	1700–1900 Hz	2200–2600 Hz
Vokal [i]	200–400 Hz	1900–2100 Hz	3000–3200 Hz
Vokal [o]	400–700 Hz	–	–
Vokal [u]	300–500 Hz	–	–

Keidel 1985; Guinness Buch der Rekorde 1995, 2006, 2015; Schmidt, Thews 1995; Mörike, Betz, Mergenthaler 2007; Schmidt, Lang, Heckmann 2010

Tab. 1.10.15 Schallpegelkataloge und Gehörschutzempfehlungen

Der Schallpegel wird mit genormten Schallpegelmessgeräten bestimmt. Sie sind mit drei verschiedenen Frequenzkurven (A, B, C) bewertet, um eine hohe Anpassung an die Eigenschaften des menschlichen Ohres zu ermöglichen. In der Tabelle sind A-bewertete Schallpegel für im täglichen Leben auftretende Schallereignisse angegeben.

Seit Februar 2006 ist in einer Umgebung mit hohem Schallpegel, wie bei der Arbeit in der Nähe von Flughäfen, beim Straßenbau oder in Fertigungshallen mit lauten Industriemaschinen, das Tragen eines Gehörschutzes schon ab 80 dB(A) gesetzlich vorgeschrieben. Obwohl bei Musikveranstaltungen wie zum Beispiel in Diskotheken, bei Konzerten und Musicals dieser Schalldruckpegel von 80 dB(A) sehr oft weit überschritten wird, ist dort ein Gehörschutz weder für Mitarbeiter noch für Besucher vorgeschrieben.

Ausgewählte Schallpegel L mit Schalldruck und Schall-Intensität

Beispiele	Schalldruckpegel L_p in dB	Schalldruck p in N/m² = Pa als Schallfeldgröße	Schall-Intensität I in Watt/m² als Schallenergiegröße
Düsenflugzeug, 30 m entfernt	140	200	100
Schmerzschwelle	130	63,2	10
Unwohlseinsschwelle	120	20	1
Kettensäge in 1 m Entfernung	110	6,3	0,1

Disco, 1 m vom Lautsprecher	100	2	0,01
Dieselmotor, 10 m entfernt	90	0,63	0,001
Verkehrsstraße, 5 m entfernt	80	0,2	0,0001
Staubsauger in 1 m Abstand	70	0,063	0,00001
Sprache in 1 m Abstand	60	0,02	0,000001
Normale Wohnung, ruhiger Bereich	50	0,0063	0,0000001
Ruhige Bücherei	40	0,002	0,00000001
Ruhiges Schlafzimmer	30	0,00063	0,000000001
Ruhegeräusch im TV-Studio	20	0,0002	0,0000000001
Blätterrascheln in der Ferne	10	0,000063	0,00000000001
Hörschwelle	0	0,00002	0,000000000001

Ausgewählte Schallpegel und gesundheitliche Auswirkungen	
0 dB(A)	Hörschwelle
20 dB(A)	Ticken einer Taschenuhr
25 dB(A)	Atemgeräusche aus 1 m Entfernung
30 dB(A)	Ruhiger Garten
35 dB(A)	Sehr leiser Zimmerventilator aus 1 m Entfernung
Beginn einer Beeinträchtigung bei 35 dB(A)	
40 dB(A)	Lern- und Konzentrationsstörungen möglich
45 dB(A)	Übliche Wohngeräusche durch Sprechen oder Radio im Hintergrund
50 dB(A)	Kühlschrank aus 1 m Entfernung, Vogelgezwitscher im Freien aus 15 m Entfernung
55 dB(A)	Zimmerlautstärke von Radio oder Fernseher aus 1 m Entfernung, Staubsauger aus 10 m Entfernung
60 dB(A)	Rasenmäher aus 10 m Entfernung

Erhöhtes Risiko für Herz-Kreislauf-Erkrankungen bei Dauereinwirkung ab 65 dB(A)	
70 dB(A)	Dauerschallpegel an Hauptverkehrsstraße tagsüber, leiser Haartrockner aus 1 m Entfernung
75 dB(A)	Vorbei fahrender PKW in 7,5 m Entfernung, nicht lärmgeminderter Gartenhäcksler aus 10 m Entfernung
Gehörschutz ab 80 dB(A) gesetzlich vorgeschrieben	
80 dB(A)	Sehr starker Straßenverkehrslärm, vorbei fahrender LKW in 7,5 m Entfernung, stark befahrene Autobahn in 25 m Entfernung
80 dB(A)	Laute Radiomusik, lautes Büro
85 dB(A)	Motorkettensäge in 10 m Entfernung, lauter WC-Druckspüler in 1 m Entfernung
Kritische Grenze für Hörschaden bei Dauerlärm (85 dBA)	
90 dB(A)	Handschleifgerät im Freien in 1 m Entfernung
90 dB(A)	MP3-Player
95 dB(A)	Lautes Schreien, Handkreissäge in 1 m Entfernung
100 dB(A)	häufiger Pegel bei Musik über Kopfhörer, Presslufthammer in 10 m Entfernung
100 dB(A)	Autohupe in 5 m Entfernung
105 dB(A)	Kettensäge aus 1 m Entfernung, knallende Autotür aus 1 m Entfernung (max. Pegel), Rennwagen in 40 m Entfernung, möglicher Pegel bei Musik über Kopfhörer
110 dB(A)	Martinshorn aus 10 m Entfernung, häufiger Schallpegel in Diskotheken und in der Nähe von Lautsprechern bei Rockkonzerten, Geige fast am Ohr eines Orchestermusikers (maximaler Pegel)
115 dB(A)	Startgeräusche von Flugzeugen in 10 m Entfernung

Schmerzschwelle, Gehörschäden schon bei kurzer Einwirkung möglich	
120 dB(A)	Trillerpfeife aus 1 m Entfernung, Probelauf von Düsenflugzeug in 15 m Entfernung
120 dB(A)	Schlagzeug in 1 m Entfernung
130 dB(A)	Lautes Händeklatschen aus 1 m Entfernung (maximaler Pegel)
150 dB(A)	Hammerschlag in einer Schmiede aus 5 m Entfernung (maximaler Pegel)
160 dB(A)	Hammerschlag auf Messingrohr oder Stahlplatte aus 1 m Entfernung, Airbag-Entfaltung in unmittelbarer Nähe
170 dB(A)	Ohrfeige aufs Ohr, Feuerwerksböller auf der Schulter explodiert, Handfeuerwaffen aus etwa 50 cm Entfernung (alles maximale Pegel)
180 dB(A)	Spielzeugpistole am Ohr abgefeuert (maximaler Pegel)
190 dB(A)	Schwere Waffen, etwa 10 m vom Ohr entfernt (maximaler Pegel)

Documenta Geigy 1975, 1977; Görne 2011; www.sengpielaudio.com/TabelleDerSchallpegel.htm, aufgerufen am 7. Juli 2015

1.11 Nervensystem und Gehirn (Purves 2011, S. 1304 ff)

Das Nervensystem übersetzt Reize der Außenwelt, es überwacht die Kommunikation des Körpers mit ihr und das Zusammenspiel der vielfältigen Systeme im Innern des Körpers. Unterteilt wird es in das zentrale Nervensystem, bestehend aus Gehirn und Rückenmark, und das periphere Nervensystem, bestehend aus Hirnnerven und den Rückenmarksnerven.

Hochgerechnet besteht das menschliche Nervensystem aus ca. 30 Milliarden untereinander verschalteten Nervenzellen. Man geht davon aus, dass für einen einzigen Erinnerungsvorgang 10–100 Millionen Nervenzellen aktiviert werden.

Tab. 1.11.1 Zahlen zum Staunen

Literatur siehe nachfolgende Tabellen

Ausgewählte Angaben aus den nachfolgenden Tabellen	
Gesamtlänge aller Nervenfasern des Menschen (entspricht der Strecke: Erde-Mond-Erde)	ca. 768.000 km
Mögliche Anzahl der gleichzeitig einfließenden Nachrichten in eine Nervenzelle	>200.000
Gesamtzahl der Nervenzellen des Menschen	30 Milliarden ($3 \cdot 10^{10}$)
davon in der Großhirnrinde	10 Milliarden (10^{10})
davon in der Kleinhirnrinde	10 Milliarden (10^{10})
Zum Vergleich Nervenzellen Ganglion der Fliege	10^5
Zum Vergleich Nervenzellen Gehirn der Maus	10^7
Normaler täglicher Verlust von Nervenzellen	50.000–100.000
Gesamtzahl aller Synapsen im Körper	ca. 10^{14}
Theoretische Anzahl der möglichen Kombinationen aller synaptischen Verbindungen beim Menschen	mehr als es Atome im Universum gibt
Anzahl aktivierter Nervenzellen pro Erinnerungsvorgang	10^7–10^8
Informationsaustausch zwischen den Großhirnhemisphären über den Balken	4 Milliarden ($4 \cdot 10^9$) Impulse/s
Folgen einer Unterbrechung der Sauerstoffversorgung des Gehirns:	
Bewusstlosigkeit nach	ca. 8–12 Sekunden
irreversible Teilschäden des Gehirns nach	ca. 3–8 Minuten
Gehirntod nach	ca. 8–12 Minuten
Gewicht des Gehirns von Bismarck (83 Jahre)	1807 g
Gewicht des Gehirns von Schiller (46 Jahre)	1580 g
Anzahl der Telefonnummern, die der Chinese *Gon Yangling* wiederholen konnte	15.000 Nummern
Anzahl der Kartenspiele, die *Dominic O'Brien* aus England durch einmaliges Ansehen in der richtigen Reihenfolge aufsagen konnte	35 Kartenspiele oder 1820 Karten

Tab. 1.11.2 Das periphere Nervensystem

Im peripheren Nervensystem sind alle Teile des Nervensystems zusammengefasst, die außerhalb von Gehirn und Rückenmark liegen. Es besteht überwiegend aus Nervenfasern, besitzt aber auch andere Nervenzellen. Ansammlungen dieser Nervenzellen werden Ganglien genannt. Hirnnerven sind periphere Nerven, die aus dem Gehirn austreten. Spinalnerven sind periphere Nerven, die aus dem Rückenmark austreten.

Angaben zu Länge, Anzahl, Faserdurchmesser und Geschwindigkeit der Erregungsleitung	
Gesamtlänge aller Nervenfasern des peripheren Nervensystems	ca. 400.000 km
Gesamtlänge aller Nervenfasern des erwachsenen Menschen (entspricht der Strecke: Erde-Mond-Erde)	ca. 768.000 km
Anzahl der verschiedenen Hirnnerven (paarig)	12
Anzahl der verschiedenen Spinalnerven (paarig)	31
Zervikalnerven	8
Thorakalnerven	12
Lumbalnerven	5
Sakralnerven	5
Coccygealnerv	1
Mittlerer Faserdurchmesser	
Motorische Nerven vom Rückenmark zu den Skelettmuskeln	15 µm
Berührungs- u. Druckfasern der Haut	8 µm
Motorische Fasern vom Gehirn zu Muskelspindeln	5 µm
Schmerz- u. Temperaturfasern der Haut	<3 µm
Marklose Schmerzfasern	1 µm
Die längsten Nervenzellen (Neurone) des Menschen	
Bestimmte afferente Nervenfasern, die von der Körperperipherie direkt bis in das Gehirn leiten	bis 2 m
Motoneurone aus dem Rückenmark, die willkürliche Bewegungen vermitteln	>1 m
Geschwindigkeit der Erregungsleitung (Abhängig vom Durchmesser und vom Vorhandensein einer Myelinscheide)	
Langsamste Nervenfasern	<1 m/s (3,6 km/h)
Schnellste Nervenfasern	120 m/s (432 km/h)
Nervus ischiadicus	80–120 m/s
Schnelle Schmerz- u. Temperaturfasern der Haut	5–15 m/s
Schnelle Berührungs- u. Druckfasern der Haut	30–70 m/s

Angaben zu Länge, Anzahl, Faserdurchmesser und Geschwindigkeit der Erregungsleitung	
Langsame Schmerzfasern aus den Eingeweiden	0,5–2 m/s
Motorische Nerven vom Rückenmark zu den Skelettmuskeln	70–120 m/s
Marklose Schmerzfasern	1 m/s
Regenerierbarkeit von peripheren Nervenfasern (die Nervenzellen sind unter natürlichen Bedingungen nicht regenerationsfähig)	
Längenzuwachs eines Axons	1 mm/Tag
Dauer einer Regeneration	Monate bis Jahre

Rucker 1967; Keidel 1985; Thompson 1992; Schmidt, Lang, Heckmann 2010

Tab. 1.11.3 Dendriten und Axone einer Nervenzelle

Die Nervenzellen (Purves 2011, S. 1252 ff) gehören zu den größten Zellen des Organismus. Der Zellkörper besitzt als Zellfortsätze einen oder mehrere Dendriten und stets nur ein Axon (früher Neurit), das von einer Hüllzelle, der sogenannten Markscheide umgeben sein kann.

Nervenzellen kodieren Informationen in elektrische Impulse und leiten diese weiter. Diese elektrischen Impulse werden entweder von zu Sinneszellen umgebildeten Nervenzellen erzeugt oder sie gelangen über Synapsen von anderen Nerven- oder Sinneszellen an die Zellfortsätze (Dendriten) oder an den Zellkörper der Nervenzelle. Die Summe aller eingehenden Erregungen führen am Axonhügel zu einem Aktionspotential, das entlang des Axon läuft und am Ende durch eine Synapse an die Zielzelle weitergegeben wird.

Die Markscheiden um die Axone isolieren und beschleunigen die Leitungsgeschwindigkeit. Sie sind in regelmäßigen Abständen durch die Ranvier'schen Schnürringe unterbrochen. Die hohen Fließgeschwindigkeiten des Axoplasmas in den Nervenzellen ermöglicht einen Transport von unterschiedlichen Stoffen sowohl vom Zellkörper weg, als auch zum Zellkörper hin.

Angaben zu Anatomie und Physiologie der Dendriten	
Anzahl der Dendriten einer multipolaren Ganglienzelle (z.B. Purkinjezelle)	>2000
Oberfläche eines Zellkörpers	
ohne Dendrit	250 μm^2
mit Dendriten	27.000 μm^2

Anzahl der Synapsen pro Dendrit	> 100
Mögliche Anzahl der gleichzeitig einfließenden Nachrichten in eine Nervenzelle im Kleinhirn (Purkinjezelle)	> 200.000
Angaben zu Anatomie und Physiologie eines Axons	
Potentiale der Axonmembran	
Ruhepotential	−70 mV
Während eines Aktionspotentials	+30 bis +40 mV
Dauer eines Aktionspotentials	1–2 ms
Absolute Refraktärzeit	2 ms
Relative Refraktärzeit	4–6 ms
Aktivitätsgrad des schnellen Na-Systems bei einem Ruhemembranpotential von −70 mV	60 %
Fließgeschwindigkeit des Axoplasmas in der Nervenzelle vom Zellkörper zum Axonende	
sehr langsame Komponente	0,2–1 mm/Tag
langsame Komponente	2–8 mm/Tag
schnelle Komponente	50 mm/Tag
sehr schnelle Komponente	200–400 mm/Tag
vom Axonende einer Nervenzelle zum Zellkörper	200–300 mm/Tag
Abstand von 2 Schnürringen bei einem myelinisierten Nerv (entspricht einem Internodium)	0,08–1 mm
Verhältnis der Dicke des Nervs zu der Länge der Internodien	1 : 100
Maximale Erregungsfrequenzen der Nerven	50–500 Hz
Sonderfall Hörnerv (*Nervus acusticus*)	bis 1000 Hz

Keidel 1985; Rahmann und Rahmann 1992; Schmidt und Thews 1995; Mörike, Betz, Mergenthaler 2007; Schmidt, Lang, Heckmann 2010

Tab. 1.11.4 Gehirn und Rückenmark des Menschen

Das zentrale Nervensystem besteht aus dem Gehirn und dem Rückenmark. Beide Teile sind durch knöcherne Strukturen geschützt und von den Hirnhäuten umgeben. Funktionell lässt sich das zentrale Nervensystem nicht vom peripheren Nervensystem trennen.

Das Hirngewicht der Frau ist kleiner als das des Mannes. Der Grund dafür ist der kleinere Bewegungsapparat der Frau und die daraus resultierende verminderte Repräsentation entsprechender Gebiete im Gehirn.

Angaben zu Anatomie und Physiologie des Gehirns	
Hirngewicht (mit Hirnstamm und Kleinhirn)	
Neugeborene	400 g
Kind im Alter von 1 Jahr	800 g
Kind im Alter von 4 Jahren	1200 g
Frau (durchschnittlich)	1230–1306 g
Mann (durchschnittlich)	1379–1434 g
Gesamtzahl der Nervenzellen des Menschen	30 Milliarden ($30 \cdot 10^9$)
davon in der Großhirnrinde	10 Milliarden (10^{10})
davon in der Kleinhirnrinde	10 Milliarden (10^{10})
davon in den restlichen Hirnstrukturen und in der Peripherie	10 Milliarden (10^{10})
zum Vergleich Anzahl der Nervenzellen im Ganglion der Fliege	10^5
zum Vergleich Anzahl der Nervenzellen im Gehirn der Maus	10^7
Länge der Axone der Nervenzellen im Gehirn	mm bis mehrere cm
Normaler täglicher Verlust von Nervenzellen	50.000–100.000
Anzahl der Glia-Zellen (Hilfszellen) im Gehirn	ca. 10^{12}
Anzahl der Synapsen des menschlichen Körpers	100 Billionen (10^{14})
Durchschnittliche Anzahl synaptischer Kontakte einer Nervenzelle mit anderen Nervenzellen im menschlichen Gehirn	mehrere Tausend
Theoretische Anzahl der möglichen Kombinationen von synaptischen Verbindungen im Gehirn	größer als Gesamtzahl der Atome im Universum
Anzahl aktivierter Nervenzellen pro Erinnerungsvorgang	10^7–10^8
Anzahl der Impulse, die in einem Axon weitergeleitet werden können (bei 37 °C)	bis zu 1000/s
Angaben zum Rückenmark (Durchschnittswerte)	
Länge des Rückenmarks	45 cm
Breite des Rückenmarks	1 cm
Zahl der paarigen Spinalnerven, die vom Rückenmark entspringen	31

Rahmann und Rahmann 1992; Junqueira, Carneiro, Gratzl 2004; Mörike, Betz, Mergenthaler 2007; Schmidt, Lang, Heckmann 2010

Tab. 1.11.5 Das Großhirn

Das Großhirn (Telencephalon) ist der größte Abschnitt des menschlichen Gehirns. Es überdeckt große Teile des Zwischenhirns und des Hirnstamms. Es besteht aus 2 Hemisphären, die durch eine Längsfurche getrennt sind. Nervenfasern im Balken vernetzen die beiden Hemisphären miteinander.

Pyramidenzellen sind die wichtige Nervenzellen des Großhirns. Ihre Axone bilden die Pyramidenbahnen in denen die willkürlichen Bewegungsimpulse für die Körpermuskulatur weitergeleitet werden.

Angaben zur Aufteilung des Großhirns	
Anteil des Großhirns am gesamten Hirngewebe	87 %
Aufteilung des Großhirns	
Rinde (Cortex)	55 %
Mark (Medulla)	45 %
Angaben zur Großhirnrinde	
Oberfläche beider Großhirnhemisphären	ca. 2200 cm^2
Dicke der Großhirnrinde	1,3–4,5 mm
Volumen der Großhirnrinde	ca. 600 cm^3
Aufteilung der Oberfläche der Großhirnrinde	
Anteil, der auf der Außenseite der Windungen (Gyri) liegt	1/3
Anteil, der in den Furchen (Sulci) liegt	2/3
Anzahl der Nervenzellen in der Großhirnrinde	10^{10}
davon Anteil der Pyramidenzellen/Sternzellen	80 %/20 %
Größe der Pyramidenzellen	
In der inneren (äußeren) Schicht der Großhirnrinde	100 µm (40 µm)
Gliazellen (Hilfszellen)	
Größe der Oligodendrozyten	6–8 µm
Größe der Astrozyten	10–25 µm
Verhältnis Nervenzellen zu Gliazellen	1/10
Anzahl der Zellkörper pro mm^3 Großhirnrinde	100.000 (10^5)
Anzahl der Nervenzellen pro mm^3 Großhirnrinde	10.000 (10^4)
Anzahl der Synapsen pro mm^3 Großhirnrinde	1 Milliarde (10^9)
Gesamtlänge aller Nervenfasern pro mm^3 Großhirnrinde	1–4 km

Gesamtlänge aller Nervenfasern der Großhirnrinde (entspricht der Strecke: Erde-Mond)	300.000–400.000 km
Informationsaustausch zwischen den Großhirnhemisphären über den Balken	4 Milliarden (10^9) Impulse/s
Anteil der Bevölkerung, bei der das Sprachzentrum in der linken Hemisphäre liegt	98 %
Anzahl der Rindenfelder der Großhirnrinde	200

Keidel 1985; Rahmann und Rahmann 1992; Junqueira, Carneiro, Gratzl 2004; Mörike, Betz, Mergenthaler 2007; Schmidt, Lang, Heckmann 2010

Tab. 1.11.6 Das Kleinhirn

Das Kleinhirn (*Cerebellum*) liegt in der hinteren Schädelgrube und ist durch eine häutige Lamelle von dem Hinterhauptlappen des Großhirns getrennt. Purkinjezellen und Körnerzellen sind die Nervenzellen des Kleinhirns. Körnerzellen fungieren nur als zwischengeschaltete Nervenzellen (Interneurone). Im Gegensatz dazu verlassen die Axone der Purkinjezellen das Kleinhirn und gewährleisten so den Informationsfluss aus dem Kleinhirn zu den anderen Hirnarealen.

Angaben zur Anatomie des Kleinhirns	
Zeitpunkt, ab dem sich keine Nervenzellen mehr im Kleinhirn bilden	2. Lebensjahr
Gewicht des Kleinhirns	140 g
Größter Durchmesser des Kleinhirns	10 cm
Dicke der Kleinhirnrinde	1 mm
Ausgebreitete Oberfläche des Kleinhirns zum Vergleich 2 Großhirnhemisphären	1128 cm^2 2200 cm^2
Verhältnis der in das Kleinhirn hineinleitenden Nervenfasern zu den herausleitenden	40 : 1
Anzahl der Purkinjezellen im gesamten Kleinhirn	15 Millionen ($15 \cdot 10^6$)
Größe der Purkinjezellen (ohne Dendriten und Axone)	
Breite	35 µm
Länge	60 µm
Anzahl der synaptischen Eingänge einer Purkinjezelle	200.000
Anzahl der Körnerzellen im gesamten Kleinhirn	10 Milliarden (10^{10})
Anzahl der Purkinjezellen, mit der eine Körnerzelle synaptisch verbunden ist	100

Verhältnis der Zahl der Körnerzellen zu Purkinjezellen	1000 : 1
Größe der Kleinhirnkerne	
Zahnkern (*Nucleus dentatus*)	2,0 cm
Pfropfkern (*Nucleus emboliformis*)	1,5 cm
Kugelkern (*Nucleus globosus*)	0,5 cm
Dachkern (*Nucleus fastigii*)	1,0 cm

Keidel 1985; Rahmann und Rahmann 1992; Junqueira, Carneiro, Gratzl 2004; Mörike, Betz, Mergenthaler 2007; Schmidt, Lang, Heckmann 2010

Tab. 1.11.7 Die Synapsen

Die Aufgabe der Synapse ist die Erregungsübertragung von einem Neuron auf ein anderes oder auf das Erfolgsorgan (z. B. eine Muskelzelle). Zusätzlich haben die Synapsen im menschlichen Nervensystem eine Ventilfunktion, da sie Erregungen nur in eine Richtung übertragen. Diese Erregungsübertragung erfolgt beim Menschen vor allem biochemisch mit Hilfe von Überträgersubstanzen (Neurotransmitter).

Angaben zum Bau und zur Funktion von Synapsen	
Gesamtzahl aller Synapsen im Körper	ca. 10^{14}
Anzahl der synaptischen Eingänge einer motorischen Nervenzelle im menschlichen Rückenmark	ca. 10.000
Weite des synaptischen Spaltes	
Durchschnittlich	20 nm
Extremwert	150 nm
Fläche der präsynaptischen Membran	bis 1 μm^2
Wirkung eines Aktionspotentials an der Synapse einer motorischen Endplatte	
Zahl der freigesetzten Vesikel	ca. 100
Zahl der Acetylcholinmoleküle pro Vesikel	ca. 10.000
Zeit bis zur Depolarisierung der postsynaptischen Membran (synaptische Latenz)	0,5 ms
Anzahl der verschiedenen Transmittersubstanzen im menschlichen Körper	>40
Anzahl der Eiweißmoleküle, die eine stoffwechselaktive Nervenzelle produziert	15.000/s
Größe der synaptischen Transmitterbläschen	
Amine als Transmitter	40–60 nm

Angaben zum Bau und zur Funktion von Synapsen	
Peptide als Transmitter	60–150 nm
Verteilung der Transmitter auf die Synapsen des Körpers	
Synapsen mit Neuropeptiden als Transmitter	50,0 %
Synapsen mit Aminosäuren als Transmitter	40,0 %
Synapsen mit Acetylcholin als Transmitter	10,0 %
Synapsen mit Monoaminen als Transmitter	0,5 %

Rahmann und Rahmann 1992; Junqueira, Carneiro, Gratzl 2004; Mörike, Betz, Mergenthaler 2007; Schmidt, Lang, Heckmann 2010; Silbernagl 2012

Tab. 1.11.8 Gehirngewichte bedeutender Menschen

Gehirngewichte sind nur bei gleich alten Menschen direkt vergleichbar. Bei der Entwicklung der Hominiden spielt die Bewertung der Hirnvolumina eine wichtige Rolle.

Siehe dazu Tabellen unter 3.1 Die Evolution der Menschen

Name, Alter	Gehirngewicht	Name, Alter	Gehirngewicht
Bismarck, 83 Jahre	1807 g	Gauß, 78 Jahre	1492 g
Lord Byron, 36 Jahre	2230 g	Helmholtz, 73 Jahre	1420 g
Cromwell, 59 Jahre	2000 g	Kant, 80 Jahre	1650 g
Cuvier, 62 Jahre	1861 g	Liebig, 70 Jahre	1350 g
Dante, 56 Jahre	1420 g	Schiller, 46 Jahre	1580 g

Meyer 1964; Slijper 1967; Flindt 2003

Tab. 1.11.9 Die Durchblutung und die Sauerstoffversorgung des Gehirns

Bei geistiger Arbeit steigt die Durchblutung des beanspruchten Hirnareals an. Der Energieumsatz des gesamten Gehirns bleibt aber in etwa konstant, da andere Areale im Gehirn kompensatorisch weniger Energie umsetzen. Der Gesamtenergieumsatz des Körpers steigt aber trotzdem an, da der Muskeltonus sich reflektorisch erhöht.

Das Auftreten von irreversiblen Hirnschäden nach Unterbrechung der Sauerstoffzufuhr kann sich in kalter Umgebung extrem verzögern.

Angaben zur Durchblutung des Gehirns	
Durchblutung des gesamten Gehirns in körperlicher Ruhe	780 ml/min
Anteil am Herzzeitvolumen	15 %
Durchschnittliches Gewicht des Gehirns	1400 g
Anteil des Hirngewichts am Körpergewicht	2 %
Durchblutung pro Gramm Hirngewebe	
das gesamte Gehirn	0,56 ml/min
Hirnrinde (Mark)	1 ml/min (0,2 ml/min)
Angaben zur Durchblutung des Gehirns bei unterschiedlichen Aktivitäten	
Durchblutung des ruhenden Gehirns = Bezugsgröße	100 %
Durchblutung des Gehirns bei folgenden Tätigkeiten	
beim Sprechen	100 %
beim Lesen	104 %
beim Berühren von Gegenständen	104 %
beim Nachdenken	110 %
beim Zählen	112 %
beim Ausführen von Handbewegungen	116 %
beim Auftreten von Schmerzen	116 %
Angaben zur Sauerstoffversorgung des Gehirns	
O_2-Verbrauch	
Eines ruhenden Erwachsenen insgesamt	250 ml/min
Anteil des Gehirns	50 ml/min
Anteil des Gehirns am Gesamtsauerstoffverbrauch	20 %
O_2-Verbrauch pro 100 g Gehirngewebe	
Insgesamt	3,5 ml/min
Großhirnrinde	10 ml/min
Weiße Substanz	1 ml/min
Unterbrechung der Sauerstoffzufuhr des Gehirns	
Bewusstlosigkeit nach	ca. 8–12 Sekunden
Irreversible Teilschäden des Gehirns nach	ca. 3–8 Minuten
Gehirntod nach	ca. 8–12 Minuten

Junqueira, Carneiro, Gratzl 2004; Mörike, Betz, Mergenthaler 2007; Schmidt, Lang, Heckmann 2010; Silbernagl 2012

Tab. 1.11.10 Informationsfluss, Gedächtnis und Extremleistungen des Gedächtnisses

Unter „bit" (Abkürzung für engl. *binary digit*) versteht man in der Informationstheorie das Maß für den Nachrichtengehalt.

Angaben zum Informationsfluss zwischen Gehirn, Sinnesorganen und Muskulatur	
Informationsfluss zwischen Gehirn und Sinnesorganen	
Lichtsinn	10^{7} bit/s
Gehör	10^{6} bit/s
Tastsinn	$4 \cdot 10^{5}$ bit/s
Temperatursinn	$5 \cdot 10^{3}$ bit/s
Innenreize	10^{3} bit/s
Geruchssinn	20 bit/s
Geschmackssinn	13 bit/s
Anteile des Informationsflusses zwischen Gehirn und Muskulatur	
Skelettmuskulatur	32 %
Hände	26 %
Sprache	23 %
Mimik	19 %
Angaben zu unterschiedlichen Gedächtnisleistungen	
Informationszuleitung zum Nervensystem	10^{9}–10^{11} bit/s
Kurzzeitgedächtnis	
Kapazität	100–400 bit
Zufluss	16 bit/s
Abfluss innerhalb von	6–25 s
Mittelfristiges Gedächtnis	
Kapazität	10^{3}–10^{4} bit
Zufluss	0,1 bit/s
Abfluss innerhalb von	5 min–24 h
Langzeitgedächtnis	
Kapazität	10^{10}–10^{14} bit
Zufluss	0,03–0,1 bit/s
Abfluss innerhalb von	Tagen, Monaten, Jahren, nie

Ausgewählte Extremleistungen des Gedächtnisses	
Zeit, um zwei 13-stellige Zahlen zu multiplizierten (*Shakuntala Devi*, Indien)	28 Sekunden
Anzahl der Telefonnummern, die wiederholt wurden (*Gon Yangling, China*)	15.000 Nummern
Einprägen abstrakter Bilder (15 Minuten) (*Johannes Mallow, Deutschland*)	492 Bilder
Anzahl der Kartenspiele, die nach einmaligem Ansehen in der richtigen Reihenfolge aufgesagt wurden (*David Farrow, Kanada*)	59 Kartenspiele oder 3068 Karten

Rahmann 1994; Guinness Buch der Rekorde 1995, 2006; Schmidt, Lang, Heckmann 2010; www.recordholders.org, aufgerufen am 7. Juli 2015

Tab. 1.11.11 Die Gehirn-Rückenmarksflüssigkeit (Liquor)

Der Liquor (*Liquor cerebrospinalis*) umgibt das Gehirn und das Rückenmark und wirkt so wie ein schützendes Flüssigkeitskissen. Hauptaufgabe ist somit der Schutz des zentralen Nervensystems vor Stoß- und Druckkräften. Der Liquor ist eine eiweißarme wässrige Flüssigkeit, die sich im Raum zwischen den beiden weichen Hirnhäuten und in den Hirnkammern (Ventrikeln) befindet.

Gebildet wird der Liquor in den Seitenventrikeln (innerer Liquorraum). Die Resorption (Abbau) findet typischerweise in den sogenannten *Foveolae granulares* (äußerer Liquorraum) statt. Normal herrscht ein Gleichgewicht zwischen Neubildung und Resorption der Gehirn-Rückenmarksflüssigkeit.

Kommt es zur Störung der Liquorzirkulation oder der Liquorresorption kann ein „Wasserkopf" (Hydrozephalus) mit erweiterten Liquorräumen entstehen.

Bei Feten, Säuglingen und Kleinkindern führt dieses abnorme Schädelwachstum zu ballonförmigen Kopferweiterungen mit erheblichen Ausmaßen. Augenzittern (Nystagmus) und ein höherer Muskeltonus mit Verkrampfungen können die Folgen sein.

Angaben zur Bildung und den Eigenschaften des Liquors

Liquormenge	
Neugeborenes	5 ml
Säugling	40–60 ml
Kind	100–140 ml
Erwachsener	120–180 ml
Liquorbildung beim Erwachsenen	500–700 ml/Tag
Bildungsrate	0,3–0,4 ml/min

Angaben zur Bildung und den Eigenschaften des Liquors	
Anteile an der Bildung	
Plexus choroideus	50–70 %
Gefäße der Hirnhäute	30–50 %
Einstichtiefe bei einer Lumbalpunktion	5–7 cm
Eigenschaften der Gehirn-Rückenmarksflüssigkeit (Liquor)	
Osmolarität	306 mosmol/l
Dichte	1,007
Zellzahl	<5 pro ml
Trockensubstanz	10,8 g/kg
Zahl der Lymphocyten im Liquor	6/mm^3
Konzentration ausgewählter Substanzen im Liquor	
Natrium	150 mmol/l
Kalium	2,9 mmol/l
Kalzium	1,2 mmol/l
Magnesium	1,1 mmol/l
Chlorid	120 mmol/l
Bikarbonat	25 mmol/l
Phosphat	0,5 mmol/l
Glukose	2,7–4,8 mmol/l
Laktat	1,1–2 mmol/l

Documenta Geigy 1975, 1977; Leonhardt 1990; Löffler und Petrides 1997; Mörike, Betz, Mergenthaler 2007

Tab. 1.11.12 Stoffwechselvorgänge im Gehirn

Untersuchungen der arterio-venösen Differenz (Konzentrationsunterschied im Blut zwischen den zuführenden Arterien und den abführenden Venen des Gehirns) einiger Stoffe erlauben einen Einblick in die Stoffwechselvorgänge des Gehirns. Fettsäuren können nicht verstoffwechselt werden, dafür sind Glukose und Sauerstoff elementar wichtig für die Funktion des Gehirns. Die Sauerstoffvorräte des Gehirns reichen für 8–12 Sekunden, die Glukosevorräte etwa für 4–5 Minuten.

	Blutkonzentration in mmol/l		Arterio-venöse Differenz
Substrat	**arteriell**	**venös**	
Sauerstoff	8,75	5,75	−3
Kohlenstoffdioxid	2,15	2,40	+0,25
Glukose	5,1	4,6	−0,5
Laktat	1,1	1,27	+0,17
Pyruvat	0,1	0,12	+0,02
Nichtveresterte Fettsäuren	0,78	0,78	0
Aminosäuren	4,5	4,39	−0,11
Anorganisches Phosphat	1,15	1,15	0
Wasserstoffionen (in mmol/l)	38	43	+5

Löffler und Petrides 1997

Tab. 1.11.13 EEG bei unterschiedlichen Aktivitätszuständen des Gehirns

Beim Elektroenzephalogramm (EEG) werden Elektroden auf die Kopfhaut der Schädeldecke aufgelegt und kontinuierliche Potentialschwankungen von 1–100 µV abgeleitet. Das EEG spiegelt in den Frequenzen und Amplituden seiner Wellen den Aktivitätszustand der Hirnrinde wieder.

EEG-Frequenzen bei unterschiedlichen Aktivitätszuständen der Hirnrinde	
Wacher Ruhezustand	α-Wellen, 8–13 Hz (10 Hz)
Aufmerksamkeit und Lernen	β-Wellen, 15–30 Hz (20 Hz)
EEG-Frequenzen während unterschiedlicher Schlafstadien	
Beginn des Schlafes	
Schlafstadium 1 (nach ca. 20 Minuten)	erste ϑ-Wellen, 4–7 Hz
Schlafstadium 2 (Schlaflatenz nach ca. 27 Minuten)	reine ϑ-Wellen, 4–7 Hz
Schlafstadium 3 (Tiefschlaf nach ca. 50 Minuten)	δ-Wellen, 3 Hz
Schlafstadium 4 (Tiefschlaf nach ca. 63 Minuten)	δ-Wellen, 1 Hz
REM-Schlaf (rapid eye movement nach ca. 90 Minuten)	α-Wellen

Schmidt, Thews 1995; Schmidt, Lang, Heckmann 2010

Tab. 1.11.14 Tägliche durchschnittliche Schlafdauer in Abhängigkeit vom Alter

Trotz allen Fortschritts blieb die genaue Bedeutung des Schlafes und der verschiedenen Schlafphasen bis heute weitgehend ungeklärt. Klar ist nur, dass der Schlaf überlebenswichtig ist. Totaler Schlafentzug über längere Zeit führt bei Mensch und Tier zum Tode.

Alter	Durchschnittliche Schlafdauer	Anteil des REM-Schlafs
Neugeborenes		
1–15 Tage	16,0 Stunden	50 %
Kleinkind		
3–5 Monate	14,0 Stunden	40 %
6–23 Monate	13,0 Stunden	30–25 %
Kind		
2–3 Jahre	12,0 Stunden	25 %
3–5 Jahre	11,0 Stunden	20 %
5–9 Jahre	10,5 Stunden	18,5 %
10–13 Jahre	10,0 Stunden	18,5 %
Jugendlicher		
14–18 Jahre	8,5 Stunden	20 %
Erwachsener		
19–30 Jahre	7,7 Stunden	22 %
33–45 Jahre	7,0 Stunden	18,5 %
Spätes Alter		
50 Jahre	6,0 Stunden	20–23 %
90 Jahre	5,7 Stunden	20–23 %

Schmidt, Thews 1995; Schmidt, Lang, Heckmann 2010

1.12 Hormone (Purves 2011, S. 1124 ff)

Hormone sind chemische Signalmoleküle, welche die Leistungen der Organe und Gewebe aufeinander abstimmen und an die momentanen Erfordernisse anpassen. Ihre Synthese und Sekretion unterliegen der Kontrolle komplexer Regelkreise. Hormone werden in den spezialisierten Zellen der endokrinen Organe gebildet und gelangen über den Blutweg zu den entsprechenden Zielzellen. Störungen des endokrinen Systems können auf allen Ebenen auftreten und zu Krankheiten führen.

Tab. 1.12.1 Zahlen zum Staunen

Literaturhinweise siehe nachfolgende Tabellen

Ausgewählte Angaben zu Hormonen aus den nachfolgenden Tabellen	
Starling prägte den Begriff „Hormon" (gr.= in Bewegung setzen)	1905
Kendal isolierte zum ersten Mal das Schilddrüsenhormon Thyroxin aus der Schilddrüse	1914
Butenandt und *Doisy* stellten erstmalig Östron in reiner Form dar	1929
Sanger klärte die Struktur des Insulins auf	1954
Strukturaufklärung des Glukagons	1957
Erstmalige Synthese des Insulins	1965
Erstmalige Synthese des Glukagons	1960
Strukturaufklärung von Somatropin	1966
Gentechnisch gewonnenes Insulin wird zum ersten Mal kommerziell verwertet	1982
Beginn der Entwicklung der Hypophyse	24. Embryonaltag
Gewicht der Hypophyse	
Mann	500–600 mg
Frau	600–800 mg
Gewichtszunahme der Hypophyse in der Schwangerschaft	um ca. 25 %
Gewicht der Zirbeldrüse	150 mg
Maximale Anzahl der Nebenschilddrüsen	8
Hormonvorrat in den Follikeln der Schilddrüse reicht	ca. 10 Monate
Anteil der Bevölkerung in süddeutschen Jod-Mangelgebieten mit endemischem Kropf	20 %
Insulin-Verbrauch beim Erwachsenen	ca. 2 mg pro Tag
Vorrat an Insulin in den B-Zellen reicht	fast 1 Woche
Anteil der Diabetes-Kranken in der deutschen Bevölkerung	5–6 %
Anteil der Schwangeren, die einen Schwangerschafts-Diabetes (Zuckerkrankheit) ausbilden	1–3 %

Tab. 1.12.2 Die Schilddrüse

Die Schilddrüse (*Glandula thyroidea*) ist ein endokrines Organ, welches auf dem Schildknorpel des Kehlkopf sitzt. Sie bildet unter dem Einfluss des von der Hypophyse gebildeten TSH (Thyreoidea Stimulierendes Hormon) die Hormone Thyroxin (T4) und Trijodthyronin (T3) sowie Kalzitonin.

Durch negative Rückkopplung erfolgt eine bedarfsgerechte Abstimmung der Schilddrüsenhormonsekretion. Das für die Hormonsynthese benötigte Jod wird in Form von Jodid über die Nahrung aufgenommen.

Die Erkrankungen der Schilddrüse lassen sich unterteilen in eine Überfunktion (Hyperthyreose), eine Unterfunktion (Hypothyreose) oder eine Vergrößerung des Organs (Struma). Hormone der Schilddrüse siehe Tab. 1.12.3

Angaben zur Anatomie der Schilddrüse	
Normales Gewicht der Schilddrüse (Mann/Frau)	<25 g/<18 g
Anzahl der Seitenlappen	2
Anteil der Menschen mit einem Pyramidenlappen	15 %
Länge eines Seitenlappens	5–7 cm
Breite eines Seitenlappens	3 cm
Dicke eines Seitenlappens	2 cm
Angaben zu Anzahl und Größe des Follikels der Schilddrüse	
Anzahl der Follikel pro Schilddrüse	ca. 3 Millionen
Durchmesser eines Follikels	0,1–0,5 mm
Hormonvorrat (T3 und T 4) in den Follikeln	für 10 Monate
Angaben zu Thyroglobulin (Speicherform der Hormone in den Follikeln)	
Molekulargewicht	660.000
Anzahl der Untereinheiten	2
Aminosäuren insgesamt pro Molekül	6000
Tyrosylreste insgesamt pro Molekül	144
Jodatome pro Molekül	20
Angaben zum Jodstoffwechsel	
Jodgehalt der gesamten Schilddrüse	5000–7000 µg
Täglicher Jodbedarf der Schilddrüse	100–200 µg
Empfohlener Tagesverbrauch von jodiertem Speisesalz	5 g (ca. 1 Teelöffel)
Schilddrüsenunterfunktion bei einer Aufnahme von	< 10 µg Jod/Tag

Plasmakonzentration des anorganischen Jodits	2–10 µg/l
Jodausscheidung im Stuhl	10 µ/Tag
Jodausscheidung im Urin	150 µg/Tag
Anteil der Bevölkerung in süddeutschen Jod-Mangelgebieten mit endemischem Kropf (Jodmangelstruma)	20 %

Schenck, Kolb 1990; Gotthard 1993; Claasen, Diehl, Kochsiek 2003; Junqueira, Carneiro, Gratzl, 2004; Thomas 2006; Schmidt, Lang, Heckmann 2010

Tab. 1.12.3 Die Hormone der Schilddrüse

Die Schilddrüsenhormone Trijodthyronin (T3) und Thyroxin (T4) regen den Stoffwechsel des Menschen an, wobei T3 die biologisch wirksame Form ist. Die Ausschüttung ins Blut wird vom Hypophysenhormon Thyreoidea Stimulierendes Hormon (TSH) reguliert.

Kalzitonin wird in den C-Zellen (parafollikuläre Zellen) der Schilddrüse gebildet. Es reguliert mit anderen Hormonen den Kalziumstoffwechsel im Körper. Die Ausschüttung ins Blut erfolgt proportional zum Plasma-Kalziumspiegel, der dabei abgesenkt wird.

Antagonistisch zum Kalzitonin wirkt das Parathormon (siehe Tab. 1.12.4).

Angaben zu Trijodthyronin (T3) und Thyroxin (T4)	
Verhältnis der biologischen Wirksamkeit von T3 zu T4	10/1
Verbrauch von Schilddrüsenhormonen	140 µg/Tag
Sekretion der Hormone	
Thyroxin (T4)	100 µg/Tag
Trijodthyronin (T3)	40 µg/Tag
Plasmahalbwertszeit	
Thyroxin (T4)	ca. 7 Tage
Trijodthyronin (T3)	1–2 Tage
Plasmakonzentrationen: T3/T4	1/100
Plasmakonzentration T4 (insgesamt)	100 µg/l
Proteingebunden (biologisch nicht wirksam)	99,97 %
Frei (nicht proteingebunden = biologisch wirksam)	0,03 %
Plasmakonzentration des freien T4	0,8–2 ng/l
Plasmakonzentration T3 (insgesamt)	1 µg/l
Proteingebunden (biologisch nicht wirksam)	99,7 %
Frei (nicht proteingebunden = biologisch wirksam)	0,3 %

Plasmakonzentration des freien T3	0,25–0,6 ng/l
Bindung von T3 und T4 an Eiweiße im Blut	
Anteil Thyroxin-bindendes Globin (TBG)	60 %
Anteil Thyroxin-bindendes Präalbumin (TBPA)	30 %
Anteil Albumin	10 %
Angaben zu Kalzitonin	
C-Zellen (bilden Kalzitonin)	
Größe der Sekretgranula	200–300 nm
Mengenverhältnis der C-Zellen zu den Follikelzellen	3–5 zu 1
Kalzitonin	
Anzahl der Aminosäuren	32
Molekulargewicht	3700

Schenck, Kolb 1990; Gotthard 1993; Claasen, Diehl, Kochsiek 2003; Junqueira, Carneiro, Gratzl, 2004; Thomas 2006; Schmidt, Lang, Heckmann 2010

Tab. 1.12.4 Die Epithelkörperchen der Schilddrüse und das Parathormon

An den Schilddrüsenlappen liegen von hinten her normalerweise 4 Epithelkörperchen der Schilddrüse an. Sie werden auch als Nebenschilddrüsen (*Glandulae parathyroideae*) bezeichnet und ähneln in ihrer Größe und Form einem Weizenkorn.

Die Epithelkörperchen bilden das Parathormon. Dieses fördert die Resorption von Kalzium aus der Nahrung und den Kalziumabbau aus dem Skelett. Somit übernimmt es wichtige Aufgaben bei der Regulation des Kalziumhaushalts des Menschen, insbesondere auch des Kalziumspiegels im Blut.

Angaben zur Anatomie der Epithelkörperchen der Schilddrüse	
Anzahl der Epithelkörperchen in der Schilddrüse	
normale Anzahl	4
maximale Anzahl	8
Anteil der Menschen mit paariger Anordnung der Epithelkörperchen	90 %
Größe eines Epithelkörperchens der Schilddrüse	
Länge	5 mm
Breite	3 mm
Dicke	1 mm

Gewicht eines Epithelkörperchens	
bei Neugeborenen	5–9 mg
bei Erwachsenen	20–40 mg
Gewicht aller Nebenschilddrüsen beim Erwachsenen	100–140 mg
Zellen der Epithelkörperchen der Schilddrüse	
Hauptzellen (bilden Parathormon)	
Durchmesser der Sekretgranula	200–400 nm
Oxyphile Zellen (Funktion unbekannt)	
erstes Auftreten beim Menschen	mit 7 Jahren
Anteil an der Drüse	<3 %
Anteil der Fettzellen	
bei einem Kind	0 %
bei einem Erwachsenen	30–50 %
bei einem 70-jährigen	70 %
Das Parathormon der Epithelkörperchen der Schilddrüse	
Das Parathormon ist ein Polypeptid	
Anzahl der Aminosäuren	84
Molekulargewicht	9500

Junqueira, Carneiro, Gratzl, 2004; Schiebler, Schmidt, Zilles 2005; Schmidt, Lang, Heckmann 2010; Silbernagl 2012

Tab. 1.12.5 Die Nebenniere und ihre Hormone

Die Nebennierenrinde produziert die Steroidhormone Glucocortikoide, Mineralocortikoide und Androgene. Ein vollständiger Ausfall der Nebennierenrindenfunktion führt zum Tod.

Die Produktion der Androgene und Glucokortikoide stehen unter dem Einfluss des Hypophysenhormons Adrenokortikotropes Hormon (ACTH). Die Produktion der Mineralocortikoide wird durch das Renin-Angiotensin-System reguliert.

Angaben zur Anatomie der Nebenniere	
Anzahl der Nebennieren	2
Größenverhältnis Nebenniere zu Niere	
Neugeborenes	1/3
Erwachsener	1/30
Länge einer Nebenniere	4–6 cm

Breite einer Nebenniere	1–2 cm
Dicke einer Nebenniere	4–6 cm
Gewicht einer Nebenniere	6 g
Verteilung des Gesamtgewichts der Nebenniere	
Rinde	80 %
Mark	20 %
Angaben zu den Hormonen der Nebennierenrinde (Cortex)	
Aus der *Zona glomerulosa*: Aldosteron, ein Mineralkortikoid	
Halbwertszeit im Blut	30–40 Minuten
Aldosteron-Sekretion	40–140 µg/Tag
Aus der *Zona fasciculata*: Cortisol, ein Glukokortikoid	
Halbwertszeit im Blut	2–3 Stunden
Cortisol-Sekretion	5–30 mg/Tag (14–84 µmol/Tag)
Aus der *Zona reticularis*: Dehydroepiandrosteron, ein Androgen	
Wirksamkeit im Vergleich zum Testosteron	20 %
Sekretion Mann	21 mg/Tag
Sekretion Frau	16 mg/Tag
Angaben zu den Hormonen des Nebennierenmarks (Medulla)	
Adrenalin	
Halbwertszeit im Blut	20–60 s
Noradrenalin	
Halbwertszeit im Blut	20–60 s
Verteilung der hormonproduzierenden Zellen	
A-Zellen (bilden Adrenalin)	80 %
N-Zellen (bilden Noradrenalin)	20 %
Anzahl der Sekretgranula pro Zelle	30.000

Junqueira, Carneiro, Gratzl 2004; Schiebler, Schmidt, Zilles 2005; Schmidt, Lang, Heckmann 2010; Silbernagl 2012

Tab. 1.12.6 Häufigkeit klinischer Symptome bei einer Überproduktion von Aldosteron (primärer Hyperaldosteronismus, Morbus Conn)

Aldosteron ist ein Mineralokortikoid, welches in der Nebennierenrinde gebildet wird. Eine unangemessene Aldosteronproduktion führt zum Krankheitsbild des Morbus Conn. Ursächlich ist in 70 % der Fälle ein Nebennierenadenom (gutartig entartetes Epithelgewebe) zu finden.

Man nimmt an, dass ca. 1 % aller Patienten mit Bluthochdruck in Deutschland an einem Morbus Conn leiden.

Symptom	Häufigkeit	Symptom	Häufigkeit
Bluthochdruck	100 %	Vermehrtes Wasserlassen	72 %
Hypokaliämie	100 %	Kopfschmerzen	51 %
Proteinurie	85 %	Vermehrter Durst	46 %
EKG-Veränderungen	80 %	Müdigkeit	19 %
Muskelschwäche	73 %	Sehstörungen	21 %

Classen 2003

Tab. 1.12.7 Häufigkeit klinischer Symptome bei einer Minderfunktion der Nebennierenrinde

Die Minderfunktion der Nebennierenrinde (Nebenniereninsuffizienz, Morbus Addison) ist ein seltenes Krankheitsbild. Man rechnet mit 4–6 Neuerkrankungen pro eine Million Einwohner in Europa. Ursache ist in 80 % der Fälle eine autoimmune Erkrankung.

Die Tuberkulose ist als Ursache für eine Minderfunktion mit einer Häufigkeit von 10–20 % in den letzten Jahrzehnten deutlich zurückgegangen. Die Symptomatik entsteht durch den Hormonmangel.

Ursache und Symptome der Erkrankung	Häufigkeit des Auftretens
Glukokortikoidmangel	
Müdigkeit	100 %
Bauchschmerzen	90 %
Gewichtsabnahme	90–100 %
Muskelschmerzen	10 %

Ursache und Symptome der Erkrankung	Häufigkeit des Auftretens
Mineralokortikoidmangel	
Salzhunger	15%
Hyponatriämie	90%
niederer Blutdruck	90%
Nierenfunktionsstörungen	20%

Classen, Diehl, Kochsiek 2003

Tab. 1.12.8 Die Hormone der Bauchspeicheldrüse

Die Hormone der Bauchspeicheldrüse werden in den endokrinen Anteilen des Organs, den so genannten Langerhans-Inseln produziert und ins Blut ausgeschüttet.

Das wohl bekannteste und wichtigste Hormon der Bauchspeicheldrüse ist das Insulin. Es ermöglicht die Glukoseaufnahme in die Zellen und es wirkt somit Blutzucker senkend.

Im Gegensatz dazu erhöht Glukagon, das in den A-Zellen der Langerhans-Inseln produziert wird, den Blutzucker. Somit regulieren Insulin und Glukagon als Gegenspieler den Blutzucker des Menschen. Siehe auch Tab. 1.7.18.

Angaben zur Anatomie der Langerhans-Inseln	
Gewicht insgesamt	2–5 g
Anteil am Pankreasgewicht	ca. 2%
Gesamtzahl der Inseln	
Neugeborene	200.000
Erwachsene	1–2 Millionen
Durchmesser einer Insel	100–500 µm
Anzahl der Zellen pro Insel	3000
Zellerneuerung: Mitosen pro 30.000 Inselzellen	1
Angaben zum Glukagon aus den A-Zellen	
Molekulargewicht	3485
Anzahl der Aminosäuren	29
Anteil an A-Zellen an den Inselzellen	25%
Strukturaufklärung	1957
Erstmalige Synthese	1960
Angaben zum Insulin aus den B-Zellen	
Molekulargewicht	5734

Anzahl der Aminosäuren	51
Anteil an B-Zellen an den Inselzellen	60 %
Insulinverbrauch (beim Erwachsenen)	ca. 2 mg pro Tag
Vorrat an Insulin im gesamten Pankreas	10–12 mg
Vorrat an Insulin in den B-Zellen reicht	fast 1 Woche
Halbwertszeit des Insulins im Blut	20–30 min
Strukturaufklärung (*F. Sanger*, Cambridge)	1955
Erstmalige Synthese	1965
Einsatz von gentechnisch gewonnenem Insulin	seit 1982
Angaben zum Somatostatin aus den D-Zellen	
Anteil der D-Zellen an den Inselzellen	15 %
Halbwertszeit im Plasma	2–3 min
Anzahl der Aminosäuren des Somatostatins	14

Löffler und Petrides 1997; Junqueira, Carneiro, Gratzl 2004; Thomas 2006; Schmidt, Lang, Heckmann 2010

Tab. 1.12.9 Die Zuckerkrankheit (*Diabetes mellitus*)

Unter der Zuckerkrankheit (Diabetes mellitus) werden Stoffwechselveränderungen unterschiedlicher Ursachen zusammengefasst. Sie sind durch eine dauerhafte Erhöhung der Blutglukose gekennzeichnet.

Ursache ist ein absoluter oder relativer Insulinmangel. Man unterscheidet den Jugenddiabetes Typ I, welcher sich durch einen absoluten Insulinmangel auszeichnet und den so genannten Altersdiabetes Typ II, der durch einen relativen Insulinmangel definiert ist.

Die Häufigkeit liegt in Deutschland bei etwa 5–8 % der Bevölkerung (Typ I Diabetes mellitus: 0,3–0,4 %). Bei der Manifestation des Diabetes spielen sowohl genetische Faktoren als auch Umwelteinflüsse eine entscheidende Rolle.

Angaben zur Zuckerkrankheit	
Anteil der Diabetes-Kranken in der Bevölkerung	5–8 %
Blutzuckergehalt in Blutkapillaren	
normal	70–100 mg/dl
Hypoglykämie (Abnahme des Blutzuckerspiegels)	<45 mg/dl
Hypoglykämischer Schock	<35 mg/dl
Hyperglykämie (Überhöhter Blutzuckerspiegel)	>180 mg/dl

Nierenschwelle der Glukose (Plasmakonzentration, ab der Glukose über die Niere ausgeschieden wird)		180 mg/dl
Anteil der Schwangeren, die einen Schwangerschaftsdiabetes ausbilden (Diabetes Typ IV)		1–3 %
Angaben zum Diabetes Typ I (Jugenddiabetes)		
Anteile an allen Diabetikern		< 10 %
Prozentsatz kranker Jugendlicher in Deutschland		ca. 1,7 %
Anteil der Erkrankten mit Autoantikörpern		80 %
Anteil der Krankheitsmanifestationen vor dem 35. Lebensjahr		80 %
Angaben zum Diabetes Typ II (Altersdiabetes)		
Anteil an allen Diabetikern		> 90 %
Anteil der Übergewichtigen Typ II-Diabetiker		80 %
Manifestation der Krankheit		ab 40 Jahre
Maximum der Manifestation		60–70 Jahre
Angaben zum oralen Glukosetoleranztest		
	Glukosekonzentrationen in mg/dl	
	Zeitpunkt 0 (Nüchternblutzucker)	**120 min nach Gabe von 75 g Glukose**
Normal	< 100	< 140
Gestörte Glukosetoleranz	< 125	> 140 < 200
Diabetes mellitus	> 125	> 200

Nawroth und Ziegler 2001; Classen, Diehl, Kochsiek 2003; Schmidt, Lang, Heckmann 2010

Tab. 1.12.10 Kriterien zur Beurteilung der Stoffwechseleinstellung eines Patienten mit Zuckerkrankheit

Die Zuckerkrankheit (Diabetes mellitus) ist eine der häufigsten Stoffwechselerkrankungen in der westlichen Welt.

Eine frühe Diagnose sowie eine adäquate Therapie sind Voraussetzung für die Vermeidung von Spätfolgen wie Nierenschäden (diabetische Nephropathie), Sehschäden (diabetische Retinopathie), diabetische Fußsyndrome, Nervenschäden (diabetische Polyneuropathie) oder Gefäßschäden (diabetische Makroangiopathie).

Parameter	Gute Therapie	Grenzwertige Therapie	Unzureichende Therapie
Nüchternblutzucker	80–110 mg/dl	111–140 mg/dl	> 140 mg/dl
Postprandiale Blutglukose	100–145 mg/dl	146–180 mg/dl	> 180 mg/dl
HbA1c	< 6,5 %	6,5–7,5 %	> 7,5 %
Gesamtcholesterin	< 200 mg/dl	200–250 mg/dl	> 250 mg/dl
Triglyzeride	< 150 mg/dl	150–200 mg/dl	> 200 mg/dl
Komplikationen nach 20 Jahren Krankheitsdauer			
Häufigkeit des Auftretens von Komplikationen			
Sehschäden (diabetische Retinopathie)			80 %
Gefäßschäden (diabetische Makroangiopathie)			60 %
Nierenschäden (diabetische Nephropathie)			40 %
Nervenschäden (diabetische Polyneuropathie)			40 %
diabetische Fußsyndrome			20 %

Nawroth 2001; Classen, Diehl, Kochsiek 2003

Tab. 1.12.11 Häufigkeit des Jugenddiabetes

Bei Jugenddiabetes (Diabetes Typ I) spielen genetische Faktoren eine wichtige Rolle. So haben 10–15 % der Betroffenen einen oder mehrere erstgradig Verwandte, die erkrankt sind.

Unterteilung	Häufigkeit
Ohne Familienanamnese	0,35 %
Mit Erkrankten in der Familie	3–6 %
Kinder diabetischer Eltern	25 %
Erkrankte Zwillinge	
eineiig	30–50 %
zweieiig	6 %

Nawroth 2001; Classen, Diehl, Kochsiek 2003

Tab. 1.12.12 Ausgewählte Hormone des Hypothalamus

Der Hypothalamus ist das übergeordnete Steuerorgan zahlreicher vegetativer Funktionen und der endokrinen Drüsen. Er ist damit für eine Vielfalt von vitalen Körperfunktionen verantwortlich und ist damit sozusagen der Integrationsort hormonaler und nervaler Systeme. Beispiele für diese Integration sind andere ZNS-Areale, Hormone der Neurohypophyse, die humorale Steuerung der Adenohypophyse und die Interaktionen mit dem Immunsystem.

Durch Steuerhormone reguliert der Hypothalamus die Hormonausschüttung in der Hypophyse. Dabei verstärken Releasing-Hormone (RH) die Hormonfreisetzung in der Hypophyse, Inhibiting-Hormone (IH) hemmen sie. So reguliert er das körperliche Wachstum, die Energiebilanz und das Sexualverhalten. Auch höhere Hirnfunktionen wie Aufmerksamkeit und Schlaf-Wach-Rhythmus werden vom Hypothalamus beeinflusst.

Abkürzungen: AS = Aminosäure; MG = Molekulargewicht

Steuerhormone (Synonyme)	Chemische Struktur	Halbwertszeit im Blut Erwachsener
Somatoliberin (Somatotropin-Releasing Hormon, GH-RH, Growth hormone-Releasing Hormon)	Polypeptid AS: 44	60–120 Minuten
Somatostatin (Somatotropin-Release inhibiting Hormon)	Polypeptid AS: 14	2–4 Minuten
Thyroliberin (TRH, Thyrotropin-Releasing Hormon)	Tripeptid AS: 3	–
Gonadoliberin (GnRH, Gonadotropin-Releasing-Hormon, LH-RH, Luteotropic-Releasing Hormon, Triptorelin)	Oligopeptid AS: 10 MG: 1181	8–10 Minuten
Corticoliberin (CRH, Corticotropin-Releasing Hormon)	Polypeptid AS: 41	–
Prolaktostatin (PIH, Prolactin-Release inhibiting Hormon, Dopamin)	Polypeptid AS: 56	–

Nawroth 2001; Schmidt, Lang, Heckmann 2010; Fink, Levine, Pfaff 2011

Tab. 1.12.13 Die Hypophyse

Die Hypophyse (*Glandula pituritaria*) ist in der knöchernen Schädelbasis (*Sella turcica*) lokalisiert. Sie ist ein aus verschiedenen Anteilen zusammengesetztes, kirschgroßes, endokrines Organ, das über den Hypophysenstiel (*Infundibulum*) direkt mit dem Hypothalamus verbunden ist.

Der Hypothalamus (siehe Tab. 1.12.12) kontrolliert durch Steuerhormone die Hormonausschüttung der Hypophyse. In ihren vorderen Anteilen, der Adenohypophyse, werden das Wachstumshormon, FSH, LH, TSH, Prolaktin und ACTH gebildet.

In den hinteren Anteilen, der Neurohypophyse, werden die im Hypothalamus gebildeten Hormone ADH (antidiuretisches Hormon) und Oxytocin sezerniert.

Angaben zu Anatomie und Physiologie der Hypophyse	
Beginn der Entwicklung der Hypophyse	24. Embryonaltag
Auftreten der ersten Sekretgranula in den Zellen der Hypophyse	Ende der 12. Embryonalwoche
Gewicht der Hypophyse	
Mann	500–600 mg
Frau	600–800 mg
Länge der Hypophyse	10 mm
Breite der Hypophyse	13 mm
Dicke der Hypophyse	4 mm
Gewichtsanteile	
Vorderlappen	73 %
Mittellappen	2 %
Hinterlappen	25 %
Anteile der verschiedenen Zellen	
Chromophobe Zellen (Funktion unbekannt)	50 %
Azidophile Zellen (produzieren: Prolactin, STH, Melanotropin)	40 %
Basophile Zellen (produzieren: ACTH, TSH, FSH, LH)	10 %
Gewichtszunahme der Hypophyse in der Schwangerschaft	25 %
Durchmesser der Sekretgranula	
Somatotrope Zellen (STH)	300–350 nm
Mammotrope Zellen (Prolaktin)	550–600 nm
Gonadotrope Zellen	
Follitropinbildende Zellen (FSH)	200 nm
Lutropinbildende Zellen (LH)	250 nm
Thyrotrope Zellen (TSH)	120–200 nm
Kortikotrope Zellen (ACTH)	100–200 nm
Melanotropin produzierende Zellen	200–300 nm

Löffler und Petriges 1997; Classen, Diehl, Kochsiek 2003; Junqueira, Carneiro, Gratzl 2004; Thomas 2006; Silbernagl 2012; Pschyrembel 2014

Tab. 1.12.14 Hypophysenadenome

Hypophysenadenome sind gutartige Tumoren, die beispielsweise Riesenwuchs (Akromegalie, Gigantismus) oder Morbus Cushing verursachen können.

Adenomtyp	Häufigkeit	Adenomtyp	Häufigkeit
Endokrin inaktive Adenome	32%	Prolaktinome	27%
STH produzierende Adenome (Akromegalie)	20%	ACTH produzierende Adenome (M. Cushing)	10%
Gonadotropin produzierende Adenome	9%	TSH produzierende Adenome	1%

Classen 2003; Fink, Levine, Pfaff 2011

Tab. 1.12.15 Die Hormone der Hypophyse

Der Hinterlappen der Hypophyse (Neurohypophyse) ist nur Sekretionsort für Hormone, die im Hypothalamus gebildet werden.

Synonyme, Abkürzungen in Klammern: MG = Molekulargewicht; AS = Aminosäure

Hormone (Synonyme)	Chemische Struktur	Halbwertszeit
Vorderlappen (Adenohypophyse):		
Somatotropes Hormon (STH, Somatotropin, Wachstumshormon, GH)	Peptid; AS: 191; MG: 21.500	20–30 min
Prolactin	Peptid; AS: 198; MG: 22.000	10–15 min
Adrenokortikotropes Hormon (ACTH, Corticotropin)	Polypeptid; AS: 36; MG:4500	5–10 min
Tyroideastimulierendes Hormon (TSH, Thyrotropin)	Glykoprotein: Dimer aus α-Untereinheit: 92 AS ß-Untereinheit: 110 AS MG: 30.000	50 min
Follikelstimulierendes Hormon (FSH, Follitropin)	Glykoprotein: Dimer aus α-Untereinheit: 92 AS ß-Untereinheit: 115 AS MG: 30.000	50–130 min

Hormone (Synonyme)	Chemische Struktur	Halbwertszeit
Luteinisierendes Hormon (LH, Lutropin)	Glykoprotein: Dimer aus α-Untereinheit: 92 AS ß-Untereinheit: 118 AS MG: 30.000	100–160 min
Mittellappen		
Melanozytenstimulierendes Hormon (MSH, Melanotropin)	Polypeptid; AS: 22; MG: 4500	–
Hinterlappen (Neurohypophyse)		
Antidiuretisches Hormon (ADH, Adiuretin, Vasopressin)	Oligopeptid; AS: 9; MG:1000	2–3 min
Oxytocin	Oligopeptid; AS: 9; MG:1000	2–4 min

Löffler, Petriges 1997; Junqueira, Carneiro, Gratzl 2004

Tab. 1.12.16 Häufigkeit der Symptome bei Überproduktion des Wachstumshormons (Akromegalie)

Die Akromegalie wird durch eine pathologische Hypersekretion des Wachstumshormons verursacht. In 99 % der Fälle liegt ursächlich ein STH-produzierendes Hypophysenadenom vor. Die Beschwerden beginnen oft 5–10 Jahre vor Diagnosestellung. Zu den Frühsymptomen zählen eine Größenzunahme der Hände, Kopfschmerzen sowie Potenzprobleme und Leistungsminderung.

Symptom	Häufigkeit	Symptom	Häufigkeit
Vergrößerung der Körperspitzen	100 %	Menstruationsstörungen	43–87 %
Vergrößerung der Sella	93–100 %	Abnahme der Libido	38–58 %
Kopfschmerzen	58–87 %	Bluthochdruck	37–50 %
Sehstörungen	35–62 %	Karpaltunnelsyndrom	31–44 %
Vermehrtes Schwitzen	49–91 %	Diabetes Mellitus	2–12 %

Claasen, Diehl, Kochsiek 2003

Tab. 1.12.17 Häufigkeit der Symptome bei erhöhtem Kortisolspiegel (Cushing-Syndrom)

Das Cushing-Syndrom wird durch einen erhöhten Kortisolspiegel im Blut ausgelöst. Ursächlich lassen sich in 80 % der Fälle ACTH produzierende Hypophysenadenome (Morbus Cushing) nachweisen. Frauen sind dabei 5-mal häufiger betroffen als Männer.

Symptom	Häufigkeit	Symptom	Häufigkeit
Zentripedale Fettsucht	80–100 %	Mondgesicht	50–95 %
Diabetische Stoffwechsellage	40–90 %	Muskelschwäche	30–90 %
Bluthochdruck	75–85 %	Psychische Veränderung	30–85 %
Impotenz	55–80 %	Ausbleiben der Regelblutung	55–80 %
Knöchelödeme	30–60 %	Hautdehnungsstreifen	50–70 %

Allolio und Schulte 2010

Tab. 1.12.18 Die Zirbeldrüse und Melatonin

Die Zirbeldrüse ist für die Koordination jahreszeitlicher Rhythmen wichtig. Auf den Reiz des Lichtes hin wird das Hormon Melatonin aus Serotonin synthetisiert. Melatonin hemmt vor der Pubertät die Keimdrüsen.

Angaben zur Anatomie der Zirbeldrüse und zu Melatonin	
Länge/Dicke der Zirbeldrüse	5–8 mm/3–5 mm
Gewicht der Zirbeldrüse	150 mg
Durchmesser der Granula	100 nm
Plasmakonzentration des Melatonins beim Jugendlichen	
um 13 Uhr	9,3 µg/l
von 0–4 Uhr	130,3 µg/l

Schiebler, Schmidt, Zilles 2005

Tab. 1.12.19 Normalwerte der Hormone im Blut

Aufgrund der geringen Konzentration und den tageszeitlichen Schwankungen der Konzentrationen ist die Hormonmessung im Blut sehr schwierig. Deshalb werden Hormonuntersuchungen häufig im 24-Stunden-Urin durchgeführt.

Erläuterung zu Begriffen in der Tabelle:

- Follikelphase: Zeit im weiblichen Zyklus vom Zyklusbeginn bis zum Eisprung
- Ovulation: Eisprung
- Lutealphase: Zeit vom Eisprung bis zum Zyklusende
- Postmenopause: Zeit nach der letzten Regel der Frau (Durchschnitt: 49 Jahre)

Hormon	Beschreibung	Konzentration im Blut
Adrenalin	–	30–90 pg/ml
Adrenocorticotropes Hormon (ACTH)	morgens	10–100 ng/l
	abends	5–20 ng/l
Aldosteron	stehend	40–310 ng/l
	liegend	10–160 ng/l
Androstendion	Mann	0,57–2,65 ng/ml
	Frau	0,47–2,68 ng/ml
Antidiuretisches Hormon (ADH)	–	2–8 pg/ml
Kalzitonin	–	< 30 pg/ml
Cortisol	morgens	8–25 µg/dl
	mittags	5–12 µg/dl
	nachts	< 5 µg/dl
Corticosteron	–	0,4–2,0 µg/dl
C-Peptid	–	1,1–3,6 ng/ml
Dehydroepiandrosteron	Mann	35–440 µg/dl
	Frau	10–334 µg/dl
	vor der Pubertät	5–263 µg/dl
Dihydrotestosteron	Mann	16–108 µg/dl
	Frau	< 20 µg/dl
Dopamin	–	< 30 µg/ml
Erythropoetin	–	6–25 U/l

Hormon	Beschreibung	Konzentration im Blut
Follikelstimulierendes Hormon (FSH)	Mann	1–10 U/l
Follikelstimulierendes Hormon (FSH)	**Frau**	
	Follikelphase	2,5–11 U/l
	Ovulation	8,3–16 U/l
	Lutealphase	2,5–11 U/l
	Postmenopause	27–82 U/l
Gastrin	–	28–115 pg/ml
Glukagon	–	40–180 pg/ml
Insulin	–	3–15 μU/ml
Luteinisierendes Hormon (LH)	Mann	1,5–9,2 U/l
	Frau:	
	Follikelphase	1,8–13,4 U/l
	Ovulation	15,2–78,9 U/l
	Lutealphase	0,7–19,4 U/l
	Postmenopause	> 50 U/l
Noradrenalin	–	185–275 ng/l
Östradiol	Mann	5–80 pg/ml
	Kind	< 25 pg/ml
	Frau:	
	Follikelphase	30–120 pg/ml
	Ovulation	90–330 pg/ml
	Lutealphase	65–180 pg/ml
	Postmenopause	10–50 pg/ml
Östron	Mann	10–60 pg/ml
	Frau:	
	Follikelphase	40–120 pg/ml
	Lutealphase	60–200 pg/ml
	Postmenopause	< 30 pg/ml
Parathormon	–	15–65 pg/ml

Hormon	Beschreibung	Konzentration im Blut
Progesteron	Mann	< 2,4 ng/ml
	Kind	0,1–0,6 ng/ml
	Frau:	
	Follikelphase	< 1,82 ng/ml
	Lutealphase	3,29–30 ng/ml
Prolaktin	Mann	0,62–12,5 ng/ml
	Frau:	0,62–15,6 ng/ml
	Schwangere	< 200 ng/ml
	Postmenopause	< 9,7 ng/ml
Renin (direkt)	liegend	10–30 ng/l
	stehend	10–60 ng/l
Serotonin	Mann	80–290 µg/l
	Frau	110–320 µg/l
Somatostatin		< 50 pg/ml
Testosteron (gesamt)	Mann	2,7–10,7 ng/ml
	Frau	0,2–0,9 ng/ml
Testosteron (frei)	Mann	9–47 pg/ml
	Frau	0,7–3,6 pg/ml
Thyreotropin (TSH)	–	0,3–3,5 mU/l
Thyroxin T4 (gesamt)	–	4,5–10,5 µg/dl
Thyroxin T4 (frei)	–	0,8–2 ng/dl
Trijodthyronin T3 (gesamt)	–	0,8–2 µg/l
Trijodthyronin T3 (frei)	–	3–6 ng/l
Wachstumshormon (STH)	–	0–7 ng/ml

Kruse-Jarres 1993; Kleine und Rossmanith 2014

Tab. 1.12.20 Normalwerte der Hormone und Hormonabbauprodukte im Urin

Für Hormonuntersuchungen wird der Urin eines Tages und einer Nacht gesammelt.

Hormone und Abbauprodukte	Beschreibung	Konzentration im Urin
Adrenalin		4–20 µg/24 h
Aldosteron	Normalernährung	3–15 µg/24 h
	salzarme Diät	17–44 µg/24 h
	salzreiche Diät	<6 µg/24 h
Choriongonadotropin (HCG)		<20 IU/l
Cortisol	Erwachsener	20–130 µg/24 h
	Kind (4 Mon.–10 Jahre)	2–30 µg/24 h
Dopamin	Erwachsener	<450 µg/24 h
	Alter bis 12 Monate	<180 µg/24 h
	Alter 1–2 Jahre	<240 µg/24 h
Homovanillinsäure		<15 mg/24 h
Hydroxy-Indolessigsäure		<8,5 mg/24 h
Metanephrin		74–298 µg/24 h
Noradrenalin	Erwachsener	23–105 µg/24 h
	Alter bis 2 Jahre	<35 µg/24 h
	Alter 2–8 Jahre	<60 µg/24 h
	Alter 9–16 Jahre	<70 µg/24 h
Östrogene (gesamt)	Mann	6–25 µg/24 h
	Kind	2–14 µg/24 h
	Frau:	
	Follikelphase	7–25 µg/24 h
	Ovulation	25–95 µg/24 h
	Lutealphase	20–70 µg/24 h
	Postmenopausal	3–11 µg/24 h
Serotonin		40–240 ng/24 h
Vanillinmandelsäure		3,3–6,5 mg/24 h

Kruse-Jarres 1993; Krapf 1995

Tab. 1.12.21 Zeittafel der Hormonforschung

Siehe auch 3.2 Fortschritte in Biologie und Medizin

Wegweisende Entdeckung	Name, Erläuterung	Zeit
Kastrierten Hähnen werden Hoden wieder eingepflanzt und die männlichen Geschlechtsmerkmale werden erneut ausgebildet. Mit diesem Versuch wurde erstmals die Existenz von Hormonen nachgewiesen	*Arnold Adolph Berthold* (1803–1861), deutscher Zoologe	1849
Entdeckung inselartiger Zellformationen in der Bauchspeicheldrüse des Menschen. Die Bedeutung dieser Inseln für den menschlichen Stoffwechsel (Insulinproduktion) war aber zu diesem Zeitpunkt noch unbekannt	*Paul Langerhans* (1847–1888), deutscher Arzt und Pathologe	1869
Die Zuckerkrankheit wird beim Hund durch Entfernen der Bauchspeicheldrüse hervorgerufen	*Joseph von Mering* (1849–1908) und *Oskar von Minkowski* (1858–1908)	1889
Entdeckung des hohen Jodgehalts der Schilddrüse	*Eugen Baumann* (1846–1896), deutscher Apotheker und Chemiker	1895
Herstellung von Adrenalin in kristalliner Form	*Jokichi Takamine* (1854–1922), japanisch-amerikan. Chemiker und *Thomas Bell Aldrich* (1861–1938)	1901
Der Begriff „Hormon“ wird geprägt. Die Bauchspeicheldrüse funktioniert auch nach Durchtrennung der Nervenversorgung	*Ernst Henry Starling* (1866–1927), englischer Physiologe	1905
Isolierung des Thyroxins aus der Schilddrüse	*Edward Calvin Kendall* (1886–1972), amerikanischer Biochemiker	1914
Gewinnung eines insulinreichen Extraktes aus der Bauchspeicheldrüse von Kalbsföten. Anschließend erfolgreiche Behandlung eines Hundes, dem die Bauchspeicheldrüse entfernt wurde	*Frederick Grant Banting* (1891–1941) und *Charles Herbert Best* (1899–1978)	1921
Nachweis der Bedeutung der Hypophyse für die Funktion der Keimdrüsen	*Selmar Aschheim* (1878–1965) und *Bernhard Zondek* (1891–1966), Gynäkologen	1926
Darstellung von Östron in reiner Form	*Edward Adelbert Doisy* (1893–1986) (Medizinnobelpreis 1943), amerikanischer Biochemiker	1929

Wegweisende Entdeckung	Name, Erläuterung	Zeit
Strukturaufklärung und Synthese der Hypophysen-Hinterlappenhormone Vasopressin und Oxytocin	*Vincent du Vigneaud* (1901–1978), amerikanischer Biochemiker	1953
Strukturaufklärung des Insulins	*Frederick Sanger* (1918–2013), britischer Biochemiker	1954
Erstmaliger Einsatz des Wachstumshormones bei Kleinwuchs. Gewinnung durch Extraktion aus Hypophysen von Toten		1963
Vollsynthese des Glukagons	*Erich Wünsch* (1923–2013), deutscher Chemiker	1967
Entdeckung des Thyroliberin aus dem Hypothalamus von Schafen bzw. Schweinen	*Roger C. L. Guillemin* (* 1924), französischer Arzt und *Andrew Schally* (* 1926) litauisch-US-amerikanischer Physiologe	1969
Entdeckung der Endorphine im Zwischenhirn von Schweinen. Der erste gebräuchliche Name war deswegen auch „Enkephaline" (vom griechischen Wort *en-kephalos*, „im Kopf")	*John Hughes* (* 1942) und *Hans Kosterlitz* (1903–1996), schottische Forscher	1975
Herstellung monoklonaler Antikörper	*Georges Jean Franz Köhler* (1946–1995), deutscher Biologe *César Milstein* (1927–2002), argentischer Molekularbiologe	1975
Die chemische Umwandlung von Schweineinsulin in Humaninsulin gelingt erstmals.		1976
Einschleusung des menschlichen Gens für Insulin in das Bakterium *Escherichia coli*		1978
Beginn der kommerziellen Verwertung von gentechnisch gewonnenem Insulin	Firma Eli Lilly	1982
Identifikation des menschlichen EPO-Gen (Erythropoetin)	*Fu-Kuen Lin*, Firma AMGEN	1983
Verbot der Anwendung von extrahiertem menschlichem Wachstumshormon da viele behandelte Patienten an der Creutzfeldt-Jakob-Krankheit verstarben		1985

Wegweisende Entdeckung	Name, Erläuterung	Zeit
Kommerzielle Nutzung von gentechnisch hergestelltem Wachstumshormon	Firma Genentech	1985
Kommerzielle Nutzung von gentechnisch hergestelltem Interleukin I	Firma Chiron	1992
Nobelpreis für Medizin für Entwicklung der In-vitro-Fertilisation (IVF)	*Robert Edwards* (1925–2013), britischer Physiologe	2010
Abbruch der klinischen Studien zur hormonellen Kontrazeption für Männer (Injektion von Gestagen und Testosteron) wegen starker Nebenwirkungen	WHO	2011
Nobelpreis für Chemie für die Beschreibung der Funktion membrangebundener Rezeptoren (z. B. auch Rezeptor für Adrenalin) und G-Protein-vermittelter Prozesse	*Robert Lefkowitz* (*1943) und *Brian Kobilka* (*1955), US-amerikanische Biochemiker	2012
Entdeckung des Hormons Betatrophin, das die Regeneration von Beta-Zellen im Pankreas bei Typ 1-Diabetes-Kranken Maus-Modell initiiert, auch beim Menschen	*Peng Yin, Ji-Sun Park und Douglas Melton*	2013
Verbot von Phtalaten (Gruppen von Weichmachern in Kunststoffen) in Konsumgütern in Dänemark. Als Umwelthormone stehen sie im Verdacht, in das menschliche Hormonsystem einzugreifen.		2013
Zusammenhang zwischen Leptin- (Hormon durch Fettzellen gebildet) und Insulin-abhängigen Stoffwechselvorgängen	*Perry und Kollegen*	2014

Nach Gotthard 1993; Nawroth, Ziegler 2001; Yin, Park, Melton 2013; Perry et al. 2014

1.13 Geschlechtsorgane

Die Keimdrüsen werden an der Rückwand der Leibeshöhlenmitte hinter dem Bauchfell angelegt (Purves 2011, S. 1200). Durch die erblich festgelegte Entwicklungssteuerung kommt es schon in der frühen Embryonalzeit zu einer Differenzierung in männliche oder weibliche Keimdrüsen. Ihre volle Funktion erreichen sie jedoch erst nach der Pubertät, wenn ihr Wachstum durch hormonelle Einflüsse zum Abschluss gekommen ist. Die männlichen Keimdrüsen, die Hoden, wandern etwa im 7. Fetalmonat durch den Leistenkanal in den Hodensack.

Die äußeren Geschlechtsteile werden bei beiden Geschlechtern in gleicher Weise angelegt und differenzieren sich erst später zum Venushügel und den Schamlippen der Frau und zum Penis und dem Hodensack beim Mann.

Tab. 1.13.1 Fragen und Antworten zum Staunen

Literatur siehe nachfolgende Tabellen.

Ausgewählte Fragen aus den nachfolgenden Tabellen	
Durchschnittliche Anzahl von Samenzellen in der Samenflüssigkeit	60 Millionen/ml
Samenzellenbildung bei einem gesunden, jungen Mann	ca. 1000 pro Sekunde
Strecke die ein Spermium von seiner Entstehung in den Hoden, bis zur Befruchtung der Eizelle zurücklegt	~7 m
Wie weit müssten wir in einem 2 m langen Boot rudern, wenn ein Spermium so lang wie das Boot wäre?	berechnet ~269 km
Temperaturdifferenz zwischen Hodensack und Körperkern	2° C
Auf welche Temperatur können Samenzellen eingefroren werden, ohne dabei ihre Befruchtungsfähigkeit zu verlieren?	−190° C
Wie lange kann eine Samenzelle nach dem Geschlechtsverkehr eine Eizelle befruchten?	1–3 Tage
Alle Eizellen werden vor der Geburt angelegt	
im 5. Fetalmonat	6 Millionen
bei der Geburt	40.000–50.000
bei Erreichen der Geschlechtsreife	20.000
Anzahl der Eizellen, die im Leben einer durchschnittlichen Frau bis zur Befruchtungsfähigkeit heranwachsen	400–450

Tab. 1.13.2 Die Anatomie der Hoden

ie paarig angelegten Hoden (Testes) sind die männlichen Keimdrüsen. Beide Hoden hängen am Samenstrang im Hodensack, wobei der linke gewöhnlich etwas tiefer steht als der rechte. In den Hoden werden Spermien (siehe Tab. 1.13.3) und Hormone (vor allem Testosteron) produziert (Purves 2011, S. 1201).

Die Spermien reifen in etwa 250 Kammern (Hodenläppchen) heran, in die jeder Hoden unterteilt ist. Die Hodenläppchen entstehen durch ein Knäuel von Samenkanälchen, in denen die Spermien gebildet werden.

Während der Fetalperiode wandern die Hoden von der Bauchhöhle in den Hodensack. Dieser Vorgang wird als *Descensus testis* bezeichnet. Unterbleibt die Verlagerung in den Hodensack oder verläuft sie nur unvollständig, nennt man das *Maldescensus testis*. Die Folge ist ein Hodenhochstand, der bei 3 % aller männlichen Neugeborenen auftritt.

Angaben zu Anatomie und Physiologie der Hoden	
Durchschnittliche Größe eines Hodens	
Längsdurchmesser	4–5 cm
Breite	2–3 cm
Dicke	3 cm
Gewicht eines Hoden	20 g
Dicke der Hodenkapsel (*Tunica albuginea*)	1 mm
Hodenläppchen (*Lobuli testes*)	
Anzahl der Läppchen in einem Hoden	250
Länge der Läppchen	2–3 cm
Samenkanälchen (*Tubuli seminiferi contorti*)	
Anzahl pro Hodenläppchen	1–4
Anzahl in einem Hoden	500–800
Länge eines Samenkanälchens	30–70 cm
Länge aller Samenkanälchen in einem Hoden	300 m
Durchmesser eines Samenkanälchens	180–280 µm
Höhe des Keimepithels	60–80 µm
Sertolizellen (Ammenzellen für die Spermienproduktion) Länge	bis zu 50 µm
Leidig-Zellen (bilden Testosteron)	
Anteil am gesamten Hodenvolumen	12 %
Testosteronproduktion	7 mg/Tag
Reinke-Kristalle (Eiweißkristalle die im Cytoplasma der Leidig-Zellen vorkommen)	
Länge	bis 20 µm
Dicke	bis 3 µm
Verlagerung der Hoden in den Hodensack (*Descensus testis*)	3.–10. Schwangerschaftsmonat

Leonhardt 1990; Junqueira, Carneiro, Gratzl 2004; Schiebler, Schmidt, Zilles 2005; Mörike, Betz, Mergenthaler 2007; Pschyrembel 2014

Tab. 1.13.3 Samenzellen und ihre Entwicklung

Bei der Spermiogenese (auch Spermatogenese) werden männliche Samenzellen (Spermien) gebildet. Bei der Reifung der Spermien entsteht aus einer Urgeschlechtszelle eine Vorläuferzelle (Spermatogonie), die sich dann in 4 befruchtungsfähige Spermien weiterentwickelt.

Spermien haben einen halben (haploiden) Chromosomensatz (23 Chromosomen). Eine Voraussetzung für die optimale Bildung von Samenzellen ist eine Temperaturdifferenz von etwa 2 °C zwischen Hoden und Körperkern.

Angaben zur Bildung der Samenzellen	
Bildung von Vorläuferzellen (Spermatogonien)	400 Millionen/Tag
Bildung von fertigen Samenzellen (Spermien)	
pro Tag	100 Millionen
pro Sekunde	ca. 1000
Gesamtdauer der Spermiogenese	80–90 Tage
Dauer der Entwicklung eines Spermiums aus einer Vorläuferzelle (Spermatogonie) im Hoden	ca. 70 Tage
Dauer der Nebenhodenpassage	7–14 Tage
Wanderungsgeschwindigkeit der Spermien in Flüssigkeit	3–5 mm/min
Temperaturdifferenz zwischen Hodensack und Körperkern	2 °C
Temperatur, bei der Spermien eingefroren werden, ohne ihre Befruchtungsfähigkeit zu verlieren	−190 °C
Angaben zur Anatomie ausgereifter Samenzellen	
Länge einer Samenzelle (insgesamt)	60 µm
Kopf einer Samenzelle (mit dem haploiden Zellkern)	
Dicke	2–3 µm
Länge	4–5 µm
Anzahl der Membranen des Akrosoms	2
Hals	
Dicke	0,8 µm
Länge	0,3 µm
Anzahl der Außenfibrillen	9
Mittelstück	
Dicke	1 µm
Länge	6 µm
Anzahl der Außenfibrillen	9

Hauptstück	
Dicke	0,5 µm
Länge	45 µm
Endstück	
Länge	5–7 µm

Leonhardt 1990; Schiebler, Schmidt, Zilles 2005; Pschyrembel 2014

Tab. 1.13.4 Die Samenwege

Zu den Samenwegen zählt man die anatomischen Strukturen, die von einer Samenzelle durchwandert werden müssen, um von ihrem Entstehungsort, dem Hoden, als Ejakulat an die Außenwelt zu gelangen.

Gebildet werden die Samenzellen in den Samenkanälchen. Diese münden über das *Rete testis* in die *Ductuli efferentes*. Die *Ductuli efferentes* vereinigen sich im Nebenhoden zu dem Nebenhodengang (*Ductus epididymidis*). Dieser wird beim Verlassen des Nebenhodens zum *Ductus deferens*, dem Samenleiter.

Der Samenleiter hat eine außerordentlich kräftige Muskulatur, die sich beim Samenerguss mit einer oder mehreren peristaltischen Wellen mit großer Geschwindigkeit kontrahiert.

Im Bereich der Prostata geht der *Ducuts deferens* in den Spritzkanal (*Ductus ejaculatorius*) über. Noch innerhalb der Prostata vereinigen sich die paarig angelegten Spritzkanäle in der unpaaren Harnröhre (Urethra).

Angaben zur Anatomie der Samenwege	
Nebenhoden (Epididymis)	
Länge	5 cm
Gewicht	4 g
Ductuli efferentes (verbinden den Hoden mit dem Nebenhoden)	
Anzahl	8–12
Länge	10–12 cm
Nebenhodengang (*Ductus epididymidis*)	
Gesamtlänge im gestreckten Zustand	4–6 m
Innendurchmesser	
– *am Anfang*	150 µm
– *am Ende*	400 µm

Angaben zur Anatomie der Samenwege	
Samenleiter (*Ductus deferens*)	
Länge	50–60 cm
Dicke	3–4 mm
Innendurchmesser	0,5–1 mm
Zahl der Kontraktionen beim Orgasmus	3–4
Spritzkanälchen (*Ductus ejaculatorius*)	
Länge	ca. 2 cm
Trichterförmige Verengung auf einen Innendurchmesser von	200 µm
Männliche Harnröhre	
Längen insgesamt (Durchschnitt)	20,0 cm
Pars prostatica	3,5 cm
Pars membranacea	1,5 cm
Pars spongiosa	15,0 cm

Leonhardt 1990; Junqueira, Carneiro, Gratzl 2004; Schiebler, Schmidt, Zilles 2005; Mörike, Betz, Mergenthaler 2007; Pschyrembel 2014

Tab. 1.13.5 Der Penis und die Geschlechtsdrüsen

Der Penis gehört zu den äußeren Geschlechtsmerkmalen des Mannes. Bei der Erektion werden die so genannten Rankenarterien geöffnet. Dadurch füllen sich die Lakunen der Schwellkörper (*Corpora cavernosa penis*) mit Blut.

Der größte Teil der Samenflüssigkeit (Ejakulat) wird von den akzessorischen Geschlechtsdrüsen produziert (90 %). Hierzu gehören die Samenblase, die Prostata und die Cowper-Drüsen. Diese Geschlechtsdrüsen sind nicht an der Spermienproduktion oder deren Aufbewahrung beteiligt.

Bei einer Vergrößerung der Prostata, die bei älteren Männern recht häufig ist, kann die Harnröhre zugedrückt und das Harnlassen unmöglich werden.

Angaben zur Samenblase (*Vesicula seminalis*)	
Länge der Samenblase insgesamt	15–20 cm
Länge der einzelnen Bläschendrüsen	4–5 cm
pH-Wert des Sekrets der Samenblase	7,2–7,5
Anteil des Sekrets am Ejakulat	50–60 %

Angaben zur Vorsteherdrüse (Prostata)	
Anschauliche Größe	kastaniengroß
Gewicht	20 g
Anzahl der tubulo-alveolären Drüsen	30–50
Anzahl der Ausführungsgänge	15–30
Prostatasekret	
Anteil am Ejakulat	15–30 %
pH-Wert	6,4
Häufigkeit Vergrößerung der Prostata (Prostatahyperplasie)	
Anteil bei Männern über 65 Jahren	75–100 %
Anteil der Betroffenen mit Beschwerden	30–40 %
Durchmesser, den ein Prostatastein erreichen kann	2 mm
Angaben zu Anatomie und Physiologie des Penis	
Anzahl der Schwellkörper	3
Erschlaffter Zustand	
Länge	7–10 cm
Breite	3,2 cm
Erigierter Zustand	
Länge	11–17 cm
Breite	4,1 cm
Durchmesser der Kavernen im erigierten, mit Blut gefüllten Zustand	1–3 mm

Leonhardt 1990; Junqueira, Carneiro, Gratzl 2004; Schiebler, Schmidt, Zilles 2005; Mörike, Betz, Mergenthaler 2007

Tab. 1.13.6 Die Zusammensetzung der Samenflüssigkeit

Etwa 90 % der Samenflüssigkeit entstehen in den akzessorischen Geschlechtsdrüsen. Die Spermien machen lediglich 10 % des Volumens aus. Das frische Ejakulat ist milchig trüb. Bei wiederholtem Koitus nimmt das Volumen ab. Nach längerer Abstinenz kann es 13 ml erreichen.

Angaben zu den Spermien in der Samenflüssigkeit (Ejakulat)	
Durchschnittliches Volumen des Ejakulats pro Samenerguss	2–6 ml
Anzahl der Spermien pro Samenerguss, nach WHO 2010, Normwert nach WHO 2015 bei 1,5 ml Ejakulat	22,5 Millionen
Anzahl der Spermien pro Samenerguss in 1 ml	
durchschnittliche Anzahl (nach WHO 2010)	15 Millionen/ml
Normalwerte	20–120 Millionen/ml
normaler Anteil unreifer Samenzellen	20 %
Zeugungsunfähigkeit bei einer Spermienzahl von	<5 Millionen/ml
Durchschnittlicher Anteil an beweglichen Samenzellen	>30 %
Durchschnittlicher Anteil an unbeweglichen Samenzellen	<50 %
Beweglichkeitsverlust nach 2 Stunden	15 %
Verflüssigung des Ejakulats nach	5–15 Minuten
Anteil am Gesamtvolumen der Samenflüssigkeit	
Spermien	10 %
Sekret der Samenblasen	50–60 %
Sekret der Vorsteherdrüse (Prostata)	15–30 %
Sekret der Cowper-Drüsen	1–3 %
Substanzen in der Samenflüssigkeit (Ejakulat)	
Wasser	91,8 %
Trockensubstanz	7,2 %
Eiweiß	45 g/l
Harnsäure	60 mg/l
Vitamine	
Tocopherol	9,8 mg/kg
Vitamin B12	0,45 µg/l
Ascorbinsäure (Vitamin C)	43 mg/l
Fruktose	2,24 g/l
Sorbit	0,1 g/l
Citronensäure	3,76 g/l
Milchsäure	0,37 g/l
Lipide	1,88 g/l
DNA pro Spermium	2,5 pg
Dichte	1,027–1,045 g/cm³

Osmolalität	296 mosmol/kg H_2O
pH-Wert	7,2–7,8

Leonhardt 1990; Junqueira, Carneiro, Gratzl 2004; Schiebler, Schmidt, Zilles 2005, Hautmann und Huland 2006; Mörike, Betz, Mergenthaler 2007; WHO 2010

Tab. 1.13.7 Anzahl der Samenzellen im Ländervergleich und im Zeitraster

Die Anzahl der Samenzellen (Spermien) im Ejakulat unterliegt geografischen und ethnischen Einflussfaktoren. Die größte Untersuchung wurde von Carlsen und Mitarbeiter zu diesem Thema durchgeführt. Es zeigte sich, dass in den letzten 50 Jahren ein signifikanter Abfall der Spermiendichte zu verzeichnen ist. So konnte eine Verringerung von durchschnittlich einer Million Spermien je Milliliter Ejakulat pro Jahr beobachtet werden.

Würde dieser Prozess sich unverändert fortsetzen, so wäre den Hochrechnungen zufolge der Nullpunkt im Jahre 2060 erreicht.

Aktuelle Untersuchungen des Aberdeen Fertility Centre bestätigen diesen Abwärtstrend. Die Durchschnittliche Anzahl von 87 Millionen Spermien pro ml Ejakulat im Jahr 1989 nahm bis zum Jahr 2002 um ca. 30 % auf 62 Millionen pro ml ab.

Anzahl der Spermien im Ejakulat in ausgewählten Ländern		
Anzahl der Samenzellen im Ejakulat		
Finnland		114 Millionen/ml
Pakistan		79 Millionen/ml
Deutschland		78 Millionen/ml
Nigeria		64 Millionen/ml
Hongkong		62 Millionen/ml
Europäische Studien zur Zahl der Spermien im Ejakulat		
Dänische Studie von Niels Skakkebæk (1992):		
Untersuchung von:	1940	113 Millionen/ml
	1990	60 Millionen/ml
Pariser Studie von Pierre Jouannet		
Untersuchung von:	1973	89 Millionen/ml
	1992	60 Millionen/ml
Schottische Studie an 577 Männern		

Jährlicher Rückgang der Anzahl der Samenzellen in der Zeit von 1984–1995	2 % pro Jahr
Genter Studie von Frank Comhaire	
Anteil steriler Samenspender: 1980	1,6 %
1993	9,0 %
Anteil von Samenspendern mit geringer Qualität der Samenzellen: 1980	5,4 %
1993	45,8 %
Amerikanische Studien zur Zahl der Spermien im Ejakulat	
Amerikanische Studien von Fisch u. Paulsen 1996	
Untersuchungen von 1970–1994 in New York, Minnesota und Los Angeles	geringfügiger Anstieg
Untersuchungen von 1972–1993 in Seattle	Anstieg um 10 %

Aberdeen Fertility Centre, Carlsen et al. BMJ. 1992 Sep 12; 305 (6854): 609–13; Fertility and Sterility 5/1996; Schiebler, Schmidt, Zilles 2005; Pschyrembel 2014

Tab. 1.13.8 Die Eierstöcke

Die paarig angelegten Eierstöcke (Ovarien) zählen zu den primären weiblichen Geschlechtsorganen. Hier reifen die Eizellen der Frau (Follikelreifung). Im Gegensatz zu den männlichen Samenzellen werden alle Eizellen der Frau vor der Geburt angelegt (Purves 2011, S. 1204 f).

Die Anzahl der Eizellen nimmt im Laufe des Lebens der Frau kontinuierlich ab. So kommt nur jede tausendste Eizelle zur Geschlechtsreife. Die hormonelle Steuerung übernehmen die Hypophysenhormone FSH und LH (siehe Tab. 1.12.15). Beim Follikelsprung (Ovulation) wird die Eizelle aus dem Graaf-Follikel in den Eileiter geschwemmt. In der Ampulle des Eileiters findet dann die Befruchtung statt.

Angaben zu den Eierstöcken und den Eizellen	
Länge eines Eierstockes (Ovar)	3 cm
Breite	1,5 cm
Dicke	1 cm
Gewicht	7–14 g
Einwanderung der Urgeschlechtszellen in das Ovar	5–6 Embryonalwoche
Anzahl der vor der Geburt angelegten Eizellen	

im 5. Fetalmonat	6 Millionen
bei der Geburt	40.000–50.000
bei erreichen der Geschlechtsreife	20.000
Anteil der befruchtungsfähigen Eizellen im Leben einer Frau	400–450
Verhältnis der befruchtungsfähigen Eizellen zu den bei der Geburt vorhanden Eizellen	1/1000
Zeugungsfähige Jahre der Frau	bis zu 40 Jahren
Anzahl der Follikel (Eizellen) die normalerweise pro Zyklus (28 Tage) zur Ausreifung kommen	1
Angaben zur Entwicklung des Follikels und zum Eisprung	
Primordialfollikel,	
Durchmesser der Eizelle	40 µm
Durchmesser insgesamt	50 µm
Sekundärfollikel	
Durchmesser insgesamt	200 µm
Durchmesser der Eizelle	80 µm
Tertiärfollikel	
Durchmesser insgesamt	5000–10.000 µm
Durchmesser der Eizelle	110–140 µm
Graaf-Follikel (kurz vor dem Eisprung)	
Durchmesser insgesamt	24.000–28.000 µm
Durchmesser der Eizelle	110–140 µm
Eisprung (Ovulation)	14. Tag des Zyklus
Dauer des Eisprungs	3–5 Minuten
Zeit nach dem Eisprung, in der die Eizelle befruchtungsfähig bleibt	maximal 24 Stunden

Leonhardt 1990; Junqueira, Carneiro, Gratzl 2004; Schmidt, Lang, Heckmann 2010

Tab. 1.13.9 Der Eileiter und die Gebärmutter

In den paarig angelegten Eileitern (*Tuba uterina*) findet die Befruchtung der Eizelle statt. Die befruchtete Eizelle (Zygote) wird im Eileiter zur Gebärmutter transportiert.

Die Gebärmutter (Uterus) ist ein weibliches Geschlechtsorgan. Hier wächst der Keim bis zur Geburt heran. Sie besteht aus zwei Abschnitten: dem Gebärmutterkörper (*Corpus uteri*) mit der Gebärmutterhöhle (*Cavum uteri*) und dem Gebärmutterhals (*Cervix uteri*) mit dem Gebärmuttermund (*Portio vaginalis*). Während der Schwangerschaft kommt es zur Größenzunahme der Gebärmutter. Die Gebärmutter erfüllt während dieser Zeit ihre Aufgabe als Fruchthalter. Bei der Geburt dient sie durch die Tätigkeit der Muskulatur als Austreibungsorgan des Kindes.

Angaben zur Anatomie des Eileiters (*Tuba uterina*)	
Länge eines Eileiters	10–18 cm
Trichterförmige Erweiterung des Eileiters (Tube)	
Länge der Fransen der Tubenöffnung (Fimbrien)	1–2 cm
Ampulle im Eileiter (*Ampulla tubae uterinae*)	
Länge	7 cm
Dicke	4–10 mm
Engste Stelle im Eileiter (*Isthmus tubae uterinae*)	
Länge/Dicke	3 cm/1–3 mm
Dauer der Tubenwanderung der Eizelle	4–5 Tage
Sekretion der Schleimhaut	
erste Zyklushälfte	0,5 ml/Tag
Zyklusmitte	1,5 ml/Tag
Angaben zur Anatomie der Gebärmutter (Uterus)	
Länge	
Gesamtlänge	7–8 cm
Corpus uteri	5 cm
Gebärmutterhals (*Cervix uteri*)	3 cm
Breite	3–4 cm
Dicke	2–3 cm
Gewicht	
normal	50–80 g
Schwangerschaftsende	1000–1200 g
Dicke der Muskelwand (Myometrium) in der Schwangerschaft	bis zu 2 cm
Länge der glatten Muskelzellen des Myometriums	
normal	50 µm
Schwangerschaftsende	500 µm

Winkel	
Corpus-Cervix (Anteflexio)	70–90°
Cervix-Vagina (Anteversio)	90°
Lumenweite des Hohlraums der Gebärmutter	3–5 mm

Leonhardt 1990; Junqueira, Carneiro, Gratzl 2004; Schmidt, Lang, Heckmann 2010

Tab. 1.13.10 Die Plazenta und die Zottenbäume

Die Plazenta wird im Volksmund auch Mutterkuchen genannt, weil sie die Nahrungsquelle des Ungeborenen darstellt. Sie gewährleistet die Versorgung des Fetus mit Nährstoffen und Blutgasen. Gleichzeitig werden Stoffwechselendprodukte aus dem fetalen Blut abtransportiert. Die Plazenta wird kurz nach der Geburt des Kindes als Nachgeburt geboren.

Die Zottenbäume werden vom Mutterkuchen (Plazenta) für den Stoffaustausch zwischen Mutter und Kind gebildet. Der Synzytiotrophoblast bildet einen zusammenhängenden Zytoplasmaschlauch ohne Zellgrenzen und bedeckt den gesamten Zottenbaum. Der Zytotrophoblast besteht aus einzelnen Zellen und kommt teilweise zwischen dem Synzytiotrophoblast und den Zotten vor.

Angaben zu Anatomie und Physiologie der Plazenta	
Dicke der scheibenförmigen Plazenta	ca. 3 cm
Durchmesser der scheibenförmigen Plazenta	ca. 20 cm
Gewicht der ausgewachsenen Plazenta	ca. 500 g
Blutgehalt des Raumes zwischen den Zotten	200–250 ml
Durchblutungsrate	150 ml/min/kg Fetus
Zeit, in der das Blut ausgetauscht wird	30 Sekunden
Blutdruck im Zottenraum	60–70 mmHg
Anzahl der Versorgungsarterien der Mutter	ca. 200
Angaben zu Entwicklung und Gliederung der Zottenbäume	
Die Entwicklung der Zotten in der Plazenta	
Primärzotten (bestehen aus Zytotrophoblast und Synzytiotrophoblast)	13.–14. Tag
Sekundärzotten (Bindegewebe wächst ein)	15.–18. Tag
Bildung der Tertiärzotten (Blutgefäße kommen hinzu)	ab dem 19. Tag
Durchmesser bis zur 4. Woche	100–150 µm

Die Gliederung eines Zottenbaumes einer reifen Plazenta	
Anzahl der Zottenbäume	ca. 200
davon voll entwickelt	60–70
Durchmesser der verschiedenen Abschnitte des Zottenbaumes	
Stammzotten	
Trunki chorii	1–2 mm
Rami chorii	0,5–1 mm
Ramuli chorii	60–500 µm
Endverzweigungen	
Intermediärzotten	50–200 µm
Endzotten	50 µm
Zahl der gabeligen Aufteilungsschritte des voll entwickelten Zottenbaumes	11
Oberfläche für den Stoffaustausch zwischen Mutter und Kind	12–14 m^2

Junqueira, Carneiro, Gratzl 2004; Schiebler, Schmidt, Zilles 2005; Mörike, Betz, Mergenthaler 2007

Tab. 1.13.11 Scheide, Kitzler und weibliche Harnröhre

Die Scheide (Vagina) dient dem Kind als Geburtskanal. Der Kitzler (Clitoris) ist der dem Penis des Mannes entsprechende erektile Teil des weiblichen Geschlechts. Er ist mit vielen Nervenendigungen ausgestattet und somit berührungsempfindlich.

Angaben zur Anatomie von Scheide, Kitzler und Harnröhre der Frau	
Die Scheide (Vagina)	
Länge der Scheide	8–12 cm
Breite der Scheide	2–3 cm
Dicke der Scheidenwand	3 mm
Dicke des Epithels	150–200 µm
pH-Wert in der Scheide	4–5
Der Kitzler (Clitoris)	
Länge	3–4 cm
Anzahl der Nervenendigungen	ca. 8000
Anzahl der Schwellkörper	2

Angaben zur Anatomie von Scheide, Kitzler und Harnröhre der Frau	
Die weibliche Harnröhre (*Urethra feminina*)	
Länge	3–5 cm
weitester Durchmesser	7–8 mm

Leonhardt 1990; Junqueira, Carneiro, Gratzl 2004; Schiebler, Schmidt, Zilles 2005

Tab. 1.13.12 Der Menstruationszyklus

Frauen erreichen ihre Fortpflanzungsfähigkeit während der Pubertät mit der ersten Regelblutung (Menarche) und verlieren sie in den Wechseljahren (Menopause). Bei einer reifen Frau dauert der Menstruationszyklus zwischen 24 und 31 (im Durchschnitt 28) Tage. Gewisse Schwankungen sind häufig und durchaus normal.

Der Menstruationszyklus (Purves S. 1205) beginnt mit dem 1. Tag der Regelblutung. Zu der Regelblutung kommt es durch die Abstoßung eines Teils der Gebärmutterschleimhaut in der Desquamationsphase. In der ersten Zyklushälfte (Proliferationsphase) wird unter Einfluss des im Eierstock gebildeten Östrogens in der Gebärmutter eine Schleimhautschicht aufgebaut. Parallel reift im Eierstock die Eizelle in einem Follikel heran.

Der Eisprung findet durchschnittlich am 14. Tag statt. Anschließend wird der Follikel zum progesteronproduzierenden Gelbkörper (*Corpus luteum*). Kommt es nicht zur Befruchtung der Eizelle, geht der Gelbkörper im Eierstock zugrunde.

Der Abfall der Progesteronproduktion führt zur Abstoßung der in der Proliferationsphase aufgebauten Schleimhaut der Gebärmutter. Mit der Regelblutung beginnt der neue Menstruationszyklus.

Angaben zum Menstruationszyklus und seinen Phasen	
Der Menstruationszyklus	
Dauer des Zyklus insgesamt	28 Tage
erster Zyklus der Frau (Menarche)	mit 12–15 Jahren
letzter Zyklus der Frau (Menopause)	mit 45–50 Jahren
Proliferationsphase (östrogene Phase)	
Zeitdauer im Zyklus	5.–14. Tag
Dauer insgesamt	10 Tage
Dicke der Uterusschleimhaut	
am Anfang	1 mm
am Ende	5 mm

Angaben zum Menstruationszyklus und seinen Phasen	
Ovulation (Eisprung)	
Zeitpunkt im Zyklus	14. Tag
Dauer insgesamt	3–5 min
Sekretionsphase (gestagene Phase)	
Zeitdauer im Zyklus	15.–28. Tag
Dauer insgesamt	14 Tage
Dicke der Uterusschleimhaut	5–8 mm
Beginn der Rückbildung des Gelbkörpers	22. Tag
Ischämische Phase	
Zeitpunkt im Zyklus	28. Tag
Dauer	einige Stunden
Dicke der Uterusschleimhaut	3–4 mm
Menstruation (Desquamationsphase, Regelblutung)	
Zeitdauer im Zyklus	1.–4. Tag
Dauer insgesamt	4 Tage
durchschnittlicher Blutverlust pro Regelblutung	35–50 ml

Leonhardt 1990; Junqueira, Carneiro, Gratzl 2004; Schiebler, Schmidt, Zilles 2005

1.14 Befruchtung, Geburt und Entwicklung

Das Geschlecht eines Menschen wird bei der Befruchtung festgelegt. Wie bei allen Säugetieren ist auch beim Menschen das Geschlecht genetisch festgelegt, die Information liegt auf den beiden Geschlechts-Chromosomen (Gonosomen). Bei der Frau enthält jede Köperzelle neben 22 Chromosomenpaaren, die bei beiden Geschlechtern gleich sind, zwei X-Chromosomen als Gonosomen. Die Körperzellen des Mannes dagegen enthalten als 23. Chromosomenpaar ein X- und ein Y-Chromosom.

Eizellen und Spermien enthalten nur einen einfachen Chromosomensatz und daher auch nur ein Gonosom, bei der Eizelle ist dies zwangsläufig das X-Chromosom. Das Geschlecht wird daher durch das Spermium festgelegt, je nachdem ob es in der Meiose ein X- oder ein Y-Chromosom erhält. Interessant ist die Tatsache, dass sich X- und Y-Chromosomen-tragende Spermien in ihren Eigenschaften unterscheiden: Während „männliche" Spermien eine höhere Schwimmgeschwindigkeit erreichen, leben „weibliche" Spermien bedeutend länger.

Bei der Besamung (Insemination) verschmelzen die Ei- und Samenzelle, bei der Befruchtung (Fertilisation) verschmelzen die beiden Genome. Die raschen Zellteilungen der so genannten Furchung gehen zunächst ohne nennenswertes Zellwachstum einher. Die Embryonal- und Fetalentwicklung (und damit die Schwangerschaft) dauert beim Menschen durchschnittlich 266 Tage.

Tab. 1.14.1 Fragen und Antworten zum Staunen

Literaturhinweise siehe nachfolgende Tabellen.

Ausgewählte Fragen aus den nachfolgenden Tabellen	
Dauer, bis eine Samenzelle mit der Eizelle verschmolzen ist	24 Stunden
Alter des Embryo beim ersten Herzschlag	22 Tage
Abgabe von Urin durch den Fetus in das Fruchtwasser	ab der 14. Woche
Dauer der vollständigen Filterung und Erneuerung des Fruchtwassers	alle 3 Stunden
Menge des Fruchtwassers, das im Verlauf einer durchschnittlichen Schwangerschaft gebildet wird	714 Liter
Herzaktionen beim Fetus mit dem Ultraschallgerät sichtbar	6.–7. Schwangerschaftswoche
Herzfrequenz des Fetus?	120–160 Schläge/min
Fetus wach	140 Schläge/min
Fetus schlafend	120 Schläge/min
Fetus sehr aktiv	170 Schläge/min
Anzahl der Herzschläge des Fetus	
in den ersten 9 ½ Wochen	13 Millionen mal
bei der Geburt	49 Millionen mal
Fetus kann seine Umgebung ertasten und Geräusche wahrnehmen	ab dem 5. Monat
Anlage aller wesentlichen Organe eines Menschen im Fetus	56 Tage nach der Befruchtung
Durchschnittliche Gewichtszunahme der Mutter am Ende der Schwangerschaft	11,2 kg

Tab. 1.14.2 Die Befruchtung

Die Besamung und Befruchtung sind die Zeiträume, in dem die Samenzelle (Spermium) mit der Eizelle (Ovum) beziehungsweise die Genome verschmelzen. Dieser Vorgang dauert ca. 24 Stunden.

Beim Geschlechtsverkehr werden über das Ejakulat durchschnittlich 20 Millionen Samenzellen in den äußeren Muttermund der Gebärmutter eingebracht. Lediglich einige Hundert schaffen den Aufstieg bis in den Eileiter. Hier kommt es dann typischerweise zur Befruchtung der Eizelle kurz nach dem Eisprung (Ovulation). Samenzellen (Spermien) bleiben ein bis drei Tage, unter idealen Bedingungen sogar bis zu 7 Tage lang befruchtungsfähig. Somit beginnt der ideale Zeitpunkt für einen Geschlechtsverkehr, um ein Kind zu zeugen, drei Tage vor dem Eisprung und ist am Tag der Ovulation beendet.

Angaben zur Wanderung der Spermien, zur Einnistung der Zygote und zu Zellteilungen in der Zygote	
Spermienwanderung und Befruchtung	
Volumen eines durchschnittlichen Samenergusses	2–6 ml
Anzahl der Spermien, die mit dem Ejakulat (2–6 ml) zum äußeren Muttermund der Gebärmutter gebracht werden	200–300 Mio.
Anzahl der Spermien, die den Aufstieg bis in den Eileiter schaffen (Ort der Befruchtung)	200–400
in Prozent	0,00001 %
Wanderungsgeschwindigkeit der Spermien beim Aufstieg	2 3 mm/min
Durchschnittliche Zeitdauer des Aufstieges	40–60 min
Zeitdauer, in der ein Spermium befruchtungsfähig bleibt	1–3 Tage
Dauer des Befruchtungsvorgangs (Spermium verschmilzt mit der Eizelle)	24 Stunden
Anzahl der Chromosomen	
Eizelle	23
Spermium	23
befruchtete Eizelle (Zygote)	46
Zellteilungen (Furchungen) der Zygote	
Durchmesser der Eizelle beim Eisprung	130–150 µm
Erreichen des 2-Zellen-Stadiums (erste Zellteilung)	nach 30 Stunden
Durchmesser	150 µm

Angaben zur Wanderung der Spermien, zur Einnistung der Zygote und zu Zellteilungen in der Zygote	
Erreichen des 4-Zellen-Stadiums	nach 40–50 Stunden
Durchmesser	150 µm
Erreichen des 16-Zellen-Stadiums (Morula)	nach 3 Tagen
Durchmesser	150 µm
Erreichen des 50/60-Zellen-Stadiums (Blastozyste)	nach 4 Tagen
Durchmesser	2–3 mm
Wanderung und Einnistung der Zygote	
Aufenthaltszeit der Zygote im Eileiter	3–4 Tage
Erreichen der Gebärmutter	nach 4 Tagen
Einnistung in die Gebärmutterschleimhaut (Implantation)	nach 6 Tagen

Schiebler, Schmidt, Zilles 2005; Shackelford, Pound 2006; Pschyrembel 2014

Tab. 1.14.3 Die Entwicklung des Embryos

Die Schwangerschaft dauert von der Befruchtung bis zur Geburt durchschnittlich 266 Tage. Die Entwicklung der menschlichen Frucht lässt sich in 3 Phasen unterteilen. Die zelluläre Phase (Blastogenese) reicht von der Befruchtung bis zum 15. Tag. Die Embryonalperiode erstreckt sich vom 16. bis zum 60. Gestationstag. Die Fetalperiode schließt sich der Embryonalperiode am 61. Gestationstag an und reicht bis zur Geburt. In der 40. Schwangerschaftswoche sind die Reifezeichen des Fetus vollständig nachweisbar.

Die Tabelle gibt einen Überblick über die wichtigsten Entwicklungsschritte des Fetus in der Embryonal- und Fetalperiode. Altersangaben: In der Embryologie und in der Geburtshilfe wird in Lunarmonaten gerechnet: 1 Lunarmonat = 28 Tage (Abkürzung: L-Monat). Längenangaben: Im ersten Lunarmonat hat sich der Embryo noch nicht gekrümmt, sodass man die Gesamtlänge messen kann. Im zweiten Lunarmonat wird die Scheitel-Steiß-Länge gemessen: Körperlänge von der Scheitelbeuge bis zur Schwanzkrümmung. Ab dem dritten Lunarmonat wird die Scheitel-Fersen-Länge gemessen. Da sich der Fetus gestreckt hat, kann die ganze Strecke von der Scheitelbeuge bis zur Ferse gemessen werden.

Lebensfähigkeit von Frühgeborenen: Die Erfahrung zeigt, dass ein Frühgeborenes mit einem Gewicht unter 500 g oder einem Befruchtungsalter von weniger als 22 Wochen gewöhnlich nicht lebensfähig ist.

Bei der Zeitangabe sind Tage nach der Befruchtung gemeint.

Angaben zur zeitlichen Entwicklung, zur Länge und zum Gewicht des Embryos/Fetus		
Gesamtlänge im ersten Lunarmonat		
6 Tage	Implantation (Einnistung in die Uterusschleimhaut)	
14 Tage	Entwicklung der Blutgefäße beginnt	–
18 Tage	Neuralplatte entwickelt sich, Herzanlage entsteht	1,5 mm
20 Tage	Entwicklung des Neuralrohres und der Schilddrüse beginnt	
22 Tage	Herz beginnt zu schlagen	–
24 Tage	Hypophyse entsteht	–
25 Tage	Ohrgrube entwickelt sich	2,5 mm
27 Tage	Armknospen treten auf	
Scheitel-Steiß-Länge im zweiten Lunarmonat		
28 Tage	Armknospen sind flossenähnlich, Beinknospen treten auf, Ohrbläschen vorhanden	4 mm
30 Tage	Augenbecher, Linsenbläschen und Nasengrube bilden sich aus	–
32 Tage	Handplatte, Linsengrube und Augenbecher sind ausgebildet	
33 Tage	Nasengruben sind zu sehen	7 mm
35 Tage	Beinknospen sind ausgebildet	8 mm
36 Tage	Mund und Nasenhöhle verbinden sich	–
37 Tage	Fußplatte ist ausgebildet	9 mm
39 Tage	Oberlippe ist ausgebildet, Pigment der Retina ist zu erkennen, Ohrwülste treten auf	10 mm
42 Tage	Fingerstrahlen bilden sich, Hirnbläschen treten hervor	13 mm
43 Tage	Augenlider entstehen	16 mm
45 Tage	Nasenspitze und Brustwarzen werden sichtbar, Zehenstrahlen treten auf, erste Knochenkerne werden gebildet, Furchen zwischen den Fingerstrahlen werden sichtbar	17 mm

Angaben zur zeitlichen Entwicklung, zur Länge und zum Gewicht des Embryos/Fetus

49 Tage	Finger sind erkennbar, Furchen zwischen den Zehenstrahlen bilden sich	18 mm	
51 Tage	Weibliche bzw. männliche Gonade sind differenziert, die äußeren Genitale noch nicht	–	
52 Tage	Finger sind getrennt, Zehen sind zu erkennen	–	
56 Tage	Alle wesentlichen Organe sind angelegt	30 mm	
Scheitel-Fersen-Länge und Gewicht ab dem dritten Lunarmonat			
3. L-Monat 56.–83. Tag	Gesicht erkennbar, erste Haare, Finger und Zehennägel werden angelegt, erste Bewegungen, Augenlider verkleben, äußere Genitale differenzieren sich, Dünndarm aus dem Nabelstrang in den Bauchraum	7–9 cm	8–45 g
4. L-Monat 84.–111. Tag	Wollhaarkleid bedeckt den Fetus, Kopf richtet sich auf, Muskelreflexe sind auslösbar, Ohren stehen vom Kopf ab	16 cm	45–320 g
5. L-Monat 112.–139. Tag	Mutter empfindet Kindsbewegungen, Herztöne können abgehört werden	25 cm	320–630 g
6. L-Monat 140.–167. Tag	Haut runzlig und rot, Augenbrauen und Wimpern werden ausgebildet	30 cm	630–1000 g
7. L–Monat 168.–195. Tag	Ausbildung der Gehirnwindungen, Lunge atmungsfähig, verklebte Augenlider werden gelöst	35 cm	1000–1700 g
8. L-Monat 196.–223. Tag	Zehennägel ausgebildet, Körper wird fülliger, Fingernägel reichen bis zu den Kuppen, Haut rosig und glatt	40 cm	1700–2100 g
9. L–Monat 224.–251. Tag	Wollhaare (Lanugo) fallen aus	45 cm	2100–2900 g
10. L–Monat 252.–280. Tag	Zehennägel reichen bis zu den Kuppen, Fingernägel reichen über die Kuppen hinaus, Hoden im Leistenkanal oder im Hodensack	50 cm	2900–3400 g

Flügel, Greil, Sommer 1986; Schiebler, Schmidt, Zilles 2005

Tab. 1.14.4 Die Gewichtszunahme während der Schwangerschaft

Die durchschnittliche Zunahme der Masse von Mutter und Kind am Ende der Schwangerschaft beträgt 11,2 kg. Die Gewichtszunahme ist jedoch abhängig vom Ernährungszustand der Schwangeren.

So kommt es bei untergewichtigen Frauen (BMI < 19,8) zu einer Gewichtszunahme von 12,7–18,2 kg, bei übergewichtigen Frauen (BMI > 26,1) zu einer Gewichtszunahme von lediglich 6,8 bis 11,4 kg. Zwillingsschwangerschaften gehen mit einer Gewichtszunahme von 15,9–20,4 kg einher.

Kind	Masse	Mutter	Masse
Körpermasse	3,0 kg	Uterus	1,0 kg
Plazenta, Eihäute,	0,6 kg	Brüste	0,6 kg
und Nabelschnur		Blut	1,0 kg
Fruchtwasser	1,0 kg	Gewebswasser	4,0 kg
Summe	4,6 kg	Summe	6,6 kg

Flügel, Greil, Sommer 1986

Tab. 1.14.5 Die Geburt

Bei der Geburt wird der Fetus unter Wehentätigkeit aus dem mütterlichen Uterus herausgedrückt. Die Geburt beginnt mit der Eröffnungsphase, in der der Gebärmutterhals langsam erweitert und zurückgezogen wird, und endet eine halbe Stunde nach der Geburt des Kindes mit der Nachgeburt, bei der der Mutterkuchen mit den Eihüllen erscheint.

Allgemeine Angaben zur Schwangerschaft	
Dauer der Schwangerschaft	
vom Tag der Befruchtung (Durchschnitt)	266 Tage
vom ersten Tag der letzten Menstruationsblutung	280 Tage
Anteil der Geburten, die vom 256.–294. Tag erfolgen	75 %
Anteil verschiedener Lagen des Kindes	
Schädellage (Kopf tritt zuerst aus)	96 %
Becken-/Steißlage	3 %
Querlage	1 %
Durchschnittlicher Kopfdurchmesser	11–12 cm
Engste Stelle im Geburtskanal	11 cm

Angaben zum Geburtsvorgang	
Eröffnungsperiode	
Dauer bei Erstgebärenden	10–14 Stunden
Dauer bei Mehrgebärenden	6–8 Stunden
Weite des Muttermunds beim Blasensprung	6 cm
Weite des Muttermunds am Ende der Eröffnungsperiode	10 cm
Austreibungsphase	
Dauer bei Erstgebärenden	45–60 Minuten
Dauer bei Mehrgebärenden	20–30 Minuten
Abstand der Wehen	3–5 Minuten
Nachgeburtsperiode	
Dauer	30 Minuten
Gebärmutterhals (Cervix) schließt sich	innerhalb von 10 Tagen
Die Uterusrückbildung erfolgt	nach 6–8 Wochen
Angaben zu Störungen der Schwangerschaftsdauer	
Als eine Fehlgeburt (Abort) wird ein Abbruch der Schwangerschaft bezeichnet	bis zur 28. Woche
Geburtstermin, der laut Definition als Frühgeburt anzusehen ist	28.–38. Schwangerschaftswoche
Anteil der Frühgeborenen an den während der Geburt verstorbenen Neugeborenen	50–75 %
Geschätztes Verhältnis von normalen Geburten zu Fehlgeburten	2–4 zu 1

Schiebler, Schmidt, Zilles 2005; Schmidt, Lang, Heckmann 2010

Tab. 1.14.6 Meilensteine der kindlichen Entwicklung

Die verschiedenen Stadien der Entwicklung bei Kindern weisen normalerweise die gleiche Abfolge auf. Jedoch kommt es individuell zu unterschiedlichen Ausprägungen der jeweiligen Verhaltensweisen.

Bei Abweichung der kindlichen Entwicklung von der Norm darf nicht zwangsläufig auf eine Hirnfunktionsstörung geschlossen werden. Jedoch bedarf eine abweichende Entwicklung einer sorgfältigen Beobachtung und gegebenenfalls auch weiterer diagnostischer Maßnahmen, um zugrunde liegende Erkrankungen frühzeitig zu erkennen und zu behandeln.

Bei Frühgeborenen bezieht man das Entwicklungsalter auf den regulären Geburtstermin.

Unter „palmarem Greifen" versteht man das Greifen mit der flachen Hand.

Zeitliche Angaben zur kindlichen Entwicklung in Monaten			
Beziehungsverhalten/Selbstständigkeit			
Aufnahme von Blickkontakt	1–3	versucht selbstständig zu essen	ab 12
soziales Lächeln	1–3	selbstständig Essen und Trinken	ab 18
fremdelt	6–9	zieht Kleidungsstücke aus	ab 18
verteidigt Besitz	ab 21	zieht Kleidungsstücke an	ab 21
benutzt seinen Namen	ab 21	tagsüber trocken und sauber	ab 24
spricht in der „Ich-Form"	ab 21		
Motorische Entwicklung			
dreht sich auf den Bauch	6–8	Hände in Mund	0–6
krabbelt	8–11	Hände betrachten	0–6
sitzt frei	6–9	Hände betasten	2–6
setzt sich auf	8–12	beidhändiges palmares Greifen	4–10
geht an Möbeln entlang	9–12	einhändiges palmares Greifen	6–9
steht frei	10–14	Scherengriff	7–11
geht frei	11–16	Pinzettengriff	9–13
Entwicklung des Spiels			
orales Explorieren	3–15	funktionelles Spiel	9–24
manuelles Erkunden	3–24	repräsentatives Spiel	12–24
visuelles Erkunden	ab 6	sequentielles Spiel	ab 27
Inhalt-Behälter Spiel	9–21	vertikales Bauen	15–30
Sprachentwicklung			
Nachahmen von Lauten	7–12	Präpositionen (in, auf, unter)	14–22
Mama und Papa	10–18	erste 3 Worte	15–30
Zweiwortsätze	19–30	benutzt eigenen Vornamen	18–36
Sprechen in „Ich-Form"	24–45		
Essen			
selbständiges Trinken aus einer Tasse	12–18	erste Versuche, mit einem Löffel zu essen	12–18
Kauen von Speisen	16–25	selbständiges Essen mit einem Löffel	15–21

Koletzko 2003

Tab. 1.14.7 Mehrlingsgeburten und die Häufigkeit von Missbildungen

Weltweit liegt die Häufigkeit für Zwillingsgeburten bei ca. 1,2 %. Aber es gibt einige interessante Ausnahmen, zum Beispiel ein Dorf namens Linha Sao Pedro im Süden von Brasilien, in dem Bundesstaat Rio Grande do Sul. Dort leben die Nachkommen von deutschen Aussiedlern aus dem 19. Jahrhundert. Die Häufigkeit von Zwillingsgeburten liegt dort bei ca. 16 %. In bestimmten Regionen von Nigeria liegt die Häufigkeit bei ca. 4 %. Bei eineiigen Zwillingen teilt sich die Zygote in zwei Embryonalanlagen. Somit haben beide Zwillinge das identische Erbgut. Bei zweieiigen Zwillingen werden zwei verschiede Eizellen, die während des Zyklus ausgereift sind, von zwei Spermien befruchtet. Somit haben beide Zwillinge unterschiedliche Erbanlagen.

Angaben zu Mehrlingsgeburten und der Häufigkeit von Missbildungen

Anteil an der Gesamtzahl der Geburten	
Zwillingsgeburten	1,2 % (jede 85. Geburt)
Drillingsgeburten	0,013 % (jede 7225. Geburt)
Vierlingsgeburten	0,000.16 % (jede 61.4125. Geburt)
Anteil an allen Zwillingsgeburten	
zweieiige Zwillinge	75 %
eineiige Zwillinge	25 %
Anteil von Missbildungen an der Gesamtzahl der Lebendgeborenen	2–3 %

Tariverdian und Buselmaier 2004; Schiebler 2005

Tab. 1.14.8 Die Häufigkeit monogener Erbleiden

Monogene Erkrankungen sind gekennzeichnet durch Veränderungen in einem einzelnen Gen. Sie werden entweder durch ein Elternteil übertragen oder sie entstehen in den Keimzellen oder in der sehr frühen Embryonalentwicklung durch Neumutation und liegen somit in sämtlichen Körperzellen vor.

Monogene Erkrankungen lassen sich in drei Gruppen einteilen: 1. autosomal dominant erbliche Krankheiten, 2. autosomal rezessiv erbliche Krankheiten und 3. X-chromosomale Krankheiten. Jeder Mensch besitzt 22 autosomale Chromosomenpaare und zwei geschlechtsbestimmende (gonosomale) Chromosomen. Die autosomen Chromosomenpaare bestehen zur Hälfte aus den mütterlichen und zur anderen Hälfte aus den vom Vater ererbten Chromosomen. Somit hat jedes Chromosom und damit jedes Gen einen dazugehörigen

Partner. Jedes Gen liegt also in zwei Kopien, auch Allele genannt, vor. Bei der Ausprägung von Merkmalen kann das eine Allel das andere überdecken, es ist dann dominant. Das Allel, das nicht als Merkmal in Erscheinung tritt, wird als rezessiv bezeichnet. Gegenwärtig sind über 6000 Gene bekannt, deren Mutationen zu verschiedenen monogenetischen Erbleiden führen. Davon sind derzeit an die 1000 verschiedene Erkrankungen einer molekulargenetischen Analyse zugänglich. Routinemäßig sind in den genetischen Instituten in Deutschland über 200 verschiedene Erbleiden diagnostizierbar.

Die Häufigkeit von Fehlbildungen (Körperanomalien)

Autosomal dominant	
erblicher Veitstanz (Chorea Huntington)	1 : 20.000
Neurofibromatose Typ 1	1 : 3000
Neurofibromatose Typ 2	1 : 35.000
Tuberöse Hirnsklerose	1 : 15.000
Familiäre Polyposis coli	1 : 10.000
Polyzystische Nieren (adulter Typ)	1 : 1000
Retinoblastom	1 : 20.000
familiäre Hypercholesterinämie	1 : 500
Kartilaginäre Exostose	1 : 50.000
Marfansyndrom	1 : 25.000
Achondroplasie	1 : 10.000–1 : 30.000
myotone Dystrophie	1 : 10.000
von Hippel-Lindau	1 : 36.000
Apert-Syndrom	1 : 10.000
kongenitale Sphärozytose	1 : 5000
Spalthand	1 : 90.000
Autosomal rezessiv	
Alpha-1-Antitrypsin-Mangel	1 : 4000
klassisches androgenitales Syndrom	1 : 5000
Albinismus	1 : 30.000
Ataxia Telangiectasia	1 : 40.000
Friedreich-Ataxie	1 : 27.000
Galaktosämie	1 : 50.000
Homozystinurie	1 : 45.000–1 : 200.000

Die Häufigkeit von Fehlbildungen (Körperanomalien)	
M. Gaucher	1 : 25.000
M. Krabbe	1 : 50.000
M. Wilson	1 : 35.000
Zystische Fibrose	1 : 2000
Tay-Sachs	1 : 3000
Spinale Muskelatrophie	1 : 20.000
Phenylketonurie	1 : 5000–1 : 10.000
X-chromosomal rezessiv	
Albinismus (okuläre Form)	1 : 55.000
Charcot-Marie-Tooth	1 : 32.000
Chronische Granulomatose	selten
Hämophilie A	1 : 10.000
Hämophilie B	1 : 25.000
Lesch Nyhan Syndrom	1 : 300.000
Fragiles X-Syndrom	1 : 4000
Muskeldystrophie Typ Duchenne	1 : 3000
Testikuläre Feminisierung	1 : 2000–1 : 20.000

Knußmann 1996; Tariverdian und Buselmaier 2004

Tab. 1.14.9 Chromosomeninstabilitätssyndrome

Chromosomeninstabilitätssyndrome gehen mit einer erhöhten Chromosomenbruchrate einher. Sie werden in aller Regel autosomal rezessiv vererbt. Die Chromosomenbrüche können spontan auftreten oder in der Gewebekultur mit bestimmten Reagenzien induziert werden.

Syndrom	Häufigkeit	Leitsymptom
Fanconi-Anämie	1 : 100.000	Pantytopenie, Minderwuchs, Radiusaplasie
Ataxia teleangiectatica	1 : 100.000	Immundefekt, zerebelläre Ataxie, Leukämierisiko
Bloom-Syndrom	1 : 100.000	Minderwuchs, Immundefekt, UV-Sensitivität

Syndrom	Häufigkeit	Leitsymptom
Xeroderma pigmentosum	1 : 200.000	Erythem, Keratose, Tumoren
Nijmegen-Breakage-Syndrom	1 : 500.000	Mikrozephalie, Immundefekt, Leukämierisiko
Roberts-Syndrom	1 : 100.000	Reduktionsfehlbildung der Gliedmaßen
ICF-Syndrom	1 : 500.000	Immunglobulinmangel, faziale Dysmorphien, mentale Retardierung

Lentze, Schaub, Schulte 2003

Tab. 1.14.10 Die Häufigkeit von Mutanten in Keimzellen bei monogenen Erbleiden

Monogene Erbleiden werden entweder durch die Chromosomen der Eltern an die Nachkommen vererbt oder entstehen durch Neumutationen. In dieser Tabelle wird die Häufigkeit von krankheitsauslösenden Mutationen pro 100.000 Keimzellen angegeben.

Monogene Erbleiden	Mutanten auf 100.000 Keimzellen
Autosomal-dominant	
Kugelzellenanämie (Sphärozytose)	2×10^{-5}
Störung der Knorpelbildung (Chondrodystrophie)	1×10^{-5}
Gelenkkontrakturen (Arachnodaktylie)	$0{,}1 \times 10^{-5}$
Wachstumsstörung mit spitzem Kopf und verwachsenen Fingern (Akrozephalosyndaktylie)	$0{,}3 \times 10^{-5}$
Glasknochenkrankheit (Osteogenesis imperfecta)	$0{,}7 \times 10^{-5}$
Netzhauttumor (Retinoblastom)	$0{,}7 \times 10^{-5}$
Veitstanz mit Hypotonie der Muskulatur (Chorea Huntington)	$0{,}5 \times 10^{-5}$
Tumor in der Haut, der von Nervenzellen ausgeht (Neurofibromatose)	10×10^{-5}
Hauttumore (Tuberöse Sklerose)	$0{,}8–1 \times 10^{-5}$
Pigmentfleckenpolyposis	2×10^{-5}

Autosomal-rezessiv	
totaler Albinismus	$2{,}8 \times 10^{-5}$
Phenylketonurie	$2{,}5 \times 10^{-5}$
Achromatopsie	$0{,}8 \times 10^{-5}$
X-chromosomal-rezessiv	
Hämophilie A	$5{,}0 \times 10^{-5}$
Hämophilie B	$0{,}3 \times 10^{-5}$
Muskeldystrophie	$4–9 \times 10^{-5}$

Knußmann 1996

Tab. 1.14.11 Polygene (multifaktorielle) Vererbung am Beispiel ausgewählter Erkrankungen

Eine polygene Vererbung ist im Gegensatz zur monogenen Vererbung dann gegeben, wenn die Ausprägung eines Merkmales nicht durch ein Gen, sondern durch die Kombination vieler Gene bestimmt ist.

Der Begriff polygen bezieht sich auf das Zusammenwirken vieler Gene, der Begriff multifaktoriell auf das Zusammenwirken mehrerer Gene mit Umweltfaktoren. Hier spielt für die Ausprägung eines Merkmals oder einer Erkrankung nicht nur die genetische Konstellation, sondern auch der Einfluss der Umwelt eine Rolle.

Das Wiederholungsrisiko kann nicht aus dem Erbgang berechnet, sondern nur empirisch bestimmt werden.

Art der Fehlbildung	Empirisches Wiederholungsrisiko
Lippen-Kiefer-Gaumen-Spalte (Häufigkeit 0,1–0,2 %)	
nach einem erkrankten Kind (Eltern gesund)	3,0 %
nach zwei erkrankten Kindern (Eltern gesund)	9,0 %
wenn ein Elternteil erkrankt ist	3,0 %
wenn ein Elternteil und ein Kind erkrankt sind	11,0 %
Spina bifida	
nach einem erkrankten Kind (Eltern gesund)	4,0 %
nach zwei erkrankten Kindern (Eltern gesund)	10,0 %
wenn ein Elternteil erkrankt ist	4,5 %
wenn ein Elternteil und ein Kind erkrankt ist	12,0 %

Art der Fehlbildung	Empirisches Wiederholungsrisiko
Ventrikelseptumdefekt (Häufigkeit 0,1 %)	
nach einem erkrankten Kind (Eltern gesund)	2–4 %
nach zwei erkrankten Kindern (Eltern gesund)	5–8 %
wenn ein Elternteil erkrankt ist	4 %
Klumpfuß (Häufigkeit 0,1 %)	
nach einem erkrankten Kind	3 %
Pylorusstenose	
wenn Mutter betroffen oder nach erkrankter Tochter	
für Knaben	20 %
für Mädchen	7 %
wenn Vater betroffen oder nach erkranktem Sohn	
für Knaben	5 %
für Mädchen	2,5 %
Angeborene Hüftluxation	
nach erkrankter Tochter	
für Knaben	0,6 %
für Mädchen	6,25 %
nach erkranktem Sohn	
für Knaben	0,9 %
für Mädchen	6,9 %
Morbus Hirschsprung	
nach erkrankter Tochter	
für Knaben	10 %
für Mädchen	4 %
nach erkranktem Sohn	
für Knaben	6 %
für Mädchen	2 %
Schizophrenie (Häufigkeit 1 %)	
Eltern gesund, 1 Kind erkrankt	9 %
1 Elternteil erkrankt	13 %
1 Elternteil und 1 Kind erkrankt	15 %
beide Eltern und 1 Kind erkrankt	45 %

Art der Fehlbildung	Empirisches Wiederholungsrisiko
Manisch-depressive Psychose (Häufigkeit 0,4–2,5 %)	
Eltern gesund, 1 Kind erkrankt	10–20 %
1 Elternteil erkrankt	10–20 %
Diabetes Mellitus Typ 1 (Häufigkeit 0,2 %)	
Eltern gesund, 1 Kind erkrankt	3–6 %
Fieberkrämpfe (Häufigkeit 2–7 %)	
Eltern gesund, 1 Kind erkrankt	8–29 %
Idiopathische Epilepsie (Häufigkeit 0,5 %)	
1 Elternteil erkrankt	4 %

Koletzko 2003

Tab. 1.14.12 Die Erbbedingtheit von Körpermaßen

Die angegebenen Zahlen für die prozentualen Erbanteile an der Variabilität in der Bevölkerung stellen Durchschnittswerte dar. Diese stammen aus varianzstatistischen Untersuchungen von gemeinsam aufgewachsenen eineiigen Zwillingen (EZ) gegenüber zweieiigen Zwillingen (ZZ) sowie gegenüber einer Kontrollgruppe (K) von getrennt aufgewachsenen Nichtverwandten.

Abkürzungen: EZ/ZZ = eineiige Zwillinge gegenüber zweieiigen Zwillingen
EZ/K = eineiige Zwillinge gegenüber Kontrollgruppe

Erbanteil in %

Körpermaße	EZ/ZZ	EZ/K	Körpermaße	EZ/ZZ	EZ/K
Körperhöhe	86	97	Größter Unterarmumfang	67	86
Stammhöhe	79	93	Radioulnarbreite	80	86
Beinlänge	84	95	Bimalleolarbreite	81	87
Armlänge	84	94	Kopflänge	67	89
Oberschenkellänge	71	90	Kopfbreite	73	87
Unterarmlänge	74	88	Morphologische Gesichtshöhe	72	89
Fußlänge	83	94	Kleinste Stirnbreite	60	87

Erbanteil in %

Körpermaße	EZ/ZZ	EZ/K	Körpermaße	EZ/ZZ	EZ/K
Handlänge	82	–	Jochbogenbreite	66	85
Körpergewicht	70	89	Unterkieferwinkelbreite	72	90
Schulterbreite	52	84	Nasenhöhe	76	91
Brustumfang	59	92	Nasenbreite	60	82
Taillenumfang	43	86	Fettschichtdicke an mehreren Körperstellen	41	77
Beckenbreite	59	87			
Größter Unterschenkelumfang	68	90			

Knußmann 1996

Tab. 1.14.13 Das Down-Syndrom

Die Trisomie 21 (Down-Syndrom) tritt sporadisch mit einer Häufigkeit von ca. 1,2 pro 1000 Geburten auf. Die Diagnose wird über eine Analyse des Karyotyps gestellt. Hierbei werden Chromosomen in der Metaphase der Mitose durch Färbeverfahren im Lichtmikroskop sichtbar gemacht und paarweise zu einem Karyogramm angeordnet. Bei der Trisomie 21 liegt das 21. Chromosom dreifach vor.

Kopf- u. Gesichtsmerkmale	Häufigkeit	Andere Merkmale	Häufigkeit
Brachyephalie	75%	Geistige Behinderung	100%
Mongoloide Lidachsen	80%	Muskuläre Hypotonie	100%
Epikanthus	60%	Verzögerte Reflexe	80%
Brushfield Spots	55%	Infertilität (Mann)	100%
Blepharitis	30%	Kurze Hände	65%
Flache breite Nasenwurzel	70%	Brachydaktylie	60%
Gefurchte Zunge	55%	Vierfingerfurche	55%
Dysplastische Ohren	50%	Hüftdysplasie	70%
Überschüssige Nackenhaut	80%	Herzgeräusch	70%

Lentze, Schaub, Schulte 2003

Tab. 1.14.14 Die Häufigkeit von Chromosomenanomalien

Chromosomenaberrationen sind Mutationen, die im Lichtmikroskop beobachtet werden können. Sie lassen sich einteilen in numerische Aberrationen (Veränderung der Chromosomenzahl) und strukturelle Aberrationen (Veränderung der Chromosomenstruktur infolge von Chromosomenbrüchen).

Ein höheres Alter der Mutter ist ein Risikofaktor für numerische Chromosomenaberrationen. Der klinische Schweregrad kann von Letalität bis hin zum asymptomatischen Status (Fehlen von Symptomen) reichen. Wenn Symptome auftreten, sind sie aber oft schon im frühen Kindesalter vorhanden.

Autosomale Anomalien			
1. Numerische Aberrationen (Veränderung der Chromosomenzahl)			
Autosomale Trisomien insgesamt			1:700
Trisomie 21 (Down-Syndrom)			1:800
Trisomie 18 (Edwards-Syndrom)			1:6000
Trisomie 13 (Pätau-Syndrom)			1:12.000
2. Strukturelle Aberrationen			
Katzenschreisyndrom (Le-Jeune-Syndrom)			1:50.000
Gonosomale Anomalien			
Karyotyp weiblich	**Häufigkeit**	**Karyotyp männlich**	**Häufigkeit**
X0 (Turner)	1:2500	XY (normal)	
XX (normal)		XYY (Y-Syndrom)	1:800
XXX	1:800	XXY (Klinefelter)	1:800
XXXX	<1:15.000	XXYY	1:25.000
XXXXX	<1:20.000	XXXY	<1:15.000
		XXXXY	<1:10.000

Knußmann 1996; Lentze, Schaub, Schulte 2003

Tab. 1.14.15 Ursachen des Schwachsinns (Oligophrenie)

Die geistige Retardierung (Oligophrenie, Schwachsinn) zählt zu den Krankheitsbildern, die multifaktoriell bedingt sind. Hier kommen endogene und exogene Ursachen zum Tragen.

Kriterien für die geistige Retardierung sind Intelligenzminderung und unzulängliches adaptives Sozialverhalten. Die schwere Form ist durch einen IQ von 20–49 (Häufigkeit 0,5 % der Bevölkerung), die leichte Form durch einen IQ von 50–70 (Häufigkeit 2 % der Bevölkerung) definiert.

Ursachen	Leichte geistige Behinderung	Schwere geistige Behinderung
Pränatale Ursachen	23 %	55 %
exogen	8 %	8 %
Fehlbildungen	10 %	12 %
monogen	1 %	6 %
chromosomal	4 %	29 %
Perinatale Ursachen	18 %	15 %
Postnatale Ursachen	2 %	11 %
Psychosen	2 %	1 %
Unbekannte Ursachen	55 %	18 %
familiär	29 %	4 %
sporadisch	26 %	14 %

Tariverdian und Buselmaier 2004

1.15 Die Zusammensetzung des Körpers

Ein Organismus besteht aus Materie, die einen bestimmten Raum einnimmt und eine bestimmte Masse besitzt. Diese Materie im Organismus setzt sich aus etwa 25 von 92 bekannten Elementen zusammen, wobei 96 % von Kohlenstoff, Sauerstoff, Wasserstoff und Stickstoff gebildet werden (Purves 2011, S. 1 ff).

Der menschliche Körper ist aus 10–100 Billionen Zellen aufgebaut (Purves 2011, S. 99 ff). Er besteht aus organischen und anorganischen Substanzen. Wasser (H_2O) ist mit 50–60 % der Hauptbestandteil des menschlichen Körpers. Sauerstoff ist das Hauptelement. Durchschnittlich macht es 63 % der Körpermasse aus. Die Zusammensetzung der unterschiedlichen Gewebe kann sehr stark variieren, wie ein Vergleich zwischen dem Wassergehalt des Glaskörpers des Auges und dem des Zahnschmelzes in der Tabelle unten zeigt.

Tab. 1.15.1 Zahlen zum Staunen

Literatur siehe nachfolgende Tabellen

Ausgewählte Angaben aus den nachfolgenden Tabellen	
Anteil an der festen Substanz	
beim Mann	40%
bei der Frau	50%
beim Säugling	25%
Anteil des Gesamtkörperwassers	
beim Mann	60%
bei der Frau	50%
beim Säugling	75%
Anteil verschiedener Elemente im Körper	
Sauerstoff	63%
Kohlenstoff	20%
Wasserstoff	10%
Stickstoff	63%
Anteil verschiedener Organe im Körper	
Muskulatur (quergestreift)	31,56%
Skelett	14,84%
Fettgewebe	13,36%
Haut	7,18%
Lunge	4,15%
Gehirn und Rückenmark	3,52%
Höchster Wassergehalt	
im Glaskörper des Auges	99%
Niedrigster Wassergehalt	
im Zahnschmelz eines Zahnes	0,2%

Tab. 1.15.2 Die Zusammensetzung des Körpers in Prozent der Körpermasse

Wasser ist der Hauptbestandteil des menschlichen Körpers. Die festen Substanzen unterteilen sich in organische und anorganische Bestandteile. Bei organischen Substanzen handelt es sich um kohlenstoffhaltige (C) Verbindungen. Die Atome des Elements Kohlenstoff haben die Fähigkeit, durch Bindung ketten- oder ringförmige Moleküle zu bilden. Damit erklärt sich auch die ungeheure Vielzahl der bislang bekannten organischen Verbindungen: nahezu 20 Millionen hat man bisher charakterisiert und näher untersucht.

Die Werte sind angenähert und beziehen sich bei Erwachsenen auf ein Körpergewicht von etwa 70 kg.

Substanzen im Körper	**Männer**	**Frauen**	**Säuglinge**
Feste Substanzen	40 %	50 %	25 %
Organische Bestandteile	35 %	45 %	–
Mineralische Bestandteile	5 %	5 %	–
Gesamtkörperwasser	60 %	50 %	75 %
In den Zellen (intrazellulär)	40 %	30 %	40 %
Außerhalb der Zellen (extrazellulär)	20 %	20 %	35 %
In den Gefäßen (intravasal)	4 %	4 %	5 %
Zwischen den Zellen (interstitiell)	16 %	16 %	30 %

Documenta Geigy 1975, 1977

Tab. 1.15.3 Die Zusammensetzung des Körpers nach Alter und Geschlecht

Alter in Jahren	**Körperhöhe**	**Körpermasse**	**Fettfreie Körper-M.**	**Körperfett**	**Zellmasse**	**Mineralien**
Männer						
17–28	173 cm	64,3 kg	53,9 kg	10,4 kg	35,6 kg	3,8 kg
30–39	173 cm	69,5 kg	57,7 kg	11,6 kg	39,4 kg	4,1 kg
40–49	171 cm	68,5 kg	56,4 kg	12,1 kg	38,9 kg	3,9 kg
50–59	171 cm	69,9 kg	54,1 kg	15,9 kg	36,7 kg	3,8 kg
60–72	172 cm	65,7 kg	48,8 kg	16,9 kg	31,2 kg	3,4 kg

Alter in Jahren	Körper-höhe	Körper-masse	Fettfreie Körper-M.	Körper-fett	Zellmasse	Minera-lien
Frauen						
16–27	163 cm	58,6 kg	42,8 kg	15,8 kg	28,1 kg	3,0 kg
30–40	160 cm	61,5 kg	43,7 kg	17,8 kg	28,3 kg	3,1 kg
45–60	158 cm	58,3 kg	40,5 kg	17,8 kg	25,9 kg	2,8 kg
61–77	155 cm	61,0 kg	39,5 kg	21,5 kg	24,5 kg	2,8 kg

Flügel, Greil, Sommer 1986

Tab. 1.15.4 Die Zusammensetzung des Körpers nach ausgewählten Elementen

Die Werte beziehen sich auf einen Erwachsenen mit einem Körpergewicht von 70 kg.

Element	Masse	Anteil am Körpergewicht in %
Sauerstoff (O)	44 kg	63
Kohlenstoff (C)	14 kg	20
Wasserstoff (H)	7 kg	10
Stickstoff (N)	2,1 kg	3
Kalzium (Ca)	1 kg	1,5
Phosphor (P)	700 g	1
Kalium (K)	170 g	0,25
Schwefel (S)	140 g	0,2
Chlor (Cl)	70 g	0,1
Natrium (Na)	70 g	0,1
Magnesium (Mg)	30 g	0,04
Eisen (Fe)	3 g	0,004
Kupfer (Cu)	300 mg	0,0005
Mangan (Mn)	100 mg	0,0002
Jod (J)	30 mg	0,00004

Kleiber 1967; Flindt 2003 nach Heidermanns 1957

Tab. 1.15.5 Der Wassergehalt verschiedener Organe

Der durchschnittliche Wassergehalt eines Mannes beträgt 60 %, einer Frau 50 %. Die verschiedenen Gewebe unterscheiden sich bezüglich ihres Wassergehaltes jedoch deutlich. Die Werte sind Durchschnittswerte, die sich auf einen erwachsenen Menschen beziehen.

Organ/Gewebe	%	Organ/Gewebe	%
Glaskörper des Auges	99	Hornhaut des Auges	75–80
Lymphe	96	Herz	74
Blutplasma	90	Leber	72
Bandscheibe, Neugeborenes	88	Haut (Epidermis, Dermis)	72
12-Jährige	83		
72-Jährige	70		
Hoden	85	Rückenmark	71
Gehirn, graue Substanz	84	Gehirn, weiße Substanz	70
Lunge	84	Linse des Auges	68
Blut	80	Peripherer Nerv	66
hyaliner Knorpel, Oberfläche tiefe Zonen	80 65	Erythrozyten	65
Milz	79	Knochen	13
Niere	79	Zahnbein	10
Darmmukosa	77	Haare	4
Thymus	76	Zahnschmelz	0,2

Altmann, Dittmer 1973; Schenck und Kolb 1990; Martinek 2003

Tab. 1.15.6 Die Zusammensetzung verschiedener Organe des Körpers nach dem Anteil ausgewählter Stoffe

Der Anteil an Mineralsalzen und nicht-flüchtigen anorganischen Verbindungen kann bestimmt werden, wenn Gewebe verbrannt und die zurückbleibende Asche bemessen wird.

Organ/Gewebe	Anteil am Körpergewicht in %	Fett in %	Eiweiß in %	Asche in %
Haut	7,81	13,00	22,10	0,68
Skelett	14,84	17,18	18,93	28,91
Zähne	0,06	0,00	23,00	70,90
Muskulatur (querg.)	31,56	3,35	16,50	0,93
Gehirn, Rückenmark	2,52	12,68	12,06	1,37
Leber	3,41	10,35	16,19	0,88
Herz	0,69	9,26	15,88	0,80
Lunge	4,15	1,54	13,38	0,95
Milz	0,19	1,19	17,81	1,13
Nieren	0,51	4,01	14,69	0,96
Bauchspeicheldrüse	0,16	13,08	12,69	0,93
Darm	2,07	6,24	13,19	0,86
Fettgewebe	13,63	42,44	7,06	0,51
Übrige Gewebe	13,63	12,39	16,06	1,01
Blut, Lymphe	3,79	0,17	5,68	0,94
Gesamt	100,00	12,51	14,39	4,84

Flindt 2003 nach Mitchell et al. 1945

Tab. 1.15.7 Spurenelemente in Organen und Geweben

Spurenelemente sind wie Mineralstoffe anorganische Nährstoffe. Essentielle Spurenelemente sind lebensnotwendig und müssen über die Nahrung, allerdings nur in Spuren, zugeführt werden. Zu den essentiellen Spurenelementen gehören: Eisen, Jod, Kupfer, Zink, Mangan, Cobalt, Molybdän, Selen, Chrom, Nickel, Zinn, Fluor und Vanadium. Diese Spurenelemente sind zum Beispiel Bestandteile von Enzymen, Vitaminen und Hormonen oder wirken als Coenzyme. Ein Fehlen von essentiellen Spurenelementen führt zu Mangelerscheinungen.

Spurenelement	Leber	Niere	Lunge	Gehirn	Bauchspeicheldrüse	Skelettmuskel
Fluor (µg)	40–100	20–200	90–170	60–70	140–200	20–120
Jod (µg)	5–7	5–7	5–7	2–3	3–5	3–5
Cobalt (µg)	2,5–5	2,5–10	2–3	2–4	20–35	0,5–1
Kupfer (µg)	300–900	100–400	50–250	200–400	100–400	50–150
Mangan (µg)	100–400	100–200	40–100	30–50	100–250	20–50
Zink (mg)	4–8	3–5	1–2	0,5–1,5	2–3	2–4
Eisen (mg)	10–40	8–20	2–20	2–4	2–5	10–20

Schenck und Kolb 1990

Tab. 1.15.8 Das Eisen – ein Spurenelement im Körper

Eisen ist ein Spurenelement, das gerade einmal 4–5 g des Körpergewichts ausmacht. Es kommt im Körper in 2- und 3-wertiger Form vor, wobei nur die 2-wertige Form im Darm resorbiert werden kann. Der Tagesbedarf eines erwachsenen Menschen beträgt ungefähr 20 mg. 67 % des Körpereisens sind in dem Blutfarbstoff Hämoglobin gebunden und dienen so dem Sauerstofftransport. Lediglich 27 % sind in den Geweben gespeichert. Blutverluste führen zu erheblichen Verlusten von Eisen (Eisenmangelanämie).

Angaben zum Bestand an Eisen und zu den Eigenschaften von Eisen im Körper	
Körpergesamtbestand an Eisen	4–5 g
Der Körperbestand teilt sich auf	
Hämoglobin	2500 mg (67 %)
Myoglobin	130 mg (3,5 %)
Eisenhaltige Enzyme	8 mg (0,2 %)
Transferrin (Serumeisen)	80 mg (2,2 %)
Gewebespeicher (Ferritin und Hämosiderin)	1000 mg (27 %)
Biologische Halbwertszeit im Körper	800 Tage
Resorption im Duodenum (je nach Bedarf)	10–40 % des Nahrungseisens

Angaben zum Bestand an Eisen und zu den Eigenschaften von Eisen im Körper	
Eisenausscheidung	
im Stuhl	0,5–1 mg/Tag
durch Menstruationsblut	20 mg/Monat
Eisentransfer während der gesamten Schwangerschaft von der Mutter zum Fetus	300 mg

Schmidt, Lang, Heckmann 2010; Pschyrembel 2014

Tab. 1.15.9 Der Cholesteringehalt von Geweben

Cholesterin gehört zu den Lipiden. Es wird sowohl mit der Nahrung aufgenommen, als auch im Körper gebildet, vor allem in der Leber. Es ist ein wichtiger Bestandteil der Zellmembranen. Cholesterin stellt aber auch die Vorstufe der Gallensäuren und Steroidhormone dar. Auf Grund seiner schlechten Wasserlöslichkeit wird Cholesterin im Blut an Lipoprotein gebunden transportiert. Steigt die Menge an Cholesterin im Blut, kann es zu Fettablagerungen in der Gefäßwand kommen. Der Cholesteringehalt des menschlichen Körpers beträgt etwa 150 g.

Gewebe	Gesamtgehalt	Pro Frischmasse
Gehirn	30 g	2,3 g/100 g Frischmasse
Skelettmuskel	30 g	0,12 g/100 g Frischmasse
Haut	15 g	0,3 g/100 g Frischmasse
Blut	9 g	0,25 g/100 g Frischmasse
Leber	5 g	0,3 g/100 g Frischmasse
Nebennieren	0,5 g	5,0 g/100 g Frischmasse
Sonstige Gewebe	40–60 g	–

Schenck und Kolb 1990

Tab. 1.15.10 Die Zusammensetzung von Gehirn und Nerven nach ausgewählten anorganischen Bestandteilen

Das zentrale Nervensystem besteht aus dem Gehirn und dem Rückenmark. Hier wird zwischen der grauen Substanz (Nervenzellkörper) und der weißen Substanz (Nervenfasern und Hüllzellen) unterschieden. Davon abzugrenzen ist das periphere Nervensystem.

Die Angaben beziehen sich auf 1 kg Frischgewicht.

Organ oder Gewebe	Alter	H_2O in g	N mval	Na mval	K mval	Cl mval	Mg mval	Ca mval
Gesamtes Gehirn	Fetus, 14. Woche	914	9,6	97,5	49,6	72,1	–	–
	Fötus, 20. Woche	922	8,4	91,7	52,0	72,6	8,4	4,9
	Neugeborene	897	9,3	80,9	58,2	66,1	7,9	4,8
	Erwachsene	774	17,1	55,2	84,6	40,5	11,4	4,0
Graue Substanz	Erwachsene	843	17,2	83,9	58,4	48,6	16,3	5,2
Weiße Substanz	Erwachsene	706	17,5	68,6	59,4	41,2	21,6	7,1
Rückenmark	Erwachsene	644	16,0	87,4	92,2	42,8	31,6	9,0

Documenta Geigy 1975, 1977

Tab. 1.15.11 Zusammensetzung von Gehirn und Nerven nach ausgewählten organischen Bestandteilen

Die Angaben beziehen sich auf 1 kg Frischgewicht.

Organ oder Gewebe	Gesamt-lipoid-P in g/kg	Cerebroside in g/kg	Gesamtlipide in g/kg	Gesamt-protein in g/kg
Gesamtes Gehirn	250,0	–	104,0	100–110
Graue Substanz	30,8	6,3 ± 2,9	57,9	73–82
Weiße Substanz	78,2	49,0	179,0	77–92
Rückenmark	51–105,0	12,9–19,6	–	90

Documenta Geigy 1975, 1977

Tab. 1.15.12 Frei austauschbarer Anteil wichtiger Elektrolyte

Unter den frei austauschbaren Elektrolyten versteht man die Elektrolyte, die frei zwischen den verschiedenen Flüssigkeitsräumen diffundieren können. Nicht frei austauschbare Elektrolyte sind fest gebunden. So ist im menschlichen Körper 99 % des vorhandenen Kalziums fest im Knochen gebunden. Nur 1 % des Körperkalziums ist somit frei austauschbar, während Chlorid zu 80 % frei austauschbar ist.

	Gesamtkörpermenge		Frei austauschbarer Anteil	
Elektrolyte	**in mmol**	**in mmol/kg**	**in mmol/kg**	**in % der Gesamtmenge**
Natrium	4200	60	42	70
Kalium	3800	54	48	70
Kalzium	37.000	530	5	1
Magnesium	1000	15	7,5	50
Chlorid	2100	40	32	80
Bikarbonat	700	10	700	100

Schmidt, Lang, Heckmann 2010

Tab. 1.15.13 Verteilung wichtiger Ionen in der extrazellulären und der intrazellulären Flüssigkeit

Biologische Membranen sind für Ionen (geladene Teilchen) nur teilweise durchlässig (Purves 2011, S. 138 ff). Für die einzelnen Ionen existieren hochspezifische Transportkanäle. Die Konzentrationsgradienten der verschiedenen Ionen werden über energieverbrauchende Transportpumpen hergestellt. So pumpt die Natrium-Kalium-ATPase pro gespaltenes ATP-Molekül drei Na^+-Ionen aus und zwei K^+-Ionen in die Zelle. Jegliche Lebensprozess werden erst durch die Konzentrations- und Ladungsgradienten an Biomembranen möglich.

	Verteilung der austauschbaren Gesamtmenge		Tägliche Zufuhr, die der Ausscheidung entspricht	
Elemente	**extrazellulär**	**intrazellulär**	**(Mittelwerte in Klammern)**	
Natrium	98 %	2 %	50–250 (100)	mmol/d
Kalium	2 %	98 %	50–150 (100)	mmol/d
Kalzium	1 %	< 1 %	10–80 (40)	mmol/d
Magnesium	35 %	65 %	10–30 (20)	mmol/d
Chlorid	98 %	2 %	50–250 (100)	mmol/d
Bikarbonat	75 %	25 %	–	
Phosphor	1 %	99 %	(800)	mg/d

Schmidt, Lang, Heckmann 2010

Tab. 1.15.14 Ionenkonzentration in den Flüssigkeitskompartimenten des Körpers

Die Osmolalität gibt die Anzahl der gelösten, osmotisch aktiven Teilchen pro kg Lösungsmittel an. Der osmotische Druck ist somit unabhängig von der Größe oder Art der Teilchen, ausschließlich die Anzahl ist entscheidend. Die Verteilung der unterschiedlichen Ionen unterscheidet sich zwischen den verschiedenen Räumen, die Osmolalität ist jedoch gleich.

	Blutplasma		**Interstitielle Flüssigkeit**		**Intrazellulare Flüssigkeit**	
	mmol/l	**mval/l**	**mmol/l**	**mval/l**	**mmol/l**	**mval/l**
Kationen						
Natrium	142	142	144	144	12	12
Kalium	4	4	4	4	150	150
Kalzium	2,5	5	1,3	2,6	1	2
Magnesium	1	2	0,7	1,4	13	26
Summe	149,5	153	150	152	176	190
Anionen						
Chlorid	104	104	115	115	4	4
Bikarbonat	24	24	27	27	12	12
Phosphat	1,5	2,5	1,5	2,5	30	50
Proteinate	1,5	16	0	0,5	6	54
Sonstige	6	6,5	6,5	7	65	70
Summe	137	153	150	152	117	190
Osmolalität	290 mosmol/kg		290 mosmol/kg		290 mosmol/kg	

Thews, Mutschler, Vaupel 1999; Pschyrembel 2014

Tab. 1.15.15 pH-Werte verschiedener Körperflüssigkeiten

Der pH-Werte unterliegen einem Tag-Nacht-Rhythmus. So ist der Harn um Mitternacht stärker sauer als tagsüber.

Körperflüssigkeit	**pH-Wert**
Gehirn-Rückenmarks-Flüssigkeit	7,31
Kniegelenksflüssigkeit (Synovialflüssigkeit)	7,43
Blut	7,36–7,44
Lymphe	7,40
Speichel	6,40
Magensaft	
Männer	1,92
Frauen	2,59
Fruchtwasser	7,10–7,32
Galle	
Lebergalle	7,15
Blasengalle	7,00
Harn	4,50–8,20
Tränenflüssigkeit	7,30–7,50
Kammerwasser des Auges	7,32
Bauchspeicheldrüsensekret	7,70
Fäzes	7,15
Schweiß	4,00–6,80
Sperma	7,19
Zum Vergleich	
Zitronensaft	2,40
Cola	2–3,00
Kaffee	5,00
Mineralwasser	6,00
Seife	9–10,00

Documenta Geigy 1975, 1977

Gesundheit 2

2.1 Ernährung und Nahrungsmittel

Tabelle 2.1.1 Essgewohnheiten im Überblick

Dem Essverhalten von Menschen, besonders von Kindern und Jugendlichen, wird grundlegende Bedeutung beigemessen, weil eine gesunde Ernährung in der Kindheits- und Jugendphase optimale Bedingungen für den Gesundheitsstatus, das Wachstum und die intellektuelle Entwicklung schafft. Da Ernährungsverhalten und Körpergewicht von vielfältigen und komplizierten Bedingungskonstellationen geprägt sind, können diese Zusammenhänge in diesem Unterkapitel nur exemplarisch angerissen werden.

Die geschätzten Werte beziehen sich auf die Lebenszeit von Durchschnittspersonen unter Berücksichtigung entsprechender Ernährungsgewohnheiten. Die Angabe „Sack" ist ein altes Hohlmaß mit einem Inhalt von ca. 127 kg. Die Angabe „Stück" bezieht sich auf die Fleischverwertung eines gesamten Schlachttieres.

S. Schaal, K. Kunsch, S. Kunsch, *Der Mensch in Zahlen*,
DOI 10.1007/978-3-642-55399-8_2

Das isst ein Durchschnitts-Europäer im Leben			
Rinder (Stück)	3	Butter (Stück)	ca. 6000
Schweine(Stück)	10	Margarine (kg)	ca. 750
Kälber (Stück)	2	Speiseöl (Liter)	einige 100
Schafe (Stück)	2	Torten/Kuchen (Stück)	ca. 100
Hühner (Stück)	einige 100		
Fische (Stück)	ca. 2000	Kohlenhydrate (kg)	14.000
Eier (Stück)	ca. 10.000	Fettstoffe (kg)	2500
Käse (kg)	ca. 1000	Eiweißstoffe (kg)	2800
Kartoffeln (Säcke)	ca. 100		
Mehl/Zucker (Säcke)	ca. 80	Gesamtenergie	ca. 90 Mill. Kcal =
Brote (Stück)	ca. 5000		ca. 377 Mio. kJ
Das isst und trinkt ein Durchschnitts-Nordamerikaner im Leben			
Rindfleisch (Tonnen)	4	Käse (Tonnen)	0,5
Tomaten (Tonnen)	4	Scheiben Brot	10.800
Frisches Gemüse (Tonnen)	4	Sodawasser (Liter)	101.000
Frisches Obst (Tonnen)	3	Milch (Liter)	7600
Hühner (Tonnen)	2	Bier (Liter)	6800
Fisch (Tonnen)	0,5	Tee (Liter)	3300
Eier (Stück)	2000	Wein (Liter)	1100
Zucker (Tonnen)	3,5	Kaffee (Tassen)	80.000
Essgewohnheiten weltweit			
Anzahl an Mahlzeiten	ca. 100.000		
Messer + Gabel benutzen	45 % aller Menschen		
Hand + Gabel benutzen	11 % aller Menschen		
Stäbchen benutzen	36 % aller Menschen		
Hände benutzen	8 % aller Menschen		

Schenck und Kolb 1990; McCutcheon 1991; Eurobarometer 2006; European Food Safety Authority 2011

Tabelle 2.1.2 Körpergröße, Körpergewicht und Körpermassenindex (BMI) nach Altersgruppen und Geschlecht in Deutschland 2013

Der Körpermassenindex (Body-Mass-Index = BMI) hat sich international zur Beurteilung des relativen Körpergewichts bei Erwachsenen durchgesetzt. Er korreliert relativ eng mit dem Körperfettgehalt und ist definiert als: BMI = Körpergewicht [kg] dividiert durch das Quadrat der Körpergröße [m²]. Die Einheit des BMI ist demnach kg/m². Dies bedeutet, eine Person mit einer Körpergröße von 180 cm und einem Körpergewicht von 80 kg hat einen BMI = 80 kg : (1,8 m)² = 24,7 kg/m².

Der Body-Mass-Index (BMI) wird in Grade eingeteilt und den Altersstufen werden nach Geschlechtern getrennt, wünschenswerte BMI-Grade zugeordnet.

Klassifikation	BMI männl.	BMI weibl.	Alter	BMI
Untergewicht	<20	<19	19–24 Jahre	19–24
Normalgewicht	20–25	19–24	25–34 Jahre	20–25
Übergewicht	25–30	24–30	35–44 Jahre	21–26
Fettleibigkeit (Adipositas)	30–40	30–40	45–54 Jahre	22–27
Massive Fettleibigkeit	>40	>40	55–64 Jahre	23–28
			>64 Jahre	24–29

Fettleibigkeit (Adipositas) als Krankheit (ICD-10 E66) muss auf jeden Fall behandelt werden, da ein erhöhtes Risiko für Diabetes und Herzerkrankungen besteht! Sehr sportliche Personen haben häufig einen BMI um 25. Diese Werte ergeben sich auf Grund des Muskelaufbaus und sind nicht als Übergewicht zu interpretieren.

Die Ergebnisse der KiGGS-Studie weisen darauf hin, dass Kinder und Jugendlichen aus Familien mit einem niedrigeren sozialen Status, Kinder mit Migrationshintergrund sowie Kinder von stark übergewichtigen Müttern ein erhöhtes Risiko für Übergewicht und Adipositas aufweisen (Kurth, Schaffrath Rosario 2007). Ein früher vermuteter Unterschied zwischen Jungen und Mädchen zeigte sich jedoch nicht.

Insgesamt ist eine Zunahme von Adipositas (BMI über 30) innerhalb des letzten Jahrzehntes sichtbar: Der Anteil adipöser Männer in Deutschland stieg von 13,6 % im Jahr 2003 auf 17,1 % im Jahr 2013, bei Frauen zeigt sich eine etwas moderatere Zunahme von 12,3 % auf 14,3 %.

In der Tabelle sind durchschnittliche Körpermaße und die prozentuale Verteilung verschiedener BMI-Indices angegeben.

Altersstufe	Körpergröße	Körpergewicht	Body-Mass Index	Davon mit einem Body-Mass-Index von			
				unter 18,5	18,5 bis 25	25 bis 30	30 und mehr
	m	kg	kg/m²	Prozent			
Männlich							
18–20	1,81	75,7	23,1	4,4	75,1	16,4	4,1
20–25	1,81	78,9	24,1	2,0	66,7	25,1	6,2
25–30	1,81	81,6	25,0	1,3	56,6	33,3	8,8
30–35	1,80	83,8	25,7	0,6	48,0	39,2	12,2
35–40	1,80	85,6	26,4	0,3	41,0	43,8	14,9
40–45	1,80	86,6	26,8	0,4	34,2	47,5	17,9
45–50	1,80	86,6	26,8	0,4	34,2	47,5	17,9
50–55	1,79	86,8	27,2	0,3	31,4	48,1	20,2
55–60	1,78	86,8	27,4	0,4	28,1	48,9	22,6
60–65	1,77	86,6	27,7	0,4	25,5	49,5	24,7
65–70	1,76	85,4	27,6	0,4	26,1	49,9	23,6
70–75	1,75	84,1	27,3	0,3	27,7	50,8	21,2
75 u. mehr	1,73	80,4	26,8	0,6	33,0	49,5	16,8
Insgesamt	1,78	84,3	26,5	0,7	37,8	44,4	17,1
Weiblich							
18–20	1,68	60,9	21,7	13,0	73,7	10,5	2,8
20–25	1,68	62,9	22,4	8,9	72,6	13,6	5,0
25–30	1,67	64,7	23,1	6,2	69,9	16,8	7,1
30–35	1,67	66,4	23,7	5,0	66,0	19,5	9,5
35–40	1,67	67,5	24,1	3,7	63,7	22,3	10,4
40–45	1,67	68,1	24,4	2,9	62,1	23,6	11,4
45–50	1,67	68,8	24,7	2,7	59,2	25,9	12,2
50–55	1,66	69,7	25,3	2,1	53,2	29,7	15,0
55–60	1,65	70,4	25,8	1,9	47,9	32,9	17,3
60–65	1,64	71,3	26,4	1,6	42,1	35,6	20,8

Altersstufe	Körper-größe	Körper-gewicht	Body-Mass Index	Davon mit einem Body-Mass-Index von			
				unter 18,5	18,5 bis 25	25 bis 30	30 und mehr
	m	kg	kg/m²	Prozent			
65–70	1,64	71,2	26,5	1,5	40,3	37,9	20,3
70–75	1,64	70,8	26,4	1,6	39,8	39,2	19,4
75 u. mehr	1,62	68,3	26,1	2,5	41,1	38,7	17,7
Insgesamt	1,65	68,4	25,0	3,3	53,2	29,1	14,3

Statistisches Bundesamt 2013; Mikrozensus 2014

Tabelle 2.1.3 Körpermassenindex (BMI) Grenzwerte bei Jungen und Mädchen in Deutschland im Alter von 12 bis 16 Jahren

Perzentile werden üblicherweise für Gewicht, Body-Mass-Index (BMI) und die Körpergröße angegeben. Die Angabe in Perzentilen bedeutet, dass das Körpergewicht in Bezug zu Altersgenossen angeben wird. Ein Körpergewicht auf die 50. Perzentile bedeutet, dass 50 % der Kinder gleichen Alters und gleichen Geschlechts schwerer als das betreffende Kind sind.

Erläuterungen zum Körpermassenindex (BMI) siehe Tab. 2.1.2 .

Gewichts-status	BMI für 12-jährige		BMI für 14-jährige		BMI für 17-jährige	
(Perzen-tile)	Mädchen	Jungen	Mädchen	Jungen	Mädchen	Jungen
Extremes Unterge-wicht (P3)	14,59	14,70	15,95	15,59	17,58	17,30
Unter-gewicht (P10)	15,65	15,69	17,06	16,67	18,63	18,44
Unter-gewicht (P 25)	16,95	16,90	18,41	17,99	19,91	19,82

Gewichtsstatus	BMI für 12-jährige		BMI für 14-jährige		BMI für 17-jährige	
(Perzentile)	Mädchen	Jungen	Mädchen	Jungen	Mädchen	Jungen
Normalgewicht (P50)	18,77	18,60	20,30	19,83	21,70	21,72
Normalgewicht (P75)	21,21	20,87	22,79	22,28	24,07	24,19
Übergewicht (P90)	24,27	23,71	25,88	25,30	27,03	27,17
Fettleibigkeit (P97)	28,73	27,86	30,32	29,65	31,36	31,29

RKIb 2013

Tabelle 2.1.4 Energiegewinnung bei unterschiedlichen Anteilen von Kohlenhydraten und Fetten in der Nahrung

Das Verhältnis des bei der Verbrennung gebildeten CO_2 zum dabei verbrauchten O_2 wird als Respiratorischer Quotient (RQ) bezeichnet. Beispiel: Bei der Verbrennung von 1 mol Glukose werden 6 mol CO_2 gebildet und 6 mol O_2 verbraucht. Der RQ ist demnach 1.

Anteile in der Nahrung		Energiegewinnung durch Verbrennung		
Kohlenhydrate in %	Fette in %	kcal je l O_2	kJ je l O_2	RQ
0,0	100,0	4,69	19,64	0,70
15,6	84,4	4,74	19,85	0,75
33,4	66,6	4,80	20,10	0,80
50,7	49,3	4,86	20,35	0,85
57,5	42,5	4,89	20,47	0,87
67,5	32,5	4,92	20,60	0,90
84,0	16,0	4,99	20,89	0,95
100,0	0,0	5,05	21,14	1,00

Schenck und Kolb 1990

Tabelle 2.1.5 Adipositas und Krankheiten

Von Adipositas als Ernährungs- und Stoffwechselkrankheit ist nach WHO-Definition die Rede, wenn der BMI von 30 kg/m^2 überschritten wird. Der Anteil der Adipositas an der Entstehung weiterer Krankheiten ist in nachfolgender Tabelle als bevölkerungszurechenbares Risiko dargestellt. Dies beschreibt den Anteil einer Krankheit, der verhindert werden könnte, wenn ein dafür verantwortlicher Faktor ausgeschlossen würde. An Bluthochdruck sind 8 % der normalgewichtigen, schlanken Menschen erkrankt, während das Risiko hierfür bei Übergewichtigen doppelt und bei Adipösen sechsmal so hoch ist (Wirth 2008).

Vergleichende Angaben zu Normal-, Unter- und Übergewicht	
Diabetes Mellitus Typ 2	69 %
Koronare Herzkrankheit	40–69 %
Gallensteine	50 %
Hypertonie	27–40 %
Endometriumkarzinom	27 %
Degenerative Gelenkerkrankung	20 %
Herzinsuffizienz	13 %
Kolonkarzinom	10 %

Wirth 2008

Tabelle 2.1.6 Extremes Gewicht

Angaben zu Menschen mit extremem Gewicht	
Der schwerste Mann war *Jon Brower Minoch*, USA (1941–1983):	
Gewicht im März 1978	635 kg
Nach zwei Jahren Diät	216 kg
Die schwerste Frau war *Rosalie Bradford*, geb. 1944:	
Gewicht 1987	544 kg
Gewicht 1992	142 kg
Der leichteste Mensch war *Lucia Xarate* (1863–89) aus Mexiko:	
Gewicht bei der Geburt	1,1 kg
Gewicht mit 17 Jahren	2,1 kg
Gewicht mit 20 Jahren	5,9 kg

Angaben zu Menschen mit extremem Gewicht	
Gewicht bei der Geburt	
Am leichtesten war *Marian Taggart* GB	283 g
Die leichtesten Zwillinge waren *Roshan* und *Melanie Gray* (AUS)	860 g
Die leichtesten Drillinge waren *Peyton, Jackson* und *Blake Coffey* (USA)	1385 g
Das schwerste Neugeborene war von *Anna Bates* (USA)	10,8 kg
Die schwersten Zwillinge waren *Patricia* und *John Haskin* (USA)	12,6 kg
Die schwersten Drillinge waren von *Mary McDermott* (GB)	10,9 kg
Die schwersten Vierlinge waren von *Tina Saunders* (GB)	10,4 kg

Guinness Buch der Rekorde 2006, 2015

Tabelle 2.1.7 Täglicher Energiebedarf des Menschen

Der Grundumsatz ist diejenige Energiemenge, die der Körper pro Tag bei völliger Ruhe, bei Indifferenztemperatur (28 °C) und nüchtern zur Aufrechterhaltung seiner Funktion z. B. während des Schlafens benötigt. Er ist von Faktoren wie Geschlecht, Alter, Gewicht, Körpergröße, Muskelmasse, Wärmedämmung durch Kleidung und dem Gesundheitszustand, z. B. Fieber, abhängig. Frauen haben einen um etwa 10 Prozent niedrigeren Grundumsatz als Männer und im Alter verringert sich der Grundumsatz ebenfalls um ca. 10 Prozent.

Die nachfolgenden Werte sind nur Näherungsangaben, für eine am individuellen Alltag orientierte Bemessung des Energiebedarfs werden Grund- und Leistungsumsatz zusammengenommen. Der Leistungsumsatz setzt sich wiederum aus dem Arbeits- und Freizeitumsatz zusammen. Der so genannte PAL-Faktor (*physical activity level*) wird verwendet, um körperliche Aktivitäten möglichst aussagekräftig für die Berechnung des Gesamtumsatzes zu berücksichtigen. Die Universität Hohenheim bietet hierfür eine interaktive Energiebedarfsrechnung an (https://www.uni-hohenheim.de/wwwin140/info/interaktives/energiebed.htm).

Durchschnittlicher Energiebedarf pro Tag nach Körpermasse

Alter/Geschlecht	**Mittlere Körpermasse in kg**	**Energiebedarf pro Tag**			
		kcal/kg	**kJ/kg**	**kcal**	**kJ**
1–2 Monate	5,3	115	480	609	2544
3–6 Monate	6,8	110	460	748	3128
6–9 Monate	8,4	100	420	840	3528
9–12 Monate	9,8	97	405	950	3969

3 Jahre	15,3	95	395	1453	6043
5 Jahre	18,1	90	375	1629	6787
10 Jahre	31,3	74	310	2316	9703
15 Jahre	55,4	53	222	2936	12.298
18 Jahre	65,5	49	205	3209	13.427
Mann	60	42	175	2310	9700
	70	42	175	2940	12.300
Frau	60	36	150	2160	9000
	70	36	150	2520	10.500

Durchschnittlicher Energiebedarf pro Tag nach Alter und Geschlecht

	Energiebedarf pro Tag			
Altersstufe	**Männer kcal**	**Männer kJ**	**Frauen kcal**	**Frauen kJ**
1–3 Jahre	1100	4605	1000	4187
4–6 Jahre	1500	6280	1400	5861
7–9 Jahre	1900	7955	1700	7118
10–12 Jahre	2300	9630	2000	8374
13–14 Jahre	2700	11.304	2200	9211
15–18 Jahre	2500	10.467	2000	8374
19–24 Jahre	2500	10.467	1900	7955
25–50 Jahre	2400	10.048	1900	7955
51–65 Jahre	2200	9211	1800	7536
Älter als 65	2000	8374	1600	6699

Schenck und Kolb 1990; Deutsche Gesellschaft für Ernährung 2015; www.dge.de

Tabelle 2.1.8 Empfehlungen zur Deckung des täglichen Bedarfs an ausgewählten Nährstoffen

Die Deutsche Gesellschaft für Ernährung e. V. (DGE), die Österreichische Gesellschaft für Ernährung (ÖGE), die Schweizerische Gesellschaft für Ernährungsforschung (SGE) sowie die Schweizerische Vereinigung für Ernährung (SVE) haben sich auf gemeinsame Referenzwerte für die Nährstoffzufuhr geeinigt. Umfangreiche Erweiterungen und genaue Erläuterungen der Angaben sind über das Internet abrufbar (www.dge.de).

Abkürzung Ess. = Essentielle Fettsäuren, die der Körper nicht selbst aufbauen kann.

	Protein	Fett als Energie	Ess.-Fettsäuren (Omega-3 und Omega-6 zusammen)	Kalium	Calcium	Phosphor	Chlorid	Natrium	Magnesium	Eisen
	in g	in %	in %	in mg	in mg	in mg	in mg	in mg	in mg	in mg
Säuglinge										
0–3 Monate	10	40–45	4,5	400	220	120	200	100	24	0,5
4–11 Monate	10	35–45	4,0	650	400	300	270	180	60	8
Kinder im Alter von Jahren										
1–4 männl.	14	30–40	3,5	1000	600	500	450	300	80	8
weiblich	13									
4–6 männl.	18	30–35	3,0	1400	700	600	620	410	120	8
weiblich	17									
7–9 männl.	24			1600	900	800	690	460	170	10
weiblich	24									
10–12 männl.	34			1700	1100	1250	770	510	230	12
weiblich	35									
13–14 männl.	46			1900	1200	1250	830	550	310	12
weiblich	45									15

	Protein	Fett als Energie	Ess.-Fettsäuren (Omega-3 und Omega-6 zusammen)	Kalium	Calcium	Phosphor	Chlorid	Natrium	Magnesium	Eisen
	in g	in %	in %	in mg	in mg	in mg	in mg	in mg	in mg	in mg
Jugendliche und Erwachsene im Alter von Jahren										
15–18 männl.	60	30	3,0	2000	1200	1250	830	–	400	12
weiblich	46							550	350	15
19–24 männl.	59				1000	700		–	400	10
weiblich	48							550	310	15
25–50 männl.	59							–	350	10
weiblich	47							550	300	15
51–64 männl.	58							–	350	10
weiblich	46							550	300	
65 Jahre und älter										
männlich	54	30	2,5	2000	1000	700	830	550	350	10
weiblich	44								300	
Schwangere		30–35	2,5	–	1000	800	–	–	310	30
Stillende				–		900	–	–	390	20

Deutsche Gesellschaft für Ernährung 2015; www.dge.de

Tabelle 2.1.9 Empfehlungen zur Deckung des täglichen Wasserbedarfs

Die tägliche Wasseraufnahme des Menschen setzt sich zusammen aus flüssigen Getränken sowie den Wasseranteilen der festen Nahrung.

Zusätzlich wird im Körper in den unzähligen Stoffwechselprozessen der Zellen Oxidationswasser gebildet. Bei den Empfehlungen für die Wasserzufuhr findet keine Unterscheidung nach Geschlecht statt, ebenso werden Besonderheiten im Lebensstil (z. B. berufliche Tätigkeit, Freizeitverhalten) nur annäherungsweise berücksichtigt. Die Angaben müssten demnach bei starker körperlicher Aktivität und bei hohen Außentemperaturen drastisch höher ausfallen.

	Wasserzufuhr durch			**Gesamtwasser im Körper**	
	Getränke	**Feste Nahrung**	**Getränke und feste Nahrung**	**Oxidationswasser**	**Gesamtwasseraufnahme**
	ml/Tag	**ml/Tag**	**ml/kg u. Tag**	**ml/Tag**	**ml/Tag**
Säuglinge					
0–3 Monate	620	–	130	60	680
4–11 Monate	400	500	110	100	1000
Kinder im Alter von Jahren					
1–3	820	350	95	130	1300
4–6	940	480	75	180	1600
7–	970	600	60	230	1800
10–12	1170	710	50	270	2150
13–14	1330	810	40	310	2450
Jugendliche und Erwachsene im Alter von Jahren					
15–18	1530	920	40	350	2800
19–24	1470	890	35	340	2700
25–50	1410	860	35	330	2600
51–64	1230	740	30	280	2250
65 Jahre und älter	1310	680	30	260	2250
Schwangere	1470	890	35	340	2700
Stillende	1710	1000	45	390	3100

Deutsche Gesellschaft für Ernährung 2015; www.dge.de

Tabelle 2.1.10 Empfehlungen zur Deckung des täglichen Bedarfs an ausgewählten Vitaminen

Die Deutsche Gesellschaft für Ernährung e. V. (DGE), die Österreichische Gesellschaft für Ernährung (ÖGE), die Schweizerische Gesellschaft für Ernährungsforschung (SGE) sowie die Schweizerische Vereinigung für Ernährung (SVE) haben sich auf gemeinsame Referenzwerte für die Vitaminzufuhr geeinigt (DGE 2013). In der Tabelle sind nur die wichtigsten Vitamine aufgelistet.

A = Vitamin $A_{RÄ}$ Retinoläquivalent (1 mg RÄ = 1 mg Retinol = 6 mg ß-Carotin = 12 mg andere Pro-Vitamin-A-Carotinoide), B_6 = Vitamin B_6 (Pyridoxin), B_{12} = Vitamin B_{12} (Cobalamine), C = Vitamin C (Ascorbinsäure), D = Vitamin D (Calciferole), E = Vitamin E (Tocopherole), Thia = Vitamin B_1 (Thiamin), Ribo = Vitamin B_2 (Riboflavin), Fol = Folsäure/Folat.

	A	B_6	B_{12}	C	D	E	Thia	Ribo	Fol
	mg	mg	µg	mg	µg	mg	mg	mg	µg
Säuglinge									
0–3 Monate	0,5	0,1	0,4	50	10	3	0,2	0,3	60
4–11 Monate	0,6	0,3	0,8	55	10	4	0,4	0,4	85
Kinder im Alter von Jahren									
1–3 männl.	0,6	0,4	1,0	60	20	6	0,6	0,7	120
weiblich	–	–	–	–	–	5	–	–	–
4–6 männl.	0,7	0,5	1,5	70	20	8	0,8	0,9	140
weiblich	–	–	–	–	–	8	–	–	–
7–9 männl.	0,8	0,7	1,8	80	20	10	1,0	1,1	180
weiblich	–	–	–	–	–	9	–	–	–
10–12 männl.	0,9	1,0	2,0	90	20	13	1,2	1,4	240
weiblich	–	–	–	–	–	11	1,0	1,2	–
13–14 männl.	1,1	1,4	3,0	100	20	14	1,4	1,6	300
weiblich	1,0	–	–	–	–	12	1,1	1,3	–
Jugendliche und Erwachsene im Alter von Jahren									
15–18 männl.	1,1	1,6	3,0	100	5	15	1,3	1,5	300
weiblich	0,9	1,2	–	–	–	12	1,0	1,2	–

	A	B_6	B_{12}	C	D	E	Thia	Ribo	Fol
	mg	mg	µg	mg	µg	mg	mg	mg	µg
19–24 männl.	1,0	1,5	3,0	100	5	15	1,3	1,5	300
weiblich	0,8	1,2	–	–	–	12	1,0	1,2	–
25–50 männl.	1,0	1,5	3,0	100	5	14	1,2	1,4	300
weiblich	0,8	1,2	–	–	–	12	1,0	1,2	–
51–64 männl.	1,0	1,5	3,0	100	5	13	1,1	1,3	300
weiblich	0,8	1,2	–	–	–	12	1,0	1,2	–
65 Jahre und älter									
männlich	1,0	1,4	3,0	100	10	12	1,0	1,2	300
weiblich	0,8	1,2	–	–	–	11	1,0	1,2	–
Schwangere ab 4. Monat	1,1	1,9	3,5	110	5	13	1,2	1,5	550
Stillende	1,5	1,9	4,0	150	5	17	1,4	1,6	450

Deutsche Gesellschaft für Ernährung 2015; www.dge.de

Tabelle 2.1.11 Vitamingehalt von Früchten, Fruchtsäften, Gemüse und Salaten

100 g essbare Substanz enthalten	**Retinol**	B_6	B_{12}	E	C	**Folsäure**
	µg	mg	µg	mg	mg	µg
Früchte, Fruchtsäfte						
Äpfel, süß	–	0,10	0,3	0,5	10	3
Bananen	–	0,36	–	0,3	10	15
Birnen	–	0,02	–	0,4	5	4
Brombeeren	–	0,05	0,25	0,7	15	12
Erdbeeren	–	0,06	–	0,1	55	45
Grapefruitsaft	–	0,01	–	0,3	35	9
Holunderbeersaft	–	0,09	–	1,0	25	6
Johannisbeeren, rot	–	0,04	–	0,7	35	10

100 g essbare Substanz enthalten	Retinol	B_6	B_{12}	E	C	Folsäure
	µg	mg	µg	mg	mg	µg
Johannisbeeren, schw.	–	0,08	–	1,9	175	9
Süßkirschen	–	0,04	–	0,1	15	0
Orangen	–	0,10	–	0,3	45	30
Pfirsiche, frisch	–	0,03	–	0,9	10	3
Pfirsiche in Dosen	–	0,02	–	0,3	4	3
Pflaumen	–	0,05	–	0,8	5	2
Preiselbeeren	–	0,01	–	1,0	10	10
Weintrauben, rot	–	0,07	–	0,6	4	40
Wassermelonen	–	0,07	–	0,1	6	5
Zitronen	–	0,06	–	0,2	50	6
Gemüse, Salate						
Blumenkohl, roh	–	0,20	–	0,1	65	50
Bohnen, dick	–	0,20	–	0,3	35	45
Erbsen, grün	–	0,16	–	0,3	25	160
Gartenkresse	–	0,30	kA	0,7	59	kA
Gurken	–	0,04	–	0,1	8	15
Karotten	–	0,27	–	0,5	7	15
Kartoffeln gekocht	–	0,14	–	0,1	10	10
Kopfsalat	–	0,06	–	6	15	60
Kürbisse	–	0,11	–	1,1	10	35
Linsen	–	0,55	–	1,3	5	170
Mais	–	0,40	–	2,0	–	25
Petersilie	–	0,20	–	3,7	160	150
Spargel, zubereitet	10	0,04	–	2,2	15	60
Spinat, frisch	–	0,22	–	1,4	50	145
Tomaten	–	0,10	–	8	20	20
Weißkohl	–	0,19	–	1,7	50	30
Zwiebeln	–	0,15	–	0,1	7	10

Elmafda et. al. 2014; Heseker und Heseker 2014

Tabelle 2.1.12 Inhaltsstoffe ausgewählter Nahrungsmittel: Protein-, Fett-, Kohlenhydrat-, Ballaststoff- und Energiegehalt

Die Angaben sind jeweils auf 100 Gramm der angegebenen Lebensmittel bezogen und entsprechen dem Bundeslebensmittelschlüssel (BLS).

	Energie kcal	Energie kJ	Protein g	Fette g	Kohlenhydrate g	Ballaststoffe g
Schwein, Kotelett	133	555	22	5	–	–
Rind, Roastbeef	130	543	22	4	–	–
Schwein/Rind, Hackfleisch	170	710	20	10	–	–
Frankfurter Würstchen	267	1118	12	24	–	0,1
Leberwurst, fein	333	1313	14	42	–	–
Putenbrust, frisch	105	439	24	1	–	–
Forelle, frisch Fischzuschnitt	102	426	20	3	–	–
Aal, geräuchert	280	1170	15	24	–	–
Hühnerei, Vollei	155	646	13	11	1	–
Kuhmilch, fettarm 1,5 % Fett	48	201	3	2	5	–
Schlagsahne 30 % Fett	303	1269	2	32	3	–
Butter	752	3143	1	83	3	–
Sonnenblumenmargarine	722	3017	0,2	80	–	–
Joghurt, 1,5 % Fett	50	209	4	2	6	–
Emmentaler Käse, 45 % Fett i.Tr	378	1581	28	30	–	–
Camembert, 45 % Fett i.Tr	85	1191	18	34	–	–

	Energie kcal	Energie kJ	Protein g	Fette g	Kohlen-hydrate g	Ballast-stoffe g
Weißbrot/Weizenbrot	238	994	8	1	49	3,2
Graubrot/Roggenbrot	217	907	7	1	46	6,5
Naturreis, gekocht	126	526	3	1	27	0,8
Mais, ganzes Korn getrocknet	324	1354	8	4	64	9,7
Haferflocken	348	1455	13	7	59	10,0
Kartoffeln, gekocht und gepellt	71	296	2	0,1	15	2,0
Mohrrübe (Karotte), frisch	25	104	1	0,2	5	3,6
Rahmspinatgemüse, gekocht	100	418	3	9	2	1,7
Spitzkohl, frisch	23	96	2	0,2	3	2,5
Tomaten, frisch	17	73	1	0,1	3	1,0
Erbsen grün, frisch	81	338	7	0,4	12	4,3
Bohnen grün, frisch	33	138	2	0,2	5	1,9
Champignon, frisch	16	67	3	0,3	1	2,0
Apfel, frisch	54	225	–	0,3	11	2,0
Pfirsich, frisch	41	171	0,8	0,1	9	1,9
Orange, frisch	42	175	1	0,1	8	1,6
Zitrone, frisch	35	146	1	0,4	3	4
Honig	302	1262	0,3	–	75	–
Milchschokolade	536	2240	9	28	34	1,2
Gummibärchen	348	1455	6	0	78	0,1

Elmafda et al. 2014; Heseker und Heseker 2014

Tabelle 2.1.13 Inhaltsstoffe ausgewählter Nahrungsmittel: Wasser-, Mineralstoff-, Na-, K-, Ca- und Fe-Gehalt

Die Angaben sind jeweils auf 100 Gramm der angegebenen Lebensmittel bezogen und entsprechen dem Bundeslebensmittelschlüssel (BLS).

	Wasser g	NaCl mg	Natrium mg	Kalium mg	Calcium mg	Eisen mg
Schwein, Kotelett	74	150	65	315	10	1,8
Rind, Roastbeef	72	125	40	390	10	3,0
Schwein/ Rind, Hackfleisch	69	150	60	200	20	2,4
Frankfurter Würstchen	60	3000	1180	150	10	1,8
Leberwurst, fein	50	1680	660	245	10	7,5
Putenbrust, frisch	73	110	45	330	15	1,0
Forelle, frisch Fischzuschnitt	76	150	60	375	10	0,4
Aal, geräuchert	59	160	65	280	15	0,8
Hühnerei, Vollei	74	370	145	145	55	2,1
Kuhmilch, fettarm 1,5% Fett	89	110	45	155	120	0,1
Schlagsahne 30% Fett	62	90	35	110	80	0,1
Butter	15	15	5	15	15	0,1
Sonnenblumenmargarine	19	200	80	7	10	0,1

	Wasser g	NaCl mg	Natrium mg	Kalium mg	Calcium mg	Eisen mg
Joghurt, 1,5 % Fett	87	115	50	150	115	0,1
Emmentaler Käse, 45 % Fett i.Tr	36	850	335	155	1375	0,3
Camembert, 45 % Fett i.Tr	53	1700	670	120	615	0,2
Weißbrot/ Weizenbrot	36	1370	540	130	60	0,7
Graubrot/ Roggenbrot	39	1300	510	245	30	1,2
Naturreis, gekocht	67	10	3	75	6	1,2
Mais, ganzes Korn getrocknet	11	15	6	270	8	1,5
Haferflocken	10	15	5	400	45	5,5
Kartoffeln, gekocht und gepellt	78	10	4	410	10	0,9
Mohrrübe (Karotte), frisch	88	150	60	330	35	0,4
Rahmspinatgemüse, gekocht	82	610	240	430	125	2,6
Spitzkohl, frisch	91	15	5	250	50	0,5
Tomaten, frisch	94	8	3	235	10	0,5

	Wasser g	NaCl mg	Natrium mg	Kalium mg	Calcium mg	Eisen mg
Erbsen grün, frisch	75	5	2	250	25	1,6
Bohnen grün, frisch	90	5	2	225	65	0,7
Champignon, frisch	91	20	8	390	10	1,2
Apfel, frisch	85	3	1	120	5	0,2
Pfirsich, frisch	87	3	1	190	6	0,3
Orange, frisch	85	3	1	165	40	0,4
Zitrone, frisch	86	5	2	170	10	0,5
Honig	19	5	2	45	6	1,3
Milchschokolade	1	150	60	460	245	1,5
Gummibärchen	12	150	60	10	10	0,1

Elmafda et al. 2014; Heseker und Heseker 2014

Tabelle 2.1.14 Inhaltsstoffe ausgewählter Nahrungsmittel: Vitamingehalt

Die Angaben sind jeweils auf 100 Gramm der angegebenen Lebensmittel bezogen und entsprechen dem Bundeslebensmittelschlüssel (BLS).

A = Vitamin $A_{RÄ}$ Retinoläquivalent (1 mg RÄ = 1 mg Retinol = 6 mg ß-Carotin = 12 mg andere Pro-Vitamin-A-Carotinoide), B_1 = Vitamin B_1 (Thiamin), B_6 = Vitamin B_6 (Pyridoxin), B_{12} = Vitamin B_{12} (Cobalamine), C = Vitamin C (Ascorbinsäure), D = Vitamin D (Calciferole), E = Vitamin E (Tocopherole), Thia = Vitamin B_1 (Thiamin), Ribo = Vitamin B_2 (Riboflavin), Fol = Folsäure/Folat.

Vitamine	A µg	B_1 mg	B_6 mg	B_{12} µg	C mg	D µg	E mg
Schwein, Kotelett	9	0,82	0,55	2,0	–	–	0,3
Rind, Roastbeef	15	0,09	0,18	2,0	–	–	0,5
Schwein/Rind, Hackfleisch	20	0,10	0,36	2,0	–	–	0,5
Frankfurter Würstchen	5	0,18	0,14	1,1	20	–	0,2
Leberwurst, fein	6,6	0,17	0,25	3,9	25	–	0,9
Putenbrust, frisch	1	0,05	0,46	1,4	–	–	0,2
Forelle, frisch Fischzuschnitt	30	0,08	0,23	4,5	3	18,3	1,7
Aal, geräuchert	980	0,18	0,28	1,0	2	5,5	8,0
Hühnerei, Vollei	270	0,10	0,08	1,8	–	2,9	2,0
Kuhmilch, fettarm 1,5 % Fett	15	0,04	0,05	0,4	2	–	–
Schlagsahne 30 % Fett	320	0,03	0,04	0,4	1	1,0	0,7
Butter	590	0,01	0,01	–	–	1,1	2,0
Sonnenblumenmargarine	900	–	–	0,1	–	2,5	40,0
Joghurt, 1,5 % Fett	15	0,04	0,04	0,4	2	–	–
Emmentaler Käse, 45 % Fett i.Tr	270	0,01	0,05	3,1	–	0,7	0,5
Camembert, 45 % Fett i.Tr	330	0,05	0,25	2,8	–	0,3	0,5
Weißbrot/Weizenbrot	–	0,09	0,02	–	–	–	0,6
Graubrot/Roggenbrot	–	0,18	0,13	–	–	–	1,1
Naturreis, gekocht	–	0,07	0,05	–	–	–	0,2

Vitamine	A µg	B_1 mg	B_6 mg	B_{12} µg	C mg	D µg	E mg
Mais, ganzes Korn getrocknet	153	0,36	0,4	–	–	–	2,0
Haferflocken	–	0,59	0,16	–	–	–	1,5
Kartoffeln, gekocht und gepellt	0,8	0,10	0,19	–	15	–	0,1
Mohrrübe (Karotte), frisch	1633	0,07	0,27	–	7	–	7
Rahmspinatgemüse, gekocht	730	0,07	0,18	0,1	25	–	1,4
Spitzkohl, frisch	25	0,05	0,15	–	60	–	0,2
Tomaten, frisch	98	0,06	0,10	–	20	–	1,5
Erbsen grün, frisch	70	0,30	0,16	–	25	–	0,3
Bohnen grün, frisch	53	0,08	0,26	–	20	–	0,1
Champignon, frisch	13	0,09	0,07	–	5	1,9	01
Apfel, frisch	5	0,04	0,10	–	10	–	10
Pfirsich, frisch	13	0,03	0,03	–	10	–	0,9
Orange, frisch	15	79	50	–	50.000	–	240
Zitrone, frisch	7	0,08	0,10	–	45	–	0,3
Honig	–	–	0,16	–	2	–	–
Milchschokolade	56	0,11	0,11	–	–	–	0,3
Gummibärchen	–	–	–	–	–	–	–

Heseker und Heseker 2013, 2014; Elmafda et. al. 2014

Tabelle 2.1.15 Die Menge ausgewählter Nahrungsmittel mit vergleichbarem Energiegehalt

Wie viel von einem Nahrungsmittel muss bei vorgegebenen Energiewerten gegessen werden?

Energie	Nahrungsmittelgruppen und Sorten	Menge in g	Eiweiß in g	Fett in g	Vitamin C in mg
25–35 kcal = 105–145 kJ	**Gemüse**				
	Gurken	250	3,3	–	3,0
	Tomaten	200	6,6	–	48,0
	Kopfsalat	200	4,0	–	26,0
	Spargel	150	4,4	–	32,0
30–40 kcal = 125–165 kJ	**Sahne und Kondensmilch**				
	Sahne, 10 % Fett	30	0,9	3,2	–
	Kondensmilch, 4 % Fett	30	2,4	1,2	–
	Kondensmilch, 7,5 % Fett	25	1,6	1,9	–
	Sahne, 30 % Fett	10	0,2	3,2	–
30–50 kcal = 125–210 kJ	**Gemüse**				
	Spinat	200	6,9	–	104,0
	Kohlrabi	150	6,7	–	80,0
	Blumenkohl	150	5,9	–	105,0
	Rotkohl	150	11,9	–	100,0
	Partyhappen, Fingerfood	**Menge in g**	**Eiweiß in g**	**Fett in g**	**Kohlenhydrate in g**
35–50 kcal = 145–210 kJ	Salzgurken	250	2,0	–	7,0
	Mixed Pickles	100	–	–	8,0
	Oliven	30	–	4,0	1,0
	Erdnüsse, geröstet	6	2,0	3,0	1,0

40–50 kcal = 165–210 kJ	**Pilze**				
	Champignons	200	6,0	–	10,0
	Pfifferlinge	200	6,0	–	12,0
	Steinpilze	150	7,3	–	5,0
	Alkoholische Getränke	**Menge in g**	**Alkohol in g**	**Fett in g**	**Kohlenhydrate in g**
50–70 kcal = 210–290 kJ	Whisky (schottisch)	20	7,0	–	–
	Cognac (Durchschnitt)	20	7,0	–	–
	Liköre (Durchschnitt)	20	5,0	–	6,0
	Obstwässer (Durchschnitt)	20	10,0	–	–
50–70 kcal = 210–290 kJ	**Alkoholfreie Getränke**				
	Tomatensaft	300	–	–	11,7
	Apfelsaft	150	–	–	17,4
	Cola (Koffein: 17,7 mg)	150	–	–	16,5

Energie	**Nahrungsmittelgruppen und Sorten**	**Menge in g**	**Kohlenh. in g**	**Fett in g**	**Eiweiß in g**	**Vitamin C in mg**
50–70 kcal = 210–290 kJ	**Süßigkeiten, Schokolade**					
	Eiscreme	30	6,1	3,5	–	–
	Konfitüre (Durchschnitt)	20	14,0	–	–	–
	Bonbons (Durchschnitt)	15	14,1	–	–	–
	Vollmilchschokolade	10	5,5	3,3	–	–
	Pralinen (mit Alkohol)	8	2,0	2,0	–	–

50–75 kcal =210–315 kJ	**Gemüse**					
	Möhren (Karotten)	200	14,5	–	–	11
	Brokkoli	200	8,8	–	–	228
	Grüne Bohnen	200	10,0	–	–	39
	Artischocken	100	12,2	–	–	8
	Erbsen, grün	75	9,5	–	–	19
50–75 kcal =210–315 kJ	**Meeresfrüchte u. a.**					
	Miesmuscheln	100	–	3,9	9,8	–
	Weinbergschne- cken	100	–	0,8	15,0	–
	Froschschenkel	100	–	0,3	16,5	–
	Austern	75	–	0,9	6,8	–
	Hummer	75	–	–	11,9	–
60–80 kcal =250–330 kJ	**Exotische Früchte**					
	Mango	125	18,8	–	–	81
	Kiwi	125	13,8	–	–	375
	Litchi	100	16,0	–	–	30
	Feigen	100	18,0	–	–	5
	Avocado	30	–	6,0	–	6
80–100 kcal =330–420 kJ	**Frisches Obst**					
	Erdbeeren	250	18,7	–	–	160
	Orangen	175	21,0	–	–	88
	Äpfel	150	18,9	–	–	18
	Weintrauben	125	21,0	–	–	5
	Bananen	100	23,3	–	–	12
80–100 kcal =335–420 kJ	**Käsesorten**					
	Magerquark	120	–	0,3	16,2	–
	Speisequark, 40 % F.i.Tr.	55	–	6,7	6 6	–
	Camembert, 30 % Fett i.Tr.	40	–	5,3	8,8	–
	Schmelzkäse, 45 % Fett i.Tr.	30	–	7,1	4,3	–
	Emmentaler, 45 % Fett i.Tr.	20	–	6,1	5,5	–
	Roquefort	20	–	7,0	4,6	–

Energie	Nahrungsmittelgruppen und Sorten	Menge in g	Fette in g	Ess. Fettsäuren in g	Cholesterin in mg
70–90 kcal = 290–375 kJ	**Fette**				
	Mayonnaise, 50 % Fett	15	8	4,6	12
	Butter	10	8	0,2	28
	Schweineschmalz	8	8	0,8	8
	Mayonnaise, 80 % Fett	10	8	4,9	14
	Sonnenblumenöl	8	8	5,1	–
	Olivenöl	8	8	0,6	–
80–100 kcal = 335–420 kJ	**Trockenobst**	**Menge in g**	**Fette in g**	**Kohlenhydrate in g**	
	Äpfel	30	–	19,4	
	Aprikosen	30	–	21,1	
	Feigen	30	–	18,5	
	Pflaumen	30	–	20,8	
	Rosinen	30	–	19,3	
80–100 kcal = 335–420 kJ	**Alkoholische Getränke**	**Menge in g**	**Fette in g**	**Kohlenhydrate in g**	**Alkohol in g**
	Apfelwein	200	–	–	10,0
	Bier	200	–	–	5,2
	Weißwein	125	–	–	10,5
	Rotwein	125	–	–	9,8
	Sekt	100	–	–	8,9
	Erdbeerbowle	80	–	–	4,0

120–140 kcal = 500–585 kJ	**Brot und Backwaren**	**Menge in g**	**Eiweiß in g**	**Kohlenhydrate in g**	**Vitamin B1 in mg**
	Käsekuchen, einfach	70	7,1	16,3	0,04
	Obstkuchen, einfach	60	3,1	24,9	0,04
	Roggenvollkornbrot	50	3,7	23,2	0,09
	Brötchen	50	3,4	28,8	0,04
	Weißbrot	50	4,1	25,0	0,04
	Hefegebäck	40	3,2	21,0	0,04
	Knäckebrot	35	3,5	27,0	0,07
	Zwieback	30	3,0	22,7	0,03
	Kekse, trocken	30	4,4	21,0	–
	Biskuitplätzchen	30	2,6	24,5	–

Holtmeier 1986

Tabelle 2.1.16 Verbrauch von Nahrungsmitteln in Deutschland 1995–2012

Seit 1995 wird eine geänderte Berechnungsmethodik angewendet und ab 2002/2003 wird nur nach Marktobstbau erfasst. Vorjahreszahlen sind deshalb nicht voll vergleichbar.

	Verbrauch in kg je Einwohner und Jahr					
Pflanzliche Erzeugnisse	**1995/96**	**2000/01**	**2003/04**	**2005/06**	**2009/10**	**2011/12**
Getreide insgesamt	74,6	76,0	89,3	90,3	91,7	96,5
Mehl	67,4	68,3	77,1	76,7	75,3	79,6
sonst. Getreideerzeugnisse	7,2	7,7	12,2	13,5	16,4	16,9
Reis	2,5	3,7	3,7	4,0	5,0	5,3
Hülsenfrüchte	0,9	1,2	0,7	0,6	0,6	0,4

Kartoffeln, Kartoffelstärke	73,4	70,8	67,4	64,5	67,2	66,2
Zucker, Honig, Kakao	34,8	39,0	39,9	49,7	49,5	47,0
Gemüse	86,7	94,0	93,3	86,4	94,3	95,7
Obst, Trockenobst	89,3	113,3	82,5	80,1	71,4	70,0
Zitrusfrüchte	29,8	40,1	41,1	46,5	48,3	36,6
Schalenfrüchte (z. B. Nüsse)	3,5	3,9	3,3	3,5	4,1	4,2
Tierische Erzeugnisse	**Verbrauch in kg je Einwohner und Jahr**					
Öle und Fette	**1995/96**	**2000/01**	**2003/04**	**2005**	**2009**	**2012**
Fleischerzeugnisse insgesamt	92,0	90,7	90,8	87,2	88,7	87,0
Rind-, Kalbfleisch	16,6	14,0	12,8	12,1	12,5	13,0
Schweinefleisch	54,9	54,2	55,1	54,1	54,1	52,6
Schaf-, Ziegenfleisch	1,1	1,2	1,0	1,1	0,9	0,9
Pferdefleisch	0,1	0,1	0,1	0,0	0,0	0,0
Innereien	4,5	3,8	2,3	1,1	0,6	0,7
Geflügelfleisch	13,4	16,0	18,2	17,5	18,8	18,5
Wild, Kaninchen, u. a.	1,4	1,4	1,4	1,3	1,8	1,4
Fische u. Fischerzeugnisse	13,5	13,7	14,4	14,7	15,2	14,1
Frischmilcherzeugnisse	91,0	89,9	96,0	84,9	83,4	83,2
Sahne und Kondensmilch	12,9	12,9	11,9	10,3	8,6	8,1
Milchpulver	1,7	1,8	1,7	1,4	2,4	3,1
Ziegenmilch	0,1	0,1	0,1	0,3	0,3	0,2
Käse	19,8	21,2	21,7	21,5	22,9	23,7
Öle und Fette insgesamt	28,4	29,7	27,7	26,9	19,9	19,9

Tierische Fette	11,2	10,8	10,8	10,5	4,7	5,0
Pflanzliche Fette	17,2	18,9	17,0	15,9	15,3	14,9
Eier und Eier-erzeugnisse	13,7	13,8	13,1	12,6	13,0	13,3
entspricht in Stück	224	223	212	205	210	217

Statistisches Taschenbuch Gesundheit 2005, http://www.bmelv-statistik.de; Bundesministerium für Ernährung und Landwirtschaft 2013

Tabelle 2.1.17 Verbrauch von Gemüse und Zitrusfrüchten in Deutschland 1995–2012

Seit 1995 wird eine geänderte Berechnungsmethodik angewendet und ab 2002/2003 wird nur nach Marktobstbau erfasst. Vorjahreszahlen sind deshalb nicht voll vergleichbar.

Gemüsearten	**Verbrauch in kg je Einwohner und Jahr**					
	1995/96	**2000/01**	**2002/03**	**2006/07**	**2010/11**	**2012/13**
Weißkohl, Rotkohl	6,1	5,7	4,5	4,9	4,4	4,9
Wirsingkohl (ab '06 einschl. Kohlrabi und Chinakohl)	2,7	2,7	2,3	2,4	2,4	2,5
Grünkohl, Blumenkohl	2,8	2,4	2,3	2,3	2,1	2,2
Rosenkohl	0,4	0,5	0,4	0,4	0,5	0,3
Möhren, Karotten, Rote Rüben	5,6	6,6	6,5	7,5	8,5	8,7
Sellerie	0,6	0,7	0,6	0,6	0,9	1,0
Porree	1,1	1,1	1,0	1,1	1,2	1,3
Spinat	0,8	0,8	0,9	1,0	0,8	1,3
Spargel	1,3	1,4	1,4	1,5	1,5	1,5
Erbsen	1,2	1,2	1,3	1,2	1,2	1,1
Bohnen	2,3	2,0	2,0	1,8	1,8	1,9

Kopfsalat (ab '06 einschl. Eisbergsalat)	2,8	2,3	2,0	3,0	2,8	3,3
Speisezwiebeln	6,3	6,5	6,3	7,0	7,3	8,0
Tomaten	17,0	19,1	21,1	22,6	25,5	24,8
Gurken	6,7	6,0	6,5	6,4	7,2	6,1
Champignons	2,1	2,2	2,2	1,9	1,9	1,8
Sonstige Gemüse	17,5	22,5	23,5	20,8	21,4	20,7
Gemüse über den Markt	77,3	83,7	84,9	–	–	–
Gemüse Selbstversorger	9,4	10,3	9,8	–	–	–
Gemüse insgesamt	86,7	94,0	94,7	88,9	95,1	94,8
Zitrusfrüchte	**Verbrauch in kg je Einwohner und Jahr**					
	1995/96	**2000/01**	**2002/03**	**2006/07**	**2010/11**	**2012/13**
Apfelsinen	6,7	7,0	6,5	6,0	5,2	5,4
Clementinen u. a.	4,9	4,2	4,2	4,2	4,3	3,7
Zitronen	1,6	1,6	1,6	1,6	1,5	1,3
Pampelmusen u. a.	1,2	1,1	1,0	0,8	0,9	0,6
Zitrusfrüchte insgesamt	14,4	13,9	13,3	12,6	11,8	11,0
Eingeführte Zitruserzeugnisse.	15,4	26,2	27,8	29,3	28,0	22,0
Insgesamt	29,8	40,1	41,1	41,9	39,7	33,0

Statistisches Taschenbuch Gesundheit 2005, http://www.bmelv-statistik.de; Bundesministerium für Ernährung und Landwirtschaft 2013

Tabelle 2.1.18 Verbrauch von Getränken in Deutschland 1995–2012

Reiner Alkohol unter Zugrundelegung von 4 % Alkohol bei Bier, 10 % bei Wein und Schaumwein sowie 33 % bei Spirituosen. Trinkwein einschließlich Wermut- und Kräuterwein; Schaumwein wurde aus der Verbrauchssteuerstatistik errechnet. Mineralwasser einschließlich Quell-, Tafel- und aromatisierte Wasser. Erfrischungsgetränke ohne Getränke aus Konzentrat, Sirup und Getränkepulver, einschließlich Teegetränke. Fruchtsäfte einschließlich Fruchtnektar und Gemüsesäfte; unter „anderen Säften" werden Schwarze Johannisbeere, Sauerkirsche und sonstige Multisäfte/Nektar zusammengefasst. Bohnenkaffee unter Zugrundelegung von 35 Gramm Röstkaffee pro Liter. Schwarzer Tee einschließlich Grüntee (9 Gramm Tee pro Liter). Milch einschließlich Konsummilch, Buttermilch, Sauermilch und Milchmischgetränke.

Getränke	Verbrauch in kg je Einwohner und Jahr					
	1995/96	**2000/01**	**2002/03**	**2006**	**2010**	**2012**
Alkoholgetränke	165,0	155,7	152,1	141,2	137,2	135,5
Bier	135,9	125,7	121,9	116,0	107,4	105,5
Trinkwein	17,8	20,1	20,4	20,1	20,5	20,4
Schaumwein	4,8	4,1	3,9	3,8	3,9	4,2
Spirituosen	6,5	5,8	5,9	5,7	5,4	5,4
Reiner Alkohol	9,6	9,1	9,0	8,8	–	–
Alkoholfreie Getränke	230,6	253,1	271,7	297,5	290,8	295,5
Mineralwasser	98,1	106,8	118,5	142,2	136,3	140,7
Erfrischungsgetränke	91,8	105,7	112,8	115,5	118,2	121,6
Fruchtsäfte	40,7	40,6	40,4	39,8	36,3	33,2
Apfelsaft	11,8	12,1	12,2	12,0	8,1	8,5
Orangensaft	9,8	9,5	9,5	8,9	8,7	7,8

Getränke	Verbrauch in kg je Einwohner und Jahr					
	1995/96	2000/01	2002/03	2006	2010	2012
Traubensaft	1,2	1,3	1,3	1,3	1,0	0,8
Gemüsesaft	0,9	1,0	1,0	1,4	–	–
Zitrusnektar	8,6	7,8	7,7	7,3	–	–
andere Säfte (ab '10 nur noch Multivitaminfruchtsäfte)	8,4	8,9	8,7	9,0	4,1	3,8
Sonstige Getränke	272,7	335,9	334,7	306,5	314,0	312,8
Bohnenkaffee	164,6	158,9	156,1	147,5	153,3	151,4
Schwarzer Tee	–	26,7	26,2	23,6	25,0	25,7
Kräuter-/ Früchtetee	–	44,5	45,8	50,3	50,8	51,3
Milch (ab '10 Frischmilcherzeugnisse)	91,0	89,9	90,9	85,1	84,9	84,4
Insgesamt	668,3	744,7	758,5	749,6	742,0	743,8

Statistisches Taschenbuch Gesundheit 2005, http://www.bmelv-statistik.de; Bundesministerium für Ernährung und Landwirtschaft 2013

Tabelle 2.1.19 Aufwendungen für Nahrungsmittel, Getränke und Tabakwaren je Haushalt und Monat in Deutschland 1998 bis 2012

Ohne Haushalte von Selbstständigen und Landwirten/Landwirtinnen und ohne Haushalte mit einem monatlichen Haushaltsnettoeinkommen von 18.000 EUR und mehr. Die Daten sind in Einkommens- und Verbrauchsstichproben erhoben worden.

	Aufwendungen je Haushalt und Monat in €					
	2006	**2007**	**2009**	**2010**	**2011**	**2012**
Private Konsumausgaben	2089	2067	2156	2168	2252	2310
Nahrungsmittel, Getränke u. Tabakwaren	287	297	302	305	312	321
				1998	**2003**	**2008**
Nahrungsmittel, Getränke und Tabakwaren				262,0	272,3	289,8
Nahrungsmittel				94,6	196,6	213,9
Brot- u. Getreideerzeugnisse				36,4	36,6	40,3
Fleisch u. Fleischwaren				49,7	47,1	48,9
Fischwaren				5,9	6,7	7,9
Molkereiprodukte u. Eier				30,5	31,8	36,6
Speisefette u. Öle				6,5	5,6	5,9
Obst				19,1	19,9	20,8
Gemüse, Kartoffeln				22,3	23,3	25,8
Zucker, Konfitüre, Schokolade und Süßwaren				15,9	16,9	17,7
Alkoholfreie Getränke				28,2	30,8	31,7
Kaffee, Tee, Kakao				10,6	8,44	10,0
Alkoholische Getränke und Tabakwaren				39,3	44,9	44,2
Alkoholische Getränke				24,9	27,3	26,3
Tabakwaren				14,4	17,6	17,9
Verzehr von Speisen und Getränken außer Haus, warme Fertiggerichte				83,8	86,7	57,8
Erfasste Haushalte (Anzahl)				12.939	12.072	11.806
Hochgerechnete Haushalte × 1000				36.724	38.110	39.409

Destatis 2011; http://www.bmelv-statistik.de; http://www.destatis.de; Bundesministerium für Ernährung und Landwirtschaft 2013

2.2 Kreislauferkrankungen und Sport

Tabelle 2.2.1 Daten im Überblick

Die Todesursachenstatistik umfasst alle im Berichtsjahr Gestorbenen ohne die Totgeborenen, die nachträglich beurkundeten Kriegssterbefälle und die gerichtlichen Todeserklärungen. Der Vergleich der Todesursachen wurde nach der ICD-Klassifikation durchgeführt.

Erläuterungen siehe Tab. 2.2.2 und 2.2.8

Kreislauferkrankungen 2012	
Anteil von Kreislauferkrankungen als Todesursache bei allen Gestorbenen (fast jeder zweite Sterbefall)	45 %
Anteil von über 65 Jährigen an den Gestorbenen mit Todesursache Kreislauferkrankungen	92 %
Sterbefälle auf Grund von Kreislauferkrankungen 2012 in Deutschland	349.217
Männer	150.149
Frauen	199.068
davon mit der häufigsten Diagnose ischämische Herzkrankheiten	128.171
Männer	66.294
Frauen	61.877
davon Krankheiten des Hirnblutsystems (zerebrovaskulär)	59.925
Männer	23.286
Frauen	35.639
davon Akuter Myokardinfarkt	52.516
Männer	28.951
Frauen	23.565
Beurteilung von Sportarten (Note 0 = schlecht, Note 5 = gut)	
Beurteilung von Sportarten nach der Gesundheit	
höchste Bewertung: Rudern/Triathlon und Fünfkampf	Note 3,2 / 2,9
niedrigste Bewertung: Bungee-Jumping und Segelfliegen	Note 0,2
Beurteilung von Sportarten nach der Fitness	
höchste Bewertung: Leichtathletik 5-Kampf und Squash	Note 3,8
niedrigste Bewertung: Bungee-Jumping/Segelfliegen	Note 0,7 / 0,9
Beurteilung von Sportarten nach der Schnelligkeit	
höchste Bewertung: Basketball, Squash, Volleyball, Karate/ Teakwondo	Note 5,0
niedrigste Bewertung: Eisstockschießen, Bungee-Jumping, Paragliding, Drachenfliegen, Segelfliegen	Note 0

Statistisches Bundesamt 2013, http://www.destatis.de; Deutsches Grünes Kreuz, http://www.dgk.de

Tabelle 2.2.2 Ausgewählte Krankheiten des Kreislaufsystems, Sterbefälle je 100.000 Einwohner in Deutschland 1990–2012

Die Daten der ersten Welle der DEGS-Studie* (Bundesgesundheitsblatt 2013) und des Bundesgesundheits-Survey[+] (Thefeld 2000) erlauben Aussagen über die Verbreitung von Herz-Kreislauf-Risikofaktoren in der erwachsenen deutschen Wohnbevölkerung. Dies sind erhöhte Werte des Gesamtcholesterins, erhöhter Blutdruck und tägliches Rauchen

- Jede/r fünfte Deutsche hat einen höheren Cholesterinwert als 240 mg/100 ml*.
- Fast jede/jeder Vierte ist schwer übergewichtig (Body-Mass-Index > 30 kg/m2)*.
- 18 % der Männer/13 % der Frauen weisen einen hohen Blutdruck auf*.
- 8,5 % der Frauen und 16,8 % der Männer zwischen 30 und 44 Jahren rauchen täglich ≥ 20 Zigaretten pro Tag*.
- Nur ein Drittel aller 18- bis 79-Jährigen haben keinen der Risikofaktoren[+].
- Etwa 40 % weisen einen Risikofaktor auf, ca. 20 % zwei Risikofaktoren[+].

Die Verbreitung der Risikofaktoren zeigt eine starke Abhängigkeit von der sozialen Schicht, zu der die Erfassten gehören.

In der Tabelle sind bei Krankheiten der Arterien auch Krankheiten der Arteriolen und der Kapillaren eingeschlossen. Unter Krankheiten des Hirnblutsystems werden Krankheiten des zerebrovaskulären Systems verstanden. Durch methodische Unterschiede können einzelne Angaben nicht verglichen werden[#].

Deutschland (Sterbefälle je 100.000 Einwohner)

Jahr	Insgesamt	Bluthochdruck	Herzkrankheiten	Akuter Herzinfarkt	Lungenembolie	Krankheiten d. Hirnblutsyst.	Krankheiten der Arterien	Arterienverkalkung
1990								
männl.	503,8	17,7	221,9	127,6	6,0	98,9	47,3	34,7
weibl.	657,5	34,2	209,7	89,5	8,7	165,1	72,6	62,4
insges.	583,4	26,2	215,6	107,9	7,4	133,1	60,4	49,0
1997								
männl.	428,8	11,5	211,4	114,1	5,9	83,9	24,6	12,8
weibl.	581,1	24,9	223,6	88,6	8,5	142,9	36,5	26,3
insges.	506,9	18,4	217,7	101,0	7,2	114,1	30,7	19,7
2004								
männl.	377,9	19,8	181,7	82,6	–	62,4	–	22,6

Deutschland (Sterbefälle je 100.000 Einwohner)

Jahr	Insgesamt	Bluthochdruck	Herzkrankheiten	Akuter Herzinfarkt	Lungenembolie	Krankheiten d. Hirnblutsyst.	Krankheiten der Arterien	Arterienverkalkung
weibl.	512,5	42,2	188,3	67,3	–	102,8	–	30,8
insges.	446,6	31,3	185,0	74,8	–	83,0	–	26,8
2012			*nur ischämisch*				*Arterien, Arteriolen, Kapillare*	
männl.	372,8	26,8	164,6	71,9	–	57,8	20,9	–
weibl.	478,0	60,5	148,6	56,6	–	85,6	25,0	–
insges.	426,3	43,9	156,5	64,1	–	71,9	23,0	–

Statistisches Bundesamt 2013, http://www.destatis.de; Deutsches Grünes Kreuz, http://www.dgk.de

Tabelle 2.2.3 Ausgewählte Krankheiten des Kreislaufsystems, Sterbefälle je 100.000 Einwohner im früheren Bundesgebiet von 1965–1997

Nach dem Bundes-Gesundheitssurvey 1998 haben in der Bevölkerung (18–79 Jahre) 15,5 % der Männer und 17,3 % der Frauen jemals im Laufe ihres Lebens einen Schlaganfall erlitten. Bei Frauen ist ein starker Anstieg ab 60 Jahren, bei Männern ab 50 Jahren zu beobachten. Krankheiten der Arterien einschließlich Arteriolen und Kapillaren; Krankheiten des Hirnblutsystems sind solche des zerebrovaskulären Systems.

Das Gesundheitswesens 1999; Statistisches Bundesamt 2005; www.destatis.de

Früheres Bundesgebiet (Sterbefälle je 100.000 Einwohner)

Jahr	Insgesamt	Bluthochdruck	Herzkrankheiten	Akuter Herzinfarkt	Lungenembolie	Krankheiten d. Hirnblutsyst.	Krankheiten der Arterien	Arterienverkalkung
1965								
männl.	504,3	15,4	168,0	–	2,3	165,3	33,2	26,4
weibl.	476,2	26,0	81,2	–	2,6	198,1	34,7	29,1
insges.	489,6	21,0	122,5	–	2,5	182,5	34,0	27,8
1970								
männl.	531,6	14,5	214,7	148,6	3,1	155,5	28,6	15,8
weibl.	536,9	26,2	137,1	71,8	3,9	194,6	30,3	20,0
insges.	534,4	20,6	174,0	108,3	3,5	176,0	29,5	18,0
1980								
männl.	556,4	15,5	246,1	174,9	4,3	136,9	29,1	18,0
weibl.	609,1	30,3	177,6	101,7	5,4	193,0	33,4	25,9
insges.	583,9	23,3	210,4	136,7	4,9	166,2	31,3	22,1
1990								
männl.	476,9	8,7	223,8	136,8	5,6	99,6	30,6	16,3
weibl.	615,3	19,1	210,2	98,9	8,5	164,6	43,0	31,3
insges.	548,4	14,1	216,8	117,2	7,1	133,2	37,0	24,0
1993								
männl.	445,7	9,9	211,4	121,3	5,3	89,3	28,8	15,6
weibl.	593,5	21,5	206,8	90,4	7,7	152,2	42,2	31,1
insges.	521,4	15,8	209,0	105,5	6,5	121,5	35,7	23,5
1995								
männl.	419,7	11,1	200,3	109,3	5,9	80,2	24,3	11,5
weibl.	562,1	24,1	203,9	85,9	8,7	133,4	34,8	23,5
insges.	492,7	17,7	202,2	97,3	7,3	107,5	29,7	17,7
1997								
männl.	420,0	11,1	200,3	109,3	5,9	80,2	24,3	11,5
weibl.	562,6	24,1	203,9	85,9	8,7	133,4	34,8	23,5
insges.	493,1	17,8	202,2	97,3	7,3	107,5	29,7	17,7

Tabelle 2.2.4 Ausgewählte Krankheiten des Kreislaufsystems im internationalen Vergleich zu Deutschland

Im Bundes-Gesundheitssurvey 1998 wurde untersucht, wie viele Patienten als Hypertoniker (Blutdruck > 160/95 mmHg und antihypertensive Therapie) im internationalen Vergleich behandelt werden müssen.

Bei den erfassten Daten ist jedoch zu berücksichtigen, dass die Erhebungsmethoden in den verschiedenen Ländern zum Teil variieren. Grundlage der Erhebungen ist die internationale Klassifikation der Krankheiten ICD-10.

Verglichen wurden 5 europäische Länder (Deutschland, England, Italien, Schweden und Spanien) und 2 nordamerikanischen Länder (USA und Kanada).

Von den 35- bis 64-Jährigen galten bei einem Grenzwert von 160/95 mmHg als Hypertoniker: in den USA 66 %, in Kanada 49 % und in Europa 23 %–38 %, in Deutschland 25 %).

Krankheiten des Hirnblutsystems (zerebrovaskuläres System) betreffen die Blutgefäße des Gehirns und damit auch die Durchblutung.

Sterbefälle je 100.000 Einwohner im Jahr 2011

Land	Krankheiten des Kreislaufsystems	Herzkrankheiten	Bluthochdruck	Akuter Herzinfarkt	Krankheiten des Hirnblutsystems
Belgien	311,3	110,8	5,6	77,6	98,9
Dänemark	293,8	242,7	6,6	117,1	106,1
Deutschland	406,1	217,7	18,4	101,0	114,1
Finnland	422,1	267,7	7,0	166,4	121,3
Frankreich	222,7	80,2	10,2	49,3	75,0
Griechenland	445,5	121,4	10,0	88,1	182,0
Vereinigtes Königreich (UK)	284,9	263,3	5,7	148,7	119,5
Italien	343,8	129,2	28,6	68,2	130,1
Luxemburg	365,9	115,5	12,3	44,7	118,4
Niederlande	293,4	133,9	5,0	101,3	80,2
Österreich	437,3	211,6	15,8	105,7	122,5
Portugal	315,7	92,6	7,7	68,4	238,8
Schweden	376,2	273,0	7,7	165,6	113,2
Spanien	271,8	91,1	9,6	62,8	104,0

Daten des Gesundheitswesens 1999; Statistisches Bundesamt 2005; www.destatis.de http://appsso.eurostat.ec.europa.eu

Tabelle 2.2.5 Das Risiko, durch einen erhöhten Blutdruck an Herzkranzkrankheiten zu erkranken: Häufigkeit der Blutdruckklassen in der Bevölkerung

Bluthochdruck (Hypertonie) ist eine krankhafte Steigerung des Drucks in den Arterien. Ein idealer Blutdruck liegt bei 120/80 mmHg.

Das Risiko an Bluthochdruck zu erkranken, ist bei Männern mit knapp 30 % höher als bei Frauen (26,9 %) und im Osten von Deutschland jeweils höher als im Westen. Seit 1991 ist ein Anstieg der Häufigkeit im Westen und eine Abnahme im Osten zu beobachten, was offensichtlich zu einer Annäherung der Werte der beiden Regionen führt.

Risikoklassen nach Empfehlungen der Welt-Gesundheits-Organisation (WHO):

Normal:	Systole < 140 mmHg und/oder Diastole < 90 mmHg
Grenzwertig:	Systole < 140–159 mmHg und/oder Diastole < 90–94 mmHg
Bluthochdruck:	Systole > 140 mmHg und/oder Diastole > 90 mmHg
Kontrolliert:	Systole < 160 mmHg und Diastole < 95 mmHg sowie Einnahme von Antihypertonika (Arzneimittel zur Senkung eines pathologisch erhöhten Blutdrucks)

Repräsentative Stichproben des Nationalen Gesundheits-Surveys von 1998 in Deutschland. Daten des Gesundheitswesens 1999; Statistisches Bundesamt 2005; www.destatis.de

Häufigkeit in % der Stichproben 1998

	Zahl der Stichproben	Normaler Blutdruck	Grenzwertiger Blutdruck	Bluthochdruck	Kontrollierter Bluthochdruck
Gesamt:					
Insgesamt	7100	53,9	15,9	22,9	7,3
Männer	3455	49,7	19,5	24,5	6,3
Frauen	3645	57,9	12,5	21,5	8,1
Männer:					
18–19 Jahre	98	84,5	14,9	0,0	0,6
20–29 Jahre	558	76,5	18,5	4,4	0,6
30–39 Jahre	792	64,8	18,4	15,2	1,6
40–49 Jahre	649	52,5	19,5	26,3	1,7
50–59 Jahre	596	32,5	2,5	36,1	8,8
60–69 Jahre	505	22,9	21,1	40,1	15,9
70–79 Jahre	257	16,9	16,2	43,9	23,0

	Häufigkeit in % der Stichproben 1998				
	Zahl der Stichproben	Normaler Blutdruck	Grenzwertiger Blutdruck	Bluthochdruck	Kontrollierter Bluthochdruck
Frauen:					
18–19 Jahre	94	96,2	2,8	0,5	0,5
20–29 Jahre	536	93,1	4,1	2,3	0,5
30–39 Jahre	763	83,8	7,8	7,1	1,3
40–49 Jahre	632	66,6	12,9	15,7	4,8
50–59 Jahre	607	42,3	19,1	29,7	8,9
60–69 Jahre	560	22,4	20,1	41,4	16,1
70–79 Jahre	453	17,7	13,2	45,1	24,0

Repräsentative Stichproben des Nationalen Gesundheits-Surveys von 1998 in Deutschland. Daten des Gesundheitswesens 1999; Statistisches Bundesamt 2005; www.destatis.de

Tabelle 2.2.6 Das Risiko, durch erhöhte Cholesterinwerte an Kreislauferkrankungen zu erkranken: Gesamtserumcholesterinspiegel und HDL-Cholesterin, Risikoklassen

Obwohl die Grenzwerte der Hypercholesterinämie unter Experten heftig diskutiert werden, sind erhöhte Cholesterinwerte als Risikofaktor für Herz-Kreislauf-Krankheiten unumstritten. Die unten angegebenen Empfehlungen der europäischen Gesellschaften für Kardiologie, Artheriosklerose und Hypertonie können als Richtwerte nur dann praxisgerecht sein, wenn das Gesamtrisikoprofil eines Patienten einschließlich seiner familiären Belastung bei der Risikobeurteilung mit einbezogen wird. Es gilt als gesichert, dass hohe HDL-Cholesterinwerte ein vermindertes Risiko anzeigen.

Repräsentative Stichproben (6737 Fälle) des Nationalen Gesundheits-Survey 1998.

Risikoklassen (Empfehlungen der European Atherosclerosis Society, EAS).

Normal:	Gesamt-Chol.: <200 mg/dl	HDL-Chol.: >35 mg/dl
Risikoverdächtig:	Gesamt-Chol.: 200 bis 250 mg/dl	HDL-Chol.: ≥35 mg/dl
Erhöhtes Risiko:	Gesamt-Chol.: ≥250 mg/dl	HDL-Chol.:
Stark erhöhtes Risiko:	Gesamt-Chol.: ≥300 mg/dl	HDL-Chol.:

Daten des Gesundheitswesens 1999; Statistisches Bundesamt 2005; www.destatis.de

	Häufigkeit in % der Bevölkerung 1998					
	Gesamtcholesterin				HDL-Cholesterin	
	Normal	Risikoverdächtig	Erhöhtes Risiko	Stark erh. Risiko	Normal	Risikoverdächtig
Gesamt						
Insgesamt	26,2	40,2	24,8	8,8	90,4	9,6
Männer	27,4	40,4	23,9	8,3	84,1	15,9
Frauen	25,1	40,0	25,7	9,2	96,4	3,6
Männer						
18–19 Jahre	84,0	15,2	0,8	0,0	81,5	18,5
20–29 Jahre	58,5	32,2	7,6	1,7	84,6	15,4
30–39 Jahre	29,9	45,0	19,9	5,2	84,6	15,4
40–49 Jahre	16,3	42,7	29,5	11,5	82,7	17,3
50–59 Jahre	14,3	42,7	33,2	9,8	84,9	15,1
60–69 Jahre	13,1	42,6	31,5	12,8	86,2	13,8
70–79 Jahre	19,2	36,3	29,8	14,7	79,3	20,7
Frauen						
18–19 Jahre	73,6	21,0	5,4	0,0	91,3	8,7
20–29 Jahre	46,6	41,4	11,3	0,7	98,1	1,9
30–39 Jahre	38,5	46,3	11,8	3,4	94,9	5,1
40–49 Jahre	26,0	47,9	21,6	4,5	97,4	2,6
50–59 Jahre	10,1	39,0	37,6	13,3	97,7	2,3
60–69 Jahre	5,8	29,4	43,4	21,4	97,5	2,5
70–79 Jahre	9,1	34,4	38,9	17,6	93,7	6,3

Daten des Gesundheitswesens 1999; Statistisches Bundesamt 2005; www.destatis.de

Tabelle 2.2.7 Beurteilung ausgewählter Trendsportarten nach sportmedizinischen Gesichtspunkten

Sport kann Symptome von Krankheiten lindern oder durch die allgemeine Verbesserung der körperlichen Konstitution den Heilungsverlauf begünstigen. Allerdings ist nicht jede Sportart für jeden geeignet. In der Tabelle werden Sportarten unter medizinischen Gesichtspunkten bewertet. Die Sportarten werden in den einzelnen Kategorien mit null bis maximal drei Punkten bewertet.

	Muskeltraining					Bewegungsanteil		Herz-
	Kraft	**Schnel-ligkeit**	**Aus-dauer**	**Koor-dinati-on**	**Flexi-bilität**	**sta-tisch**	**dyna-misch**	**Kreis-lauf**
Aerobic	1	3	2	2	3	3	2	2
Badmin-ton	3	3	3	3	1	1	3	2
Ballett/Tanz	1	1	3	3	2	3	2	2
Basket-ball	3	2	2	3	1	2	3	3
Bodybuil-ding	3	2	3	2	1	3	1	1
Bungee-Jumping	1	1	–	2	1	2	2	1
Eislauf	2	3	2	3	2	2	2	2
Fechten	3	3	2	3	2	2	2	1
Freeclim-bing	3	1	3	3	2	3	1	2
Fußball	2	2	2	3	1	2	3	2
Golf	1	2	1	3	1	1	1	1
Gymnas-tik	1	2	2	3	3	3	1	1/2
Handball	3	3	2	3	1	2	3	2
Inline-Skating	2	2	3	3	1	2	3	3
Joggen	1	2	3	2	1	1	3	3
Judo/Ka-rate	3	3	2	2	3	3	1	1
Kegeln/Bowling	2	2	1	3	1	1	1	1
Klettern	3	2	3	2	2	3	1	2
Moun-tainbiking	3	2	3	3	1	3	3	2
Para-gliding	1	1	2	2	1	3	1	1

	Muskeltraining					Bewegungsanteil		Herz-
	Kraft	Schnelligkeit	Ausdauer	Koordination	Flexibilität	statisch	dynamisch	Kreislauf
Radfahren	2	3	3	3	1	3	3	3
Reiten	2	1	2	3	1	2	1	1
Rudern	3	2	3	2	1	2	3	3
Schwimmen	2	1	3	3	1	2	3	3
Segeln	2	1	2	3	1	3	1	1
Ski alpin	2	2	2	3	1	3	2	1
Ski-Langlauf	3	1	3	2	1	2	3	3
Snowboarding	2	2	3	3	1	3	2	1
Surfen	3	1	3	3	1	2	2	1
Squash	3	3	3	3	1	1	3	2
Tauchen	2	1	1	3	1	2	1	3
Tennis	3	2	3	3	1	1	3	1
Tischtennis	1	2	2	3	2	3	2	2
Turnen	3	3	2	3	3	3	2	2
Volleyball	2	3	2	3	2	1	2	2
Wasserski	3	1	2	3	1	3	1	1

Trendsportarten im Vergleich; Deutsches Grünes Kreuz 2005; www.dgk.de

Tabelle 2.2.8 Gesamtbeurteilung ausgewählter Sportarten

Die Angaben beruhen auf Analysen entsprechender Fachliteratur und ergänzenden Untersuchungen am Institut für Sportwissenschaften der Universität in Wien unter der Leitung von Prof. R. Sobotka. Die Sportarten werden in den einzelnen Kategorien mit den Noten 0 = schlecht bis 5 = gut bewertet.

Bei der Note Fitness werden die in der Tab. 2.2.8 zusammengefassten sportmedizinischen Kriterien berücksichtigt, wobei Ausdauer und Koordination höher gewertet werden als Gelenkigkeit und Schnelligkeit.

Die Note Sicherheit setzt sich aus dem Verletzungsrisiko und der Schwere der auftretenden Verletzungen zusammen, die Note Gesundheit wird aus den Noten für Fitness und Sicherheit mit unterschiedlicher Gewichtung berechnet.

In der Note Umwelt sind die Kriterien aus der Tab. 2.2.9 zusammengefasst.

		Fitness (1)	**Sicherheit (2)**	**Gesundheit (3)**	**Umwelt (4)**	**Gesamt (3+4)**
1	Triathlon	3,6	3,3	2,9	4,2	7,1
2	Rudern	3,7	4,0	3,2	3,7	6,9
3	Leichtathletik (Fünfkampf)	3,8	3,0	2,9	3,7	6,6
4	Gelände-, Orientierungslauf	3,6	2,7	2,6	3,9	6,5
5	Radfahren	3,0	3,3	2,4	3,9	6,3
6	Tischtennis	2,3	4,3	2,1	4,2	6,3
7	Skilanglauf	2,9	4,0	2,5	3,7	6,2
8	Turnen (Boden-Gymnastik)	3,2	2,7	2,3	3,9	6,2
9	Jogging	2,4	3,7	2,0	4,2	6,2
10	Skateboard	2,4	2,7	1,7	4,4	6,1
11	Schwimmen	3,1	4,3	2,8	3,2	6,0
12	Aikido	2,7	3,3	2,1	3,9	6,0
13	Badminton	2,4	3,3	1,9	4,1	6,0
14	Inline-Skating/Rollschuhe	2,2	2,7	1,6	4,4	6,0
15	Basketball	3,1	2,7	1,9	3,9	5,8
16	Volleyball	2,7	2,7	1,9	3,9	5,8
17	Eisstockschießen	1,8	4,3	1,7	4,1	5,8
18	Tennis	3,0	2,7	2,1	3,6	5,7
19	Squash	3,8	2,3	1,8	3,9	5,7
20	Fitness/Aerobic	2,9	4,0	2,5	3,1	5,6
21	Handball	3,4	2,3	1,6	3,9	5,5
22	Tanzen	1,9	3,7	1,6	3,9	5,5
23	Judo/Jiu-Jitsu	3,3	2,3	1,5	3,9	5,4
24	Karate/Teakwondo	3,1	2,3	1,4	3,9	5,3

		Fitness (1)	Sicherheit (2)	Gesundheit (3)	Umwelt (4)	Gesamt (3+4)
25	Kegeln/Bowling	1,4	4,3	1,3	3,8	5,1
26	Wandern	2,7	2,7	1,9	3,1	5,0
27	Wasserski	2,1	3,3	1,7	3,2	4,9
28	Mountainbiken	3,0	2,3	1,4	3,5	4,9
29	Fußball	3,2	1,3	0,9	4,0	4,9
30	Eislaufen	1,9	3,3	1,5	3,2	4,7
31	Boxen	3,5	1,0	0,7	3,9	4,6
32	Golf	2,3	4,3	2,1	2,4	4,5
33	Krafttraining/Bodybuilding	2,0	2,7	1,4	3,1	4,5
34	Reiten	2,2	3,3	1,7	2,6	4,3
35	Windsurfen	2,3	2,7	1,6	2,7	4,3
36	Bungee-Jumping	0,7	1,7	0,2	4,0	4,2
37	Eishockey	3,5	1,3	1,1	3,0	4,1
38	Skitouren	3,6	2,0	1,4	2,5	3,9
39	Klettern	3,6	1,3	1,0	2,9	3,9
40	Kanusport/Wildwasser	3,5	1,7	1,2	2,5	3,7
41	Segeln	1,9	2,7	1,3	2,1	3,4
42	Skilaufen	2,4	3,3	1,9	1,4	3,3
43	Rafting	1,7	2,0	0,7	2,5	3,2
44	Paragliding	1,5	0,7	0,2	2,9	3,1
45	Tauchen	1,5	1,7	0,5	2,4	2,9
46	Drachenfliegen	2,1	0,7	0,3	2,4	2,7
47	Skifahren abseits der Piste	2,7	2,3	1,3	1,2	2,5
48	Snowboard	2,4	2,0	1,0	1,4	2,4
49	Fallschirmspringen	1,3	1,3	0,3	1,5	1,8
50	Segelfliegen	0,9	1,3	0,2	1,2	1,4

Focus 38/1995

Tabelle 2.2.9 Beurteilung ausgewählter Sportarten nach der Umweltverträglichkeit

Erläuterungen siehe Tab. 2.2.8. Bewertung nach Noten: 0 = schlecht, 5 = gut.

Unter Abfall werden auch Emissionen und Abwässer einbezogen. Die Gefährdung bezieht sich auf eine Gefährdung von Mensch und Natur.

		Energieverbrauch (1)	Ressourcenverbr. (2)	Landschaftsverbr. (3)	Abfall (4)	Gefährdung (5)	Umwelt (1–5)
1	Triathlon	1	1	0	1	0	4,2
2	Rudern	1	2	1	1	1	3,7
3	Fünfkampf	2	1	2	1	0	3,7
4	Geländelauf	2	1	0	1	1	3,9
5	Radfahren	1	2	0	1	1	3,9
6	Tischtennis	1	1	0	1	0	4,2
7	Skilanglauf	2	1	1	1	1	3,7
8	Turnen (Gymnastik)	2	1	1	1	0	3,9
9	Jogging	1	1	0	1	0	4,2
10	Skateboard	1	1	0	1	0	4,4
11	Schwimmen	2	2	1	2	1	3,2
12	Aikido	2	1	1	1	0	3,9
13	Badminton	1	1	1	1	0	4,1
14	Inline-Skating	1	1	0	1	0	4,4
15	Basketball	2	1	1	1	0	3,9
16	Volleyball	2	1	1	1	0	3,9
17	Eisstockschießen	1	1	1	1	0	4,1
18	Tennis	2	1	1	2	0	3,6
19	Squash	2	1	1	1	0	3,9
20	Fitness/ Aerobic	3	2	1	2	0	3,1
21	Handball	2	1	1	1	0	3,9
22	Tanzen	2	1	1	1	0	3,9

		Energieverbrauch (1)	Ressourcenverbr. (2)	Landschaftsverbr. (3)	Abfall (4)	Gefährdung (5)	Umwelt (1–5)
23	Judo/Jiu-Jitsu	2	1	1	1	0	3,9
24	Karate/ Teakwondo	2	1	1	1	0	3,9
25	Kegeln/ Bowling	2	2	1	1	0	3,8
26	Wandern	3	1	1	2	2	3,1
27	Wasserski	3	2	1	1	1	3,2
28	Mountainbiking	1	2	1	1	3	3,5
29	Fußball	1	1	2	1	0	4,0
30	Eislaufen	2	2	2	2	0	3,2
31	Boxen	2	1	1	1	0	3,9
32	Golf	3	2	4	3	1	2,4
33	Krafttraining	3	2	1	2	0	3,1
34	Reiten	2	3	1	3	2	2,6
35	Windsurfen	3	3	1	2	1	2,7
36	Bungee-Jumping	1	1	0	1	0	4,0
37	Eishockey	2	3	2	2	0	3,0
38	Skitouren	3	2	2	2	4	2,5
39	Klettern	3	2	1	2	2	2,9
40	Kanu/Wildwasser	4	2	1	2	3	2,5
41	Segeln	3	4	1	3	2	2,1
42	Skilaufen	5	3	4	3	3	1,4
43	Rafting	4	2	1	2	3	2,5
44	Paragliding	3	2	1	2	2	2,9
45	Tauchen	3	3	1	3	2	2,4
46	Drachenfliegen	4	3	1	2	2	2,4
47	Tiefschneefahren	5	3	4	3	4	1,2

		Energieverbrauch (1)	Ressourcenverbr. (2)	Landschaftsverbr. (3)	Abfall (4)	Gefährdung (5)	Umwelt (1–5)
48	Snowboard	5	3	4	3	3	1,4
49	Fallschirmspringen	5	3	3	4	1	1,5
50	Segelfliegen	5	4	3	4	1	1,2

Focus 38/1995

Tabelle 2.2.10 Veränderung biochemischer Parameter im Blut vor und nach einem 800-m-Lauf

Die Angaben stellen Mittelwerte am Beispiel einer aus 25 untrainierten Mädchen bestehenden Altersgruppe von 8–9 Jahren dar.

Abkürzungen: BE = Basenüberschusswerte (base-excess); Hb = Hämoglobinwerte

			Nach einer Erholungsphase von			
	In Ruhe	**Nach Laufende**	**3 min**	**10 min**	**20 min**	**30 min**
pH-Wert	7,42	7,21	7,22	7,28	7,34	7,38
Kohlenstoffdioxid-partialdruck pCO_2 [Torr]	35,17	31,29	30,41	29,46	30,52	32,27
BE voll oxidiert [mVal/l]	–1,29	–14,92	–14,83	–11,97	–7,79	–4,79
HCO_3^- [mVal/l] standardisiert	23,35	13,53	13,52	15,44	18,30	20,56
Hb [g/100 ml]	13,53	14,05	13,96	13,74	13,65	13,53
Sauerstoffpartialdruck pO_2 [Torr]	89,03	94,20	97,88	90,79	86,04	84,13

			Nach einer Erholungsphase von			
	In Ruhe	Nach Laufende	3 min	10 min	20 min	30 min
Sauerstoffsättigungswert sO_2 [%]	96,85	95,63	96,37	96,06	96,17	96,27
Laktat [mmol/l]	1,24	11,45	11,05	9,16	6,50	4,56
Glukose [mmol/l]	5,64	6,65	7,13	6,50	5,56	5,16

Klimt 1992

Tabelle 2.2.11 Sportliche Leistungen bei Frauen und Männern im Vergleich

GR = Geschlechterrelation (bei Zeitangaben reziproke Werte). GR 93,7 bedeutet: Frauen erbringen 93,7% der Leistung der Männer.

Als Vergleichsdaten wurden die Weltrekordleistungen von 1990 herangezogen.

Disziplin	Frauen	Männer	GR
100 m-Lauf	10,49 s	9,83 s	93,7
200 m-Lauf	21,34 s	19,72 s	92,4
400 m-Lauf	47,60 s	43,29 s	90,9
800 m-Lauf	1:53,28 min	1:41,73 min	89,8
1500 m-Lauf	3:52,50 min	3:29,46 min	90,1
10.000 m-Lauf	30:13,7 min	27:08,2 min	89,8
Marathon-Lauf	2:21:06 h	2:06:56 h	90,0
400 m-Hürden	52,96 s	47,02 s	88,8
Hochsprung	2,09 m	2,43 m	86,0
Weitsprung	7,52 m	8,90 m	84,5
100 m-Freistilschwimmen	54,73 s	48,42 s	88,5
200 m-Freistilschwimmen	1:57,55 min	1:46,49 min	90,8
400 m-Freistilschwimmen	4:03,85 min	3:46,95 min	93,1

Knußmann 1996

Tabelle 2.2.12 Trainingsempfehlungen nach Altersstufen und Geschlecht

Bei „vorsichtigem Trainingsbeginn" wird von 1–2, bei „gesteigertem Training" von 2–5 maligem wöchentlichen Training ausgegangen.

		Altersstufen in Jahren			
		Vorsichtiger Beginn	**Gesteigertes Training**	**Hochleistungstraining**	**Fortlaufendes Training**
Maximalkraft	männlich	14–16	16–18	18–20	ab 20
	weiblich	12–14	14–16	16–18	ab 18
Schnellkraft	männlich	12–14	14–16	16–18	ab 18
	weiblich	10–12	12–14	14–16	ab 16
Kraftausdauer	männlich	14–16	16–18	18–20	ab 20
	weiblich	12–14	14–16	16–18	ab 18
Aerobe Ausdauer	männlich	8–12	12–16	16–18	ab 18
	weiblich	8–12	12–16	16–18	ab 18
Anaerobe Ausdauer	männlich	14–16	16–18	18–20	ab 20
	weiblich	12–14	14–16	16–18	ab 18
Reaktionsschnelligkeit	männlich	8–12	12–16	16–18	ab 18
	weiblich	8–12	12–16	16–18	ab 18
Azyklische Schnelligkeit	männlich	12–14	14–16	16–18	ab 18
	weiblich	10–12	12–16	16–18	ab 18
Zyklische Schnelligkeit	männlich	12–14	14–16	16–18	ab 18
	weiblich	10–12	12–16	16–18	ab 18
Gelenkigkeit	männlich	–	5–12	12–14	ab 14
	weiblich	–	5–12	12–14	ab 14

Klimt 1992 nach Grosser 1986; Bach et al. 2015

2.3 Alkohol, Tabak, illegale Drogen und Medikamente

Tabelle 2.3.1 Alkohol – Konsum und Folgen

Mit Alkohol bezeichnet man im allgemeinen Sprachgebrauch den Äthylalkohol, der durch Vergärung von Zucker aus unterschiedlichen Grundstoffen gewonnen wird und berauschende Wirkung hat. Der Begriff geht auf das arabische Wort *„al-kuhl"* zurück und wurde aus dem Spanischen in der Bedeutung „feines Pulver" übernommen, wobei damit die flüchtigen (feinen) Bestandteile des Weines gemeint waren.

Der Erwerb, Besitz und Handel mit Alkohol als Suchtmittel ist für Erwachsene legal.

Alkohol in Deutschland	
Riskanter Alkoholkonsum bei Männern	ab 30 g reinem Alkohol pro Tag
	1 Glas Wein 0,2 Liter = 16 g Alkohol
	1 Glas Bier 0,33 Liter = 13 g Alkohol
Riskanter Alkoholkonsum bei Frauen	ab 20 g reinem Alkohol pro Tag
	1 Glas Sherry 0,1 Liter = 16 g Alkohol
	1 Glas Whisky 0,02 Liter = 7 g Alkohol
	1 Glas Likör 0,02 Liter = 5 g Alkohol
Abstinenz in der Bevölkerung	
lebenslang	Männer: 2,9 %, Frauen: 3,6 %
im Jahr 2009	7,3 %
12–17-Jährige (30-Tage-Prävalenz)	58 %
Risikoarme Menge Alkohol (nach DHS)	
Männer	weniger als 30 g/Tag
Frauen	weniger als 20 g/Tag
Risikoarmer Konsum in der Bevölkerung	
18–64-Jährige	~30,9 Millionen
Riskanter Konsum in der Bevölkerung	
18–64-Jährige	~7,4 Millionen
Verhältnis Männer zu Frauen	2–3 mal mehr Männer als Frauen
12–17-Jährige	8,2 %

Alkohol in Deutschland	
Alkoholmissbrauch	
18–64-Jährige	~1,6 Millionen
Alkoholabhängigkeit	
18–64-Jährige	~1,8 Millionen Männer: 1,25 Mio, Frauen: 519.000
Rauschtrinken 12–17-Jährige	~33 %
30-Tage-Prävalenz	15,2 % Jungen: 19,6 %, Mädchen: 10,5 %
häufiges Rauschtrinken (≥4x/Woche)	3,7 % Jungen: 5,1 %, Mädchen: 2,1 %
Tatverdächtige unter Alkoholeinfluss	~280.000/Jahr (13,4 %)
Stationäre Behandlung von Alkoholvergiftung im Jahr 2012	221.595
davon 10–15-Jährige	3999
davon 16–20-Jährige	22.674
davon 20–25-Jährige	12.712
davon 45–50-Jährige	13.294
Verkehrsunfälle 2013 unter Alkoholeinfluss	13.980
dabei getötete Personen	314
Arbeitsunfähigkeit nachweislich wegen Alkohol	10 Fehltage auf 100 Personen/Jahr
Volkswirtschaftlicher Schaden durch Alkoholkonsum	~26 Milliarden €

Barmer GEK 2012; Bundeszentrale für gesundheitliche Aufklärung 2012; Suchtmedizinische Reihe Bd. 1 Deutsche Hauptstelle für Suchtfragen 2013, www.dhs.de; Jahrbuch Sucht 2014; Statistisches Bundesamt 2014, www.destatis.de

Tabelle 2.3.2 Alkohol im Körper

Gesundheitsrisiken durch den Konsum psychoaktiver Substanzen wie Alkohol, Rauschmittel, bestimmte Medikamente und Tabak haben große gesellschaftliche Auswirkungen. Verschärft wird das Problem bei Mehrfachgebrauch wie z. B. Alkohol mit Tabak oder mit Heroin oder Kokain.

Die Gruppe der Personen mit einem riskanten Umgang mit Alkohol ohne eine Abhängigkeitsdiagnose ist sehr viel größer als die Gruppe der Alkoholabhängigen. Schwere körperliche Erkrankungen wie Leberschäden und soziale Folgeschäden sind zu beobachten.

Alkohol im Körper	
Aufnahme in den Körper	
Zwölffingerdarm und Krummdarm	90 %
Magen	10 %
Erreichen der maximalen Blutalkoholkonzentration	nach 45–75 Minuten
Abbau, Abgabe von Alkohol	
Abgabe über Niere, Lunge, Haut	2–5 %
Enzymatischer Abbau	95–98 %
Abbau pro kg Körpergewicht und Stunde	120–150 mg
Abbau bei einem Normalgewichtigen	10 g/Stunde
Alkoholeliminationsrate in Promille pro Stunde	~0,15 ‰ (0,1–0,2 ‰)
Natürlicher Blutalkoholgehalt (hervorgerufen durch Stoffwechselvorgänge im Körper)	Ø 0,03 ‰
Blutalkoholgehalt in Promille und seine Folgen	
Enthemmung setzt ein, Einengung des Blickfeldes	ab 0,3 ‰
Relative Fahruntüchtigkeit	von 0,3 ‰ bis 1,09 ‰
Verlangsamung der Reaktionsfähigkeit, Rotsehschwäche, doppeltes Unfallrisiko	ab 0,5 ‰
Reaktionszeit verlängert sich, dreifaches Unfallrisiko	ab 0,5 ‰
Neigung zur Risikofreudigkeit, Fahr- und Verkehrsuntüchtigkeitsgrenze, vierfaches Unfallrisiko	ab 0,8 ‰
Achtfaches Unfallrisiko	ab 1,0 ‰
Absolute Fahruntüchtigkeit	ab 1,1 ‰
Leichter Rausch, zehnfaches Unfallrisiko	0,8–1,3 ‰
Mittlerer Rausch	ab 1,3 ‰
Absolute Fahruntüchtigkeit beim Radfahren, Inline-Skaten	ab 1,6 ‰
Vollrausch, Erinnerungsvermögen setzt aus, teilweise schwere Vergiftungen	ab 2,0 ‰
Gesundheitliche Schäden (Koma!), Eintritt des Todes wird wahrscheinlich	ab 4,0 ‰
Alkoholintoxikation (letale, d. h. tödliche Dosis)	ab 5,0 ‰

BZGA 2012; Suchtmedizinische Reihe Bd. 1 Deutsche Hauptstelle für Suchtfragen 2013, www.dhs.de; Jahrbuch Sucht 2014; Statistisches Bundesamt 2014, www.destatis.de

Tabelle 2.3.3 Häufigkeit von Fehlbildungen bei Kindern, die durch mütterliche Alkoholkrankheit bedingt sind

Unter Alkoholembryopathie (Fetales Alkoholsyndrom) werden Fehlbildungsmuster mit unterschiedlich schwerer Ausprägung und körperlichen, geistigen und seelischen Folgeschäden zusammengefasst, die auf übermäßigen und dauerhaften Alkoholkonsum der Mutter während der Schwangerschaft zurückzuführen sind. Da alle Zellen und Organe geschädigt werden, sind Kinder in ihrer Gesamtheit betroffen. Die körperliche und die geistig intellektuelle Entwicklung sowie die soziale Reifung sind beeinträchtigt. Der Grad der Schädigung ist von vielen Umständen, wie dem Alter der Mutter, ihrem Stoffwechsel sowie von der Menge und der Art des alkoholischen Getränks abhängig.

Mehr als 80 % der Mütter trinken in der Schwangerschaft Alkohol, nur 6 % der Frauen bleiben vollständig abstinent. In Deutschland erkranken jährlich ca. 2200 Neugeborene an Alkoholembryopathie. Die Inzidenz liegt bei 1:300 Neugeborenen pro Jahr.

Körperliche Veränderungen und Kennzeichen	Häufigkeit des Vorkommens
Minderwuchs und Untergewicht (vor- und nachgeburtlich)	88 %
Kleinköpfigkeit (Mikrozephalie)	84 %
Geistige und Gleichgewichtsbewegungen betreffende Entwicklungsverzögerung sowie zentralnervöse Störungen	89 %
Sprachstörungen	80 %
Hörstörungen	ca. 20 %
Ess- und Schluckstörungen (bei Säuglingen)	ca. 30 %
Muskelhypotonie (herabgesetzter Ruhetonus)	58 %
Hyperaktivität/Verhaltensstörungen	72 %
Feinmotorische Dysfunktion/Koordinationsstörung	ca. 80 %
Emotionale Instabilität	ca. 30 %
Krampfanfälle	6 %
Gesichtsveränderungen	95 %
Herzfehler (meist Scheidewanddefekte)	29 %
Genitalfehlbildungen	46 %
Nierenfehlbildungen	ca. 10 %
Augenfehlbildungen	>50 %
Extremitäten- und Skelettfehlbildungen:	
Verkürzung und Beugung des Kleinfingers	51 %
Verwachsungen von Elle und Speiche (Supinationshemmung)	14 %
Hüftluxation	11 %

Körperliche Veränderungen und Kennzeichen	Häufigkeit des Vorkommens
Kleine Zähne	31 %
Trichterbrust	12 %
Kielbrust	6 %
Gaumenspalte	7 %
Wirbelsäulenfehlbildung/Skoliose	5 %
Weitere Fehlbildungen:	
Steißbeingrübchen	44 %
Leistenbruch	12 %
Blutschwämme (Hämangiome)	10 %

Löser 1995; www.dhs.de; Jahrbuch Sucht 1996; Crews und Nixon 2009

Tabelle 2.3.4 Promillegrenzen in Europa

In einigen Staaten gilt ein absolutes Alkoholverbot für Kraftfahrer („Null-Toleranz-Prinzip"). Das ist unter Verkehrssicherheitsaspekten fraglos die beste Lösung.

In anderen Ländern – so auch in der Bundesrepublik Deutschland – ist Alkoholgenuss bei Kraftfahrern dagegen erst bei Überschreitung bestimmter Grenzwerte mit Sanktionen bedroht.

Die Höhe dieses Schwellenwertes (Promillegrenze) ist in den einzelnen Ländern unterschiedlich festgelegt worden, wobei nach verkehrsmedizinischen Erkenntnissen bereits ab einer Blutalkoholkonzentration von 0,3 ‰ (Promille) die Möglichkeit einer alkoholbedingten Beeinträchtigung der Verkehrstüchtigkeit eines Kraftfahrers grundsätzlich in Betracht zu ziehen ist.

Land	Promillegrenze
Estland, Litauen, Rumänien, Slowakei, Tschechien, Ukraine, Ungarn	0,0 ‰
Albanien	0,1 ‰
Norwegen, Polen, Schweden	0,2 ‰
Bosnien-Herzegowina, Montenegro, Serbien	0,3 ‰
Andorra, Belgien, Dänemark, Deutschland, Finnland, Frankreich, Griechenland, Irland, Italien, Kroatien, Lettland, Luxemburg, Mazedonien, Niederlande, Österreich, Portugal, Schweiz, Slowenien, Spanien, Türkei, Zypern	0,5 ‰
Großbritannien, Lichtenstein	0,8 ‰

https://www.avd.de/wissen/recht/verkehrsvorschriften-ausland/promillegrenzen/; abgerufen am 7. Juli 2015

Tabelle 2.3.5 Gesamter Alkoholkonsum in reinem Alkohol pro Einwohner der Bevölkerung in Deutschland 1900–2012

Bis einschließlich 1990 beziehen sich die Angaben auf den Gebietsstand der Bundesrepublik Deutschland und Berlin (West). Ein Vergleich der Daten mit anderen Ländern ist durch unterschiedliche Erhebungsmethoden schwierig.

Konsum von reinem Alkohol pro Einwohner

Jahr	Liter	Jahr	Liter	Veränderungen gegenüber Vorjahr
1900	10,1	1997	10,8	−1,8 %
1913	7,5	1998	10,6	−1,9 %
1929	5,2	1999	10,6	0,0 %
1950	3,2	2000	10,5	−0,9 %
1960	7,8	2001	10,4	−1,0 %
1970	11,2	2002	10,4	0,0 %
1975	12,7	2003	10,2	−1,9 %
1980	12,9	2004	10,1	−1,0 %
1985	12,1	2005	10,0	−1,0 %
1990	12,1	2010	9,6	−4,0 %
1995	11,1	2011	9,6	0,0 %
1996	11,0	2012	9,5	−1,0 %

Jahrbuch Sucht 2006, 2013; www.dhs.de

Tabelle 2.3.6 Rangfolge der EU-Staaten und ausgewählter Länder hinsichtlich des Alkoholkonsums (in reinem Alkohol) pro Kopf der Bevölkerung

Die Rangplätze beziehen sich auf den „*Global status report on alcohol and health 2014*“ der Weltgesundheitsorganisation. Aufgrund unterschiedlicher Erhebungsmethoden sind längerfristige Vergleiche von geringer Aussagekraft. Die Rangfolge der Länder ergibt sich aus den zuletzt erhobenen Konsumdaten.

Alkoholkonsum in Liter reinen Alkohols pro Kopf der Bevölkerung

Land		Durchschnitt 2003–2005	Durchschnitt 2008–2010	Veränderung 2003–2010
1	Italien	10,5	6,7	↘
2	Malta	5,4	7	↗
3	Japan	8,0	7,2	↘
4	Norwegen	7,8	7,7	→
5	Zypern	8,7	9,2	→
6	USA	9,5	9,2	→
7	Schweden	10,3	9,2	↘
8	Niederlande	10,1	9,9	→
9	Estland	13,6	10,3	↘
10	Griechenland	10,8	10,3	→
11	Österreich	10,9	10,3	→
12	Schweiz	11,1	10,7	→
13	Belgien	12,0	11,0	→
14	Spanien	12,3	11,2	→
15	Bulgarien	11,6	11,4	→
16	Dänemark	13,4	11,4	↘
17	Großbritannien	13,2	11,6	↘
18	Deutschland	12,8	11,8	→
19	Irland	14,4	11,9	↘
20	Luxemburg	13,3	11,9	↘
21	Frankreich	13,4	12,2	→
22	Australien	10,1	12,2	↗
23	Lettland	12,0	12,3	→
24	Finnland	12,5	12,3	→
25	Polen	13,0	12,5	→
26	Portugal	14,4	12,9	↘
27	Tschechien	13,3	13,0	→

Alkoholkonsum in Liter reinen Alkohols pro Kopf der Bevölkerung

Land		Durchschnitt 2003–2005	Durchschnitt 2008–2010	Veränderung 2003–2010
28	Slowakei	13,7	13,0	↘
29	Ungarn	17,1	13,3	↘
30	Rumänien	12,8	14,4	↗
31	Russische Föderation	16,1	15,1	→

WHO 2014

Tabelle 2.3.7 Rangfolge der EU-Staaten und ausgewählter Länder hinsichtlich des Bierkonsums

Die Rangfolge in der Auflistung der Länder ergibt sich aus den Daten für 2003. Nicht erfasst sind Schwarzbrennen, Schwarzmarkt, Touristen- und Grenzverkehr.

Deutschland nimmt für das Jahr 2012, wie in den Jahren zuvor, beim Bierverbrauch den dritten Platz ein. Beim Weinverbrauch ist es weiterhin die Position 14 (Tab. 2.3.8). Während Deutschland beim Gesamtalkoholverbrauch auf dem mittleren Rang 15 liegt, nimmt es beim reinen Alkohol mit Rang 5 nach wie vor eine Spitzenposition ein (Tab. 2.3.5). Nur beim Spirituosenverbrauch hat sich eine Veränderung ergeben. Deutschland nimmt mit Platz 7 gegenüber dem Vorjahr einen höheren Rang ein.

Liter Bier pro Kopf der Bevölkerung (*gerundet*)

Land		2009	2010	2011	2012
1	Tschechien	159	144	145	148
2	Österreich	107	106	108	108
3	Deutschland	110	107	107	105
4	Polen	91	91	95	98
5	Litauen	83	90	96	96
6	Rumänien	88	87	84	90
7	Irland	91	90	86	86
8	Luxemburg	86	85	85	83
9	Finnland	84	83	85	79
10	Slowakei	79	79	73	78
12	Kroatien	79	74	86	78

Liter Bier pro Kopf der Bevölkerung (*gerundet*)

Land		2009	2010	2011	2012
13	Lettland	69	70	74	76
14	Slowenien	89	82	81	74
15	Belgien	81	78	78	74
16	Bulgarien	67	67	69	73
17	Niederlande	73	72	72	72
19	Estland	85	78	72	72
21	Großbritannien	76	74	74	71
22	Dänemark	72	69	68	64
23	Ungarn	65	61	60	59
24	Schweiz	57	57	58	57
25	Norwegen	55	56	56	55
26	Zypern	51	52	51	55
28	Portugal	60	59	53	49
29	Spanien	51	48	48	47
30	Griechenland	39	36	35	35
31	Frankreich	31	31	31	31
32	Türkei	13	12	12	13

Beer Statistics 2014; www.brauer-bund.de

Tabelle 2.3.8 Rangfolge der EU-Staaten und ausgewählter Länder hinsichtlich des Weinkonsums

Die Rangfolge in der Auflistung der Länder ergibt sich aus den Daten für 2003. Weine einschließlich Schaumweine ohne Schwarzbrennen, Schwarzmarkt, Touristen- und Grenzverkehr.

Einer der wichtigsten Bestimmungsfaktoren für den Kauf von Alkoholgetränken ist der Preis. Gegenüber dem Referenzjahr 2000 sind die Preise für alkoholische Getränke 2003 insgesamt um 0,6 % weniger gestiegen als die der gesamten Lebenshaltung. Die relativen Preise für Spirituosen und Wein sind dabei im Jahr 2003 weiter gesunken, während die Bierpreise leicht gestiegen sind.

Liter Wein pro Kopf der Bevölkerung						Veränderung
Land		**2000**	**2001**	**2002**	**2003**	**1970–2003 in %**
1	Luxemburg	63,5	64,4	59,1	66,1	78,6
2	Frankreich	57,0	56,9	56,0	48,5	−55,6
3	Italien	51,0	50,0	51,0	47,5	−58,2
4	Portugal	50,2	47,0	43,0	42,0	−42,1
5	Schweiz	43,5	43,1	41,8	40,9	−2,4
6	Ungarn	34,0	35,1	36,0	37,4	−0,8
8	Griechenland	34,0	34,0	33,9	33,8	−15,5
10	Dänemark	30,9	31,2	32,0	32,6	451,6
11	Spanien	32,0	30,0	29,6	30,6	−50,2
12	Österreich	30,5	28,5	29,8	29,8	−13,9
13	Finnland	20,6	21,9	23,5	26,3	699,4
14	Deutschland	23,1	24,0	24,2	23,6	47,5
15	Belgien	21,0	22,0	24,0	23,0	62,0
16	Rumänien	23,2	25,5	25,3	23,0	−0,4
17	Malta	19,6	19,3	20,5	22,3	–
18	Bulgarien	21,4	21,4	21,3	21,3	1,9
19	Australien	19,7	20,0	20,6	20,4	129,2
20	Großbritannien	16,9	18,2	19,6	20,1	595,5
21	Niederlande	18,8	18,9	19,0	19,6	280,6
24	Zypern	16,3	16,1	16,9	17,8	117,1
25	Tschechien	16,4	16,5	16,5	16,8	15,1
26	Schweden	15,3	15,5	16,0	16,6	160,6
27	Irland	10,7	11,8	14,2	15,2	360,6
28	Slowakei	12,4	13,6	13,9	13,0	−19,3
29	Norwegen	10,9	11,0	11,0	12,4	429,9
31	Polen	11,9	10,5	11,2	11,9	108,8
33	Vereinigte Staaten	8,6	8,8	8,8	9,5	91,5
24	Russische Föderation	7,2	7,7	8,0	8,6	−43,4
36	Lettland	4,9	4,0	4,0	3,6	–
37	Estland	3,1	2,7	2,7	3,4	–
38	Japan	2,2	2,1	2,8	2,9	806,3

Jahrbuch Sucht 2006, Deutsche Hauptstelle für Suchtfragen: www.dhs.de

Tabelle 2.3.9 Verbrauch alkoholischer Getränke pro Einwohner der Bevölkerung in Deutschland 1960–2012

Bis einschließlich 1990 beziehen sich die Angaben auf den Gebietsstand der Bundesrepublik Deutschland und Berlin (West) vor dem 3.10.1990. Von der vom Bundesministerium für Gesundheit ins Leben gerufenen Arbeitsgruppe „Schätzverfahren und Schätzwerte zu alkoholinduzierten Störungen" wurden 1999 folgende Umrechnungsfaktoren festgelegt: Reiner Alkoholgehalt bei Bier 4,8 Vol.-%, Wein/Sekt 11 Vol.-%, Spirituosen 33 Vol.-%.

Für Bier lag der Pro-Kopf-Verbrauch 1900 bei 125,1 Liter, 1929/30 bei 90,0 Liter und 1938/39 bei 69,9 Liter.

	Konsum je Einwohner in Liter							
Getränke	1960	1970	1980	1990	2000	2005	2011	2012
Bier	94,7	141,1	145,9	142,7	125,5	115,3	107,2	105,5
Wein	10,8	15,3	21,4	21,9	19,0	19,9	20,2	20,4
Schaumwein	1,9	1,9	4,4	5,1	4,1	3,8	4,1	4,1
Spirituosen	4,9	6,8	8,0	6,2	5,8	3,8	4,1	4,1
Insgesamt	111,0	165,1	179,7	176,0	154,4	142,8	135,6	134,1

Jahrbuch Sucht 2014, Deutsche Hauptstelle für Suchtfragen: www.dhs.de

Tabelle 2.3.10 Einnahmen aus alkoholbezogenen Steuern

Spirituosen werden in Deutschland mit 13,03 €, Schaumweine mit 13,60 € je Liter reinen Alkohol besteuert. Die Biersteuer wird von den Bundesländern erhoben und ist mit durchschnittlich 1,97 € viel niedriger. Wein wird seit Jahrzehnten praktisch überhaupt nicht besteuert.

Im Juli 2004 ist das „Gesetz zur Verbesserung des Schutzes junger Menschen vor den Gefahren des Alkohol- und Tabakkonsums" in Kraft getreten. Das Gesetz regelt die Kennzeichnung von Alkopops (siehe Tab. 2.3.11) und belegt sie mit einer Sondersteuer zwischen 0,80 und 0,90 € pro handelsüblicher Flasche. Diese Steuermittel sollen Präventionsmaßnahmen im Zusammenhang mit alkoholbedingten Folgeschäden zufließen.

	Steuereinnahmen in Millionen €				
Steuern für	**2000**	**2005**	**2010**	**2011**	**2012**
Bier	844	777	713	702	697
Schaumwein	478	424	422	454	450
Branntwein	2185	2179	2014	2167	2138
Alkoholsteuer insgesamt	3507	3380	3149	3323	3284

Jahrbuch Sucht 2006, Deutsche Hauptstelle für Suchtfragen: www.dhs.de

Tabelle 2.3.11 Alkoholkonsum von Jugendlichen nach Alter und Geschlecht

Alcopops sind süß, süffig, farbig und frech gestaltet, um gezielt ein jugendliches Publikum anzusprechen". Nach einer Untersuchung der Bundeszentrale für gesundheitliche Aufklärung (BZgA) im Jahr 2012 sind sie als Partygetränk bei Jugendlichen beliebter als Bier und Wein.

Als Alcopops werden Limonaden oder andere Süßgetränke bezeichnet, die mit Alkohol gemischt sind und pro Flasche einen Alkoholgehalt von durchschnittlich fünf bis sechs Volumenprozent haben. Da der Alkoholgeschmack durch Zucker und künstliches Aroma überlagert wird, werden Jugendliche in immer jüngerem Alter zum Trinken von Alkohol verführt.

Die Angaben in der Tabelle beziehen sich auf Befragungen von Schülerinnen und Schüler in einer HBSC-Studie (Health Behaviour in School-aged Children), die 2009/10 durchgeführt wurde.

mindestens 1x pro Woche	Bier	Alkopops	Biermix-getränke	Wein/Sekt
Mädchen gesamt				
in % (Anzahl)	3,3 (2548)	3,2 (2549)	4,4 (2546)	1,4 (2543)
Alterskategorien				
11 Jahre	0,1 (823)	0,1 (822)	0,4 (823)	0,1 (821)
13 Jahre	0,7 (820)	0,7 (818)	1,3 (818)	0,1 (818)
15 Jahre	8,5 (905)	8,3 (909)	10,7 (905)	3,6 (904)

mindestens 1x pro Woche	Bier	Alkopops	Biermix-getränke	Wein/Sekt
Familiärer Wohlstand				
Niedrig	2,6 (227)	3,9 (227)	5,2 (227)	1,7 (225)
Mittel	2,8 (963)	2,7 (962)	3,5 (959)	0,9 (962)
Hoch	3,8 (1294)	3,4 (1297)	4,8 (1295)	1,5 (1293)
Fehlend	4,7 (64)	6,3 (63)	6,2 (65)	3,1 (63)
Migrations-hintergrund				
Kein	3,5 (1943)	3,4 (1945)	4,8 (1940)	1,1 (1918)
Einseitig	3,6(191)	3,1 (192)	3,6 (192)	2,1 (184)
Beidseitig	2,2 (410)	2,2 (408)	2,4 (410)	1,6 (403)
Jungen gesamt				
in % (Anzahl)	7,8 (2397)	3,9 (2383)	8,6 (2380)	1,1 (2389)
Alterskategorien				
11 Jahre	0,6 (856)	0,3 (853)	0,6 (848)	0,2 (852)
13 Jahre	3,6 (805)	2,1 (797)	4,8 (800)	1,0 (801)
15 Jahre	21,0 (736)	10,1 (733)	22,1 (732)	2,3 (736)
Familiärer Wohlstand				
Niedrig	5,4 (144)	2,0 (144)	8,2 (143)	1,4 (145)
Mittel	7,1 (809)	4,2 (804)	8,1 (803)	1,1 (805)
Hoch	8,6 (1361)	3,9 (1354)	8,8 (1354)	1,0 (1357)
Fehlend	7,1 (83)	4,9 (81)	11,1 (80)	2,4 (80)
Migrations-hintergrund				
Kein	8,5 (1846)	3,8 (1837)	9,0 (1835)	1,0 (1822)
Einseitig	8,5 (196)	4,6 (194)	9,5 (196)	1,0 (192)
Beidseitig	4,2 (348)	4,3 (346)	6,0 (343)	1,7 (341)
Gesamt	5,5 (4945)	3,6 (4932)	6,4 (4926)	1,2 (4932)

Health Behaviour in School-aged Children 2009/10, HBSC-Deutschland 2012, http://hbsc-germany.de

Tabelle 2.3.12 Alkohol im Straßenverkehr, Deutschland 2000–2012

	2000	2004	2007	2010	2012
Alkoholunfälle	27.375	22.548	20.785	15.070	15.130
dabei Getötete	1022	704	565	342	338
Alkoholisierte Beteiligte	27.749	22.849	21.072	15.221	15.259
darunter Frauen	2696	2366	2377	1865	1907
darunter Männer	24.987	20.429	18.667	13.351	13.339
darunter Pkw-Fahrer	17.555	13.778	11.792	8734	8793
mittlerer Blutalkohol (‰)	1,60	1,61	1,60	1,62	1,63

Jahrbuch Sucht 2014, Deutsche Hauptstelle für Suchtfragen: www.dhs.de

Tabelle 2.3.13 Unfälle unter Alkoholeinfluss mit Personenschäden in Deutschland 2012

Das Problem Alkohol und Fahren trägt eindeutige alters- und geschlechtsspezifische Züge. Die Unfähigkeit, Trinken und Fahren zu trennen, ist in erster Linie ein Problem von Männern. Die Unfallursache Alkohol tritt bei Männern mit Abstand am häufigsten in der Altersgruppe von 21 bis 24 Jahren auf. Trink-/Fahrkonflikte nehmen ab dem Alter von 35 Jahren aufwärts kontinuierlich ab. Bei Frauen ist eine Abnahme erst ab 45 Jahren zu beobachten.

Abkürzung: BAK = Blutalkoholwert

Alkoholisierte je 1000 an Unfällen beteiligte Pkw-Fahrer 2012					
Alter	**Männer**	**Frauen**	**Alter**	**Männer**	**Frauen**
18–20	52,3	10,4	45–54	24,3	9,6
21–24	66,1	11,5	55–64	20,1	7,2
25–34	51,8	10,5	65–74	11,7	3,9
35–44	30,2	9,7	75 +	5,4	2,8

Alkoholisierte beteiligte Pkw-Fahrer					
BAK in ‰	**Männer**	**Frauen**	**BAK in ‰**	**Männer**	**Frauen**
m: <0,5 f: <0,25	491	79	m: 1,7<2,0 f: 0,85<1,0	1222	197
m: 0,5<0,8 f: 0,25<0,4	678	114	m: 2,0<2,5 f: 1,0<1,25	1060	193

m: 0,8<1,1 f: 0,4<0,55	1470	204	m: 2,5<3,0 f: 1,25<1,5	358	69
m: 1,1<1,4 f: 0,55<0,7	1197	201	m: >3,0 f: >1,5	156	41
m: 1,4<1,7 f: 0,7<0,85	1342	217			

Alkoholisierte beteiligte männliche Pkw-Fahrer in zwei Altersgruppen 2012

Blutalkoholwert in ‰	18–20 Jahre	40–44 Jahre	Blutalkoholwert in ‰	18–20 Jahre	40–44 Jahre
<0,5	73	31	1,7 bis <2,0	134	87
0,5 bis <0,8	118	34	2,0 bis <2,5	72	119
0,8 bis <1,1	155	41	2,5 bis <3,0	9	49
1,1 bis <1,4	213	75	>3,0	7	25
1,4 bis <1,7	203	94			

Prozentuale Verteilung von Alkoholunfällen auf Wochentage 2012

Montag	8,8%	Donnerstag	10,7%	Sonntag	24,2%
Dienstag	9,1%	Freitag	13,8%		
Mittwoch	9,1%	Samstag	24,3%		

Prozentuale Verteilung von Alkoholunfällen auf die Tageszeit 2012

0–2 Uhr	12,1%	8–10 Uhr	3,0%	16–18 Uhr	9,2%
2–4 Uhr	11,0%	10–12 Uhr	2,8%	18–20 Uhr	12,1%
4–6 Uhr	9,6%	12–14 Uhr	3,8%	20–22 Uhr	11,9%
6–8 Uhr	6,0%	14–16 Uhr	5,8%	22–24 Uhr	12,8%

Jahrbuch Sucht 2014, Deutsche Hauptstelle für Suchtfragen: www.dhs.de

Tabelle 2.3.14 Rauchen – Konsum und Kosten in Deutschland

Die Tabakpflanze wurde vor rund 500 Jahren von Seefahrern aus der neue Welt nach Europa gebracht. Das Pfeiferauchen war zunächst ein Privileg der sozialen Oberschichten. Im 18. Jahrhundert kam das Tabakschnupfen in Mode. Zu Beginn des 19. Jahrhunderts wurden die ersten Zigarren geraucht und weitere 50 Jahre später die ersten Zigaretten. Ab 1950 nahm das Rauchen in den westlichen Industriestaaten stetig zu. In Deutschland wurden im Jahre 2012 rund 80 Mrd. Zigaretten geraucht.

Die Folgen des Rauchens zeigen sich in einer zusammenfassenden Beurteilung, die davon ausgeht, dass jährlich mit 110.000 bis 140.000 tabakbedingten Todesfällen zu rechnen ist. Davon entfallen auf Krebserkrankungen 39,1 %, auf Kreislauferkrankungen 33,6 % und auf Atemwegserkrankungen 18,2 %. Die volkwirtschaftlichen Kosten dieser tabakbedingten Krankheiten und Todesfälle wurden für 1993 mit 17,3 Mrd. € ermittelt (Welte et al., 2000).

Die Tabaksteuer ist das wichtigste Instrument zur Eindämmung des Rauchens, da der Zusammenhang zwischen Konsumverhalten und Tabaksteuer erwiesen ist. Besonders im Jugendalter, das im Zusammenhang mit dem Rauchen eher durch das Sozialverhalten als durch Überlegungen zur Gesundheit bestimmt wird, können die Kosten für Tabakwaren von großer Bedeutung sein.

Eine weitere Möglichkeit, das Nichtrauchen zum Normalfall zu machen, sieht man in schrittweise eingeführten Verboten gegen die Tabakwerbung. Dem aktuell erkennbaren politischen Willen widerspricht jedoch die Klage Deutschlands gegen eine entsprechende Richtlinie des EU-Ministerrates von 1998. Der EU-Ministerrat hat mit einer neuen Regelung zur Eindämmung der Tabakwerbung gegen die Stimmen Deutschlands und Großbritanniens geantwortet. Die Bundesregierung hat 2003 auch dagegen Klage beim Europäischen Gerichtshof eingereicht. Diese Klage wurde jedoch im Juni 2006 abgewiesen.

	2000	**2005**	**2012**	**2013**
Verbrauch je Einwohner und Jahr				
Zigaretten (Stück)	1731	1162	1025	996
Zigarren/Zigarillos (Stück)	31	49	47	44
Feinschnitt (Gramm)	168	403	335	319
Pfeifentabak (Gramm)	11	10	13	15
Gesamtverbrauch pro Jahr				
Zigaretten (Millionen)	139.625	95.827	82.405	80.275
Zigarren/Zigarillos (Millionen)	2557	4028	3795	3560
Feinschnitt (Tonnen)	14.611	33.232	26.922	25.734
Pfeifentabak (Tonnen)	909	804	1029	1200

Veränderungen zum Vorjahr				
Zigaretten			−5,9 %	−2,6 %
Zigarren/Zigarillos			−10 %	−6,2 %
Feinschnitt			−0,4 %	−4,4 %
Pfeifentabak			+12,4 %	+16,6 %
Ausgaben für Tabakwaren (€)	20,7 Mrd.	23,9 Mrd.	24,2 Mrd.	24,3 Mrd.
Tabaksteuer (€)	11,5 Mrd.	14,2 Mrd.	14,1 Mrd.	14,1 Mrd.
Steuersätze seit 1. Januar 2014	**Spezifischer Anteil (einschl. Kleinverkaufspr.)**			
Zigaretten	9,63 Cent/Stück			
Zigarren/Zigarillos	5,76 Cent/Stück			
Feinschnitt	91,63 €/kg			
Pfeifentabak	22,00 €/kg			
Rauchverhalten in Deutschland (DEGS1)	**täglich**	**gelegentlich**	**früher**	**nie**
Frauen nach Jahren				
18–29	29,7	10,3	14,5	45,5
30–44	24,6	6,6	20,4	48,5
45–64	23,2	4,7	30,3	41,9
65–79	7,1	1,8	20,0	71,1
Männer nach Jahren				
18–29	34,2	12,8	12,6	40,4
30–44	32,1	7,7	24,1	36,0
45–64	25,6	4,6	43,0	26,7
65–79	9,8	1,8	50,8	37,6

Lampert, Lippe & Müters 2013; www.degs-studie.de; Jahrbuch Sucht 2014, Deutsche Hauptstelle für Suchtfragen: www.dhs.de; Mikrozensus 2014; Statistisches Jahrbuch 2014

Tabelle 2.3.15 Tabakkonsum von Schülerinnen und Schülern

Die Angaben in der Tabelle beziehen sich auf Befragungen von Schülern in einer HBSC-Studie (Health Behaviour in School-aged Children), die 2009/10 durchgeführt wurde.

Rauchverhalten Mädchen (Anzahl: 2562)				
	täglich	**1x pro Woche**	**weniger als 1x pro Woche**	**nie**
in %	4,4	2,0	3,5	90,1
Alterskategorien				
11 Jahre	0,1	0,1	0,2	99,5
13 Jahre	1,4	1,2	2,5	94,8
15 Jahre	10,8	4,5	7,4	77,3
Familiärer Wohlstand				
Niedrig	8,6	2,6	2,6	86,2
Mittel	3,9	1,9	3,2	91,0
Hoch	3,9	2,1	3,8	90,1
Fehlend	4,5	0,0	4,5	91,0
Migrationshintergrund				
Kein	4,3	2,3	4,0	89,4
Einseitig	6,1	0,5	3,1	90,3
Beidseitig	3,8	1,7	1,2	93,3
Rauchverhalten Jungen (Anzahl: 2416)				
in %	4,0	1,9	4,0	90,2
Alterskategorien				
11 Jahre	0,3	0,5	1,3	97,9
13 Jahre	2,5	0,8	3,3	93,3
15 Jahre	9,9	4,7	7,8	77,6
Familiärer Wohlstand				
Niedrig	8,0	0,7	2,0	89,3
Mittel	4,7	1,8	3,3	90,2
Hoch	2,8	2,0	4,6	90,5
Fehlend	8,2	2,4	3,5	85,9
Migrationshintergrund				
Kein	3,0	1,6	3,9	91,4
Einseitig	6,0	4,5	3,0	86,5
Beidseitig	7,9	1,7	4,8	85,6
Gesamt (4978)	4,2	2,0	3,7	90,1

Health Behaviour in School-aged Children 2009/10, HBSC-Deutschland 2011, http://hbsc-germany.de

Tabelle 2.3.16 Illegale Drogen – Konsum und Verkehrsunfälle

Zusätzlich zu den legalen und in unserem Kulturkreis schon seit Jahrhunderten verbreiteten „Alltagsdrogen“ (Tabak und Alkohol) hat sich das Angebot an psychoaktiven Substanzen in den letzten vier Jahrzehnten erheblich erweitert.

Der Konsum illegaler Drogen stieg gegen Ende der 60er Jahre in Deutschland sprunghaft an, um dann, trotz kurzzeitiger Schwankungen, auf etwa gleich hohem Niveau zu bleiben. Das deutet darauf hin, dass die Anzahl der gelegentlichen Konsumenten illegaler Drogen, die nach ein- oder mehrmaligem Probieren den Konsum wieder einstellen, zunimmt, während der Umfang regelmäßiger Konsumenten in etwa konstant bleibt.

Cannabis wird in Deutschland von Jugendlichen am häufigsten und als erste illegale Droge konsumiert, heute hat über ein Viertel der 12- bis 25-jährigen Jugendlichen bereits Erfahrungen mit Cannabis gemacht. Obwohl Cannabis von den meisten Jugendlichen nur gelegentlich geraucht wird und sehr viele es später ganz aufgeben, steigt die Zahl derer, die Cannabis exzessiv konsumieren, stetig an. Seit 2010 ist zudem ein massiver Anstieg im Konsum von „Crystal Meth“ (Meth-Amphetamin) zu verzeichnen. In sächsischen Suchtberatungsstellen hat die Anzahl der auf Meth-Amphetamin bezogenen Beratungsgespräche von 2008 auf 2012 um 80 % zugenommen.

Drogenkonsum in Deutschland (Stand: 2012)	
Durchschnittsalter erstauffälliger Konsumenten harter Drogen	28,6 Jahren
Erste Erfahrung Jugendlicher mit Cannabis im Alter von	16,7 Jahren
Anteil der Personen im Alter von 18 bis 64 Jahren, die im Jahr 2012 Erfahrungen mit Cannabis hatten	23,2 %
Anzahl an Personen Drogen mit substanzbezogenen Störungen in der erwachsenen Allgemeinbevölkerung (Hochrechnungen 2012)	
Missbrauch illegaler Drogen insgesamt	283.000
Männer	254.000
Frauen	58.000
Abhängigkeit illegaler Drogen insgesamt	319.000
Männer	260.000
Frauen	58.000

Verkehrsunfälle mit Personenschäden (P) auf Grund berauschender Mittel (ohne Alkohol)

Jahr	Unfälle (P) insgesamt	Unfälle (P) Drogen	Jahr	Unfälle (P) insgesamt	Unfälle (P) Drogen
2000	383.000	1015	2007	335.845	1415
2001	375.000	1081	2009	310.806	1320
2002	362.000	1263	2010	288.297	1188
2003	354.000	1408	2012	299.637	1425
2004	339.000	1521	2013	291.105	1388

BZgA 2012; Deutsche Hauptstelle für Suchtfragen: www.dhs.de; www.drogenbeauftragte.de; Statistisches Bundesamt 2013, www.destatis.de; Jahrbuch Sucht 2014

Tabelle 2.3.17 Rauschgiftdelikte und Rauschgiftsicherstellung in Deutschland 1995-2004

Angaben in Delikte pro 100.000 Einwohner, nach der polizeilichen Kriminalstatistik und der Falldatei Rauschgift. Synthetische Drogen wie z. B. Amphetamin und Methamphetamin sind eingeschlossen.

Abk. KE = Konsumeinheit (meist in Tablettenform).

Jahr	Rauschgiftdelikte	Sicherstellung Heroin (kg)	Sicherstellung Kokain (kg)	Amphetamine (kg)	Sicherstellung Ecstasy (KE)
2000	226.563	796	913	271	1.634.683
2002	246.518	520	2136	362	3.207.099
2004	283.708	775	969	556	2.052.158
2012	237.150	242	1258	1196	313.179
2013	253.525	270	1315	1339	480.839

PKS Bundeskriminalamt 2013

Tabelle 2.3.18 Rauschgiftdelikte in den Bundesländern 2013

Angaben in Delikte pro 100.000 Einwohner, nach der polizeilichen Kriminalstatistik.

Bundesländer	Rauschgiftdelikte	Bundesländer	Rauschgiftdelikte
Baden-Württemberg	299	Niedersachsen	356
Bayern	283	Nordrhein-Westfalen	323
Berlin	396	Rheinland-Pfalz	355
Brandenburg	210	Saarland	190
Bremen	564	Sachsen	232
Hamburg	493	Sachsen-Anhalt	268
Hessen	340	Schleswig-Holstein	241
Mecklenburg-Vorpommern	244	Thüringen	400

PKS Bundeskriminalamt 2013

Tabelle 2.3.19 Rauschgiftdelikte in den Großstädten ab 200.000 Einwohner und in den Landeshauptstädten 2012

Beim Vergleich der Städte untereinander ist zu beachten, dass das Anzeigeverhalten sehr unterschiedlich sein kann und dass bei der Berechnung der Häufigkeit nur die amtlich gemeldete Wohnbevölkerung berücksichtigt wird.

Als Häufigkeit werden Fälle pro 100.000 Einwohner angegeben.

Stadt	Fälle Insges.	Stadt	Fälle Insges.
Aachen	1250	Karlsruhe	1426
Augsburg	1268	Kiel	927
Berlin	13.348	Köln	5265
Bielefeld	890	Krefeld	692
Bochum	1171	Leipzig	1434
Bonn	1219	Lübeck	795
Braunschweig	1175	Magdeburg	592
Bremen	3173	Mainz	713
Chemnitz	779	Mannheim	1759
Dortmund	3136	Mönchengladbach	736
Dresden	1890	München	6265

Stadt	Fälle Insges.	Stadt	Fälle Insges.
Duisburg	1493	Münster	928
Düsseldorf	3546	Nürnberg	2370
Erfurt	933	Oberhausen	1295
Essen	1326	Potsdam	340
Frankfurt a. M.	6886	Reutlingen	675
Freiburg i. Br.	1408	Rostock	546
Gelsenkirchen	562	Saarbrücken	559
Hagen	885	Stuttgart	3473
Halle	670	Wiesbaden	796
Hamburg	8546	Wuppertal	1153
Hannover	4318	Würzburg	1070

PKS Bundeskriminalamt 2013

Tabelle 2.3.20 Rauschgifttote (Mortalität) 1995–2012

Die häufigsten Todesursachen waren wie in den Vorjahren Überdosierungen von Heroin und Mischintoxikationen.

	1995	2002	2004	2007	2011	2012
gesamt	1565	1513	1385	1369	986	944
männlich	1293	1263	1156	1166	837	746
weiblich	254	237	203	203	144	177

Jahrbuch Sucht 2014, Deutsche Hauptstelle für Suchtfragen, www.dhs.de

Tabelle 2.3.21 Erstauffällige Konsumenten harter Drogen in Deutschland 2008–2012 und nach Rauschgiftart 2004

Erstauffällige Konsumenten harter Drogen sind Personen, die erstmals der Polizei oder dem Zoll in Verbindung mit dem Missbrauch von harten Drogen bekannt werden.

Die Anzahl der erstauffälligen Konsumenten ist im Vergleich zum Vorjahreszeitraum um 8% auf 19.559 registrierte Personen gesunken, währen die Zahl der Konsumenten von Ecstasy um ein Drittel angestiegen ist.

Insgesamt nimmt in der Bundesrepublik Deutschland die Bedeutung von Amphetamin, Crack und Cannabisprodukten zu, während Kokain und LSD stagnieren und Heroin an Bedeutung verliert.

Erstauffällige Konsumenten harter Drogen

Jahr	gesamt	Heroin	Kokain	Amphetamin	Ecstasy	LSD	sonstige
2008	19.203	3900	3970	10.631	2174	158	286
2009	18.139	3592	3591	10.315	1357	127	321
2010	18.321	3201	3211	12.043	840	141	333
2011	21.315	2742	3343	14.402	942	135	897
2012	19.559	2090	3263	13.728	1257	144	330

Jahrbuch Sucht 2014, Deutsche Hauptstelle für Suchtfragen, www.dhs.de, PKS Bundeskriminalamt 2014

Tabelle 2.3.22 Trends der Prävalenz des Konsums illegaler Drogen bei 18- bis 24-Jährigen und bei 18- bis 39-Jährigen in Deutschland

Die Prävalenz ist eine absolute Größe und sagt hier als Kennzahl aus, auf wie viele Personen einer bestimmten Altersgruppe der angegebene Drogenkonsum zutrifft. In der Tabelle werden die Werte auf die Lebenszeit bezogen.

Im Gegensatz zu den Prävalenzen bei Tabak und Alkohol steigen die Lebenszeit-Prävalenzen bei den meisten illegalen Drogen in Deutschland kontinuierlich an. Sowohl in Deutschland als auch europaweit ist Cannabis die am weitesten verbreitete illegale Droge.

Jahr	illegale Drogen	Cannabis	Amphetamine	Ecstasy	Opiate	Kokain/ Crack
Prävalenz des Konsums illegaler Drogen unter den 18- bis 24-Jährigen						
1980	15,4	14,6	2,7	–	1,5	0,6
1986	14,0	13,3	2,6	–	1,4	0,8
1997	26,9	24,0	2,7	5,5	1,1	2,4
2003	44,2	43,6	6,0	5,4	2,1	4,4
2006	41,3	40,6	5,4	5,4	1,1	4,4
2009	35,7	34,8	5,0	3,8	1,2	4,0
2012	28,7	28,3	2,5	2,5	0,3	1,8

Jahr	illegale Drogen	Cannabis	Amphetamine	Ecstasy	Opiate	Kokain/ Crack
Prävalenz des Konsums illegaler Drogen unter den 18- bis 39-Jährigen						
1990	14,6	14,0	2,8	–	1,4	1,3
1997	18,9	17,6	2,1	2,8	1,1	2,0
2000	27,7	27,2	3,0	2,8	1,4	3,7
2006	34,7	33,9	4,0	4,4	1,4	4,1
2012	36,2	35,8	4,6	4,8	1,4	5,2

Kraus et al. 2014

Tabelle 2.3.23 Arzneimittel – Konsum und Suchtpotenzial

Arzneimittel sind Medikamente, Mittel zur Diagnose von Erkrankungen und Impfstoffe. Arzneimittel können neben ihrer heilenden Wirkung gegen Krankheiten auch schädigende Wirkungen haben. Paracelsus, ein deutscher Arzt und Chemiker im 16. Jahrhundert, der gegen den Zeitgeist davon ausging, dass Krankheiten durch körperfremde Substanzen verursacht und durch chemische Substanzen bekämpft werden können, hat dies durch den Satz „Die Dosis macht das Gift" zum Ausdruck gebracht.

In Deutschland sind zurzeit ca. 50.000 verschiedene Arzneimittel auf dem Markt. Von den häufig verordneten Arzneimitteln besitzen 4–5 % ein eigenes Missbrauchs- und Abhängigkeitspotenzial, das zur Abhängigkeit führen kann. Bei sachgerechter Verordnung und Anwendung wird dies vermieden.

Zu den am häufigsten eingenommenen psychotropen Medikamenten gehören Schlaf- und Beruhigungsmittel wie Hypnotika, Sedativa, Tranquilizer vom Benzodiazepin- und Barbitursäure-Typ. Darüber hinaus sind die Anregungsmittel, Appetitzügler (Stimulanzien), Schmerz- und Betäubungsmittel (peripher und zentral wirkende Analgetika) von Bedeutung. Sie sind alle rezeptpflichtig, werden aber oft (30–35 %) zu lange und in zu hoher Dosis nicht wegen akuter Probleme, sondern zur Bedienung der Sucht und zur Vermeidung von Entzugserscheinungen verordnet.

Arzneimittelmarkt nach Endverbraucherpreisen im Jahr 2012			
Rezeptpflichtige Arzneimittel	34,02 Mrd.€	+1,5 % zu 2011	Anteil 85 %
Verordnete rezeptfreie Arzneimittel	1,19 Mrd.€	–0,2 % zu 2011	Anteil 3 %
Selbstmedikation mit rezeptfreien Arzneimitteln aus der Apotheke	4,4 Mrd.€	+1,5 % zu 2011	Anteil 11 %

Selbstmedikation mit rezeptfreien Arzneimitteln außerhalb der Apotheke	0,19 Mrd.€	–4,3 % zu 2011	Anteil 0,3 %
Gesamt	39,84 Mrd.€	+1,4 % zu 2011	Anteil 100 %
Arzneimittelmarkt nach Packungsmengen im Jahr 2012			
Rezeptpflichtige Arzneimittel	692 Mio.	0 % zu 2011	Anteil 47 %
Verordnete rezeptfreie Arzneimittel	116 Mio.	–2,8 % zu 2011	Anteil 8 %
Selbstmedikation mit rezeptfreien Arzneimitteln aus der Apotheke	556 Mio.	–0,5 % zu 2011	Anteil 38 %
Selbstmedikation mit rezeptfreien Arzneimitteln außerhalb der Apotheke	62 Mio.	–4,3 % zu 2011	Anteil 4 %
Gesamt	1426 Mio.	+1,4 % zu 2011	Anteil 100 %

Tägliche Einnahme von Medikamenten mit Suchtpotenzial 2012			
Männer	7,1 % der Befragten	18–20-Jährige (insg.)	3,9 % der Befragten
Frauen	7,0 % der Befragten	50–59-Jährige (insg.)	10,1 % der Befragten

Pabst et al. 2013; Jahrbuch Sucht 2014, Deutsche Hauptstelle für Suchtfragen: www.dhs.de

Tabelle 2.3.24 Die meistverkauften Arzneimittel in Deutschland 2004

Beim Pro-Kopf-Umsatz musste in Deutschland im Jahr 2004 für ca. 18 Arzneimittel-Packungen etwa 423 € ausgegeben werden. Davon entfielen auf verordnete Mittel etwa 353 € und 70 € auf Arzneimittel, die im Zuge einer Selbstmedikation selbst bezahlt wurden. Das bedeutet, dass jeder Einwohner in Deutschland statistisch gesehen etwa 1100 Tabletten, Kapseln, Zäpfchen oder andere Dosierungen geschluckt hat.

Beim Konsum zeigt sich eine starke Geschlechts- und Altersabhängigkeit. Frauen und ältere Menschen konsumieren im Vergleich zu den Durchschnittswerten 2- bis 3-mal so viele Arzneimittel (siehe Tab. 2.3.28). Dies zeigt sich besonders beim Verbrauch von verschriebenen Arzneimitteln.

Im Vergleich zum Vorjahr 2003 wurden 5,1 % weniger Packungen verkauft, mit denen jedoch ein um 4,1 % höherer Industrieumsatz erwirtschaftet wurde.

Im internationalen Vergleich liegt Deutschland mit den Ausgaben für Arzneimittel auf Rang 3 nach den USA und Frankreich. Auf den Rängen mit geringeren Ausgaben folgen Japan, Italien, Österreich und Spanien.

Abkürzungen: Selbstm. = vor allem Selbstmedikation, nicht rezeptpflichtig; Rezept = rezeptpflichtig

Rang	Arzneimittel	Anwendungsgebiet	Umsatz in Millionen Packungen	Verordnung
1	Nasenspray ratiopharm (Xylom.)	Schnupfen	23,0	Selbstm.
2	Paracetamol ratiopharm	Schmerzen, Fieber	17,7	Selbstm.
3	Voltaren (Diclofenac)	Rheumat. Beschwerden	16,6	Rezept
4	Bepanthen	Schürfwunden	14,2	Selbstm.
5	Ibuflam (Ibuprofen)	Schmerzen	13,6	Selbstm.
6	ACC Hexal (Acetylcystein)	Hustenlöser	10,9	Selbstm.
7	Thomapyrin (coffeinhaltig)	Kopfschmerzen	10,8	Selbstm.
8	Sinupret	Bronchitis, Sinusitis	9,6	Selbstm.
9	ASS ratiopharm (Acetsalicylsäure)	Schmerzen, Fieber	9,4	Selbstm.
10	Ramilich (Ramipril)	Bluthochdruck	8,8	Rezept
11	L-Thyroxin Henning	Schilddrüsenunterfunktion	8,4	Rezept
12	Iberogast	Magen-Darm-Beschw.	8,3	Selbstm.
13	Nasic	Schnupfen	8,1	Selbstm.
14	Novaminsulfon ratiopharm	Schmerzen	8,0	Selbstm.
15	Aspirin (Acetsalicylsäure)	Schmerzen, Fieber	7,7	Selbstm.
16	Mocosolvan (Ambroxol)	Hustenlöser	7,3	Selbstm.
17	Prospan (Efeu-Extrakt)	Husten	7,3	Selbstm.
18	Dolormin (Ibuprofen)	Schmerzen	7,2	Selbstm.
19	Ibu 1A PHARMA (Ibuprofen)	Schmerzen	7,1	Selbstm.

Rang	Arzneimittel	Anwendungsgebiet	Umsatz in Millionen Packungen	Verordnung
20	Ibu ratiopharm (Ibuprofen)	Schmerzen	7,1	Selbstm.
Gesamtmenge an verkauften Packungen 2012:			1,47 Mrd	

Jahrbuch Sucht 2014, Deutsche Hauptstelle für Suchtfragen: www.dhs.de

Tabelle 2.3.25 Die umsatzstärksten Arzneimittel in Deutschland 2004

Im Jahr 2004 ist durch die Einführung der Praxisgebühr die Zahl der Arztbesuche und damit auch die Menge der verordneten und der selbst gekauften Medikamente gegenüber 2003 um ca. 9 % gesunken. Da im gleichen Zeitraum der Durchschnittspreis eines verordneten Medikaments um 8 % gestiegen ist, wurde auf dem Arzneimittelmarkt insgesamt 4 % weniger ausgegeben. Am stärksten sanken mit 45 % die Ausgaben für verordnete nicht verschreibungspflichtige Mittel, wie Galle- und Lebermittel, angeblich durchblutungsfördernde Mittel, Magenmittelkombinationen, Mittel gegen Nervenschäden oder pflanzliche Mittel gegen die Parkinson-Krankheit.

Für chronische Krankheiten wie Bluthochdruck, Diabetes oder Hypercholesterinämie werden die umsatzstärksten Arzneimittel verschrieben. Auf die 20 in der Tabelle genannten Hochumsatzprodukte entfallen knapp 14 % des gesamten Umsatzes.

Im Jahre 2004 stand der Cholesterin-Senker Sortis an Platz 1. Im Jahre 2005 wird er diesen Platz allerdings verlieren, weil im Streit um die Festbeträge in der gesetzlichen Krankenversicherung die Herstellerfirma den Preis des Mittels nicht absenken wollte und dadurch empfindliche Absatzeinbußen hinnehmen musste.

Abkürzungen: Selbstm. = vor allem Selbstmedikation, nicht rezeptpflichtig; Rezept = rezeptpflichtig; BTM = nur auf Betäubungsmittel-Rezept.

Rang	Arzneimittel	Anwendungsgebiet	Umsatz in Mio. €
1	Humira (Adalimumab)	Rheuma etc.	501,4
2	Enbrel (Etanercept)	Rheumatoide Arthritis	345,6
3	Spiriva (Tiotropium)	Chronische Lungenerkrankung	251,9
4	Glivec (Imatinib)	Krebsarzneimittel	244,6
5	Lucentis (Ranibizumab)	Netzhauterkrankungen	233,3
6	Lyrica (Pregabalin)	Epilepsie/Neuropathie	231,7
7	Rebif (Interferon-ß-1a)	Multiple Sklerose	230,3

Rang	Arzneimittel	Anwendungsgebiet	Umsatz in Mio. €
8	Avonex (Interferon-ß-1a)	Multiple Sklerose	192,0
9	Copaxone (Glitarimer)	Multiple Sklerose	165,7
10	Symbicort (ß-2-Agonist + Corticoid)	bei Asthma	165,6
11	Truvada (Emtricitabin + Tenofovir)	HIV/AIDS	163,0
12	Lantus (Analog-Insulin)	Diabetes	157,1
Gesamtumsatz der Pharmaindustrie 2012:			26.768,3

Jahrbuch Sucht 2006, Deutsche Hauptstelle für Suchtfragen: www.dhs.de

Tabelle 2.3.26 Veränderungen im Verbrauch der Benzodiazepin-Mengen 1993–2004

Benzodiazepin-Derivate gehören in der Bundesrepublik zu den meistverordneten Arzneimitteln. Es sind Tranquilizer und Hypnotika, die dämpfend wirken und bei Angst- und Spannungszuständen sowie Schlafstörungen eingesetzt werden. Sie werden im Körper sehr unterschiedlich abgebaut. Die Halbwertszeit, zu der die Hälfte der Substanz abgebaut ist, kann zwischen 2,5 und 8 Stunden liegen. Bei Schlafmitteln ist eine Dosierung mit mittlerer Wirkdauer sinnvoll, um Nachwirkungen („hang-over"-Effekte) am nächsten Morgen zu vermeiden. Auf Grund des hohen Risikos einer Benzodiazepin-Abhängigkeit werden zur Substitution Neuroleptika und Antidepressiva verordnet.

Durchschnittlicher Verbrauch 1993–1996			Durchschnittlicher Verbrauch 2001–2004		
Rang	**Substanz**	**kg/Jahr**	**Rang**	**Substanz**	**kg/Jahr**
1	Oxazepam	3302,90	1	Oxazepam	2228,50
2	Diazepam	1211,00	2	Diazepam	1055,00
3	Flurazepam	902,80	3	Temazepam	813,20
4	Bromazepam	758,13	4	Bromazepam	671,95
5	Temazepam	723,80	5	Flurazepam	391,80
6	Medazepam	503,00	6	Medazepam	263,40
7	Nitrazepam	414,50	7	Nitrazepam	185,00
8	Clobazam	189,00	8	Lorazepam	149,80

9	Lorazepam	92,90	9	Clobazam	129,70
10	Flunitrazepam	84,75	10	Lormetazepam	57,60
11	Lormetazepam	79,70	11	Flunitrazepam	35,20
12	Alprazolom	14,96	12	Alprazolom	16,10
13	Triazolam	2,80	13	Triazolam	1,40

Verkaufszahlen synthetische Schlafmittel nach Packungsmengen 2012 (Packungsmengen in Tsd)

Rang	Präparat	Wirkstoff	Absatz	Missbrauchs-/Abhängigkeitspotenzial
1	Hoggar	Doxylamin	2002,2	eher nicht
2	Zopiclon AbZ	Zopiclon	1310,3	++ bis +++
3	Vivinox Sleep	Diphenhydramin	1090,5	eher nicht
4	Zolipidem ratiopharm	Zolipidem	952,2	++ bis +++
5	Zolipidem A	Zolipidem	740,4	++ bis +++

Jahrbuch Sucht 2006, 2014, Deutsche Hauptstelle für Suchtfragen: www.dhs.de

2.4 Aids, Krebs und andere ausgewählte Krankheiten

Tabelle 2.4.1 HIV/AIDS-Daten und Trends weltweit

HIV = Abkürzung von englisch „*Human Immune (deficiency) Virus*".

Bei HIV-Infizierten sind HIV-Antikörper in der Latenzphase serologisch nachweisbar, Krankheitssymptome sind nicht erkennbar, die Ansteckung anderer Personen ist jedoch möglich. Umgangssprachlich wird eine HIV-Infektion als AIDS (*acquired immune deficiency syndrome*) bezeichnet; medizinisch korrekt ist die Bezeichnung AIDS jedoch nur für das Vollbild der Symptome bei der HIV-Infektion.

An der Immunschwächekrankheit AIDS sind seit ihrem bekannt werden 1981 mehr als 36 Millionen Menschen gestorben. Sie ist damit zu einer der gefährlichsten Epidemien in der Geschichte der Menschheit geworden.

Von 2005 bis 2013 ist die Zahl der HIV-Positiven weltweit deutlich gestiegen. In Südafrika beispielsweise ist die Zahl der HIV-Positiven von 2005 mit 5,6 Mio. auf 6,3 Mio. in 2013 gestiegen.

Auch in Osteuropa und Zentralasien breitet sich die Epidemie weiter aus. In Osteuropa und Zentralasien stieg die Zahl der HIV-Positiven seit 2003 um 50 % an und die Zahl der AIDS-Toten um etwa 40 %.

Die Zahlen in Klammern geben den Schwankungsbereich der Angaben an.

Die weltweite HIV-AIDS-Epidemie, Stand November 2013

HIV-positive Menschen 2013	
Gesamt	35 Mio. (37,2 Mio.)
Erwachsene	31,8 Mio. (30,1–33,7 Mio.)
Frauen	16 Mio. (15,2–16,9 Mio.)
Kinder unter 15 Jahren	3,2 Mio. (2,9–3,5 Mio.)
Zum Vergleich: mit HIV-positive Menschen 1999	27,1 Mio.
Erwachsene	24,9 Mio.
Frauen	12,3 Mio.
Kinder unter 15 Jahren	2,2 Mio.
HIV-Neuinfektionen 2013	
Gesamt	2,1 Mio. (1,9–2,4 Mio.)
Erwachsene	1,9 Mio. (1,7–2,1 Mio.)
Kinder unter 15 Jahren	240.000 (210.000–280.000)
damit haben sich insgesamt täglich infiziert:	~5753
AIDS-Tote 2013	
Gesamt	1,5 Mio. (1,4–1,7 Mio.)
Gesamtzahl der AIDS-Todesfälle seit Beginn	über 35 Mio.

UNAIDS/Weltgesundheitsorganisation (WHO) 2014: www.unaids.org

Tabelle 2.4.2 Chronik der AIDS-Epidemie

Vorgeschichte und Verlauf der AIDS-Epidemie	Jahr
Erster retrospektiv mutmaßlicher AIDS-Fall (USA).	1952
Weiterer retrospektiv mutmaßlicher AIDS-Fall (Kanada).	1958
Erstes HIV-positives Serum (Kinshasa, Zaire).	1959
Erster retrospektiv gesicherter AIDS-Fall in Manchester (GB).	1959/60

Vorgeschichte und Verlauf der AIDS-Epidemie	Jahr
Mutmaßliche AIDS-Fälle bei Wanderarbeitern in Südafrika.	1963/65
Erste retrospektiv gesicherte HIV-Infektionen in Norwegen.	1966
Erster retrospektiv gesicherter AIDS-Fall in St. Louis (USA).	1968
Zahlreiche mutmaßliche AIDS-Fälle in Israel, USA und Afrika; Aggressives Kaposi-Sarkom in Afrika.	1969
HIV-positive Seren bei Drogenabhängigen in New York.	1971/72
Erster AIDS-Fall in Frankreich.	1972
Mutmaßlicher AIDS-Fall in Uganda.	1973
Fälle des aggressiven Kaposi-Sarkoms nehmen in den USA zu.	1975
Erster AIDS-Fall in Deutschland (Köln) und Dänemark, 3 AIDS-Patienten versterben in Norwegen.	1976
Erster AIDS-Fall in Belgien.	1977
Zweiter AIDS-Fall in Deutschland.	1978
Erster retrospektiv gesicherter AIDS-Fall durch HIV-2 bei einem Portugiesen, der von 1956 bis 1966 in Guinea-Bissau lebte.	1979/80
Die AIDS-Epidemie wird sichtbar: zunehmend Fälle des aggressiven Kaposi-Sarkoms bei homosexuellen Männern (USA); erster Bericht über AIDS in einer deutschen Wochenzeitschrift.	1981
Die Krankheit wird als infektiös erkannt und bekommt den Namen: „AIDS" (acquired immune deficiency syndrome); erste AIDS-Fälle bei deutschen Blutern und bei Säuglingen.	1982
Der AIDS-Erreger wird am Pariser Pasteur-Institut isoliert.	1983
Erstes Bild eines AIDS-Virus wird im Mai in Science veröffentlicht.	1983
Erste Antikörpertests.	1984
Erste dokumentierte Übertragung durch Nadelstiche.	1984
Erste AIDS-Fälle unter Drogenabhängigen in Deutschland.	1984
Erste durch heterosexuelle Übertragung erworbene AIDS-Erkrankung in Deutschland (Lebenspartnerin eines Bluters).	1984
Das HIV-Genom wird am Pasteur-Institut entziffert.	1984
Erster AIDS-Fall nach Bluttransfusion in Deutschland.	1985
Vakzine (Impfstoffe) gegen HIV werden in den USA getestet. Zulassung des ersten HIV-Therapeutikums (AZT/Retrovir)	1987
Einführung der HIV-PCR zur Diagnostik.	1994
Einführung der HAART-Kombinationstherapie aus antiretroviralen Medikamenten.	1996

Vorgeschichte und Verlauf der AIDS-Epidemie	Jahr
Beschreibung von genetischen Ursachen für HIV-Resistenzen.	1996
Einführung des Medikaments *Enfuvirtid* (Fusionshemmer). Es verhindert die Fusion des HIV-1 mit der Wirtszelle.	2003
Erste Tests mit dem Impfstoff „gag-PR-deltaRT AAV" in Deutschland.	2004
Dramatischer Anstieg der HIV-Positiven-Zahlen in Osteuropa und Asien.	2005
Medizin-Nobelpreis für die Entdeckung des HI-Virus für *Luc Montagnier* und *Françoise Barré-Sinoussi*.	2008
Funktion des Proteins TRIM5 bei HIV-Resistenz entdeckt.	2011
Impfstudie mit Rhesus-Affen, bei der die Hälfte der Tier eine Infektion eliminieren konnten.	2013

AIDS-Nachrichten 4/93 AIDS-Zentrums des Bundesgesundheitsamtes; Lage-Stehr 1994; May et al. 2006; Pertel et al. 2011; Hoffmann und Rockstroh 2014

Tabelle 2.4.3 HIV/AIDS – in den Regionen der Welt

Bei HIV-Infizierten sind HIV-Antikörper in der Latenzphase serologisch nachweisbar, Krankheitssymptome sind nicht erkennbar. AIDS-Fälle zeigen die Symptome der Krankheitsphase.

Die „Prävalenz bei Erwachsenen" ist eine epidemiologische Kennzahl und sagt aus, wie hoch der Prozentsatz der Erwachsenen ist, die in der angegebenen Population HIV-positiv sind.

Region	HIV-Positive	Neuinfektionen	Prävalenz bei Erwachs. (%)	AIDS-Tote
Welt gesamt				
2005	32,1 Mio.	2,9 Mio.	0,8	1,5 Mio.
2013	35,0 Mio.	2,1 Mio.	0,8	2,8 Mio.
Südliches Afrika				
2005	23,2 Mio.	2,2 Mio.	5,6	1,8 Mio.
2013	24,7 Mio.	1,5 Mio.	4,7	1,1 Mio.
Nordafrika u. Naher Osten				
2005	160.000	23.000	<0,1	8800

Region	HIV-Positive	Neuinfektionen	Prävalenz bei Erwachs. (%)	AIDS-Tote
2013	230.000	25.000	0,1	15.000
Asien und Pazifischer Raum				
2005	4,5 Mio.	370.000	0,2	340.000
2013	4,8 Mio.	350.000	0,2	250.000
Lateinamerika				
2005	1,3 Mio.	97.000	0,4	68.000
2013	1,6 Mio.	94.000	0,4	47.000
Karibik				
2005	270.000	19.000	1,2	23.000
2013	250.000	12.000	1,1	11.000
Osteuropa u. Zentralasien				
2005	830.000	100.000	0,5	51.000
2013	1,1 Mio.	110.000	0,6	53.000
West- und Mitteleuropa, Nordamerika				
2005	1,8 Mio	95.000	0,3	28.000
2013	2,3 Mio	88.000	0,3	27.000

UNAIDS/WHO 2013: www.unaids.org

Tabelle 2.4.4 HIV – in Europa 2008–2012

Nach der Definition der WHO (Welt-Gesundheits-Organisation) werden der Region Europa 553 Länder zugeordnet. Die Daten entsprechen dem Stand 31.12.2013. Als Überwachungsinstrument der HIV-Epidemie in Europa sind die Berichte über AIDS-Fälle, die die Symptome der Erkrankung zeigen, durch Berichte über HIV-Neuinfektionen seit 1996 abgelöst worden. Die Daten stehen allerdings in Bezug zu den insgesamt durchgeführten HIV-Tests, weshalb die Ergebnisse mit Vorsicht zu betrachten sind und die Infektionsraten ein verlässlicheres Maß bieten.

HIV-Fälle und Raten pro 1 Mio/100.000 Einwohner der Bevölkerung						
	2008		2010		2012	
	HIV-Diagnosen	Raten pro 100.000	HIV-Diagnosen	Raten pro 100.000	HIV-Diagnosen	Raten pro 100.000
Westeuropa	29.153	7,8	29.757	7,4	27.315	6,6
Österreich EU	347	4,2	317	3,8	306	3,6
Belgien EU	1091	10,2	1198	11,1	1227	11,1
Dänemark EU	285	5,2	275	5,0	201	3,6
Finnland EU	147	2,8	184	3,4	156	2,9
Frankreich EU	5764	9,0	5536	8,6	4066	6,2
Deutschland EU	2850	3,5	2919	3,6	2953	3,6
Griechenland EU	603	5,4	626	5,5	1595	9,4
Island	10	3,2	24	7,6	19	5,9
Irland EU	405	9,2	330	7,4	339	7,4
Israel	394	5,5	424	5,7	487	6,4
Italien EU	2038	5,5	3932	6,7	3898	6,4
Luxemburg EU	57	11,8	49	9,8	54	10,3
Malta EU	28	6,8	18	4,3	30	7,2
Monako	0	0	0	0	0	0
Niederlande EU	1288	7,9	1157	7,0	976	5,8
Norwegen	299	6,3	258	5,3	242	4,9
Portugal EU	1900	18,2	1511	14,5	721	7,0
San Marino	4	12,5	6	19,2	5	15,5
Spanien EU	3188	11,4	3575	10,9	3210	8,5

Schweden EU	416	4,5	449	4,8	363	3,8
Schweiz	768	10,1	607	7,8	643	8,1
England EU	7268	12,0	6358	10,3	6358	10,3
Mittel-europa	2312	7,8	2669	1,4	3715	1,9
Albanien	54	1,7	44	1,4	81	2,9
Bosni-en-Herze-gowina	9	0,2	7	0,2	25	0,7
Bulgarien	123	1,6	163	2,2	157	2,1
Kroatien	71	1,6	70	1,6	74	1,7
Zypern EU	37	4,7	41	5,0	58	6,7
Tsche-chische Republik EU	148	1,4	180	1,7	212	2,0
Ungarn	145	1,5	182	1,8	219	2,2
Mazedo-nien	4	0,2	5	0,2	14	0,7
Polen	837	2,2	954	2,5	1085	2,8
Rumänien	259	1,2	274	1,3	489	2,3
Serbien	118	1,6	148	2,0	125	1,7
Slowakei	53	1,0	28	0,5	50	0,9
Slowenien	48	2,4	35	1,7	45	2,2
Türkei	395	0,6	523	0,7	1068	1,4
Osteu-ropa total	25.544	18,6	90.258	7,4	24.464	22,0
Armenien	136	4,2	149	4,6	227	6,9
Aserbaid-schan	433	5,0	459	5,1	517	5,6
Belarus	883	9,2	1063	11,2	1223	13,1
Estland	545	40,6	376	28,1	315	23,5
Georgien	350	8,1	455	10,4	526	11,9

Kasachstan	2335	15,0	1988	12,5	2014	12,4
Kirgisien	553	10,6	567	10,6	700	12,8
Lettland	358	15,8	274	12,2	339	16,6
Litauen	95	2,8	153	4,6	160	5,3
Moldawien	793	22,2	703	19,7	757	21,3
Russland	–	–	62.581	44,1	–	–
Tadschikistan	331	0,6	1052	13,8	814	10,2
Turkmenistan	0	0	0	0	0	0
Ukraine	15.671	33,9	16.643	36,4	16.872	37,1
Usbekistan	3061	11,3	3795	13,7	–	–
Europa gesamt	57.009	8,1	122.684	14,0	55.494	7,8

UNAIDS/WHO 2013: www.unaids.org

Tabelle 2.4.5 HIV/AIDS – Deutschland und ausgewählte Bundesländer 2013

In Deutschland hat die Zahl der neu erkannten HIV-Infektionen zwischen 2000 und 2005 um deutlich über 50 % zugenommen.

Bei HIV-Infizierten sind HIV-Antikörper in der Latenzphase serologisch nachweisbar, Krankheitssymptome sind nicht erkennbar, die Ansteckung anderer Personen ist jedoch möglich. AIDS-Fälle zeigen die Symptome der Krankheitsphase.

Die höchsten HIV-Infektionszahlen sind in den Industriestaaten bei der Betroffenengruppe „Männer, die Sex mit Männern haben (MSM)" zu beobachten. Der Grund dafür liegt in einem seit dem Ende der 90er Jahre veränderten sexuellen Risikoverhalten. Eine wachsende Gruppe von MSM verzichtete immer öfter auf einen wirksamen Schutz vor HIV-Übertragungen und die Zahl wechselnder Sexualpartner wurde immer größer. Seit 2006 ist auch in dieser Gruppe jedoch eine Plateauphase zu beobachten, was auf ein reduziertes Risikoverhalten hindeutet.

Bei Hämophilen und Bluttransfusionsempfängern erfolgte die Infektion über kontaminierte Blutkonserven und Konzentrate mit Gerinnungsfaktoren überwiegend in der Zeit vor 1986.

Die Eckdaten sind Schätzungen des Robert-Koch-Instituts über die Anzahl von Personen, die Ende 2013 in Deutschland mit HIV/AIDS lebten. Die Schätzungen werden jährlich aktualisiert, stellen aber keine Fortschreibung früher publizierter Schätzungen dar.

Erläuterungen zu HIV und AIDS siehe Tab. 2.4.1

MSM = Männer, die Sex mit Männern haben; Hetero = Menschen, die sich über heterosexuelle Kontakte infiziert haben; Drug = i. v. Drogenkonsument/innen; Blut = Hämophilie und Bluttransfusionsempfänger/innen; Kind = Mutter-Kind-Transmission

HIV/AIDS-Eckdaten 2013	HIV-Infizierte	Neuinfektionen	Todesfälle	Todesfälle seit Epidemiebeginn
Deutschland gesamt (80,8 Mio. Einwohner)				
Gesamt	~80.000	~3200	~550	~28.000
Männer	~65.000	~2700	–	~27.000
Frauen	~15.000	~460	–	~4300
Kinder	~200	–	–	~200
nach Infektionswegen (Neuinfektionen geschätzt)				
MSM	~53.000	~2400	–	–
Hetero	~18.000	~550	–	–
darunter in D infiziert	~10.000	–	–	–
Drug	~7800	~300	–	–
Blut	~450		–	–
Kind	~420	<10	–	–
Baden-Württemberg (10,6 Mio. Einwohner)				
Gesamt	~8200	~270	~50	~2700
Männer	~6000	~220	–	–
Frauen	~2100	~50	–	–
nach Infektionswegen (Neuinfektionen geschätzt)				
MSM	~4600	~170	–	–
Hetero	~2500	~60	–	–
darunter in D infiziert	~1400	–	–	–
Drug	~1100	~3	–	–
Bayern (12,6 Mio. Einwohner)				
Gesamt	~11.000	~400	~70	~3700

HIV/AIDS-Eckdaten 2013	HIV-Infizierte	Neuinfektionen	Todesfälle	Todesfälle seit Epidemiebeginn
Männer	~8700	~340	–	–
Frauen	~2100	~50	–	–
nach Infektionswegen (geschätzt)				
MSM	~7200	~300	–	–
Hetero	~2800	~65	–	–
darunter in D infiziert	~1400	–	–	–
Drug	~890	~30	–	–
Berlin (3,4 Mio. Einwohner)				
Gesamt	~15.000	~450	~60	~4600
Männer	~14.000	~400	–	–
Frauen	~1900	~45	–	–
nach Infektionswegen (Neuinfektionen geschätzt)				
MSM	~12.000	~370	–	–
Hetero	~2000	~45	–	–
darunter in D infiziert	~1400	–	–	–
Drug	~1300	~30	–	–
Brandenburg (2,5 Mio. Einwohner)				
Gesamt	~510	~85	~65	~80
Männer	~380	~65	–	–
Frauen	~120	~15	–	–
nach Infektionswegen (Neuinfektionen geschätzt)				
MSM	~300	~55	–	–
Hetero	~190	~25	–	–
darunter in D infiziert	~110	–	–	–
Drug	~15	~5	–	–
Bremen (657.390 Einwohner)				
Gesamt	~1200	~45	~20	~610

HIV/AIDS-Eckdaten 2013	HIV-Infizierte	Neuinfektionen	Todesfälle	Todesfälle seit Epidemiebeginn
Männer	~900	~35	–	–
Frauen	~250	~10	–	–
nach Infektionswegen (Neuinfektionen geschätzt)				
MSM	~640	~25	–	–
Hetero	~240	~5	–	–
darunter in D infiziert	~150	–	–	–
Drug	~280	~10	–	–
Hamburg (1,7 Mio. Einwohner)				
Gesamt	~6600	~230	~60	~4700
Männer	~5600	~210	–	–
Frauen	~1000	~25	–	–
nach Infektionswegen (Neuinfektionen geschätzt)				
MSM	~4700	~190	–	–
Hetero	~1400	~30	–	–
darunter in D infiziert	~770	–	–	–
Drug	~490	~15	–	–
Hessen (6 Mio. Einwohner)				
Gesamt	~5900	~290	~55	~3400
Männer	~4700	~250	–	–
Frauen	~1100	~40	–	–
nach Infektionswegen (Neuinfektionen geschätzt)				
MSM	~4000	~220	–	–
Hetero	~1200	~40	–	–
darunter in D infiziert	~700	–	–	–
Drug	~630	~30	–	–
Mecklenburg-Vorpommern (1,6 Mio. Einwohner)				
Gesamt	~640	~60	~5	~0

HIV/AIDS-Eckdaten 2013	HIV-Infizierte	Neuinfektionen	Todesfälle	Todesfälle seit Epidemiebeginn
Männer	~470	~50	–	–
Frauen	~160	~10	–	–
nach Infektionswegen (Neuinfektionen geschätzt)				
MSM	~320	~35	–	–
Hetero	~300	~20	–	–
darunter in D infiziert	~130	–	–	–
Drug	~20	~5	–	–
Niedersachsen (7,8 Mio. Einwohner)				
Gesamt	~4400	~210	~30	~1800
Männer	~3400	~170	–	–
Frauen	~970	~35	–	–
nach Infektionswegen (Neuinfektionen geschätzt)				
MSM	~2600	~140	–	–
Hetero	~1000	~40	–	–
darunter in D infiziert	~660	–	–	–
Drug	~750	~25	–	–
Nordrhein-Westfalen (17,6 Mio. Einwohner)				
Gesamt	~18.000	~660	~150	~6000
Männer	~15.000	~570	–	–
Frauen	~3400	~90	–	–
nach Infektionswegen (Neuinfektionen geschätzt)				
MSM	~12.000	~500	–	–
Hetero	~4100	~100	–	–
darunter in D infiziert	~2300	–	–	–
Drug	~1700	~60	–	–
Rheinland-Pfalz (3,99 Mio. Einwohner)				
Gesamt	~2100	~100	~15	~980

HIV/AIDS-Eckdaten 2013	HIV-Infizierte	Neuinfektionen	Todesfälle	Todesfälle seit Epidemiebeginn
Männer	~1700	~85	–	–
Frauen	~410	~15	–	–
nach Infektionswegen (Neuinfektionen geschätzt)				
MSM	~1400	~75	–	–
Hetero	~460	~20	–	–
darunter in D infiziert	~290	–	–	–
Drug	~250	~10	–	–
Saarland (990.720 Einwohner)				
Gesamt	~800	~30	~5	~360
Männer	~650	~25	–	–
Frauen	~150	~5	–	–
nach Infektionswegen (Neuinfektionen geschätzt)				
MSM	~510	~20	–	–
Hetero	~200	~5	–	–
darunter in D infiziert	~120	–	–	–
Drug	~85	~5	–	–
Sachsen (4 Mio. Einwohner)				
Gesamt	~2100	~180	~150	~160
Männer	~1800	~160	–	–
Frauen	~270	~25	–	–
nach Infektionswegen (Neuinfektionen geschätzt)				
MSM	~1500	~130	–	–
Hetero	~510	~40	–	–
darunter in D infiziert	~280	–	–	–
Drug	~80	~15	–	–
Sachsen-Anhalt (2,2 Mio. Einwohner)				
Gesamt	~820	~85	~10	~120

HIV/AIDS-Eckdaten 2013	HIV-Infizierte	Neuinfektionen	Todesfälle	Todesfälle seit Epidemiebeginn
Männer	~630	~70	–	–
Frauen	~180	~15	–	–
nach Infektionswegen (Neuinfektionen geschätzt)				
MSM	~400	~50	–	–
Hetero	~370	~25	–	–
darunter in D infiziert	~170	–	–	–
Drug	~45	~5	–	–
Schleswig-Holstein (2,8 Mio. Einwohner)				
Gesamt	~1000	~75	~15	~720
Männer	~850	~65	–	–
Frauen	~150	~10	–	–
nach Infektionswegen (Neuinfektionen geschätzt)				
MSM	~720	~140	–	–
Hetero	~170	~40	–	–
darunter in D infiziert	~100	–	–	–
Drug	~110	~5	–	–
Thüringen (2,2 Mio. Einwohner)				
Gesamt	~650	~50	~5	~75
Männer	~510	~40	–	–
Frauen	~140	~10	–	–
nach Infektionswegen (Neuinfektionen geschätzt)				
MSM	~400	~30	–	–
Hetero	~180	~15	–	–
darunter in D infiziert	~110	–	–	–
Drug	~70	~5	–	–

HIV/AIDS-Eckdaten, Robert-Koch-Institut 2013a: www.rki.de

Tabelle 2.4.6 HIV und AIDS in Deutschland – nach Altersgruppen und Geschlecht

Bei HIV-Infizierten sind HIV-Antikörper in der Latenzphase serologisch nachweisbar, Krankheitssymptome sind nicht erkennbar, die Ansteckung anderer Personen ist jedoch möglich. AIDS-Fälle zeigen die Symptome der Krankheitsphase.

Stand: 1.03.2012	AIDS				HIV			
	männlich		weiblich		männlich		weiblich	
	Anzahl	Anteil	Anzahl	Anteil	Anzahl	Anteil	Anzahl	Anteil
< 1 Jahr	0	0,0	0	0,0	52	0,1	44	0,5
1–4 Jahre	11	0,0	11	0,3	67	0,2	61	0,7
5–9 Jahre	26	0,1	32	0,8	36	0,1	53	0,6
10–12 Jahre	26	0,1	13	0,3	20	0,1	16	0,2
13–14 Jahre	9	0,0	5	0,1	14	0,0	14	0,2
15–19 Jahre	20	0,1	0	0,0	613	1,7	357	4,1
20–24 Jahre	108	0,4	37	0,9	3075	8,5	1291	14,8
25–29 Jahre	640	2,5	239	5,7	5930	16,5	2106	24,2
30 39 Jahre	2733	10,9	819	19,7	12.920	35,9	2808	32,3
40–49 Jahre	9782	38,9	1806	43,4	8189	22,8	1062	12,2
50–59 Jahre	7244	28,8	749	18,0	3108	8,6	511	5,9
60–69 Jahre	3460	13,8	295	7,1	1173	3,3	192	2,2
> 69 Jahre	906	3,6	116	2,8	234	0,7	53	0,6
k. Angabe	167	0,7	40	1,0	549	1,5	131	1,5
Gesamt	25.132	100	4162	100	35.980	100	8699	100

Daten des Gesundheitswesens 2013: www.bundesgesundheitsministerium.de

Tabelle 2.4.7 Krebs – Daten und Trends in Deutschland

Krebsregister werden in der Regel drei Jahre nach Ende des Diagnosejahrgangs veröffentlicht. Unter Krebs werden alle bösartigen Neubildungen verstanden.

Für 2010 geht man von ca. 477.300 bösartigen Neuerkrankungen aus. Die Anzahl der Krebssterbefälle für das Jahr 2010 wird auf insgesamt 218.258 geschätzt. Das mittlere Erkrankungsalter lag bei Männern und Frauen bei etwa 69 Jahren.

Bei der statistischen Erfassung von Erkrankungen spielen die Begriffe Inzidenz, Prävalenz und Mortalität eine wichtige Rolle.

Die Inzidenz gibt die Neuerkrankungen einer Bevölkerungsgruppe (z. B. pro 100.000 der Deutschen) einer bestimmten Krankheit während eines bestimmten Zeitraumes (normalerweise pro Jahr) an. Die Prävalenz sagt aus, wie viele Individuen einer Bevölkerungsgruppe (z. B. aller Deutschen) an einer bestimmten Erkrankung erkrankt sind. Somit steigt die Prävalenz einer Erkrankung bei gleich bleibender Inzidenz (Neuerkrankungen pro Jahr), wenn die Patienten nach Diagnosestellung z. B. durch neue Therapiemöglichkeiten länger überleben. Die Mortalität (Sterberate) beschreibt die Zahl der in einem bestimmten Zeitraum (z. B. ein Jahr) an einer Krankheit Gestorbenen einer Bevölkerungsgruppe.

Die häufigsten Krebserkrankungen in Deutschland 2010

Männer			**Frauen**		
Krebsneuerkrankungen – Prozentuale Anteile (Männer 252.390, Frauen 224.910)					
1	Prostata	26,1 %	1	Brustdrüse	31,3 %
2	Lunge	13,9 %	2	Dick- und Mastdarm	12,7 %
3	Dick- und Mastdarm	13,4 %	3	Lunge	7,6 %
4	Harnblase	4,5 %	4	Gebärmutterkörper	5,1 %
5	Malignes Melanom d. Haut	3,8 %	5	Malignes Melanom d. Haut	4,3 %
6	Mundhöhle und Rachen	3,7 %	6	Bauchspeicheldrüse	3,6 %
7	Magen	3,6 %	7	Eierstöcke	3,5 %
8	Niere	3,5 %	8	Non-Hodgkin-Lymphome	3,4 %
9	Non-Hodgkin-Lymphome	3,4 %	9	Magen	3,0 %
10	Bauchspeicheldrüse	3,2 %	10	Niere	2,5 %

Die häufigsten Krebserkrankungen in Deutschland 2010

Männer			Frauen		
Sterbefälle – Prozentuale Anteile (Männer 117.855, Frauen 100.403)					
1	Lunge	24,9 %	1	Brustdrüse	17,4 %
2	Dick- und Mastdarm	11,4 %	2	Lunge	13,6 %
3	Prostata	10,8 %	3	Dick- und Mastdarm	12,5 %
4	Bauchspeicheldrüse	6,4 %	4	Bauchspeicheldrüse	7,9 %
5	Magen	4,9 %	5	Eierstöcke	5,6 %
6	Leber	4,1 %	6	Magen	4,4 %
7	Leukämien	3,3 %	7	Leukämien	3,3 %
8	Speiseröhre	3,3 %	8	Non-Hodgkin-Lymphome	2,9 %
9	Mundhöhle und Rachen	3,2 %	9	zentrales Nervensystem	2,5 %
10	Harnblase	3,1 %	10	Leber	2,5 %

Krebs in Deutschland, Robert-Koch-Institut 2013a: www.rki.de/krebs

Tabelle 2.4.8 Krebs bei Kindern in Deutschland

Krebserkrankungen bei unter 15-jährigen Kindern werden im deutschen Kinderkrebsregister seit 1980 (seit 1991 auch für die neuen Bundesländer) registriert. Dabei werden alle bösartigen Erkrankungen sowie gutartige Hirntumore erfasst.

Die häufigste Einzeldiagnose bei Kindern sind verschiedene Formen der Leukämie (bösartige Erkrankung der weißen Blutkörperchen). Sie ist unter 4-Jährigen doppelt so häufig wie in den anderen Altersgruppen. Die Ursachen für Leukämie im Kindesalter sind weitgehend unklar. Während früher eher Umweltfaktoren wie ionisierende Strahlung oder Pestizide genannt wurden, liegt der Verdacht heute eher auf infektiösen Erregern. Man geht davon aus, dass vor allem Kinder mit einem im Säuglingsalter unzureichend angeregten Immunsystem ein höheres Leukämierisiko haben.

Die häufigsten malignen Lymphome (bösartige Erkrankung der weißen Blutkörperchen mit Lymphknotenvergrößerungen) sind bei Kindern die Non-Hodgkin-Lymphome und der Morbus Hodgkin. Letztere Erkrankung hat die höchste Überlebenschance in der Onkologie. Ein erhöhtes Risiko besteht für Kinder mit einer angeborenen oder erworbenen Immundefizienz (Mangelkrankheit, die zu inadäquaten Immunantworten führt).

Mit Inzidenz sind Erkrankungen pro Jahr in einer definierten Bevölkerung gemeint.

Krebserkrankungen bei Kindern unter 15 Jahren in Deutschland	
Zahl der jährlich an Krebs erkrankten Kinder	1800
Jährliche Inzidenz (pro 100.000 Kinder)	16
Veränderungen der Erkrankungsrate	keine
Anteil krebskranker Kinder an allen Krebskranken	unter 1 %
Rang der Krebserkrankungen bei den Todesursachen für Kinder 2013	1. Rang
Überlebensrate bei Kindern mit Krebs insgesamt:	
5 Jahre nach Diagnosestellung	84 %
10 Jahre nach Diagnosestellung	82 %
15 Jahre nach Diagnosestellung	81 %
Die häufigste Einzeldiagnose ist die akute lymphatische Leukämie:	36 %
Häufigstes Auftreten der akuten lymphatischen Leukämie nach dem Alter der Kinder	bei 1–4 jährigen Kindern
Häufigkeit unterschiedlicher Krebserkrankungen bei Kindern 2003-2012	
1. Leukämien	33,2 %
2. Tumore des zentralen Nervensystems	24,0 %
3. Lymphome	11,1 %
4. Tumore des sympathischen Nervensystems	7,0 %
5. Weichteiltumoren	5,8 %
6. Nierentumore	5,5 %
7. Knochentumore	4,4 %
8. Keimzellentumore	3,0 %
9. Maligne epitheliale Neoplasien und maligne Melanome	1,9 %
10. Sonstige	4,4 %

Krebs in Deutschland, Robert-Koch-Institut 2006: www.rki.de/Krebs; Bundesgesundheitsministerium Daten des Gesundheitswesens 2013

Tabelle 2.4.9 Überlebenswahrscheinlichkeit für Krebsdiagnosen bei Kindern unter 15 Jahren in Deutschland

Inzidenz bezieht sich auf 100.000 Kinder unter 15 Jahren pro Jahr. Erfassungszeitraum 1994–2003. Die Überlebenswahrscheinlichkeit gibt den prozentualen Anteil der noch Lebenden nach einer definierten Zeit nach Diagnosestellung an.

		Überlebenswahrscheinlichkeit		
Diagnosen	**Inzidenz**	**5 Jahre**	**10 Jahre**	**15 Jahre**
Hodgkin-Lymphome	0,6	98	98	97
Retinoblastom	0,4	98	97	97
Keimzelltumoren	0,5	95	94	94
Nephroblastome	1	93	92	92
Lymphatische Leukämien	4,4	91	89	88
Non-Hodgkin-Lymphome	0,6	89	88	86
Astrozytome	1,7	81	79	77
Neuroblastome und Ganglioneuroblastome	1,4	79	76	75
Osteosarkome	0,3	76	72	71
Rhabdomyosarkome	0,5	72	71	69
Akute myeloische Leukämien	0,7	72	70	69
Ewingtumoren und verwandte Knochensarkome	0,3	70	66	65
Intrakranielle und intraspinale embryonale Tumoren	0,8	67	60	56
Alle Malignome	16,4	84	82	81

Krebs in Deutschland, Robert-Koch-Institut 2006: www.rki.de/Krebs; Bundesgesundheitsministerium Daten des Gesundheitswesens 2013

Tabelle 2.4.10 Geschätzte Zahl der Krebsneuerkrankungen in Deutschland 2009

Krebsregister werden in der Regel drei Jahre nach Ende des Diagnosejahrgangs veröffentlicht. Unter Krebs insgesamt werden alle bösartigen Neubildungen verstanden. Der „nichtmelanotische Hautkrebs" findet in dieser Aufstellung keine Berücksichtigung.

Absolute Anzahl der Krebsneuerkrankungen 2009 in Deutschland

	männl.	weibl.		männl.	weibl.
Mundhöhle, Rachen	9.733	3.566	Eierstöcke	–	7.853
Speiseröhre	5.122	1.437	Prostata	65.693	–
Magen	9.613	6.491	Hoden	4.090	–
Darm	34.962	29.656	Harnblase	11.256	4.008
Bauchspeicheldrüse	7.840	8.035	Niere	9.161	5.862
Kehlkopf	3.507	593	Schilddrüse	1.739	4.243
Lunge	34.962	16.399	Non-Hodgkin-Lymphome	8.286	6.764
Malig. Melanom Haut	6.764	9.349	Hodgkin-Lymphome	1.180	936
Brustdrüse	569	73.510	Leukämien	6.570	5.346
Gebärmutterhals	–	4.911	Alle bösartigen Neubildungen	254.792	228.948
Gebärmutterkörper	–	12.289			

Krebs in Deutschland, Robert-Koch-Institut 2006: www.rki.de/Krebs; Bundesgesundheitsministerium Daten des Gesundheitswesens 2013

Tabelle 2.4.11 Erkrankungs- und Sterberisiko ausgewählten Krebserkrankungen nach Alter und Geschlecht in Deutschland 2010

Die aktuelle Schätzung des Robert-Koch-Institutes weist für das Jahr 2010 etwa 477.300 Krebsneuerkrankungen aus. Das sind etwa 21 % bei Männern und 14 % bei Frauen mehr als im Jahr 2000. Diese höheren Neuerkrankungsraten werden durch neue diagnostische Verfahren oder den flächendeckenden Einsatz bereits etablierter Diagnoseverfahren zur Früherkennung bösartiger Erkrankungen beeinflusst. Durch den konsequenten Einsatz dieser Diagnostika können bösartige Erkrankungen früher erkannt werden. Beispiele dafür sind die Mammographie bei Brustkrebs (22.823 Erkrankungen mehr gegenüber 2000) und die PSA-Bluttestung von Prostatakrebs (25.160 Erkrankungen mehr gegenüber 2000). Eine ähnliche Entwicklung nehmen die Erkrankungszahlen zum Malignen Melanom der Haut (Zunahme um 11.250 Erkrankungen).

Alle Krebserkrankungen gesamt

Stand 2010	**Erkrankungsrisiko**		**Sterberisiko**	
Männer im Alter von	**in den nächsten 10 Jahren**	**jemals**	**in den nächsten 10 Jahren**	**jemals**
35 Jahren	1,2 % (1 von 86)	51,0 % (1 von 2)	0,3 % (1 von 390)	26,1 % (1 von 4)
45 Jahren	3,5 % (1 von 29)	51,0 % (1 von 2)	1,2 % (1 von 81)	26,2 % (1 von 4)
55 Jahren	10,5 % (1 von 10)	50,6 % (1 von 2)	3,8 % (1 von 26)	26,0 % (1 von 4)
65 Jahren	21,0 % (1 von 5)	47,9 % (1 von 2)	8,0 % (1 von 13)	24,6 % (1 von 4)
75 Jahren	27,6 % (1 von 4)	40,4 % (1 von 2)	12,9 % (1 von 8)	21,1 % (1 von 5)
Lebenszeitrisiko		50,8 % (1 von 2)		25,8 % (1 von 4)
Frauen im Alter von	**in den nächsten 10 Jahren**	**jemals**	**in den nächsten 10 Jahren**	**jemals**
35 Jahren	2,1 % (1 von 48)	42,5 % (1 von 2)	0,3 % (1 von 310)	20,3 % (1 von 5)
45 Jahren	4,8 % (1 von 21)	41,5 % (1 von 2)	1,1 % (1 von 92)	20,1 % (1 von 5)
55 Jahren	8,8 % (1 von 11)	39,0 % (1 von 3)	2,6 % (1 von 38)	19,4 % (1 von 5)
65 Jahren	13,0 % (1 von 8)	34,0 % (1 von 3)	4,9 % (1 von 20)	17,7 % (1 von 6)
75 Jahren	16,2 % (1 von 6)	26,1 % (1 von 4)	8,1 % (1 von 12)	14,6 % (1 von 7)
Lebenszeitrisiko		42,9 % (1 von 2)		20,2 % (1 von 5)

Krebs in Deutschland, Robert-Koch-Institut 2013a: www.rki.de/Krebs

Mundhöhle und Rachen

	Erkrankungsrisiko		Sterberisiko	
Männer im Alter von	**in den nächsten 10 Jahren**	**jemals**	**in den nächsten 10 Jahren**	**jemals**
35 Jahren	0,1 % (1 von 1500)	1,7 % (1 von 59)	<0,1 % (1 v. 6800)	0,7 % (1 von 140)
45 Jahren	0,3 % (1 von 320)	1,6 % (1 von 61)	0,1 % (1 von 930)	0,7 % (1 von 140)
55 Jahren	0,6 % (1 von 170)	1,4 % (1 von 72)	0,2 % (1 von 440)	0,6 % (1 von 160)
65 Jahren	0,5 % (1 von 190)	0,9 % (1 von 110)	0,2 % (1 von 410)	0,4 % (1 von 220)
75 Jahren	0,3 % (1 von 300)	0,5 % (1 von 220)	0,2 % (1 von 560)	0,3 % (1 von 380)
Lebenszeit-risiko		1,7 % (1 von 60)		0,7 % (1 von 140)
Frauen im Alter von	**in den nächsten 10 Jahren**	**jemals**	**in den nächsten 10 Jahren**	**jemals**
35 Jahren	<0,1 % (1 v. 4600)	0,6 % (1 von 160)	<0,1 % (1 v. 22.000)	0,2 % (1 von 430)
45 Jahren	0,1 % (1 von 1100)	0,6 % (1 von 160)	<0,1 % (1 v. 4200)	0,2 % (1 von 430)
55 Jahren	0,2 % (1 von 530)	0,5 % (1 von 180)	0,1 % (1 von 2000)	0,2 % (1 von 470)
65 Jahren	0,2 % (1 von 570)	0,4 % (1 von 260)	0,1 % (1 von 1700)	0,2 % (1 von 590)
75 Jahren	0,1 % (1 von 730)	0,2 % (1 von 430)	0,1 % (1 von 1500)	0,1 % (1 von 790)
Lebenszeit-risiko		0,7 % (1 von 150)		0,2 % (1 von 430)

Speiseröhre

	Erkrankungsrisiko		Sterberisiko	
Männer im Alter von	**in den nächsten 10 Jahren**	**jemals**	**in den nächsten 10 Jahren**	**jemals**
35 Jahren	<0,1 % (1 von 5200)	0,9 % (1 von 110)	<0,1 % (1 v. 10.000)	0,8 % (1 von 130)
45 Jahren	0,1 % (1 von 930)	0,9 % (1 von 110)	0,1 % (1 von 1400)	0,7 % (1 von 130)

55 Jahren	0,3 % (1 von 380)	0,9 % (1 von 120)	0,2 % (1 von 520)	0,7 % (1 von 140)
65 Jahren	0,3 % (1 von 290)	0,7 % (1 von 150)	0,3 % (1 von 370)	0,6 % (1 von 170)
75 Jahren	0,3 % (1 von 340)	0,4 % (1 von 240)	0,3 % (1 von 370)	0,4 % (1 von 250)
Lebenszeit-risiko		0,9 % (1 von 110)		0,8 % (1 von 130))
Frauen im Alter von	**in den nächsten 10 Jahren**	**jemals**	**in den nächsten 10 Jahren**	**jemals**
35 Jahren	<0,1 % (1 v. 26.000)	0,3 % (1 von 360)	<0,1 % (1 v. 65.000)	0,2 % (1 von 440)
45 Jahren	<0,1 % (1 v. 4800)	0,3 % (1 von 360)	<0,1 % (1 von 8300)	0,2 % (1 von 440)
55 Jahren	0,1 % (1 von 1700)	0,3 % (1 von 390)	<0,1 % (1 von 2300)	0,2 % (1 von 450)
65 Jahren	0,1 % (1 von 1200)	0,2 % (1 von 470)	0,1 % (1 von 1500)	0,2 % (1 von 530)
75 Jahren	0,1 % (1 von 1100)	0,1 % (1 von 390)	0,1 % (1 von 1300)	0,1 % (1 von 720)
Lebenszeit-risiko		0,3 % (1 von 360)		0,2 % (1 von 440)

Krebs in Deutschland, Robert-Koch-Institut 2013a: www.rki.de/Krebs

Magen

	Erkrankungsrisiko		**Sterberisiko**	
Männer im Alter von	**in den nächs-ten 10 Jahren**	**jemals**	**in den nächs-ten 10 Jahren**	**jemals**
35 Jahren	<0,1 % (1 v. 2500)	2,0 % (1 von 51)	<0,1 % (1 v. 5400)	1,3 % (1 von 77)
45 Jahren	0,1 % (1 von 760)	1,9 % (1 von 51)	0,1 % (1 von 1500)	1,3 % (1 von 77)
55 Jahren	0,3 % (1 von 310)	1,8 % (1 von 53)	0,2 % (1 von 560)	1,3 % (1 von 78)
65 Jahren	0,6 % (1 von 170)	1,7 % (1 von 57)	0,4 % (1 von 280)	1,2 % (1 von 82)
75 Jahren	0,9 % (1 von 110)	1,4 % (1 von 69)	0,7 % (1 von 150)	1,1 % (1 von 91)

Lebenszeit-risiko	1,9 % (1 von 52)			1,3 % (1 von 78)
Frauen im Alter von	**in den nächs-ten 10 Jahren**	**jemals**	**in den nächs-ten 10 Jahren**	**jemals**
35 Jahren	<0,1 % (1 v. 3300)	1,3 % (1 von 74)	<0,1 % (1 v. 6700)	0,9 % (1 von 110)
45 Jahren	0,1 % (1 von 1200)	1,3 % (1 von 75)	<0,1 % (1 v. 2400)	0,9 % (1 von 110)
55 Jahren	0,2 % (1 von 640)	1,3 % (1 von 78)	0,1 % (1 von 1200)	0,9 % (1 von 110)
65 Jahren	0,3 % (1 von 330)	1,2 % (1 von 85)	0,2 % (1 von 570)	0,8 % (1 von 120)
75 Jahren	0,5 % (1 von 180)	1,0 % (1 von 100)	0,4 % (1 von 270)	0,8 % (1 von 130)
Lebenszeit-risiko		1,3 % (1 von 74)		0,9 % (1 von 110)

Darm

	Erkrankungsrisiko		**Sterberisiko**	
Männer im Alter von	**in den nächs-ten 10 Jahren**	**jemals**	**in den nächs-ten 10 Jahren**	**jemals**
35 Jahren	0,1 % (1 von 920)	7,1 % (1 von 14)	<0,1 % (1 v. 4200)	3,1 % (1 von 32)
45 Jahren	0,4 % (1 von 240)	7,1 % (1 von 14)	0,1 % (1 von 860)	3,1 % (1 von 32)
55 Jahren	1,3 % (1 von 79)	7,0 % (1 von 14)	0,4 % (1 von 260)	3,1 % (1 von 32)
65 Jahren	2,4 % (1 von 41)	6,4 % (1 von 16)	0,9 % (1 von 110)	3,0 % (1 von 33)
75 Jahren	3,4 % (1 von 29)	5,1 % (1 von 20)	1,6 % (1 von 63)	2,7 % (1 von 37)
Lebenszeit-risiko	7,0 % (1 von 14)			3,0 % (1 von 33)
Frauen im Alter von	**in den nächs-ten 10 Jahren**	**jemals**	**in den nächs-ten 10 Jahren**	**jemals**
35 Jahren	0,1 % (1 v. 1000)	5,7 % (1 von 17)	<0,1 % (1 v. 4000)	2,6 % (1 von 38)
45 Jahren	0,3 % (1 von 300)	5,7 % (1 von 18)	0,1 % (1 von 1200)	2,6 % (1 von 38)

55 Jahren	0,7% (1 von 140)	5,5% (1 von 18)	0,2% (1 von 460)	2,6% (1 von 38)
65 Jahren	1,4% (1 von 69)	5,0% (1 von 20)	0,5% (1 von 190)	2,5% (1 von 40)
75 Jahren	2,4% (1 von 42)	4,1% (1 von 24)	1,1% (1 von 91)	2,3% (1 von 44)
Lebenszeit-risiko		5,7% (1 von 17)		2,6% (1 von 38)

Krebs in Deutschland, Robert-Koch-Institut 2013a: www.rki.de/Krebs

Leber				
	Erkrankungsrisiko		**Sterberisiko**	
Männer im Alter von	**in den nächsten 10 Jahren**	**jemals**	**in den nächsten 10 Jahren**	**jemals**
35 Jahren	<0,1% (1 v. 6700)	1,2% (1 von 85)	<0,1% (1 v. 15.000)	1,0% (1 von 98)
45 Jahren	0,1% (1 von 1400)	1,2% (1 von 85)	<0,1% (1 v. 2100)	1,0% (1 von 98)
55 Jahren	0,3% (1 von 390)	1,2% (1 von 87)	0,2% (1 von 590)	1,0% (1 von 98)
65 Jahren	0,4% (1 von 220)	1,0% (1 von 100)	0,4% (1 von 260)	0,9% (1 von 110)
75 Jahren	0,5% (1 von 190)	0,7% (1 von 140)	0,5% (1 von 200)	0,7% (1 von 140)
Lebenszeit-risiko		1,2% (1 von 86)		1,0% (1 von 100)
Frauen im Alter von	**in den nächsten 10 Jahren**	**jemals**	**in den nächsten 10 Jahren**	**jemals**
35 Jahren	<0,1% (1 v. 22.000)	0,5% (1 von 200)	<0,1% (1 v. 22.000)	0,5% (1 von 190)
45 Jahren	<0,1% (1 v. 4900)	0,5% (1 von 200)	<0,1% (1 von 5900)	0,5% (1 von 190)
55 Jahren	0,1% (1 von 1400)	0,4% (1 von 210)	0,1% (1 von 1800)	0,5% (1 von 200)
65 Jahren	0,1% (1 von 740)	0,4% (1 von 230)	0,1% (1 von 780)	0,5% (1 von 210)
75 Jahren	0,2% (1 von 510)	0,3% (1 von 290)	0,2% (1 von 430)	0,4% (1 von 250)
Lebenszeit-risiko		0,5% (1 von 200)		0,5% (1 von 190)

Bauchspeicheldrüse				
	Erkrankungsrisiko		**Sterberisiko**	
Männer im Alter von	**in den nächsten 10 Jahren**	**jemals**	**in den nächsten 10 Jahren**	**jemals**
35 Jahren	<0,1 % (1 .n 4900)	1,7 % (1 von 60)	<0,1 % (1 v. 6000)	1,6 % (1 von 62)
45 Jahren	0,1 % (1 von 1000)	1,7 % (1 von 60)	0,1 % (1 von 1200)	1,6 % (1 von 62)
55 Jahren	0,3 % (1 von 300)	1,6 % (1 von 61)	0,3 % (1 von 360)	1,6 % (1 von 63)
65 Jahren	0,6 % (1 von 170)	1,5 % (1 von 69)	0,6 % (1 von 180)	1,5 % (1 von 68)
75 Jahren	0,8 % (1 von 130)	1,1 % (1 von 90)	0,8 % (1 von 130)	1,2 % (1 von 86)
Lebenszeit-risiko		1,6 % (1 von 61)		1,6 % (1 von 63)
Frauen im Alter von	**in den nächsten 10 Jahren**	**jemals**	**in den nächsten 10 Jahren**	**jemals**
35 Jahren	<0,1 % (1 v 8100)	1,6 % (1 von 61)	<0,1 % (1 v. 10.000)	1,6 % (1 von 62)
45 Jahren	0,1 % (1 von 1500)	1,6 % (1 von 61)	0,1 % (1 von 1800)	1,6 % (1 von 62)
55 Jahren	0,2 % (1 von 470)	1,6 % (1 von 63)	0,2 % (1 von 550)	1,6 % (1 von 62)
65 Jahren	0,4 % (1 von 230)	1,5 % (1 von 68)	0,4 % (1 von 240)	1,5 % (1 von 67)
75 Jahren	0,7 % (1 von 150)	1,2 % (1 von 85)	0,7 % (1 von 140)	1,2 % (1 von 82)
Lebenszeit-risiko		1,6 % (1 von 62)		1,6 % (1 von 62)

Krebs in Deutschland, Robert-Koch-Institut 2013a: www.rki.de/Krebs

Lunge

	Erkrankungsrisiko		Sterberisiko	
Männer im Alter von	**in den nächsten 10 Jahren**	**jemals**	**in den nächsten 10 Jahren**	**jemals**
35 Jahren	0,1 % (1 von 1400)	7,1 % (1 von 14)	<0,1 % (1 von 2500)	6,1 % (1 von 16)
45 Jahren	0,5 % (1 von 210)	7,1 % (1 von 14)	0,3 % (1 von 300)	6,2 % (1 von 16)
55 Jahren	1,5 % (1 von 67)	6,9 % (1 von 14)	1,1 % (1 von 88)	6,1 % (1 von 16)
65 Jahren	2,7 % (1 von 37)	6,0 % (1 von 17)	2,2 % (1 von 45)	5,5 % (1 von 18)
75 Jahren	3,0 % (1 von 33)	4,2 % (1 von 24)	2,9 % (1 von 34)	4,2 % (1 von 24)
Lebenszeitrisiko		7,0 % (1 von 14)		6,0 % (1 von 17)
Frauen im Alter von	**in den nächsten 10 Jahren**	**jemals**	**in den nächsten 10 Jahren**	**jemals**
35 Jahren	0,1 % (1 von 1400)	3,2 % (1 von 31)	<0,1 % (1 von 2700)	2,6 % (1 von 38)
45 Jahren	0,3 % (1 von 310)	3,2 % (1 von 31)	0,2 % (1 von 470)	2,6 % (1 von 38)
55 Jahren	0,8 % (1 von 130)	2,9 % (1 von 34)	0,6 % (1 von 180)	2,5 % (1 von 41)
65 Jahren	1,0 % (1 von 96)	2,2 % (1 von 45)	0,8 % (1 von 130)	2,0 % (1 von 50)
75 Jahren	1,0 % (1 von 100)	1,4 % (1 von 73)	0,9 % (1 von 110)	1,4 % (1 von 72)
Lebenszeitrisiko		3,2 % (1 von 31)		2,6 % (1 von 38)

Malignes Melanom der Haut

	Erkrankungsrisiko		Sterberisiko	
Männer im Alter von	**in den nächsten 10 Jahren**	**jemals**	**in den nächsten 10 Jahren**	**jemals**
35 Jahren	0,1 % (1 von 760)	1,8 % (1 von 57)	<0,1 % (1 von 8000)	0,3 % (1 von 310)
45 Jahren	0,2 % (1 von 490)	1,7 % (1 von 60)	<0,1 % (1 von 3600)	0,3 % (1 von 320)

55 Jahren	0,4 % (1 von 270)	1,5 % (1 von 66)	0,1 % (1 von 1900)	0,3 % (1 von 330)
65 Jahren	0,6 % (1 von 160)	1,3 % (1 von 78)	0,1 % (1 von 1100)	0,3 % (1 von 360)
75 Jahren	0,6 % (1 von 160)	0,9 % (1 von 120)	0,2 % (1 von 670)	0,2 % (1 von 440)
Lebenszeitrisiko		1,8 % (1 von 54)		0,3 % (1 von 310)
Frauen im Alter von	**in den nächsten 10 Jahren**	**jemals**	**in den nächsten 10 Jahren**	**jemals**
35 Jahren	0,2 % (1 von 440)	1,6 % (1 von 64)	<0,1 % (1 von 8800)	0,2 % (1 von 450)
45 Jahren	0,3 % (1 von 370)	1,3 % (1 von 75)	<0,1 % (1 von 5100)	0,2 % (1 von 470)
55 Jahren	0,3 % (1 von 340)	1,1 % (1 von 91)	<0,1 % (1 von 3300)	0,2 % (1 von 510)
65 Jahren	0,4 % (1 von 260)	0,8 % (1 von 120)	<0,1 % (1 von 2100)	0,2 % (1 von 570)
75 Jahren	0,4 % (1 von 280)	0,5 % (1 von 190)	0,1 % (1 von 1300)	0,1 % (1 von 690)
Lebenszeitrisiko		1,8 % (1 von 57)		0,2 % (1 von 450)

Krebs in Deutschland, Robert-Koch-Institut 2013, www.rki.de/Krebs

Brustdrüse

	Erkrankungsrisiko		**Sterberisiko**	
Männer im Alter von	**in den nächsten 10 Jahren**	**jemals**	**in den nächsten 10 Jahren**	**jemals**
35 Jahren	<0,1 % (1 v. 25.000)	0,1 % (1 von 800)	<0,1 % (1 v. 192.000)	<0,1 % (1 von 4200)
45 Jahren	<0,1 % (1 v. 15.000)	0,1 % (1 von 820)	<0,1 % (1 v. 108.000)	<0,1 % (1 von 4300)
55 Jahren	<0,1 % (1 von 4100)	0,1 % (1 von 830)	<0,1 % (1 v. 21.000)	<0,1 % (1 von 4300)
65 Jahren	<0,1 % (1 von 2300)	0,1 % (1 von 930)	<0,1 % (1 v. 14.000)	<0,1 % (1 von 4800)
75 Jahren	0,1 % (1 von 1700)	0,1 % (1 v. 1200)	<0,1 % (1 von 9900)	<0,1 % (1 von 5800)
Lebenszeitrisiko		0,1 % (1 von 810)		<0,1 % (1 v. 4300)

Frauen im Alter von	in den nächsten 10 Jahren	jemals	in den nächsten 10 Jahren	jemals
35 Jahren	0,9% (1 von 110)	12,9% (1 von 8)	0,1% (1 von 1000)	3,5% (1 von 29)
45 Jahren	2,1% (1 von 47)	12,2% (1 von 8)	0,3% (1 von 370)	3,4% (1 von 30)
55 Jahren	3,2% (1 von 31)	10,5% (1 von 10)	0,5% (1 von 190)	3,2% (1 von 31)
65 Jahren	3,7% (1 von 27)	7,8% (1 von 13)	0,9% (1 von 120)	2,8% (1 von 36)
75 Jahren	3,1% (1 von 32)	4,9% (1 von 21)	1,2% (1 von 84)	2,2% (1 von 46)
Lebenszeitrisiko		12,9% (1 von 8)		3,4% (1 von 29)

Gebärmutterhals

	Erkrankungsrisiko		Sterberisiko	
Frauen im Alter von	**in den nächsten 10 Jahren**	**jemals**	**in den nächsten 10 Jahren**	**jemals**
35 Jahren	<0,1% (1 v. 16.000)	0,8% (1 von 120)	<0,1% (1 v. 186.000)	0,3% (1 von 350)
45 Jahren	0,1% (1 von 1200)	0,8% (1 von 120)	<0,1% (1 von 16.000)	0,3% 1 von 350)
55 Jahren	0,2% (1 von 580)	0,8% (1 von 130)	<0,1% (1 von 4200)	0,3% (1 von 360)
65 Jahren	0,2% (1 von 620)	0,6% (1 von 170)	<0,1% (1 von 2100)	0,3% (1 von 390)
75 Jahren	0,2% (1 von 620)	0,4% (1 von 230)	0,1% (1 von 1800)	0,2% (1 von 460)
Lebenszeitrisiko		0,8% (1 von 120)		0,3% (1 von 350)

Gebärmutterkörper

Frauen im Alter von	in den nächsten 10 Jahren	jemals	in den nächsten 10 Jahren	jemals
35 Jahren	0,1% (1 von 2000)	2,2% (1 von 46)	<0,1% (1 von 27.000)	0,5% (1 von 200)
45 Jahren	0,2% (1 von 470)	2,2% (1 von 46)	<0,1% (1 von 5800)	0,5% (1 von 200)
55 Jahren	0,5% (1 von 200)	2,0% (1 von 50)	0,1% (1 von 1700)	0,5% (1 von 200)

65 Jahren	0,7 % (1 von 140)	1,6 % (1 von 64)	0,1 % (1 von 750)	0,5 % (1 von 220)
75 Jahren	0,7 % (1 von 140)	1,0 % (1 von 100)	0,2 % (1 von 500)	0,4 % (1 von 270)
Lebenszeitrisiko		2,2 % (1 von 46)		0,5 % (1 von 200)

Krebs in Deutschland, Robert-Koch-Institut 2013a: www.rki.de/Krebs

Prostata

	Erkrankungsrisiko		Sterberisiko	
Männer im Alter von	**in den nächsten 10 Jahren**	**jemals**	**in den nächsten 10 Jahren**	**jemals**
35 Jahren	<0,1 % (1 von 4200)	13,4 % (1 von 7)	<0,1 % (1 v. 108.000)	3,3 % (1 von 30)
45 Jahren	0,5 % (1 von 220)	13,6 % (1 von 7)	<0,1 % (1 von 4200)	3,4 % (1 von 30)
55 Jahren	2,7 % (1 von 37)	13,8 % (1 von 7)	0,2 % (1 von 560)	3,5 % (1 von 29)
65 Jahren	6,3 % (1 von 16)	12,6 % (1 von 9)	0,7 % (1 von 140)	3,7 % (1 von 27)
75 Jahren	5,9 % (1 von 17)	8,5 % (1 von 12)	1,9 % (1 von 52)	3,8 % (1 von 26)
Lebenszeitrisiko		13,2 % (1 von 8)		3,3 % (1 von 30)

Leukämien

	Erkrankungsrisiko		Sterberisiko	
Männer im Alter von	**in den nächsten 10 Jahren**	**jemals**	**in den nächsten 10 Jahren**	**jemals**
35 Jahren	<0,1 % (1 von 2300)	1,3 % (1 von 79)	<0,1 % (1 von 9000)	0,9 % (1 von 110)
45 Jahren	0,1 % (1 von 1200)	1,2 % (1 von 81)	<0,1 % (1 von 3200)	0,9 % (1 von 110)
55 Jahren	0,2 % (1 von 490)	1,2 % (1 von 83)	0,1 % (1 von 1200)	0,9 % (1 von 110)
65 Jahren	0,4 % (1 von 250)	1,1 % (1 von 90)	0,3 % (1 von 400)	0,9 % (1 von 110)
75 Jahren	0,6 % (1 von 160)	0,9 % (1 von 110)	0,5 % (1 von 200)	0,8 % (1 von 120)

Lebenszeit-risiko		1,4 % (1 von 72)		0,9 % (1 von 110)
Frauen im Alter von	**in den nächsten 10 Jahren**	**jemals**	**in den nächsten 10 Jahren**	**jemals**
35 Jahren	<0,1 % (1 v. 3300)	0,9 % (1 von 110)	<0,1 % (1 von 10.000)	0,7 % (1 von 150)
45 Jahren	0,1 % (1 von 1500)	0,9 % (1 von 120)	<0,1 % (1 von 5000)	0,7 % (1 von 150)
55 Jahren	0,1 % (1 von 770)	0,8 % (1 von 120)	0,1 % (1 von 1700)	0,7 % (1 von 150)
65 Jahren	0,2 % (1 von 430)	0,7 % (1 von 140)	0,1 % (1 von 690)	0,6 % (1 von 160)
75 Jahren	0,3 % (1 von 290)	0,6 % (1 von 180)	0,3 % (1 von 330)	0,6 % (1 von 180)
Lebenszeit-risiko		1,0 % (1 von 100)		0,7 % (1 von 150)

Krebs in Deutschland, Robert-Koch-Institut 2013a: www.rki.de/Krebs

Tabelle 2.4.12 Ausgewählte Krankheiten – Erreger und Inkubationszeiten

Die Inkubationszeit beschreibt die Zeit zwischen der Infektion eines Menschen mit einem Krankheitserreger und dem Auftreten der ersten Krankheitssymptome.

Viele Infektionskrankheiten können bereits in der Inkubationsphase ansteckend sein. Als aktuelles Beispiel führt die lange Inkubationszeit des HI-Virus zu einer weltweiten nicht beherrschbaren Epidemie.

Krankheit	Erreger	Inkubationszeit
Adenoviren-Infektion	Adenoviren	7–11 Tage
Amöbenruhr	*Entamoeba histolytica* (Darmprotozooen)	1–3 Wochen
Bakterienruhr (Dysenterie)	*Shigella spec.* (Stäbchenbakterien)	1–7 Tage
Bang-Krankheit (Brucellosen)	*Brucellus abortus* (Bakterien)	5–30 Tage
Bartonellose übertragen durch Schmetterlingsmücken	*Bartonella bacilliformis* (gramnegative Bakterien)	15–40 Tage
Blastomykosen	*Blastomyces dermatitidis* (Fungi imperfecti)	1–4 Wochen

Krankheit	Erreger	Inkubationszeit
Botulismus (meist Lebensmittelvergiftung durch Toxine des Erregers)	*Clostridium botulinum* (Stäbchenbakterien)	6–72 Stunden
Candidosen (Sammelbezeichnung)	*Candida spec.* (hefeartig sprossende Fungi imperfecti)	2 Tage
Chagas-Krankheit (Südamerika, Übertragung durch Raubwanzen)	*Trypanosoma cruci* (einzellige Flagellaten)	5–14 Tage
Cholera nostras (einheimische Cholera)	*Vibrio cholerae* (kommaförmige Bakterien und Enroviren)	Stunden bis 5 Tage
Coxsackie-Viren-Infektion	RNA-Viren (Enteroviren)	2–14 Tage
Dengue-Fieber (durch Mücken übertragen)	Arboviren (Überträger *Aedes aegypti*)	2–8 Tage
Dermatophytien (Onycho-mykose an Fußnägeln)	*Tinea unguium* u. a. (Dermatophyten)	3–16 Tage
Diphterie	*Corynebacterium diphteriae* (Stäbchenbakterien)	2–5 Tage
Dyspepsie-Coli-Enteritis (Ernährungsstörung bei Kindern)	*Escherichia coli* (Stäbchenbakterien)	3–12 Tage
Einschlusskörperchenkonjunktivitis	Zytomegalie-Virus (Herpesviren)	7–19 Tage
Exanthema subitum (Dreitagefieber)	HHV-6 (humanes Herpesvirus Typ 6)	3–17 Tage
Felsengebirgsfieber (Amerikanisches Zeckenfieber)	*Rickettsia rickettsii* (unbewegliche Stäbchen- und Kugelbakterien)	3–12 Tage
Fleckfieber (Übertragung durch Kleiderläuse)	*Rickettsia prowazekii* (siehe oben)	10–14 Tage
Frambösie (Kinder in feuchtwarmen Regionen)	*Treponema partenue* (Stäbchenbakterien)	Einige Wochen
Fünftagefieber (Übertragen durch Kleiderläuse)	*Rickettsia quintana* (Stäbchen- und Kugelbakterien)	3–6 Tage
Gasbrand (Gasödemerkrankung)	*Clostridium perfringens* (Sporenbildende Stäbchenbakterien)	1–5 Tage
Gelbfieber (Ochropyra)	*Charon evagatus* (Arboviren)	3–6 Tage
Gonorrhö (Tripper)	*Neisseria gonorrhoeae* (in Paaren angeordnete Bakterien)	2–5 Tage
Hepatitis infectiosa (epidemische Gelbsucht)	Noch nicht klassifizierte Hepatitisviren	2–6 Wochen
Hepatitis A	HCV (Hepatitis-A-Virus)	15–50 Tage

Krankheit	Erreger	Inkubationszeit
Hepatitis C	HCV (Hepatiti-C-Virus)	20–60 Tage
Hepatitis B	HBV (Hepatitis-B-Virus)	4–25 Wochen
Herpangina	Coxsackie-Virus Typ A	2–6 Tage
Histoplasma Mykose (auch opportunistisch bei HIV)	*Histoplasma capsulatum* (hochinfektiöser Pilz)	5–10 Tage
Influenza (Grippe)	Viren (Orthomyxoviridae)	wenige Stunden bis 3 Tage
Kala-Azar (viszerale Leishmaniase)	*Leishmania donovani* (Flagellaten)	wenige Wochen bis Monate
Keuchhusten (Pertussis)	*Bordetella pertussis* (kurze Stäbchenbakterien)	7–21 Tage
Kokzidioidomykose	*Coccidio ides immitis* (Sporozoen)	wenige Tage bis 3 Wochen
Kokzidiose	*Isospora belli* (Sporozoen)	6–10 Tage
Lambliasis	*Giardia lamblia* (Flagellaten)	6–15 Tage
Leishmaniasis (Hautleishmaniose)	*Leishmania tropica* (Flagellaten)	14–21 Tage
Lepra	*Mycobacterium leprae* (Stäbchenbakterien)	Monate bis Jahre
Lymphopatia venerea (seltene Geschlechtskrankheit)	*Chlamydia trachomatis* (bakterienähnliche Erreger)	7–35 Tage
Malaria quartana	*Plasmodium malariae* (Sporozoen)	15–30 Tage
Malaria tertiana	*Plasmodium vivax* (Sporozoen)	8–27 Tage
Malaria tropica	*Plasmodium falciparum* (Sporoz.)	8–25 Tage
Maltafieber	*Brucella melitensis* (ellipsoide Stäbchenbakterien)	7–21 Tage
Masern	Viren	10–14 Tage
Maul- und Klauenseuche	Viren aus der Fam. Picornaviridae	3–6 Tage
Meningitis epidemica	Meningokokken und andere Bakterien	1–4 Tage
Milzbrand	*Bacillus anthracis* (aerobe Stäbchenbakterien)	12 Stunden bis 5 Tage
Mononucleose (Pfeiffer-Drüsenfieber)	Epstein-Barr-Virus	7–21 Tage
Mumps (Parotitis epidemica)	Mumps-Viren	12–25 Tage
Ornithose (Papageienkrankheit)	*Chlamydia psittaci* (bakterienähnliche Erreger)	7–14 Tage

Krankheit	Erreger	Inkubationszeit
Pappataci-Fieber (Sandfliegenfieber)	Sandfliegen-Viren	3–6 Tage
Parainfluenza	Viren	1–5 Tage
Paratyphus	*Salmonella paratyphi* A, B od. C (Stäbchenbakterien)	1–10 Tage
Pest (Übertragung durch Flöhe von Nagern)	*Yersinia pestis* (Stäbchenbakterien)	3–5 Tage
Pferdeenzephalomyelitis	*Alphavirus* der *Togaviridae*	5–10 Tage
Pocken (Variola major)	*Orthopoxvirus variola* (Viren)	8–18 Tage
Polyomyelitis	Polypmyelitis-Viren	7–14 Tage
Q-Fieber (Balkan-Grippe)	*Rickettsia burnettii* (bakterienähnliche Erreger)	14–21 Tage
Rattenbisskrankheit	*Spirillum minus* (Spirochäten)	meist 1–2 Wochen
Reiter-Krankheit	Gramnegative Bakterien	6–10 Tage
Röteln	Viren	14–21 Tage
Rotlauf	*Erysipelothrix rhusiopathiae* (Stäbchenbakterien)	1–5 Tage
Rotz	*Pseudomonas mallei* (Stäbchenbakterien)	4–8 Tage
Rückfallfieber	Borillien (schraubenförmige Bakterien)	5–7 Tage
Scharlach	*Streptococcus pyogenes* (Kugelbakterium)	2–5 Tage
Schlafkrankheit (Trypanosomiasis)	*Trypanosoma brucei gambiense* (Flagellaten)	14–21 Tage
Sporotrichose (Sporothrix-Mykose)	*Sporothrix schenckii* (Pilze)	1 Woche und länger
Syphilis (Harter Schanker)	*Treponema pallidum* (spiralförmige Bakterien)	14–28 Tage
Tetanus (Wundstarrkrampf)	*Clostridium tetani* (Stäbchenbakterien)	2–50 Tage
Tollwut	RNA-Virus	10–60 Tage
Toxoplasmose	*Toxoplasma gondii* (Einzellige Sporozoen)	3 Tage
Trachom (Körnerkrankheit)	*Chlamydia trachomatis* (bakterienähnliche Erreger)	5–7 Tage

Krankheit	Erreger	Inkubationszeit
Trichomoniasis (Infekt von Harnblase und Vagina)	*Trichomonas urogenitalis* (Flagellaten)	4–7 Tage
Tsutsugamushi-Fieber (Milben-Fleckfieber)	*Rickettsia tsutsugamushi* (bakterienähnliche Erreger)	6–21 Tage
Tuberkulose	*Mycobacterium tuberculosis* (Stäbchenbakterien)	mehrere Wochen
Typhus abdominalis (Unterleibstyphus)	*Salmonella typhi* (Stäbchenbakterien)	7–14 Tage
Ulcus molle (syn. weicher Schanker)	*Haemophilus ducreyi* (Stäbchenbakterien)	1–2 Tage
Viruspneumonie (Lungen-entzündungen durch Viren)	Viren	1–5 Tage
Windpocken	DNA-Viren (*Varicella-Zoster*-Virus)	14–21 Tage

Wiesmann 1978; Pschyrembel 2014

Tabelle 2.4.13 Meldepflichtige Infektionserkrankungen in Deutschland 2011 und 2012

Meldepflichtige Infektionserkrankungen werden durch das Infektionsschutzgesetz festgelegt.

Meldepflichtige Infektionskrankheiten

	2011			2012		
	gesamt	**männl.**	**weibl.**	**gesamt**	**männl.**	**weibl.**
Akute infektiöse Darmkrankheiten	290.028	139.269	150.231	253.914	122.102	131.357
Cholera	4	0	4	0	0	0
Typhus abdominalis	59	31	27	58	37	21
Paratyphus	58	34	24	43	25	18
Salmonellose	24.520	12.368	12.107	20.849	10.709	10.105
Shigellose	680	420	259	526	284	241
EHEC-Darminfektionen	4907	2119	2781	1531	657	872

Meldepflichtige Infektionskrankheiten

	2011			2012		
	gesamt	**männl.**	**weibl.**	**gesamt**	**männl.**	**weibl.**
E.-coli-Enteritis	8295	4185	4085	7065	3612	3434
Campylobacter-Enteritis	71.312	37.391	33.851	62.880	32.596	30.218
Yersinien-Enteritis	3397	1945	1451	2705	1494	1209
Botulismus	9	5	4	0	0	0
Giardiasis	4264	2355	1898	4228	2299	1914
Kryptosporidiose	942	482	459	1385	683	701
Rotavirus-Enteritis	54.450	26.207	28.055	39.289	19.135	20.022
Norovirus-Gastroenteritis	116.251	51.440	64.634	113.286	50.541	62.563
HUS	880	287	592	69	30	39
Tuberkulose	4318	2548	1759	4227	2589	1627
Brucellose	24	10	14	28	12	16
Leptospirose	51	38	13	85	55	30
Listeriose	338	185	153	427	226	201
Meningokokken-Erkrankung	369	201	167	354	193	161
Haemophilus influenzae	273	145	127	323	153	170
Legionellose	644	463	180	655	452	203
Syphilis	3704	3461	236	4410	4110	296
Ornithose	16	9	7	16	10	6
Q-Fieber	285	154	131	200	143	57
Creutzfeldt-Jakob-Krankheit	134	58	76	120	59	61
FSME	423	268	154	195	123	72
Denguefieber	288	171	117	615	321	293
Hantavirus-Erkrankungen	305	228	76	2822	1972	845
Sonstige VHF*	13	4	9	9	6	3
Masern	1608	770	834	166	79	87
Akute Virushepatitis	6956	4281	2644	6897	4254	2606

Meldepflichtige Infektionskrankheiten

	2011			2012		
	gesamt	**männl.**	**weibl.**	**gesamt**	**männl.**	**weibl.**
Hepatitis A	832	440	391	831	410	419
Hepatitis B	812	558	247	679	476	197
Hepatitis C	5058	3139	1897	4982	3112	1841
sonst. akute Virus-hepatitiden	254	144	109	405	256	149
Adenovirus(kerato)-konjunktivitis	674	329	345	2145	999	1142
Malaria	562	383	178	547	377	166
Influenza	43.769	22.120	21.528	11.510	5752	5690

*VHF: virale hämorrhagische Fieber
Bundesgesundheitsministerium Daten des Gesundheitswesens 2013

Tabelle 2.4.14 Entwicklung der Tuberkuloseerkrankungen in Deutschland seit 1991

Die Tuberkulose (Tbk) ist weltweit die wichtigste Infektionskrankheit. Etwa ein Drittel der Weltbevölkerung ist mit Tuberkuloseerregern infiziert, etwa 20 Millionen Menschen sind aktuell an einer akuten Lungentuberkulose erkrankt. Es gibt jährlich mehr als 9 Millionen Neuerkrankungen, 5 % davon mit multiresistenten Erregern und etwa 1,1 Millionen Menschen sterben an der Erkrankung pro Jahr. 2009 fanden sich nach WHO-Angaben in Asien 59 % aller Tbk-Fälle, in Afrika 26 % und in Europa 5 %. Die geschätzte Inzidenz jedoch lag in Afrika mit mehr als 300 Fällen auf 100.000 Einwohner am höchsten, in Europa dagegen finden sich die weltweit höchsten Raten multiresistenter Erreger.

In Deutschland geht die Anzahl der Neuerkrankungen pro Jahr stetig zurück.

Jahr	Inzidenz pro 100.000	Jahr	Inzidenz pro 100.000	Jahr	Inzidenz pro 100.000
2001	9,2	2005	7,3	2009	5,4
2002	9,3	2006	6,5	2010	5,4
2003	8,7	2007	6,1	2011	5,3
2004	7,9	2008	5,5	2012	5,1

Robert-Koch-Institut 2013: www.rki.de

Tabelle 2.4.15 Anzahl und Inzidenz der Tuberkuloseerkrankungen nach Bundesländern 2007–2012

Inzidenz: Neuerkrankungen pro 100.000 Bewohner des Bundeslandes pro Jahr

Bundesland	Median 2007–11	2012	Bundesland	Median 2007–11	2012
Baden-Württemberg	5,1	4,5	Bayern	5,4	5,2
Berlin	8,1	9,1	Brandenburg	3,9	3,6
Bremen	8,5	7,7	Hamburg	9,1	8,2
Hessen	6,9	6,6	Mecklenburg-Vorp.	5,7	5,3
Niedersachsen	4,1	3,8	Nord-rhein-Westf.	6,2	5,9
Rhein-land-Pfalz	4,8	4,3	Saarland	5,7	3,3
Sachsen	4,2	3,6	Sachsen-Anhalt	5,8	4,7
Schleswig-Holstein	3,2	2,9	Thüringen	4,4	3,4
bundesweit		5,2			

Robert-Koch-Institut 2013: www.rki.de

Tabelle 2.4.16 Resistente Tuberkuloseerreger 2009 der Erkrankten

Die Tuberkulose hat eine Inkubationszeit von 4–6 Wochen. Sie kann grundsätzlich alle Organe des Menschen befallen, wird aber meistens durch Tröpfcheninfektion (offen Tuberkulose) der Lunge übertragen. Die vorliegenden Daten zeigten eine Zunahme resistenter Erreger.

Jegliche Resistenz: Resistenz der Tuberkelbakterien gegen eines der fünf Standardmedikamente Isoniazid, Rifampicin, Ethambutol, Pyrazinamid und Streptomycin. Multiresistenz: Resistenz gegen Isoniazid, Rifampicin u. a.

Anteil resistenter Tuberkulose 2009–2013					Anteil resistenter Tuberkulose nach Geburtsland der Erkrankten	
Art der Resistenz	**2009**	**2010**	**2011**	**2012**	**Deutschland 2012**	**andere Staaten 2012**
Multi-Resistenz	2,1%	1,7%	1,8%	2,3%	1,0%	3,4%
Jegliche Resistenz	11,5%	12,7%	12,1%	12,7%	9,0%	10, %

Robert-Koch-Institut 2013: www.rki.de

Tabelle 2.4.17 Zeitlicher Verlauf von Anzahl und Inzidenz der Tuberkulose nach Geschlecht und Altersgruppe

Das Risiko, an Tuberkulose zu erkranken, ist bei Männern mehr als 60% höher als bei Frauen. Die Altersverteilung zeigt Häufigkeitsgipfel in den mittleren Altersgruppen. Inzidenz: Neuerkrankungen pro 100.000 Einwohner in Deutschland pro Jahr.

Altersgruppe	Gemeldete Tuberkulosefälle (Inzidenz in Klammern)					
	2010		**2011**		**2012**	
	Männer	**Frauen**	**Männer**	**Frauen**	**Männer**	**Frauen**
>5 Jahre	45(2,6)	30(1,8)	43(2,5)	46(2,8)	44(2,5)	44(2,6)
5–9	23(1,3)	24(1,4)	26(1,4)	27(1,6)	30(1,7)	21(1,2)
10–14	18(0,9)	20(1,0)	22(1,1)	13(0,7	16(0,8)	23(1,2)
15–19	71(3,3)	55(2,7)	64(3,1)	55(2,8)	73(3,5)	49(2,5)
20–24	136(5,3)	109(4,5)	115(4,5)	103(4,3)	138(5,4)	114(4,7)
25–29	170(6,8)	172(7,1)	167(6,6)	166(6,8)	194(7,6)	159(6,5)
30–39	368(7,4)	267(5,5)	365(7,4)	287(6,0)	361(7,3)	269(5,6)
40–49	437(6,2)	238(3,5)	424(6,2)	229(3,5)	418(6,1)	189(2,9)
50–59	443(7,6)	173(3,0)	443(7,4)	213(3,6)	456(7,6)	193(3,2)
60–69	372(8,5)	177(3,8)	288(6,6)	193(4,2)	294(6,8)	180(3,9)
>69 Jahre	574(11,3)	451(6,1)	585(11,0)	431(5,7)	567(10,7)	381(5,1)
unbekannt	2	0	1	2	0	1
alle	2659(6,6)	1716(4,1)	2543(6,3)	1765(4,2)	2591(6,4)	1623(3,9)

Robert-Koch-Institut 2013: www.rki.de

Tabelle 2.4.18 Inkubationszeiten und Krankheitsbilder der durch Zecken übertragenen Frühsommer-Hirnhautentzündung (FSME) und der Lyme-Borreliose

Die Frühsommer-Hirnhautentzündung (Meningoenzephalitis oder FSME) ist eine infektiöse Viruserkrankung, die auch auf das Gehirn übergreifen kann. Die Erreger (FSME-Virus) werden hauptsächlich durch den Biss der Zecke (*Ixodes ricinus*) übertragen. Ein Infektionsrisiko besteht vor allem in Baden-Württemberg, Bayern und Südhessen (0,1–4 % der Zecken sind infiziert). Lediglich 10–30 % der Infizierten zeigen Krankheitssymptome. Von diesen symptomatischen Patienten treten nur 10 % in die gefährliche 3. Krankheitsphase ein.

Die Lyme-Borreliose, die 1976 zum ersten Mal in Lyme (USA) beobachtet wurde, wird durch das Bakterium *Borrelia burgdorferi* verursacht und wird ebenfalls durch Zeckenbisse übertragen. 90 % aller Infektionen heilen nach dem ersten Stadium der Erkrankung ab. Tödliche Fälle sind die Ausnahme.

Die ständige Impfkommission am Robert-Koch-Institut empfiehlt die FSME-Schutzimpfung für alle Personen, die sich in den Risikogebieten aufhalten und dabei gegenüber den Zecken exponiert sind. 2013 fanden sich in Baden-Württemberg und Bayern allein 352 der bundesweit 420 gemeldeten FSME-Fälle, Die Impfquote beträgt 30,0 % in Baden-Württemberg und 33,8 % in Bayern (Median 2005-13).

Frühsommer-Hirnhautentzündung (FSME)	
Inkubationszeit	7–14 Tage, in Einzelfällen bis 28 Tage
Fälle mit schwerem Verlauf	5–18 %
Fälle mit tödlichem Verlauf	0,5–2 %
Erkrankungsphase I: grippeähnliche Symptome	
Dauer	ca. 2–4 Tage
Anteil der Infizierten mit Krankheitssymptomen	10–30 %
Beschwerdefreie Phase:	ca. 4–6 Tage
Erkrankungsphase II: Meningoenzephalitische Phase mit Kopfschmerzen, hohes Fieber, Doppelbilder, psychische Veränderungen, Krämpfe, Lähmungen	
Anteil der Patienten mit Krankheitssymptomen, die in die Krankheitsphase II eintreten	10 %
Aktive und passive Immunisierung möglich	

Lyme-Borreliose	
Inkubationszeit	8 Tage bis 3 Monate
Stadium 1: fortschreitende Rötung der Haut (*Erythema chronicum migrans*), ev. Fieber, Kopfschmerzen, Ausheilung nach Stadium 1	4–6 Wochen 90 %
Stadium 2: Hirnhautentzündung, Gehirnentzündung, Entzündung des Herzmuskels	nach mehreren Wochen
Stadium 3: Schmerzen, Gesichtslähmung, Hautentzündungen, Gelenkentzündungen	nach bis zu 15 Jahren
Schutzimpfungen nicht möglich	

Immuno 1995; Epidemiologisches Bulletin Nr. 15, Robert-Koch-Institut 2013: www.rki.de

Tabelle 2.4.19 Das Auftreten von Frühsommer- Hirnhautentzündung (FSME) in Süddeutschland sowie Empfehlungen zum Verhalten nach dem Zeckenbiss

Für das Vorkommen der Frühsommer-Hirnhautentzündung (FSME) in Baden-Württemberg und Bayern müssen bestimmte geobiologische Bedingungen gegeben sein. Jahresisotherme: mindestens 8 °C; mittlere Tages-Lufttemperatur: 10 °C an 150 Tagen; Isotherme im Monat April: mindestens 7 °C. Experten geben als Ursache für die extreme Zunahme an FSME in Bayern im Jahr 2005 die deutlich gestiegene Anzahl von Zecken an, die sich aufgrund des warmen und feuchten Sommers sehr gut vermehren konnten.

Nach einem Biss sollte die Zecke möglichst schnell mit einer Zeckenpinzette herausgehoben werden. Wenn der Kopf der Zecke in der Haut bleibt, stellt dies kein zusätzliches Infektionsrisiko dar, da die Erreger der FSME und der Borreliose aus dem Darm der Zecke kommen.

Vom Versuch, die Zecken mit Hilfe von Öl oder Klebstoff zu ersticken, wird abgeraten. Im Todeskampf sondert das vollständige Tier vermehrt Speichel ab, so dass Erreger in das Blut des Menschen gelangen.

	Bayern	Baden-Württemberg
FSME-Fälle:		
1982	65	32
1983	21	8
1984	32	18
1991	10	34
1992	22	120
1993	31	87
1994	50	239
2001	–	116
2002	–	115
2003	–	117
2004	102	130
2005	204	164
2006	188	281
2010	140	118
2011	177	201
2013	176	169
Saisonale Häufigkeit in %:		
Januar	–	–
Februar	–	–
März	–	–
April	1,5 %	–
Mai	5,0 %	2,0 %
Juni	11,5 %	21,5 %
Juli	23,5 %	39,0 %
August	20,5 %	17,0 %
September	12,0 %	13,0 %
Oktober	22,0 %	5,5 %
November	4,0 %	–
Dezember	–	2,0 %

Immuno 1984, Süss 1995; www.lgl.bayern.de; Epidemiologisches Bulletin Nr. 17/15, Robert-Koch-Institut 2011/13

2.5 Todesursachen und Unfälle

Tabelle 2.5.1 Sterbefälle nach ausgewählten Todesursachen in Deutschland 1990–2013

Im Jahr 2004 sank die Zahl der Gestorbenen um 4,2 %. Bei fast jedem zweiten Verstorbenen war die Todesursache eine Erkrankung des Kreislaufsystems (45 %). Bei jedem vierten Sterbefall war die Todesursache eine Krebserkrankung. Krankheiten des Atmungssystems hatten einen Anteil von 6,4 %, Krankheiten des Verdauungssystems von 5,2 % und 4,1 % starben auf Grund eines unnatürlichen Todes.

Für die Reihenfolge der Häufigkeit der Todesursachen wurde das zuletzt angegebene Jahr berücksichtigt. In Klammern sind Sterbefälle je 100.000 Einwohner angegeben.

Sterbefälle = Anzahl (1990–2003; Sterbefälle je 100.000 Einwohner, 2013 in % aller Todesursachen)

Todesursache	1990	1995	2003	2013
Insgesamt, alle Ursachen	921.445	884.588	853.946	893.825
1. Krankheiten des Kreislaufsystems	462.992 (583,4)	429.407 (525,8)	396.622 (480,6)	354.493 (39,7 %)
2. Bösartige Neubildungen	210.712 (265,5)	218.597 (267,7)	209.255 (253,6)	223.842 (25,0 %)
3. Krankheiten des Atmungssystems	57.616 (72,7)	53.898 (66,0)	58.014 (70,3)	64.918 (7,3 %)
4. Krankheiten des Verdauungssystems	41.782 (52,6)	41.821 (51,2)	42.263 (51,2)	40.112 (4,5 %)
5. Äußere Ursachen von Morbidität und Mortalität	50.963 (57,9)	39.367 (48,2)	34.606 (41,9)	34.133 (3,8 %)
6. Drüsen-, Ernährungs- und Stoffwechselkrankheiten	22.035 (27,8)	26.323 (32,2)	27.191 (33,0)	31.197 (3,5 %)
7. Symptome und nicht zu klassifizierende Befunde	27.596 (34,8)	22.756 (27,9)	21.739 (26,3)	25.194 (2,8 %)
8. Krankheiten des Nervensystems	12.547 (15,8)	14.675 (18,0)	18.452 (22,4)	25.754 (2,9 %)
9. Krankheiten der Harn- und Geschlechtsorgane	11.073 (14,0)	9876 (12,1)	13.181 (16,0)	21.888 (2,4 %)
10. Infektiöse und parasitäre Krankheiten	7314 (9,2)	8129 (10,0)	10.891 (13,2)	18.475 (2,1 %)

Sterbefälle = Anzahl (1990–2003; Sterbefälle je 100.000 Einwohner, 2013 in % aller Todesursachen)

Todesursache	1990	1995	2003	2013
11. Psychische- und Verhaltensstörungen	9941 (12,5)	11.383 (13,9)	8535 (10,3)	36.117 (4,0 %)
12. Krankheiten des Blutes und der blutbildenden Organe	2352 (3,0)	1612 (2,0)	2029 (2,5)	2916 (0,3 %)

Gesundheitswesen, Todesursachen in Deutschland; Statistisches Bundesamt 2005: www.destatis.de; Statistisches Jahrbuch 2014

Tabelle 2.5.2 Sterbeziffern nach ausgewählten Todesursachen in Deutschland nach Alter und Geschlecht 2013

90 % aller infolge von Kreislauferkrankungen 2013 verstorbenen Menschen waren älter als 65 Jahre. In den mittleren Lebensjahren waren bösartige Neubildungen die bedeutendste Todesursache, an der 209 329 Personen starben.

Bei Männern waren die bösartigen Neubildungen der Verdauungsorgane (35.936 Gestorbene) und der Atmungsorgane (30.427 Gestorbene) die häufigsten Krebsarten. Bei Frauen waren neben der Gruppe der bösartigen Neubildungen der Verdauungsorgane (32.539 Gestorbene) die bösartigen Neubildungen der Brustdrüsen (17.592 Gestorbene) die häufigsten Krebsarten.

24.689 Personen starben 2013 in Folge eines Unfalls oder einer vorsätzlichen Selbstbeschädigung.

Anzahl der Sterbefälle 2013 im Alter bis 45 Jahre

	<1	1–5	5–10	10–15	15–20	20–25	25–30	30–35	35–40	40–45
Insgesamt										
Männl.	1268	245	177	155	653	1078	1362	1740	2235	4334
Weibl.	982	189	130	147	332	460	589	851	1229	2477
Zusam.	2250	434	307	302	985	1538	1951	2591	3464	6811
1. Krankheiten des Kreislaufsystems										
Männl.	11	11	12	9	29	59	100	172	317	799
Weibl.	9	18	9	14	21	42	71	102	152	344
Zusam.	20	29	21	23	50	101	171	274	469	1143
2. Bösartige Neubildungen										
Männl.	8	29	53	35	60	95	142	203	350	873
Weibl.	4	29	40	34	60	72	125	270	486	1101
Zusam.	12	58	93	69	120	167	267	473	836	1974
3. Krankheiten des Atmungssystems										
Männl.	14	22	12	7	10	29	18	36	51	116
Weibl.	5	20	5	5	5	18	16	23	27	64
Zusam.	19	42	17	12	15	47	34	59	78	180
4. Krankheiten des Verdauungssystems										
Männl.	7	3	1	2	1	15	32	91	154	432
Weibl.	3	3	2	–	4	4	25	37	81	172
Zusam.	10	6	3	2	5	19	57	128	235	604

5. Äußere Ursachen von Morbidität und Mortalität (z. B. Verletzungen und Vergiftungen)										
Männl.	35	50	40	39	414	652	753	759	737	934
Weibl.	20	24	26	43	153	184	178	206	200	296
Zusam.	55	74	66	82	567	836	931	965	937	1230
6. Drüsen-, Ernährungs- und Stoffwechselkrankheiten										
Männl.	23	14	4	9	11	22	30	44	53	148
Weibl.	7	10	8	5	12	16	23	23	29	79
Zusam.	30	24	12	14	23	38	53	67	82	227
7. Symptome und nicht zu klassifizierende Befunde										
Männl.	143	15	5	12	27	55	94	129	204	375
Weibl.	108	8	2	11	16	39	39	42	75	111
Zusam.	251	23	7	23	43	94	133	171	279	486
8. Krankheiten des Nervensystems										
Männl.	38	23	23	17	42	72	70	68	74	119
Weibl.	14	33	17	13	20	41	42	39	57	94
Zusam.	52	56	40	30	62	113	112	107	131	213
9. Krankheiten der Harn- und Geschlechtsorgane										
Männl.	–	2	–	–	–	2	3	5	8	17
Weibl.	1	1	1	–	–	1	2	6	9	13
Zusam.	1	3	1	–	–	3	5	11	17	30
10. Infektiöse und parasitäre Krankheiten										
Männl.	11	11	12	9	29	59	100	172	317	799

Weibl.	9	18	9	14	21	42	71	102	152	344
Zusam.	20	29	21	23	50	101	171	274	469	1143
11. Psychische und Verhaltensstörungen										
Männl.	–	2	–	1	5	34	73	152	187	310
Weibl.	–	–	1	–	8	16	23	36	45	91
Zusam.	–	2	1	1	13	50	96	188	232	401
12. Krankheiten des Blutes										
Männl.	6	6	–	2	1	5	4	8	4	12
Weibl.	5	5	1	1	5	3	3	5	8	9
Zusam.	11	11	1	3	6	8	7	13	12	21
	Anzahl der Sterbefälle 2013 im Alter von 45–90 Jahren									
	45–50	**50–55**	**55–60**	**60–65**	**65–70**	**70–75**	**75–80**	**80–85**	**85–90**	**>90**
Insgesamt										
Männl.	9403	15.826	22.125	29.847	34.297	60.178	73.272	74.702	60.489	36.259
Weibl.	5147	8574	11.695	16.266	19.864	37.390	56.453	78.784	106.839	115.782
Zusam.	14.550	24.400	33.820	46.113	54.161	97.568	129.725	153.486	167.328	152.041
1. Krankheiten des Kreislaufsystems										
Männl.	2072	3618	5546	7759	9570	18.653	26.604	31.074	27.884	19.010
Weibl.	717	1217	1766	2965	4235	10.436	20.654	35.757	55.290	67.365
Zusam.	2789	4835	7312	10.724	13.805	29.089	47.258	66.831	83.174	86.375
2. Bösartige Neubildungen										
Männl.	2430	5119	8108	11.940	13.814	22.387	22.591	17.954	11.127	4430

Weibl.	2481	4441	6042	8161	9195	14.949	16.506	15.605	13.727	8766
Zusam.	4911	9560	14.150	20.101	23.009	37.336	39.097	33.559	24.854	13.196
3. Krankheiten des Atmungssystems										
Männl.	2430	5119	8108	11.940	13.814	22.387	22.591	17.954	11.127	4430
Weibl.	2481	4441	6042	8161	9195	14.949	16.506	15.605	13.727	8766
Zusam.	4911	9560	14.150	20.101	23.009	37.336	39.097	33.559	24.854	13.196
4. Krankheiten des Verdauungssystems										
Männl.	983	1590	1893	2150	1896	2772	2888	2735	1874	1045
Weibl.	376	669	859	1043	1126	1776	2443	3219	4032	3674
Zusam.	1359	2259	2752	3193	3022	4548	5331	5954	5906	4719
5. Äußere Ursachen von Morbidität und Mortalität (z. B. Verletzungen und Vergiftungen)										
Männl.	1426	1563	1402	1309	1186	1878	2158	2109	1893	1086
Weibl.	455	516	470	503	559	987	1461	1928	2744	2757
Zusam.	1881	2079	1872	1812	1745	2865	3619	4037	4637	3843
6. Drüsen-, Ernährungs- und Stoffwechselkrankheiten										
Männl.	296	437	703	938	1012	1871	2372	2431	1860	1069
Weibl.	123	222	308	451	579	1238	2297	3363	4487	4570
Zusam.	419	659	1011	1389	1591	3109	4669	5794	6347	5639
7. Symptome und nicht zu klassifizierende Befunde										
Männl.	728	1133	1348	1442	1357	1820	1607	1248	983	796
Weibl.	277	344	461	574	652	992	1271	1503	2054	3094
Zusam.	1005	1477	1809	2016	2009	2812	2878	2751	3037	3890

8. Krankheiten des Nervensystems										
Männl.	257	409	479	576	794	1738	2464	2532	1840	835
Weibl.	179	267	372	456	613	1241	1941	2478	2997	2370
Zusam.	436	676	851	1032	1407	2979	4405	5010	4837	3205
9. Krankheiten der Harn- und Geschlechtsorgane										
Männl.	39	98	158	293	459	996	1663	2062	2220	1438
Weibl.	32	49	113	189	292	690	1477	2524	3595	3430
Zusam.	71	147	271	482	751	1686	3140	4586	5815	4868
10. Infektiöse und parasitäre Krankheiten										
Männl.	190	293	373	464	545	1078	1479	1598	1286	738
Weibl.	72	144	214	297	354	778	1424	1984	2502	2202
Zusam.	262	437	587	761	899	1856	2903	3582	3788	2940
11. Psychische und Verhaltensstörungen										
Männl.	566	824	810	792	674	1134	1690	2473	2599	1915
Weibl.	149	178	203	290	344	713	1671	3322	6402	8384
Zusam.	715	1002	1013	1082	1018	1847	3361	5795	9001	10.299
12. Krankheiten des Blutes										
Männl.	22	34	45	63	77	132	216	231	206	131
Weibl.	11	30	26	47	61	136	236	312	415	392
Zusam.	33	64	71	110	138	268	452	543	621	523

Gesundheitswesen, Todesursachen in Deutschland, Statistisches Bundesamt 2013: www.destatis.de

Tabelle 2.5.3 Unfälle als Todesursache in Deutschland nach Alter und Geschlecht 2013

Unfälle nach Alter und Unfallkategorien

Alter	**<1**	**1–5**	**5–15**	**15–25**	**25–35**	**35–45**	**45–55**	**55–65**	**65–75**	**75–85**	**>85**
Insgesamt	26	60	108	817	821	840	1602	1706	2784	5810	7356
Arbeits-/Schulunfall	–	–	–	24	38	62	118	91	40	15	3
Verkehrsunfall	2	11	47	613	470	352	548	409	453	527	182
Häuslicher Unfall	5	28	16	26	59	97	278	468	978	2640	4080
Sport-/Spielunfall	–	3	16	17	18	22	36	32	38	26	5
Sonstiger Unfall	19	18	29	137	236	307	622	706	1275	2602	3086

Gesundheitswesen, Todesursachen in Deutschland, Statistisches Bundesamt 2013: www.destatis.de

Tabelle 2.5.4 Sterbefälle durch vorsätzliche Selbstbeschädigung in Deutschland 1998–2013

Jahr		Sterbefälle durch Suizid				
		insgesamt	unter 25	25–60	60–75	75 u. älter
1998	männlich	8575	622	5133	1694	1126
	weiblich	3069	171	1449	749	700
	zusammen	11.644	793	6582	2443	1826
2003	männlich	8179	554	4604	1834	1187
	weiblich	2971	161	1324	711	775
	zusammen	11.150	715	5928	2545	1962
2008	männlich	7039	467	3842	1581	1149
	weiblich	2412	136	1112	573	591
	zusammen	9451	603	4954	2154	1740
2013	männlich	7449	397	3851	1683	1518
	weiblich	2627	123	1218	647	639
	zusammen	10.076	520	5069	2330	2157
	Prozentualer Anteil der Sterbefälle durch vorsätzliche Selbstbeschädigung an allen Sterbefällen (893.825)					1,1 %

Gesundheitswesen, Todesursachen in Deutschland, Statistisches Bundesamt 2013: www.destatis.de

Tabelle 2.5.6 Verunglückte im Straßenverkehr nach Verkehrsbeteiligung, Alter und Geschlecht 2014

Erhebungspapiere für die Statistik sind die bundeseinheitlichen Durchdrucke, die von den aufnehmenden Polizeibeamten ausgefüllt werden.

Als Verunglückte zählen Personen (auch Mitfahrer), die beim Unfall verletzt oder getötet wurden. Als Getötete gelten Personen, die innerhalb von 30 Tagen an den Folgen des Unfalls starben. Schwerverletzte sind Personen, die unmittelbar für mindestens 24 Stunden zur stationären Behandlung eingewiesen wurden. Leichtverletzte sind alle übrigen Verletzten.

2014 wurden bei Verkehrsunfällen 3614 Personen getötet. Bei häuslichen Unfällen starben 8675 Personen, bei Arbeits- und Schulunfällen 391 Personen, bei Sport- und Spielunfällen 213 Personen (vergleiche Tab. 2.5.5). Verkehrsunfälle sind also nicht die bedeutendste Unfallkategorie.

Zu-/Abn. (=Zunahme/Abnahme) betrifft Veränderungen gegenüber dem Jahr 2012.

	Verunglückte Fahrer und Mitfahrer insgesamt Januar bis Juli 2014				
Altersgruppe	**Insgesamt**	**Personenkraftwagen**	**Motorräder**	**Fahrräder**	**Fußgänger**
Unter 15 Jahre Zu-/Abnahme	17.147 + 5,2	6133 + 5,4	89 + 4,7	5925 + 8,3	4051 + 2,5
Männlich Zu-/Abnahme	9552 + 4,0	2874 + 3,8	47 − 11,3	3854 + 7,8	2309 − 0,9
Weiblich Zu-/Abnahme	7592 + 6,7	3258 + 6,9	42 + 31,3	2070 + 9,2	1742 + 7,3
15–18 Jahre Zu-/Abnahme	11.241 + 15,5	2730 + 3,2	2355 + 53,7	2738 + 17,3	913 + 4,1
Männlich Zu-/Abnahme	6787 + 20,3	1051 − 0,9	1931 + 52,4	1692 + 25,8	402 + 6,9
Weiblich Zu-/Abnahme	4452 + 8,9	1677 + 5,8	424 + 60	1046 + 5,7	511 + 2,0
18–21 Jahre Zu-/Abnahme	17.466 + 2,4	12.360 − 0,3	1416 + 19,7	1743 + 19,8	742 − 9,0
Männlich Zu-/Abnahme	9477 + 4,8	6117 + 1,8	1232 + 22,1	1004 + 22,1	347 − 17,0
Weiblich Zu-/Abnahme	7988 − 0,2	6243 − 2,3	184 + 5,7	739 + 16,7	395 − 0,5
21–25 Jahre Zu-/Abnahme	20.794 + 2,4	13.928 − 0,5	1856 + 11,0	2578 + 14,0	980 + 5,5
Männlich Zu-/Abnahme	11.340 + 2,8	6744 − 0,8	1643 + 11,9	1441 + 15,7	512 + 2,6

	Verunglückte Fahrer und Mitfahrer insgesamt Januar bis Juli 2014				
Alters-gruppe	**Insgesamt**	**Personen-kraftwagen**	**Motorräder**	**Fahrräder**	**Fußgänger**
Weiblich Zu-/Ab-nahme	9451 + 2,0	7181 − 0,3	213 + 4,4	1137 + 11,9	468 + 8,8
25–35 Jahre Zu-/Ab-nahme	38.248 + 5,8	24.051 + 1,9	3014 + 13,2	6383 + 19,2	1784 + 3,2
Männlich Zu-/Ab-nahme	21.089 + 5,2	11.291 − 0,2	2631 + 12,5	3865 + 16,1	1002 + 8,2
Weiblich Zu-/Ab-nahme	17.159 + 6,5	12.760 + 3,8	383 + 18,6	2518 + 24,3	782 − 2,6
35–45 Jahre Zu-Abn.%	30.705 + 3,7	18.540 + 1,2	2396 + 8,2	5370 + 11,7	1488 + 1,2
Männlich Zu-/Ab-nahme	17.253 + 3,5	8.619 − 0,5	2057 + 9,1	3474 + 10,6	830 + 3,6
Weiblich Zu-/Ab-nahme	13.449 + 4,0	9919 + 2,7	339 + 3,0	1895 + 13,7	658 − 1,6
45–55 Jahre Zu-Abn.%	38.066 + 7,8	20.103 + 4,1	4337 + 15,7	7931 + 18,1	1900 − 0,9
Männlich Zu-/Ab-nahme	21.624 + 7,9	9253 + 4,3	3665 + 14,8	4919 + 16,0	980 − 1,2
Weiblich Zu-/Ab-nahme	16.382 + 7,6	10.850 + 4,0	672 + 20,6	3012 + 21,7	920 − 0,5
55–65 Jahre Zu-Abn.%	24.475 + 12,7	12.190 + 7,3	2553 + 36,4	5690 + 19,9	1662 + 7,6
Männlich Zu-/Ab-nahme	13.804 + 13,6	5689 + 6,1	2291 + 35,2	3291 + 17,9	7679,9

	Verunglückte Fahrer und Mitfahrer insgesamt Januar bis Juli 2014				
Altersgruppe	**Insgesamt**	**Personenkraftwagen**	**Motorräder**	**Fahrräder**	**Fußgänger**
Weiblich Zu-/Abnahme	10.669 + 11,6	6499 + 8,2	262 + 47,2	2399 + 22,9	895 + 5,7
65 u. mehr Jahre Zu-Abnahme%	26.752 + 11,2	12.329 + 9,0	962 + 27,2	7783 + 18,6	3593 + 1,9
Männlich Zu-/Abnahme	13.916 + 12,2	6021 + 9,0	918 + 27,3	4500 + 18,6	1323 + 2,7
Weiblich Zu-/Abnahme	12.835 + 10,0	6307 + 9,0	44 + 25,7	3283 + 18,5	2270 + 1,5
Zusammen Zu-Abn.%	224.834 + 7,0	122.364 + 3,0	18.978 + 20,7	46.141 + 16,2	17.113 + 2,1
Männlich Zu-/Abnahme	124.842 + 7,4	57.659 + 2,3	16.415 + 20,4	28.040 + 15,5	8472 + 1,7
Weiblich Zu-/Abnahme	99.977 + 6,4	64.694 + 3,7	2563 + 22,2	18.099 + 17,4	8641 + 2,5
Insgesamt (inkl. ohne Angaben)	225.197 + 7,0	122.436 + 3,0	18.991 + 20,7	46.326 + 16,3	17.168 + 2,1

Verkehrsunfälle, Statistisches Bundesamt, Wiesbaden 2014: www.destatis.de

Tabelle 2.5.7 Verunglückte im Straßenverkehr nach Straßenart 2013 und 2014

Abkürzung Pers. = Personen; Zu-/Abn. = Zu-/Abnahme als Veränderungen gegenüber 2013.

Verkehrswege	**Unfälle mit Personenschaden**	**Getötete**	**Schwerverletzte**	**Leichtverletzte**
Januar – Juli 2013				
Autobahn	10.325	246	2894	13.275
Bundesstraßen	29.305	481	7343	33.963
innerorts	15.894	84	2717	18.104
außerorts	13.411	397	4626	15.859
Landesstraßen	34.238	505	8973	36.315
innerorts	18.731	102	3499	20.069
außerorts	15.507	403	5474	16.246
Kreisstraßen	17.164	238	4434	17.530
innerorts	9107	47	1761	9537
außerorts	8057	191	2673	7993
Andere Straßen	71.330	343	12.266	71.681
innerorts	66.871	269	10.756	67.623
außerorts	4459	74	1510	4058
Insgesamt	162.362	1813	35.910	172.764
innerorts	110.603	502	18.733	115.333
außerorts	51.759	1311	17.177	57.431
Januar – Juli 2014				
Autobahn	10.614	212	3385	13.721
Zu-/Abnahme	+2,8	−13,8	+17,0	+3,4
Bundesstraßen	30.617	495	7690	35.461
Zu-/Abnahme	+4,5	+2,9	+4,7	+4,4
innerorts	17.170	88	2966	19.592
Zu-/Abnahme	+8,0	+4,8	+9,2	+8,2
außerorts	13.447	407	4724	15.869
Zu-/Abnahme	+0,3	+2,5	+2,1	+0,1
Landesstraßen	36.572	528	9738	38.915
Zu-/Abnahme	+6,8	+4,6	+8,5	+7,2
innerorts	20.579	95	3902	22.040
Zu-/Abnahme	+9,9	−6,9	+11,5	+9,8
außerorts	15.993	433	5836	16.875

Verkehrswege	Unfälle mit Personenschaden	Getötete	Schwerverletzte	Leichtverletzte
Zu-/Abnahme	+3,1	+7,4	+6,6	+3,9
Kreisstraßen	18.032	279	4857	18.130
Zu-/Abnahme	+5,1	+17,2	+9,5	+3,4
innerorts	9823	51	1944	10.153
Zu-/Abnahme	+7,9	+8,5	+10,4	+6,5
außerorts	8209	228	2913	7977
Zu-/Abnahme	+1,9	+19,4	+9,0	−0,2
Andere Straßen	78.088	389	13.673	77.724
Zu-/Abnahme	+9,5	+13,4	+11,5	+8,4
innerorts	73.520	292	12.128	73.570
Zu-/Abnahme	+9,9	+8,6	+12,8	+8,8
außerorts	4568	97	1545	4154
Zu-/Abnahme	+2,4	+31,1	+2,3	+2,4
Insgesamt	173.923	1903	39.343	183.951
Zu-/Abnahme	+7,1	+5,0	+9,6	+6,5
innerorts	121.092	526	20.940	125.355
Zu-/Abnahme	+9,5	+4,8	+11,8	+8,7
außerorts	52.831	1377	18.403	58.596
Zu-/Abnahme	+2,1	+5,0	+7,1	+2,0

Verkehrsunfälle, Statistisches Bundesamt, Wiesbaden 2014: www.destatis.de

Evolution und Fortschritte

3

3.1 Die Evolution des Menschen

Tabelle 3.1.1 Unsere Vergangenheit – ein Überblick

Der Mensch gehört systematisch zur Klasse der Säugetiere, der Ordnung der Primaten und der Familie der Hominiden (*Hominidae*). Wenn die Menschenaffen zu den Hominiden gerechnet werden, dann wird die menschliche Linie als Unterfamilie Homininen (*Homoninae*) bezeichnet.

Abkürzungen: H = Hirnvolumen in cm³, K = Körpergröße in cm, G = Gewicht in kg.

Die Gattung Homo, Funde und Alter	
Homo rudolfensis erster Mensch, Kenia, Ost-Afrika; H: 775–788 cm³, K: 155 cm, G: ~45 kg	2,5–1,8 Millionen Jahre
Homo habilis (Geschickter Mensch), Tansania, Ost-Afrika; K: 100–145 cm, G: 25–45 kg	1,9 Millionen Jahre
Homo ergaster/erectus, von Afrika nach Asien und in den nahen Osten; H: 900–1100 cm³, K: 165–185 cm, G: bis 65 kg	1,8–0,04 Millionen Jahre
Homo antecessor (Erster „Europäer“), H: 1100 cm³, K: 170 cm	> 0,78 Millionen Jahre
Früheste Hinweise zum Gebrauch von Feuer	1,5 Millionen Jahre
Früheste Hinweise zum Gebrauch von Steinwerkzeugen	2,5 Millionen Jahre

S. Schaal, K. Kunsch, S. Kunsch, *Der Mensch in Zahlen*,
DOI 10.1007/978-3-642-55399-8_3

Homo heidelbergensis Mauer bei Heidelberg, z.B. Griechenland, England, Äthiopien, Ungarn, Marokko; H: 1200 cm³, K: bis 170 cm	0,6–0,2 Millionen Jahre
Homo neanderthalensis Neandertal bei Düsseldorf; H: 1750 cm³, K: 166 cm, G: 80 kg	0,2–0,027 Millionen Jahre
Homo floresiensis (Zwergmensch) Insel Flores, Indonesien; H: 420 cm³, K: 100 cm	0,095–0,013 Millionen Jahre
Homo sapiens (Moderner Mensch) ganze Welt; H: 1400 cm³	0,195 Millionen Jahre bis heute
Domestizieren von Pflanzen und Tieren	Seit 10.000 Jahren
Alter des ältesten Toten aus dem Eis (Özi), der 1991 im Ötztal entdeckt wurde	5300 Jahre
Alter der ältesten weiblichen Mumie, die 1989 in der Cheopspyramide entdeckt wurde	2600 Jahre
Alter der am besten erhaltenen Mumie, die 1944 in Sakkara (Ägypten) entdeckt wurde	2400 Jahre

Henke und Roth 1994; GEO kompakt 4/2005; Johanson und Edgar 2006; Roberts 2011; Scally und Durbin 2012

Tabelle 3.1.2 Zeittafel zur Evolution des Menschen

Mehr als 30 Millionen Jahre hat die Evolution gebraucht um den heutigen Menschen, den *Homo sapiens,* in der systematischen Ordnung der Herrentiere (Primaten) entstehen zu lassen. Der Mensch stammt also nicht nur vom Affen ab – er ist einer.

Die Entwicklung der Primaten begann vor 80 Millionen Jahren mit einem den heutigen Spitzhörnchen (Tupaia) ähnlichen Säugetier, das am Boden und in den Bäumen Insekten jagte. Die immer bessere Anpassung an das Leben in den Ästen der Bäume führte bei den ersten Primatenvorfahren zur Entwicklung der Greifhand mit abgespreiztem Daumen und Fingernägeln statt Krallen. Vor 58–37 Millionen Jahren hatten sich die Primaten in die Altweltaffen (Afrika) und die Neuweltaffen (Asien) aufgespaltet. Vor 24–20 Millionen Jahren hatten sich die Vorfahren der heutigen Menschenaffen (Orang-Utan, Gorilla, Schimpanse) in viele Gruppen aufgeteilt. *Pierolapithecus catalaunicus* der 2004 in Barcelona gefunden wurde und vor 13 Millionen Jahren lebte, könnte ein solcher Vorfahre sein.

Vor 7 Millionen Jahren entwickelte sich der aufrechte Gang bereits im Lebensraum Baum. Erst nach einer gewissen Perfektionierung konnten die ersten Vormenschen die Waldrandgebiete verlassen und die offene Savanne erobern. Der aufrechte Gang ist mit einer Reihe von anatomischen Veränderungen verbunden: Doppelt S-förmige Wirbelsäule, breites kurzes Becken mit Oberschenkelknochen, die die Knie zusammenrücken lassen, und an das Laufen angepasste Füße, mit parallel gestellter großer Zehe und ausgeprägter Fußwölbung. Das Gewicht des säulenförmigen Körpers wurde so von oben nach unten auf die Füße geleitet.

Jahre	Bezeichnung	Vorkommen	Beschreibung
7–2,5 Millionen Jahre: Epoche der Menschenartigen in Afrika			
7 Mio.	*Sabelanthropus tschadensis*	Zentralafrika (Tschad)	Wahrscheinlich aufrecht gehend, Savanne, Allesfresser
6 Mio.	*Orrorin tugenensis*	Kenia	Savanne, Allesfresser
5,5 Mio.	*Ardipithecus ramidus kadabba*	Äthiopien	Bewaldete Gebiete, faserreiche Kost
4,4 Mio.	*Ardipithecus ramidus*	Äthiopien	Bewaldete Gebiete, faserreiche Kost
4,2–3,9 Mio.	*Australopithecus anamensis*	Turkanasee, Ostafrika	Savanne, Wälder, guter Kletterer
3,9–3 Mio.	*Australopithecus afarensis*	Äthiopien, Kenia, Tansania	Bewaldete Graslandschaften, nachts in Bäumen („Lucy")
3,3 Mio.	*Australopithecus bahrelghazali*	Zentralafrika (Tschad)	Sehr ähnlich *A.afarensis*
3,3 Mio.	*Kenyanthropus platyops*	Kenia, Ostafrika	Wald- und Graslandschaften, Seerandgebiete
3,0–2,3 Mio.	*Australopithecus africanus*	Südafrika	Lichte Wälder, Grasland
2,6–2,3 Mio.	*Paranthropus aethiopicus*	Kenia, Äthiopien, Ostafrika	Riesiges Gebiss lässt auf Pflanzenfresser schließen
2,5–1 Millionen Jahre: Die Gattung „Mensch" verlässt Afrika			
2,5–1,8 Mio.	*Homo rudolfensis*	Kenia, Ostafrika	Offene Grassavannen, primitive Steinwerkzeuge
2,1–1,6 Mio.	*Homo habilis*	Tansania, Ostafrika	Offene Grassavannen, primitive Steinwerkzeuge
2,1–1,1 Mio.	*Paranthropus boisei*	Ostafrika	Gras- und Buschland, riesige Zähne, kleines Gehirn, Pflanzenfresser
2,0–1,5 Mio.	*Paranthropus robustus*	Südafrika	Busch- und Grasland, großes Gebiss, kleines Gehirn, Pflanzenfresser
1,8–40.000	*Homo ergaster/ Homo erectus*	Von Afrika nach Asien	Erfand Faustkeil, benutzte Feuer, zuerst Aasfresser, dann Jagd

1 Million bis 200.000 Jahre: Homo erectus und seine Nachfahren leben in Europa			
>780.000	*Homo antecessor*	Europa	Erster Nachfahre von *Homo erectus*
600.000–200.000	*Homo heidelbergensis*	Ganz Europa und vereinzelt Afrika	Aus *Homo erectus* und *Homo antecessor* entstanden
200.000 bis 100.000: *Homo neanderthalensis* und *Homo sapiens* stoßen im Nahen Osten aufeinander			
200.000–270.000	*Homo neanderthalensis*	Europa und Vorderasien	Weiterentwicklung von *Homo heidelbergensis*, Jäger
195.000 Jahre bis heute: Homo sapiens erobert die Erde			
95.000–13.000	*Homo floresiensis*	Insel Flores, Indonesien	Zwergform eines Menschen, wahrscheinlich aus *Homo erectus* entstanden
195.000 bis heute	*Homo sapiens*	Von Afrika aus wird die ganze Welt besiedelt.	Aus afrikanischen Formen von *Homo erectus* (oder *Homo heidelbergensis*) entstanden, verdrängte alle älteren Menschenformen

GEO kompakt 4/2005; Johanson und Edgar 2006

Tabelle 3.1.3 Bedeutende Funde zur Evolution des Menschen

In der Tabelle sind die Funde nach dem Datum ihrer Entdeckung geordnet.

Jahr	Fundort	Fund, Beschreibung	Heutige Zuordnung	Auftreten vor Mio. Jahren
1856	Neandertal bei Düsseldorf (D)	Skelettreste, Schädeldach	Neandertaler *Homo neanderthalensis*	0,2–0,027
1868	Cro-Magnon, Dordogne bei Les Eyzies (F)	5 Skelette „Der alte Mann von Cro-Magnon"	Cro-Magnon-Mensch, *Homo sapiens*	0,195– heute
1886	Spy (Belgien)	Fossile Reste	Neandertaler	0,2–0,027
1891	Trinil (Java)	Unterkiefer Fragment *Pithecanthropus erectus*	Java-Mensch *Homo erectus*	ca. 1,0

Jahr	Fundort	Fund, Beschreibung	Heutige Zuordnung	Auftreten vor Mio. Jahren
1907	Mauer, bei Heidelberg (D)	Fossiler Unterkiefer, *Homo heidelbergensis*	*Homo erectus* (unsicher)	1,8–0,04
1908	Le Moustier (F)	Skelettreste, Gebrauchsgegenstände	Neandertaler *Homo neander-thalensis*	0,2–0,027
1924	Taung (Südafrika)	„Kind von Taung", Australopithecus africanus („Südaffe aus Afrika").	*Australopithecus africanus*	3,0–2,3
1927	Höhle von Zhoukoudian (China)	Backenzahn, *Sinan-thropus pekinensis* (Pekingmensch)	*Homo erectus*	1,8–0,04
1933	Steinheim (D)	Schädel ohne Unterkiefer, *Homo steinheimensis*	*Homo erectus*	1,8–0,04
1938	Kromdraai (Südafrika)	Vormenschenschädel mit riesigen Backenzähnen	*Paranthropus robustus*	2,0–1,5
1959	Olduvai-Schlucht (Tansanien)	„Zinj", Schädel, *Zinjanthropus boisei*	*Paranthropus boisei*	2,1–1,1
1960	Olduvai-Schlucht (Tansanien)	Relikte einer unbekannten Hominidenart	*Homo habilis*	2,1–1,6
1972	Turkanasee (Kenia)	Schädel, *Homo habilis*	*Homo rudolfensis*	2,5–1,8
1974	Hadar (Äthiopien)	„Lucy", Teilskelett	*Australopithecus afarensis*	3,9–3,0
1978	Laetoli (Tansania)	Fußspuren aufrecht gehender Vormenschen	*Australopithecus afarensis*	3,9–3,0
1985	Turkanasee (Nord-Kenia)	Schädel	*Australopithecus aethiopicus*	2,6–2,3
1991	Uraha (Malawi Südostafrika)	Robuster Unterkiefer	*Homo rudolfensis*	2,5–1,8
1992	Aramis (Äthiopien)	17 Teilskelette	*Ardipithecus ramidus*	4,4
1994	Turkanasee (Nord-Kenia)	Skeletttteile	*Australopithecus anamensis*	4,2–3,9
1995	Bahr el Ghazal (Tschad Zentralfrika)	Relikte	*Australopithecus bahrelghazali*	3,3

Jahr	Fundort	Fund, Beschreibung	Heutige Zuordnung	Auftreten vor Mio. Jahren
1997	Bouri (Äthiopien)	Neue Vormenschenart	*Australopithecus garhi*	2,5
1999	Lomekwi (Nord-Kenia)	Neue Vormenschenart	*Kenyanthropus platyops*	~3,3
2001	Djurab Wüste (Tschad nördl. Zentralfrika)	Schädel	*Sahelanthropus tschadensis*	~7
2003	Höhle auf der Insel Flores (Indonesien)	Zwergform des asiatischen Homo erectus	*Homo floresiensis*	0,095–0,013
2010	Südafrika	Schädel urspr. Art der Gattung *Australopitecus*	*Australopithecus sediba*	~2
2010	Denisova-Höhle (Russland)	Backenzahn, Fingerglied, Zehengliedknochen, dritte Gemeinschaft Verwandter des modernen Menschen	*Denisova-Hominine* (Unterart noch nicht taxonimisch eingeordnet)	~0,04

GEO kompakt 4/2005; Johanson und Edgar 2006; Berger et al. 2010; Krause et al. 2010

Tabelle 3.1.4 Zum Vergleich – Anatomische Daten der Menschenaffen

Bezeichnung	Alter	Hirnvolumen	Körpergröße	Körpergewicht
	in Jahren	**in cm³**	**in m**	**in kg**
Gorilla	heute lebend	340–685	bis 1,75	150–300
Orang-Utan	heute lebend	295–575	ca. 1,50	40–100
Schimpanse	heute lebend	320–480	1,30–1,70	40–45

Steitz 1993; Henke und Roth 1994; GEO 1/1995; Johanson und Edgar 2006

Tabelle 3.1.5 Anatomische Daten zu den Funden

Die Evolution des Menschen ist noch nicht vollständig aufgedeckt. So kann diese Zusammenstellung nur den derzeitigen Stand der Anthropologie wiedergeben.

Alter	**Bezeichnung**	**Hirnvolumen**	**Körpergröße**	**Körpergewicht**
in Jahren	**der Funde**	**in cm^3**	**in cm**	**in kg**
7 Mio.	*Sabelanthropus tschadensis*	380	150	–
6 Mio.	*Orrorin tugenensis*	–	130	–
5,5 Mio.	*Ardipithecus ramidus kadabba*	–	150	–
4,4 Mio.	*Ardipithecus ramidus*	–	120	40
4,2–3,9 Mio.	*Australopithecus anamensis*	–	120	35–55
3,9–3,0 Mio.	*Australopithecus afarensis*	375–550	100–150	30–70
3,3 Mio.	*Australopithecus bahrelghazali*	375–550	100–150	30–70
3,3 Mio.	*Kenyanthropus platyops*	bis 550	–	–
3,0–2,3 Mio.	*Australopithecus africanus*	bis 550	bis 140	30–60
2,0 Mio	*Australopithecus sediba*	420	130	–
2,6–2,3 Mio.	*Paranthropus aethiopicus*	420	–	–
2,5–1,8 Mio.	*Homo rudolfensis*	775	155	45
2,1–1,5 Mio.	*Homo habilis*	500–650	130–145	25–45
2,1–1,1 Mio.	*Paranthropus boisei*	450–545	140	35–50
2,0–1,5 Mio.	*Parathropus robustus*	475–530	110–130	30–65
1,8–1,4 Mio	*Homo ergaster*	900	185	–
1,8 Mio.–40.000 (?)	*Homo erectus*	1100	165	65
> 780.000	*Homo antecessor*	1100	170	–
600.000–200.000	*Homo heidelbergensis*	1200	–	–
230.000–30.000	*Homo neanderthalensis*	1750	166	80
195.000–heute	*Homo sapiens*	1400	–	–
95.000–13.000	*Homo floresiensis*	420	106	–

Steitz 1993; Henke und Roth 1994; GEO kompakt 4/2005; Johanson und Edgar 2006; Hublin 2009; Roberts 2011

Tabelle 3.1.6 Die Evolution des Menschen in einer 24-Stunden-Projektion

Um die schwer vorstellbaren Zeiträume der menschlichen Entwicklung anschaulich darzustellen, wurde die oft verwendete Projektion der Erdgeschichte auf 24 Stunden von A. Sieger auf die Entwicklung des Menschen angewendet. 24 Stunden entsprechen dabei dem Zeitraum von vor 4,5 Millionen Jahren bis heute.

Vorstufe des heutigen Menschen	Auftreten in einer 24-Stunden-Projektion	Dauer des Auftritts in der 24-Stunden-Projektion
Australopithecus ramidus	00.32–01.36 Uhr	1 Std. 04 Min.
Australopithecus afarensis	02.40–08.00 Uhr	5 Std. 20 Min.
Australopithecus africanus	08.00–13.20 Uhr	5 Std. 20 Min.
Australopithecus aethiopicus	10.08–12.16 Uhr	2 Std. 08 Min.
Australopithecus boisei	12.16–18.40 Uhr	6 Std. 24 Min.
Australopithecus robustus	13.20–18.40 Uhr	5 Std. 20 Min.
Homo rudolfensis	11.12–14.24 Uhr	3 Std. 12 Min.
Homo habilis	11.44–15.28 Uhr	3 Std. 44 Min.
Homo erectus	14.24–22.56 Uhr	8 Std. 32 Min.
Archaischer *Homo sapiens*	21.52–23.28 Uhr	1 Std. 36 Min.
Homo neanderthalensis	22.56–23.50 Uhr	54 Min.
Homo sapiens	23.28–24.00 Uhr	32 Min.

GEO 1/1995; GEO kompakt 4/2005

Tabelle 3.1.7 Vergleich der Zahl der Aminosäuren zwischen dem Menschen und anderen Organismen am Beispiel des Cytochrom c

Cytochrome (auch: Zytochrom) sind farbige Hämoproteine, die bei Zellatmung, Photosynthese und anderen biochemischen Vorgängen als Redoxkatalysatoren wirken. Verantwortlich für diese Funktion ist die Häm-Gruppe, in deren Mitte ein Eisen-Atom liegt. Cytochrome kommen in allen lebenden Zellen, in Organellen wie Mitochondrien, Mikrosomen und Chloroplasten vor.

Das Cytochrom c ist das am besten untersuchte Cytochrom und besteht aus etwa 100 Aminosäuren. Es ist evolutionsgeschichtlich eines der ältesten Proteine. Die Unterschiede in den Aminosäuresequenzen verschiedener Organismen lassen daher auf den Verwandtschaftsgrad bzw. die Zeit der Auseinanderentwicklung der sie tragenden Organismen schließen.

In der Tabelle wird der Mensch nach der Zahl der unterschiedlichen Aminosäuren im Cytochrom c mit anderen Organismen verglichen.

Vergleich zwischen Mensch und anderen Organismen	**Zahl der unterschiedlichen Aminosäuren im Cytochrom c**
Mensch – Rhesusaffe	1
Mensch – Kaninchen	9
Mensch – Grauwal	10
Mensch – Kuh, Schaf, Schwein	10
Mensch – Känguruh	10
Mensch – Esel	11
Mensch – Hund	11
Mensch – Pekingente	11
Mensch – Pferd	12
Mensch – Huhn, Truthahn	13
Mensch – Pinguin	13
Mensch – Klapperschlange	14
Mensch – Schnappschildkröte	15
Mensch – Ochsenfrosch	18
Mensch – Thunfisch	21
Mensch – Fliege *(Chrysomia spec.)*	27
Mensch – Seidenspinner	31
Mensch – Weizen	43
Mensch – Bäckerhefe	45
Mensch – Schlauchpilz (*Neurospora crassa*)	48
Mensch – Hefe *(Candida krusei)*	51

Flindt 2003 nach Dickersen und Geis 1971

Tabelle 3.1.8 Entwicklung der Bevölkerungsdichte und der Größe der Bevölkerung von der Altsteinzeit bis zur Neuzeit

Das erste sprunghafte Ansteigen der Bevölkerungszahlen erfolgte in der Jungsteinzeit, als Nutzpflanzen und Nutztiere die Ernährungsgrundlage der Bevölkerung erhöhten. Die hohen Zuwachsraten nach 1920 erklären sich durch den Rückgang der Sterbeziffern auf Grund des verbesserten Gesundheitswesens und der besseren Lebensbedingungen.

Epoche und Wirtschaftsweise	Jahre vor Chr. Geburt	Einwohner pro km²	Bevölkerung in Millionen
Altsteinzeit:			
Sammeln und Jagen	1.000.000	0,0042	0,125
	300.000	0,012	1
	25.000	0,040	3,34
Mittelsteinzeit:			
Sammeln und Jagen mit verbesserten Geräten	10.000	0,04	5,32
Jungsteinzeit:			
Kulturpflanzenbau, Haustierhaltung, Bewässerungstechnik, Handwerk	6000	0,04	86,5
Epoche und Wirtschaftsweise	**Jahre nach Christus**	**Einwohner pro km²**	**Bevölkerung in Millionen**
Altertum, Mittelalter:			
Landwirtschaft und Handwerk		1	133
Neuzeit:			
Landwirtschaft und Handwerk	1650	3,7	545
	1750	4,9	728
Landwirtschaft und Maschinenindustrie	1800	6,2	906
Zusätzlich chemische Industrie	1900	11	1610
	1950	16,4	2400
Zusätzlich intensivierte Landwirtschaft und Anfänge gentechnischer Industrie	1985 2000	32,7 45	4800 6085

Kattmann und Strauß 1980

Bevölkerungsentwicklung 4

4.1 Die Bevölkerungsentwicklung der Welt

Tabelle 4.1.1 Demographische Entwicklungen und Trends im Zeitvergleich 1950–2010

Drei Faktoren werden die zukünftige Entwicklung der Weltbevölkerung beeinflussen.

1. Ungewollte Schwangerschaften: Etwa 80 Millionen von den jährlich 210 Millionen Schwangerschaften weltweit sind ungewollt.
2. Der Wunsch nach mehr als zwei Kindern als unverzichtbare Sicherung der Alltagsarbeit und Alterssicherung.
3. Die „junge" Altersstruktur: Heute leben in den weniger entwickelten Regionen der Erde zwei Milliarden Menschen, die jünger als 20 Jahre alt sind und sich für eine schwer abzuschätzende Zahl von Kindern entscheiden werden.

S. Schaal, K. Kunsch, S. Kunsch, *Der Mensch in Zahlen*,
DOI 10.1007/978-3-642-55399-8_4

			Weltbevölkerungsanteil der Altersgruppen in Millionen				
Jahr	**Weltbevölkerung in Millionen**	**Bevölkerung Deutschlands***	**0–14 Jahre**	**15–24 Jahre**	**25–59 Jahre**	**60+**	**80+**
1950	2526	70.094	867	460	996	201	14
1960	3026	73.336	1123	506	1158	239	18
1970	3691	79.287	1387	664	1334	305	26
1980	4449	79.169	1567	845	1651	384	38
1990	5321	80.487	1750	1003	2077	490	57
2000	6128	83.512	1847	1087	2584	610	73
2010	6916	83.017	1842	1223	3086	765	108
2013	7162	82.727	1878	1205	3238	841	120
2015	7324	82.562	1904	1190	3335	895	124
2020	7717	81.881	1958	1185	3539	1035	143
2030	8425	79.552	1981	1277	3792	1375	192
2040	9038	76.354	1998	1306	4049	1684	285
2050	9551	72.566	2034	1312	4184	2020	392
2100	10.854	56.902	1944	1325	4600	2984	830

Periode	**Wachstumsrate %**	**Geburtenrate**	**Durchschnittsalter bei Geburt**	**Kindersterblichkeit/1000 Geburten**	**Lebenserwartung**		
					Männer und Frauen	**Männer**	**Frauen**
1950–1955	1,79	4,97	29,06	**134,7**	46,9	45,9	47,9
1955–1960	1,83	4,91	29,00	**122,4**	49,6	48,1	50,7
1960–1965	1,91	5,02	28,99	**114,5**	51,1	49,2	53,0
1965–1970	2,07	4,85	28,93	**94,2**	56,5	55,1	57,9
1970–1975	1,96	4,44	28,72	**86,2**	58,8	56,9	60,7
1975–1980	1,78	3,85	28,32	**80,2**	60,7	58,6	62,8
1980–1985	1,78	3,60	27,86	**70,9**	62,4	60,2	64,7

1985–1990	1,80	3,45	27,61	**62,6**	64,0	61,8	66,2
1990–1995	1,52	3,04	27,50	**59,1**	64,8	62,5	67,1
1995–2000	1,30	2,73	27,43	**54,8**	65,6	63,4	68,0
2000–2005	1,22	2,60	27,44	**48,3**	67,1	64,9	69,3
2005–2010	1,20	2,53	27,53	**42,3**	68,7	66,5	71,0
2010–2015	1,15			**36,8**	70,0	67,8	72,3
2020–2025	0,93			**30,2**	71,9	69,7	74,2
2030–2035	0,74			**24,8**	73,7	71,4	75,9
2040–2045	0,59			**20,2**	75,2	73,0	77,5
2045–2050	0,51			**18,3**	75,9	73,7	78,2

*vor 1990 Ost- und Westdeutschland summiert
Population Division of the department of Economic and Social Affairs of the United Nations: www.esa.un.org/unpp

Tabelle 4.1.2 Das Wachstum der Weltbevölkerung

Die Prognosen bis 2050 beruhen auf der Bewertung der momentanen und zukünftigen Fruchtbarkeit, Sterblichkeit und Migration.

Zeitraum	Menschen	Zeitraum	Menschen	Zeitraum	Menschen
10000 v. Chr.	5 Mio.	1750	770 Mio.	1960	3,0 Mrd.
8000 v. Chr.	6 Mio.	1800	954 Mio.	1970	3,7 Mrd.
7000 v. Chr.	10 Mio.	1820	1,0 Mrd.	1980	4,4 Mrd.
4500 v. Chr.	20 Mio.	1840	1,1 Mrd.	1990	5,3 Mrd.
2500 v. Chr.	40 Mio.	1860	1,2 Mrd.	2000	6,0 Mrd.
1000 v. Chr.	80 Mio.	1880	1,4 Mrd.	2005	6,4 Mrd.
Chr. Geburt	160 Mio.	1890	1,5 Mrd.	2011	7,0 Mrd.
1000	254 Mio.	1900	1,6 Mrd.	2013	7,2 Mrd.

1250	416 Mio.	1910	1,7 Mrd.	**Prognosen für die Jahre**	
1500	460 Mio.	1920	1,8 Mrd.		
1600	579 Mio.	1930	2,0 Mrd.	2030	8,4 Mrd.
1650	545 Mio.	1940	2,2 Mrd.	2050	9,7 Mrd.
1700	679 Mio.	1950	2,5 Mrd.		

Wachstumsrate der Weltbevölkerung 2013:	1,3 %
Verdopplungsraten der Weltbevölkerung:	
von 500 Millionen auf 1 Milliarde Menschen	820 Jahre
von 1 Milliarde auf 2 Milliarden	110 Jahre
von 5 Milliarden auf 10 Milliarden (geschätzt)	56 Jahre

Population Reference Bureau, Washington 2011, 2014: www.prb.org; www.weltdeswissens.com

Tabelle 4.1.3 Weltbevölkerungsuhr für 2014 im Vergleich der Industrieländer und der Entwicklungsländer

Industrieländer sind nach den Vereinten Nationen ganz Europa, Nordamerika, Australien, Japan und Neuseeland. Die anderen sind Entwicklungsländer. Ein Vergleich der Industrie- und Entwicklungsländer zeigt einen Verlauf der Bevölkerungsentwicklung: Bei den Industrieländern ist dieser charakterisiert durch eine sehr niedrige Geburtenrate; verbunden mit einer sehr niedrigen (Kinder-)Sterblichkeit und hohen Lebenserwartung. Demgegenüber zeigen insbesondere Länder mit einem niedrigen Entwicklungsstand eine sehr hohe Geburtenrate, allerdings auch eine hohe (Kinder-)Sterblichkeit.

	Weltbevölkerung 7.238.184.000	**Industrieländer 1.248.958.000**	**Entwicklungsländer 5.989.225.000**
Geburten			
Pro Jahr	143.341.000	13.794.000	129.547.000
Pro Tag	392.714	37.792	354.923
Pro Minute	273	26	246
Sterbefälle			
Pro Jahr	56.759.000	12.328.000	44.432.000
Pro Tag	155.505	33.775	121.730
Pro Minute	108	23	85

Bevölkerungszunahme			
Pro Jahr	86.581.000	1.466.000	85.115.000
Pro Tag	237.209	4017	233.193
Pro Minute	165	3	162
Kindersterblichkeit			
Pro Jahr	5.507.000	72.000	5.435.000
Pro Tag	15.087	197	14.890
Pro Minute	10	0,1	10

Population Reference Bureau, Washington 2014: www.prb.org

Tabelle 4.1.4 Verteilung der Weltbevölkerung in verschiedenen Regionen der Erde sowie Prognosen für 2025 und 2050

Während in Europa der Anteil an der Weltbevölkerung zurückgeht, wird sich in Afrika die Bevölkerung bis 2050 fast verdoppeln. Asien wird die bevölkerungsreichste Region der Erde bleiben, wobei Indien bald China ablösen wird. 98 Prozent des Wachstums der Weltbevölkerung findet in den Entwicklungsländern statt.

Allgemein wird von einem Rückgang der Gesamtfruchtbarkeitsrate mit zwei Kindern pro Frau (sogenanntes „Ersatzniveau der Fertilität") ausgegangen. Stellt sich diese Annahme als falsch heraus, wird das Anwachsen der Weltbevölkerung noch stärker ausfallen.

	1950	**2014**		**Prognose 2025**		**Prognose 2050**	
Region	**Mio.**	**Mio.**	**% seit 1950**	**Mio.**	**% seit 2014**	**Mio.**	**% seit 2014**
Welt	2522	7238	376	8444	6,7	9683	33,8
Afrika	224	1136	407	1637	44,1	2428	113,7
Asien	1402	4351	210	4905	12,7	5252	20,7
Europa	547	741	36	746	0,7	726	−2,0
Lateinamerika/Karibik	166	618	272	710	14,9	773	25,1
Nordamerika	171	353	106	396	12,2	444	25,8
Ozeanien	12	39	225	48	23,1	60	53,8

Population Reference Bureau, Washington 2014: www.prb.org

Tabelle 4.1.5 Die 10 bevölkerungsreichsten Länder 2014 und Prognosen für 2050

Länder mit höchster Bevölkerungszahl 2014		Einwohner in Mio.	Prognosen für höchste Bevölkerungszahlen 2050		Einwohner in Mio.
1	China	1364	1	Indien	1657
2	Indien	1296	2	China	1312
3	USA	318	3	Nigeria	396
4	Indonesien	251	4	USA	395
5	Brasilien	203	5	Indonesia	365
6	Pakistan	194	6	Pakistan	348
7	Nigeria	177	7	Brasilien	226
8	Bangladesh	158	8	Bangladesch	202
9	Russland	144	9	Kongo, Dem. Rep.	194
10	Japan	127	10	Äthiopien	165

Population Reference Bureau, Washington 2014: www.prb.org

Tabelle 4.1.6 Länder der Erde mit Extremwerten der Fruchtbarkeitsrate

Gesamtfruchtbarkeitsrate: durchschnittliche Anzahl von Kindern, die eine Frau gebärt, wenn die heutigen altersspezifischen Geburtenraten während ihrer fruchtbaren Jahre (15. bis 49. Lebensjahr) konstant bleiben.

Länder mit höchster Fruchtbarkeitsrate		2013	1970	Länder mit niedrigster Fruchtbarkeitsrate		2013	1970
1	Niger	7,6	7,4	1	Taiwan	1,1	3,9
2	Südsudan	7,0	6,9	2	Portugal	1,2	3,0
3	Somalia	6,6	7,2	3	Singapur	1,2	3,2
4	Tschad	6,6	6,5	4	Südkorea	1,2	4,5
5	Kongo, Dem. Rep.	6,6	6,2	5	Moldavien	1,2	2,6

6	Zentralafrikanische Republik	6,2	6,0	6	Polen	1,2	2,3
7	Angola	6,2	7,3	7	Bosnien-Herzegowina	1,3	2,7
8	Mali	6,1	6,9	8	Spanien	1,3	2,9
9	Burundi	6,1	7,3	9	Griechenland	1,3	2,4
10	Zambia	6,0	7,4	10	Ungarn	1,3	2,0

Population Reference Bureau, Washington 2005, 2014: www.prb.org/

Tabelle 4.1.7 Länder der Erde mit Extremwerten der Lebenserwartung

Unter der durchschnittlichen Lebenserwartung versteht man das durchschnittlich erreichte Lebensalter eines Neugeborenen nach den heutigen Sterberaten.

Länder mit höchster Lebenserwartung		**in Jahren**	**Länder mit niedrigster Lebenserwartung**		**in Jahren**
1	Hongkong	84	1	Lesotho	44
2	San Marino	84	2	Sierra Leone	45
3	Japan	83	3	Botswana	47
4	Singapur	83	4	Swaziland	49
5	Schweiz	83	5	Zentralafrik. Rep.	50
6	Frankreich	82	6	Kongo, Dem. Rep.	50
7	Italien	82	7	Tschad	51
8	Norwegen	82	8	Angola	52
9	Spanien	82	9	Aquatorialguinea	53
10	Schweiz	82	10	Mosambik	53

Population Reference Bureau, Washington 2014: www.prb.org

Tabelle 4.1.8 Durchschnittliche Lebenserwartung der Bevölkerung in verschiedenen Regionen der Erde sowie im Vergleich von Industrieländern und von Entwicklungsländern

Die durchschnittliche Lebenserwartung in Jahren stieg in den Industriestaaten von 1900–1950 um 0,41/Jahr, von 1950–1994 um 0,16/Jahr. Definition der Industriestaaten siehe Tab. 4.1.3.

Regionen	Lebenserwartung in Jahren		
	gesamt	männlich	weiblich
Welt	71	69	73
Industrieländer	79	75	82
Entwicklungsländer	69	67	71
Entwicklungsländer ohne China	67	65	69
Afrika	59	58	60
Asien	71	69	73
Europa	78	74	81
Lateinamerika/Karibik	75	71	78
Nordamerika	79	77	81
Ozeanien	77	75	79

Population Reference Bureau, Washington 2014: www.prb.org

Tabelle 4.1.9 Mittlere Lebensdauer der Bevölkerung in verschiedenen Kulturperioden

Vergleiche auch Tabellen unter 3.1. Abk.: w = weiblich, m = männlich

Kulturperiode	Ort (Autor)	Jahre
200.000–100.000 vor heute (Neandertaler)	Deutschland (n. Vallois)	21,6
40.000 Jahre vor heute (Jungpaläolithiker)	Deutschland (n. Vallois)	20,1
3. bis 1. Jahrtausend vor Christus (Bronzezeit)	Niederösterreich (n. Franz und Winkler)	20,0 w 21,8 m

1100–700 vor Chr. (Frühe Eisenzeit)	Griechenland (n. Angel)	18,0
Um Christi Geburt	Rom (n. Pearson)	22,0
400–1500 (Mittelalter)	England (n. Russel)	33,0
1687–1691	Breslau (n. Halley)	33,5
1870	Deutschland (n. Schenk)	38,0 w 35,2 m
1900	Deutschland (n. Schenk)	47,2 w 45,0 m
1925	Deutschland (n. Schenk)	58,6 w 56,0 m
1931–1940	Niederlande (Freudenberg)	66,5

Handbuch der Biologie 1965

Tabelle 4.1.10 Bevölkerungsdichte, Bruttosozialprodukt, Stadtbesiedlung, Kontrazeptivaanwendung, Bewegungsmangel und Trinkwasserversorgung in den Regionen der Welt für das Jahr 2013

Das Bruttosozialprodukt bezeichnet das Ergebnis der Wirtschaftsprozesse eines Staates pro Jahr. Es wird als Kaufkraftparitätswechselkurs in internationale Dollar umgerechnet.

Region	Bevölkerungsdichte pro km^2	Bruttosozialprodukt bei Kaufkraftparität pro Einwohner US $	Anteil der Bevölkerung, die in Städten lebt	Anteil der Frauen zwischen 15 und 49; die Kontrazeptiva (alle Methoden) verwenden
Welt	53	14.210	53 %	63 %
Mehr entwickelt	23	37.470	77 %	70 %
Weniger entwickelt	72	8920	48 %	61 %
Afrika	37	4470	40 %	34 %
Nordafrika	28	9600	71 %	53 %
Westafrika	55	3930	45 %	17 %
Ostafrika	54	1570	24 %	39 %

Zentralafrika	21	2540	42 %	18 %
Südliches Afrika	23	11.840	60 %	59 %
Asien	136	12.620	46 %	66 %
Asien ohne China	34	9700	43 %	57 %
Westasien	53	22.920	70 %	54 %
Zentralasien	174	5600	47 %	53 %
Südasien	266	5460	54 %	54 %
Südostasien	138	9130	48 %	62 %
Ostasien	136	14.440	58 %	82 %
Europa	32	30.010	72 %	70 %
Nordeuropa	79	37.860	79 %	80 %
Westeuropa	172	42.220	69 %	75 %
Osteuropa	16	19.930	69 %	67 %
Südeuropa	68	28.960	68 %	66 %
Nordamerika	16	52.810	81 %	77 %
Lateinamerika Karibik	30	12.900	78 %	73 %
Südamerika	23	12.620	82 %	75 %
Ozeanien	5	30.100	70 %	62 %
Australien	3	42.540	89 %	72 %

Anteil der Menschen ab 15 Jahren, die an Bewegungsmangel leiden (in %)

Bangladesch	5	Australien	38
Estland	17	USA	41
Deutschland	28	Verein. Königreich	63

Zugang zu sauberem Trinkwasser (in % der Bevölkerung)

Europa	100	Bangladesch	85
Kongo, Dem. Rep.	46	Kolumbien	91

Population Reference Bureau, Washington 2014: www.prb.org; Statistisches Jahrbuch 2014: www.destatis.de

Tabelle 4.1.11 Schwangerschaften und Schwangerschaftsabbrüche weltweit

Ein wesentlicher Faktor für die Entwicklung der Weltbevölkerung sind ungewollte Schwangerschaften, etwa 80 Millionen von 213 Millionen Schwangerschaften weltweit. Über 200 Millionen Frauen haben keinen Zugang zu einer adäquaten Familienplanung, die ungewollte Schwangerschaften vermeiden könnte.

Die Welt-Gesundheits-Organisation WHO definiert einen unsicheren Schwangerschaftsabbruch als „die Beendigung einer ungewollten Schwangerschaft durch Personen, die nicht über entsprechende Fähigkeiten verfügen oder unter Bedingungen, die dem medizinischen Standard nicht entsprechen".

Die Angaben zu den Regionen beziehen sich auf die Jahre 2012/13.

Schätzung im Jahr 2012/13	
Schwangerschaften	213,4 Mio.
davon ungewünschte Schwangerschaften	84,9 Mio.
davon enden mit einem Schwangerschaftsabbruch	50 %
unsichere Schwangerschaftsabbrüche (gerundet)	26,6 Mio.
Entwickelte Länder	360.000
Entwicklungsländer	21,2 Mio
Schwangerschaften mit Todesfolge der Mutter	289.000
Todesfälle durch unsichere Schwangerschaftsabbrüche	47.000
Entwickelte Länder	90
Entwicklungsländer	47.000
Gründe für Todesfolgen bei Schwangerschaften:	
Schwere Blutungen	
Infektionen	
Bluthochdruck (hypertensive Störungen)	
ausbleibende Wehen	
andere Gründe	

WHO Sexual and reproductive health 2012/13: www.who.int; Guttmacher Institute: www.guttmacher.org

Tabelle 4.1.12 Angehörige ausgewählter Weltreligionen 2012

Christliche Religionsangehörige	**Anzahl in Millionen**	**% der Bevölkerung**
Europa	558,260	75,2
Lateinamerika/Karibik	531,280	90,0
Südliches Afrika	517,340	62,9
Asia-Pazifik	286,950	7,1
Nordamerika	266,630	77,4
Mittlerer Osten/Nordafrika	12,710	3,7
Weltweit	2.173,180	31,5
Muslime		
Europa	43,490	5,9
Lateinamerika/Karibik	0,840	0,1
Südliches Afrika	248,110	30,2
Asia-Pazifik	985,530	4,3
Nordamerika	3,480	1,0
Naher Osten/Nordafrika	317,070	93,0
Weltweit	1.598,510	23,2
Hindus		
Europa	1,290	0,2
Lateinamerika/Karibik	0,660	0,1
Südliches Afrika	1,670	0,2
Asia-Pazifik	1.025,470	25,3
Nordamerika	2,250	0,7
Mittlerer Osten/Nordafrika	1,720	0,5
Weltweit	1.033,080	15,0
Buddhisten		
Europa	1,330	0,2
Lateinamerika/Karibik	0,410	<0,1
Südliches Afrika	0,150	<0,1
Asia-Pazifik	481,290	11,9
Nordamerika	3,860	1,1
Mittlerer Osten/Nordafrika	0,500	0,1

Weltweit	487,540	7,1
Jüdische Religionsangehörige		
Europa	1,410	0,2
Lateinamerika/Karibik	0,470	<0,1
Südliches Afrika	0,100	<0,1
Asia-Pazifik	0,200	<0,1
Nord-Amerika	6,040	1,8
Mittlerer Osten/Nordafrika	5,630	1,6
Weltweit	13,850	0,2
Menschen ohne Religionsangehörigkeit		
Europa	134,820	18,2
Lateinamerika/Karibik	45,39	7,7
Südliches Afrika	26,580	3,2
Asia-Pazifik	858,580	21,2
Nord-Amerika	59,040	17,1
Mittlerer Osten/Nordafrika	2,100	0,6
Weltweit	1.126,500	16,3

Global Religious Landscape 2012: www.pewforum.org

4.2 Die Bevölkerungsentwicklung in Deutschland

Tabelle 4.2.1 Kennzahlen für Deutschland im Zeitvergleich

Die Tabelle gibt eine erste Übersicht. Erläuterungen siehe folgende Tabellen.
Abkürzung JS = Jahressumme

	1995	2000	2002	2004	2012
Fläche km²	357.022	357.022	357.027	357.027	357.168
Bevölkerung (× 1000)	81.817	82.260	82.537	82.501	80.524
männlich (× 1000)	39.825	40.157	40.345	40.354	39.376
weiblich (× 1000)	41.993	42.103	42.192	42.147	41.148
Bevölkerung je km²	229	230	231	231	225
Ausländische Bevölkerung (× 1000)	7343	7268	7348	7288	6640

Privathaushalte (× 1000)	36.938	38.124	38.720	39.122	40.656
Einpersonenhaushalte (× 1000)	12.891	13.750	14.225	14.566	13.660
Mehrpersonenhaushalte (× 1000)	24.047	24.374	24.495	24.556	26.996
Eheschließungen (JS)	430.534	418.550	391.963	396.007	387.423
Gerichtliche Ehelösungen (JS)	170.000	194.630	204.606	214.062	179.348
Lebendgeborene (JS)	765.221	766.999	719.250	705.631	673.544
Gestorbene (JS)	884.588	838.797	841.686	818.263	869.582
Überschuss (−) der Gestorbenen (JS)	−119.367	−71.798	−122.436	−112.632	−196.038
Zuzüge gesamt (JS) (× 1000)	2165	1978	1996	1875	2178
darunter aus dem Ausland (JS) (× 1000)	1096	841	843	780	1080
Fortzüge gesamt (JS) (× 1000)	1767	1816	1777	1792	1809
darunter in das Ausland (JS) (× 1000)	698	674	623	698	712
Überschuss (+) der Zuzüge (JS) (× 1000)	+398	+167	+219	+83	+369
Einbürgerungen (JS)	313.606	186.688	154.547	127.153	112.348
Erwerbspersonen Stand 2013 (× 1000)	40.416	41.918	42.224	42.707	44.053
Erwerbslose (× 1000) Stand 2013	2870	2880	3230	3930	2270
Erwerbslosenquote (%)	7,1 %	6,9 %	7,6 %	9,2 %	5,2 %
Geringfügig Entlohnte (× 1000)	–	4052	4169	4803	
Offene Stellen, Stand 2014 (× 1000)	321	515	452	286	490
Kurzarbeiter/-innen, Jahresmittel (× 1000)	199	86	207	151	124
Verlorene Arbeitstage durch Streik Stand 2013	247.000	11.000	310.000	51.000	551.000

Kinder in Kindertageseinrichtungen, Stand 2013 (× 1000)	3333
davon durchgehend mehr als 7 Stunden pro Betreuungstag	39,1 %
Zunahme gegenüber 2007	9,5 %
Betreuungsquote 1 Jahr bis unter 2 Jahre	31 %
Betreuungsquote 0 Jahre bis unter 3 Jahre	29 %
Betreuungsquote 2 Jahre bis unter 3 Jahre	29 %

Statistisches Jahrbuch 2005, 2014; www.destatis.de

Tabelle 4.2.2 Bevölkerungsentwicklung und Bevölkerungsdichte in Deutschland vor 1945 und in der früheren Bundesrepublik

In den letzten 130 Jahren waren in Deutschland zwei große Geburtenrückgänge zu beobachten, die die demographische Lage nachhaltig beeinflusst haben. Der erste Geburtenrückgang fand um die Wende vom 19. zum 20. Jahrhundert statt, der zweite begann um 1965.

Ab dem Geburtenjahrgang 1880 war der Ersatz der Elterngeneration nicht mehr gewährleistet, was langfristig zum Altern der Bevölkerung führte.

Die Angaben zur Fläche des früheren Bundesgebietes entsprechen dem Stand vom 1.11.1997. Auf diese Fläche beziehen sich auch alle Angaben nach dem Beitritt der ehemaligen DDR zur Bundesrepublik Deutschland am 03. Oktober 1990.

Jahr	Insgesamt × 1000	Männlich × 1000	Weiblich × 1000	Einwohner je km²
Bevölkerung von Deutschland vor 1945 Fläche 470.440 km²				
1871	41.059	20.152	20.907	76
1910	64.926	32.040	32.886	120
1939	69.314	33.911	35.403	147
Bevölkerung der früheren Bundesrepublik von 1947 bis 1998 Fläche 248.945 km²				
1947	47.645	21.594	26.052	192
1950	50.336	23.405	26.931	202
1955	52.698	24.594	28.105	212
1960	55.785	26.173	29.611	224

1965	59.297	28.171	31.126	239
1970	61.001	29.072	31.930	245
1975	61.645	29.382	32.263	248
1980	61.658	29.481	32.177	248
1985	61.020	29.190	31.380	245
1986	61.140	29.285	31.855	246
1987	61.238	29.419	31.819	246
1988	61.715	29.693	32.022	248
1989	62.679	30.236	32.442	252
1990	63.726	30.851	32.875	256
1991	64.485	31.282	33.203	259
1992	65.289	31.756	33.534	263
1993	65.740	31.991	33.749	264
1994	66.007	32.124	33.883	265
1995	66.342	32.306	34.036	266
1996	66.583	32.440	34.144	268
1997	66.688	32.496	34.192	268
1998	66.747	32.539	34.208	268

Statistisches Jahrbuch 1999, 2005; www.destatis.de; www.bib-demographie.de

Tabelle 4.2.3 Bevölkerungsentwicklung und Bevölkerungsdichte in der ehemaligen DDR und in der Bundesrepublik Deutschland ab 1990

Die Angaben zur Fläche der ehemaligen DDR beziehen sich auf den Stand vom 1.11.1997. Auf diese Fläche beziehen sich auch alle Angaben nach dem Beitritt der ehemaligen DDR zur Bundesrepublik Deutschland am 3. Oktober 1990.

Jahr	Insgesamt × 1000	Männlich × 1000	Weiblich × 1000	Einwohner je km²
Bevölkerung der ehemaligen DDR bis 1998 Fläche 108.084 km²				
1947	19.102	8263	10.838	176
1950	18.360	8150	10.210	169

Jahr	Insgesamt × 1000	Männlich × 1000	Weiblich × 1000	Einwohner je km^2
1955	17.832	7969	9864	165
1960	17.188	7745	9443	159
1965	17.040	7780	9260	157
1970	17.068	7865	9203	158
1975	16.820	7817	9003	155
1980	16.740	7857	8882	155
1985	16.640	7877	8762	154
1986	16.640	7904	8736	154
1987	16.661	7935	8726	154
1988	16.675	7973	8702	154
1989	16.434	7873	8561	152
1990	16.028	7649	8378	148
1991	15.790w	7557	8233	146
1992	15.685	7544	8141	145
1993	15.598	7527	8071	144
1994	15.531	7521	8010	144
1995	15.476	7519	7957	143
1996	15.429	7515	7914	143
1997	15.369	7496	7873	142
1998	15.290	7465	7825	141
Bevölkerung von Deutschland ab 1990 Fläche 357.030 km^2				
1990	79.753	38.500	41.253	223
1995	81.817	39.825	41.993	229
2000	82.260	40.157	42.103	230
2001	82.440	40.275	42.166	231
2002	82.537	40.345	42.192	231
2003	82.532	40.356	42.176	231
2004	82.501	40.354	42.147	231
2013	80.524	39.376	41.148	225

Statistisches Jahrbuch 1999, 2005, 2014; www.destatis.de; www.bib-demographie.de

Tabelle 4.2.4 Entwicklung der Bevölkerung Deutschlands nach Altersgruppen bis 2060: Variante 1

Die Variante 1-W1 (von 13 des Statistischen Bundesamtes) geht von einer niedrigen Lebenserwartung und einem niedrigen Wanderungssaldo von mindestens 100.000 aus.

Die Werte ab 2010 sind Schätzwerte der 12. koordinierten Bevölkerungsvorausberechnung.

Jugendquotient: „unter 20-Jährige", die auf einhundert „20- bis unter 60-Jährige" kommen.

Altenquotient: „60-Jährige und Ältere", die auf einhundert „20- bis unter 60-Jährige" kommen.

Gesamtquotient: Anzahl aller, die auf einhundert „20- bis unter 60-Jährige" kommen.

	2008	2010	2020	2040	2050	2060
Bevölkerung (× 1000): Altenquotient mit Altersgrenze 60 Jahre						
Bevölkerungsstand	82.002	79.914	77.350	73.829	69.412	64.651
2008 = 100	100	97,5	94,3	90,0	84,6	78,8
Unter 20 Jahren	15.619	13.624	12.927	11.791	10.701	10.085
Anteil in %	19,0	17,0	16,7	16,0	15,4	15,6
2008 = 100	100	87,2	82,8	75,5	68,5	64,6
20– unter 60 Jahre	45.426	41.743	35.955	33.746	30.787	28.378
Anteil in %	55,4	52,2	46,5	45,7	44,4	43,9
2008 = 100	100	91,9	79,2	74,3	67,8	62,5
60 Jahre und älter	20.958	24.547	28.469	28.292	27.924	26.188
Anteil in %	25,6	30,7	36,8	38,3	40,2	40,5
2008 = 100	100	117,1	135,8	135,0	133,2	125,0
Jugendquotient	34,4	32,6	36,0	34,9	34,8	35,5
Altenquotient	46,1	58,8	79,2	83,8	90,7	92,3
Gesamtquotient	80,5	91,4	115,1	118,8	125,5	127,8
Bevölkerung (× 1000): Altenquotient mit Altersgrenze 65 Jahre						
Bevölkerungsstand	82.002	79.914	77.350	73.829	69.412	64.651
2008 = 100	100	97,5	94,3	90,0	84,6	78,8
Unter 20 Jahren	15.619	13.624	12.927	11.791	10.701	10.085
Anteil in %	19,0	17,0	16,7	16,0	15,4	15,6
2008 = 100	100	87,2	82,8	75,5	68,5	64,6

20– unter 65 Jahre	49.655	47.636	42.149	38.329	35.722	32.591
Anteil in %	60,6	59,6	54,5	51,9	51,5	50,4
2008 = 100	100	95,9	84,9	77,2	71,9	65,6
65 Jahre und älter	16.729	18.654	22.275	23.709	22.989	21.975
Anteil in %	20,4	23,3	28,8	32,1	33,1	34,0
2008 = 100	100	111,5	133,2	141,7	137,4	131,4
Jugendquotient	31,5	28,6	30,7	30,8	30,0	30,9
Altenquotient	33,7	39,2	52,8	61,9	64,4	67,4
Gesamtquotient	65,1	67,8	83,5	92,6	94,3	98,4

Bevölkerung Deutschlands bis 2060, Statistisches Bundesamt 2014: www.destatis.de

Tabelle 4.2.5 Entwicklung der Bevölkerung Deutschlands nach Altersgruppen bis 2060: Variante 5

Die Variante 5-W1 (von 12 des Statistischen Bundesamtes) geht von einer mittleren Lebenserwartung und einem mittleren Wanderungssaldo von mindestens 200.000 aus.

Die Werte ab 2010 sind Schätzwerte der 12. koordinierten Bevölkerungsvorausberechnung.

Jugendquotient: „unter 20-Jährige“, die auf einhundert „20- bis unter 60-Jährige“ kommen.

Altenquotient: „60-Jährige und Ältere“, die auf einhundert „20- bis unter 60-Jährige“ kommen.

Gesamtquotient: Anzahl aller, die auf einhundert „20- bis unter 60-Jährige“ kommen.

	2001	**2010**	**2020**	**2030**	**2040**	**2050**
Bevölkerung (× 1000): Altenquotient mit Altersgrenze 60 Jahre						
Bevölkerungsstand	82.440,3	83.066,2	82.822,1	81.220,3	78.539,4	75.117,3
2001 = 100	100,0	100,8	100,5	98,5	95,3	91,1
Unter 20 Jahren	17.259,5	15.524,3	14.552,3	13.926,7	12.873,7	12.093,7
Anteil in %	20,9	18,7	17,6	17,1	16,4	16,1
2001 = 100	100,0	89,9	84,3	80,7	74,6	70,1
20– unter 60 Jahre	45.309,5	46.277,2	44.115,9	39.383,7	38.010,7	35.436,5
Anteil in %	55,0	55,7	53,3	48,5	48,4	47,2
2001 = 100	100,0	102,1	97,4	86,9	83,9	78,2

60 Jahre und älter	19.871,3	21.264,8	24.153,9	27.909,9	27.655,0	27.587,0
Anteil in %	24,1	25,6	29,2	34,4	35,2	36,7
2001 = 100	100,0	107,0	121,6	140,5	139,2	138,8
Jugendquotient	38,1	33,5	33,0	35,4	33,9	34,1
Altenquotient	43,9	46,0	54,8	70,9	72,8	77,8
Gesamtquotient	81,9	79,5	87,7	106,2	106,6	112,0
Bevölkerung (× 1000): Altenquotient mit Altersgrenze 65 Jahre						
Bevölkerungsstand	82.440,3	83.066,2	82.822,1	81.220,3	78.539,4	75.117,3
2001 = 100	100,0	100,8	100,5	98,5	95,3	91,1
Unter 20 Jahren	17.259,5	15.524,3	14.552,3	13.926,7	12.873,7	12.093,7
Anteil in %	20,9	18,7	17,6	17,1	16,4	16,1
2001 = 100	100,0	89,9	84,3	80,7	74,6	70,1
20– unter 60 Jahre	51.115,1	80.953,3	50.050,8	45.678,2	42.880,1	10.783,3
Anteil in %	62,0	61,3	60,4	56,2	54,6	54,3
2001 = 100	100,0	99,7	97,9	89,4	83,9	79,8
60 Jahre und älter	14.065,7	16.588,7	18.219,0	21.615,4	22.785,6	22.240,2
Anteil in %	17,1	20,0	22,0	26,6	29,0	29,6
2001 = 100	100,0	117,9	129,5	153,7	162,0	158,1
Jugendquotient	33,8	30,5	29,1	30,5	30,0	29,7
Altenquotient	27,5	32,6	36,4	47,3	53,1	54,5
Gesamtquotient	61,3	63,0	65,5	77,8	83,2	84,2

Bevölkerung Deutschlands bis 2060, Statistisches Bundesamt 2014; www.destatis.de

Tabelle 4.2.6 Entwicklung der Lebenserwartung Neugeborener seit 1901 sowie Prognosen bis 2050 in Deutschland

Nach dem rasanten Anstieg der Lebenserwartung bei der Geburt (bei Jungen um 13 Jahre, bei Mädchen um 12 Jahre) zwischen den Jahren 1910 und 1932, verlangsamte sich der Anstieg in den Jahren von 1950–1970 deutlich (bei Jungen um 3 Jahre, bei Mädchen um 5 Jahre). Seither ist ein relativ stetiger geringerer Anstieg der Lebenserwartung zu beobachten.

Im Vergleich mit dem Ausland zeigt sich, dass Jungen in Island, Japan, Schweden und der Schweiz eine um 2 Jahre höhere Lebenserwartung haben. Bei Mädchen liegt die Lebenserwartung in Japan um 3,4 Jahre, in Frankreich um 2,2 Jahre, in Italien und Spanien um 2,1 Jahre und in der Schweiz um 2,0 Jahre höher als in Deutschland.

In der 10. koordinierten Bevölkerungsvorausberechnung wurden drei Annahmen für die Entwicklung der Lebenserwartung getroffen:

Annahme L1: Für jedes Altersjahr werden die international erreichten niedrigsten Sterbewahrscheinlichkeiten zu Grunde gelegt.

Annahme L2: Die Sterblichkeitsabnahme je Altersjahr seit 1970 wird zu Grunde gelegt. Es wird mit einer stärkeren Abschwächung des Anstiegs der Lebenserwartung gerechnet.

Annahme L3: Die Sterblichkeitsabnahme je Altersjahr seit 1970 wird zu Grunde gelegt. Es wird mit einer geringeren Abschwächung des Anstiegs der Lebenserwartung gerechnet.

	Lebensjahre			**Lebensjahre**	
Zeitraum	**männlich**	**weiblich**	**Zeitraum**	**männlich**	**weiblich**
Lebenserwartung Neugeborener					
1901–1910	44,8	48,3	1975–1977	68,6	75,2
1924–1926	56,0	58,8	1980–1982	70,2	76,9
1932–1934	59,9	62,8	1985–1987	71,8	78,4
1949–1951	64,6	68,5	1991–1993	72,5	79,0
1960–1962	66,9	72,4	1996–1998	74,0	80,3
1965–1968	67,6	73,6	1998–2000	74,8	80,8
1970–1972	67,4	73,8			

	Lebensjahre Annahme L1		**Lebensjahre Annahme L2**		**Lebensjahre Annahme L3**	
Zeitraum	**männlich**	**weiblich**	**männlich**	**weiblich**	**männlich**	**weiblich**
Prognosen						
2020	76,7	83,0	78,1	83,8	78,4	84,1
2035	78,0	84,7	79,7	85,4	80,6	86,2
2050	78,9	85,7	81,1	86,6	82,6	88,1

Bevölkerung Deutschlands bis 2050, Statistisches Bundesamt 2003: www.destatis.de

Tabelle 4.2.7 Lebenserwartung in Jahren im Alter x von 1901–2003 sowie Prognosen für 60-Jährige bis 2050

Fortschritte im Gesundheitswesen, in der Hygiene, der Ernährung, der Wohnsituation und den Arbeitsbedingungen sowie der gestiegene materielle Wohlstand haben das Sterblichkeitsniveau in Deutschland in den letzten 100 Jahren spürbar abnehmen lassen. Von 1000 lebend geborenen Kindern sterben heute im ersten Lebensjahr 4, vor 100 Jahren waren es 200.

Heute 60-jährige Männer werden noch 19 Jahre leben, 60-jährige Frauen noch 23 Jahre. Vor 100 Jahren waren es beim Mann etwa 6 Jahre bei der Frau etwa 14 Jahre.

Da die heutige ältere Generation zahlenmäßig größer ist als früher, gibt es potenziell mehr Rentenbezieher und der Ruhestand dauert länger. Die Rentenbezugsdauer in der früheren Bundesrepublik dauerte 1965 knapp 11 Jahre, 2001 waren es über 16 Jahre.

	Geburtsjahr 1901–1910		Geburtsjahr 1932–1934		Geburtsjahr 2009–2011	
Alter	**männlich**	**weiblich**	**männlich**	**weiblich**	**männlich**	**weiblich**
Lebenserwartung in Jahren im Alter von						
0 Jahre	44,82	48,33	59,86	62,81	77,72	82,73
1 Jahre	55,12	57,20	64,43	66,41	77,02	81,99
2 Jahre	56,39	58,47	64,03	65,96	76,04	81,01
5 Jahre	55,15	57,27	61,70	63,56	73,08	81,01
10 Jahre	51,16	53,35	57,28	59,09	68,11	73,07
15 Jahre	46,71	49,00	52,62	54,39	63,15	68,10
20 Jahre	42,56	44,84	48,16	49,84	58,25	63,16
25 Jahre	38,59	40,84	43,83	45,43	53,40	58,22
30 Jahre	34,55	36,94	39,47	41,05	48,56	53,29
35 Jahre	30,53	33,04	35,13	36,67	43,72	48,38
40 Jahre	26,64	29,16	30,83	32,33	38,93	43,50
45 Jahre	22,94	25,25	26,61	28,02	34,22	38,69
50 Jahre	19,43	21,35	22,54	23,85	29,67	33,98
55 Jahre	16,16	17,64	18,69	19,85	25,37	29,41
60 Jahre	13,14	14,17	15,11	16,07	21,31	24,96
65 Jahre	10,40	11,09	11,87	12,60	17,48	20,68
70 Jahre	7,99	8,45	9,05	9,58	13,89	16,53

75 Jahre	5,97	6,30	6,68	7,09	10,58	12,60
80 Jahre	4,38	4,65	4,84	5,15	7,77	9,13
85 Jahre	3,18	3,40	3,52	3,70	5,52	6,29
90 Jahre	2,35	2,59	2,63	2,72	3,84	4,25
	Geburtsjahr 2002–2004		**Geburtsjahr 2040**		**Geburtsjahr 2050**	
Lebenserwartung in Jahren im Alter von						
60 Jahre	20,0	24,1	24,6	28,1	26,6	30,1

Statistisches Jahrbuch 2005, 2014: Bevölkerung Deutschlands bis 2060: www.destatis.de

Tabelle 4.2.8 Grundzahlen für Eheschließungen, Geborene und Gestorbene in Deutschland von 1950–2004

Bei Eheschließungen werden die standesamtlichen Trauungen gezählt, auch die von Ausländern und Ausländerinnen. Die Angaben für die Neuen Länder und Berlin-Ost bis 1990 basieren auf den Statistiken der ehemaligen DDR.

Als Lebendgeborene zählen Kinder, bei denen nach der Trennung vom Mutterleib entweder das Herz geschlagen, die Nabelschnur pulsiert oder die natürliche Lungenatmung eingesetzt hat.

Als Totgeborene zählen seit dem 1.4.1994 Kinder, deren Geburtsgewicht 500 g beträgt. Liegt das Geburtsgewicht darunter, sind es Fehlgeburten.

Bei Gestorbenen werden Totgeborene, Kriegssterbefälle und gerichtliche Todeserklärungen nicht mitgezählt.

Jahr/Bundesländer	**Eheschließungen**	**Lebendgeborene**	**Totgeborene**	**Gestorbene**	**Überschuss**
Bundesrepublik Deutschland					
1950	750.452	1.116.701	24.857	748.329	+368.372
1960	689.028	1.261.614	19.814	876.721	+384.893
1970	575.233	1.047.737	10.853	975.664	−72.073
1980	496.603	865.789	4954	952.371	−86.582
1990	516.388	905.675	3202	921.445	−15.770
2000	418.550	766.999	3084	838.797	−71.798

Jahr/Bundesländer	Eheschließungen	Lebendgeborene	Totgeborene	Gestorbene	Überschuss
2002	391.963	719.250	2700	841.686	−122.436
2004	395.992	705.622	2728	818.271	−112.649
2010	377.816	677.947	2466	858.768	−180.821
2012	387.423	673.544	2400	869.582	−196.038
Bundesländer 2012					
Baden-Württemberg	50.693	89.477	305	100.584	−11.107
Bayern	59.009	107.039	303	125.448	−18.409
Berlin	12.390	34.678	156	32.218	+2460
Brandenburg	9974	18.482	93	28.403	−9921
Bremen	3094	5639	18	7487	−1848
Hamburg	6959	17.706	59	17.012	+694
Hessen	29.613	51.607	198	61.857	−10.250
Mecklenburg-Vorpommern	7872	12.715	57	18.912	−6197
Niedersachsen	40.827	61.478	208	87.040	−25.562
Nordrhein-Westfalen	87.768	145.755	551	193.707	−47.952
Rheinland-Pfalz	20.123	31.169	115	44.404	−13.235
Saarland	5141	6878	21	12.290	−5412
Sachsen	14.778	34.686	111	51.315	−16.629
Sachsen-Anhalt	9314	16.888	63	30.321	−13.433
Schleswig-Holstein	16.984	22.005	88	31.443	−9438
Thüringen	8372	17.342	54	27.141	−9799

Statistisches Jahrbuch 2005, 2014; Bevölkerung Deutschlands bis 2060: www.destatis.de

Tabelle 4.2.9 Bevölkerung nach Altersgruppen und Familienstand in Deutschland im Mai 2011

Personen, deren Ehepartner vermisst ist, gelten als verheiratet, Personen deren Ehepartner für tot erklärt worden ist, als verwitwet. Zu Geschiedenen gehören Personen, deren Ehe durch gerichtliches Urteil gelöst wurde. In der Tabelle sind die Daten von Mai 2011 wiedergegeben.

	Ledig männlich	Ledig weiblich	Verheiratet männlich	Verheiratet weiblich
Alter	× 1000	× 1000	× 1000	× 1000
unter 15	5544,4	5259,3	–	–
15–20	2055,5	1949,5	0,9	6,7
20–25	2403,5	2198,6	56,0	164,4
25–30	2022,5	1643,6	402,0	710,4
30–35	1398,7	987,6	909,2	1239,6
35–40	926,3	607,1	1301,7	1522,4
40–45	929,3	584,4	1960,7	2106,5
45–50	756,3	454,5	2310,4	2370,9
50–55	474,9	285,8	2167,0	2196,2
55–60	288,1	181,1	1986,5	1984,0
60–65	170,2	108,1	1811,8	1709,9
65–70	120,2	85,3	1600,5	1442,6
70–75	114,1	108,7	1808,0	1517,5
75–80	52,9	91,2	1112,8	811,9
80–85	23,7	92,3	631,6	398,1
85–90	7,5	78,3	225,7	130,7
90 und mehr	2,2	33,3	52,5	20,4
Insgesamt	17.290,4	14.748,7	18.337,5	18.332,4

Statistisches Jahrbuch 2014, Statistisches Bundesamt 2014: www.destatis.de

	Geschieden männlich	Geschieden weiblich	Verwitwet männlich	Verwitwet weiblich
Alter	**× 1000**	**× 1000**	**× 1000**	**× 1000**
15–20	0,0	0,1	0,0	0,0
20–25	2,2	7,1	0,0	0,3
25–30	26,2	57,4	0,3	2,1
30–35	69,6	128,4	1,2	6,0
35–40	139,7	216,1	3,2	14,1
40–45	301,9	412,7	8,1	31,8
45–50	452,6	550,7	18,7	70,3
50–55	436,5	480,7	28,8	125,9
55–60	345,8	384,7	44,5	198,1
60–65	248,1	292,7	65,6	291,3
65–70	174,7	231,2	101,1	413,6
70–75	142,8	218,4	180,6	768,7
75–80	62,1	116,2	185,4	836,7
80–85	25,4	74,9	197,9	883,7
85–90	7,9	47,8	127,8	709,0
90 und mehr	2,2	20,9	57,3	361,3
Insgesamt	2437,6	3240,1	1020,4	4713,0

Statistisches Jahrbuch 2014, Statistisches Bundesamt 2014: www.destatis.de

Tabelle 4.2.10 Schwangerschaftsabbrüche in Deutschland

2013 hat sich die Gesamtzahl der Schwangerschaftsabbrüche gegenüber 2013 um 4013 auf 102.802 verringert. Der Anteil mit medizinischer Indikation erhöhte sich 2013 um 387 auf 3703, der Anteil mit kriminologischer Indikation um 7 auf 20.

Nach der Begründung des Abbruchs für die Jahre 2012 und 2013

Alter der Schwangeren	Insgesamt 2012	Insgesamt 2013	Alter der Schwangeren	Insgesamt 2012	Insgesamt 2013
unter 15	373	322	30–35	22.199	21.785
15–18	3462	3297	35–40	15.469	15.452

18–25	32.279	29.692	40–45	7440	7137
25–30	24.888	24.407	45 u. mehr	705	710

Nach Indikation		
Medizinische Indikation	**Kriminologische Indikation**	**Beratungsregelung**
3703	20	99.079

Nach Dauer der abgebrochenen Schwangerschaft in Wochen für die Jahre 2012/2013							
unter 5	**5–6**	**7–8**	**9–11**	**12–15**	**16–18**	**19–21**	**über 22**
7357	30.405	36.702	25.538	1201	612	425	562

nach Anzahl der vorangegangenen Lebendgeborenen					
keine	1	2	3	4	5 und mehr
40.506	26.718	23.711	8260	2431	1176

Statistisches Jahrbuch 2014; www.destatis.de

Tabelle 4.2.11 Lebendgeborene, Geburtenziffern, Totgeborene nach dem Alter der Mutter 2012

Die Familienbildung mit dem ersten Kind beginnt in Deutschland heute etwa 5 Jahre später als in den 70er Jahren. Das Muster der frühen Geburt ist in der ehemaligen DDR bis in die 80er Jahre erhalten geblieben, weil dort das Konzept der Vereinbarkeit von Erwerbstätigkeit und Elternschaft durch den Ausbau der gesellschaftlichen Kinderbetreuung verfolgt wurde.

Seit dem Ende der DDR verhalten sich die heute 15- bis 25-Jährigen in beiden Regionen Deutschlands sehr ähnlich.

Alter der	**Lebendgeborene 2012**		**Geburtenziffern**	
Mutter in Jahren	**insgesamt**	**ehelich**	**nicht ehelich**	**je 1000 Frauen**
unter 15	52	–	52	–
15	253	1	252	0,6
16	797	14	783	2,0
17	1818	50	1768	4,7
18	3294	242	3052	8,5
19	5973	965	5008	14,6
20	9204	2324	6880	21,6

Alter der	Lebendgeborene 2012		Geburtenziffern	
Mutter in Jahren	**insgesamt**	**ehelich**	**nicht ehelich**	**je 1000 Frauen**
21	11.976	3755	8221	26,8
22	15.697	5711	9986	31,8
23	18.710	8105	10.605	37,9
24	23.363	11.814	11.549	45,7
25	27.678	14.974	12.704	55,1
26	33.059	19.372	13.687	66,3
27	36.334	22.670	13.664	74,8
28	40.723	26.925	13.798	83,9
29	44.226	30.360	13.866	90,1
30	49.427	34.848	14.579	98,0
31	50.623	36.744	13.879	100,3
32	49.793	36.418	13.375	97,8
33	45.069	33.654	11.415	93,0
34	41.191	30.775	10.416	86,1
35	36.655	27.427	9228	77,2
36	31.652	23.686	7966	67,6
37	25.248	18.920	6328	55,4
38	20.330	15.094	5236	43,8
39	15.758	11.655	4103	33,6
40	12.593	9099	3494	24,5
41	8901	6407	2494	15,7
42	5761	4012	1749	9,8
43	3473	2403	1070	5,5
44	1901	1314	587	2,9
45 u. älter	2011	1423	588	0,5
unter 45	671.532	439.738	231.794	1375,7
insgesamt	673.544	441.161	232.383	46,2

Statistisches Jahrbuch 2014, Statistisches Bundesamt 2014: www.destatis.de

Tabelle 4.2.12 Durchschnittliches Heiratsalter nach dem bisherigen Familienstand der Ehepartner 1985–2012

	Durchschnittliches Heiratsalter in Jahren							
	Familienstand der Männer vor der Eheschließung				Familienstand der Frauen vor der Eheschließung			
Jahr	insgesamt	ledig	verwitwet	geschieden	insgesamt	ledig	verwitwet	geschieden
1985	29,8	26,6	56,9	38,9	26,7	24,1	48,3	35,6
1990	31,1	27,9	56,9	40,5	28,2	25,5	47,3	37,1
1995	33,2	29,7	59,3	43,0	30,3	27,3	48,9	39,3
1999	34,7	31,0	60,7	44,1	31,7	28,3	50,2	40,4
2000	35,0	31,2	60,8	44,4	31,9	28,4	50,2	40,8
2005	36,5	32,6	61,3	45,8	33,3	29,6	50,9	42,4
2010	37,3	33,2	62,6	48,0	34,1	30,3	52,9	44,7
2012	37,7	33,5	63,3	48,9	34,6	30,7	53,9	45,6

Statistisches Jahrbuch 2014: www.destatis.de

Tabelle 4.2.13 Frauen nach der Zahl der geborenen Kinder und nach dem Alter der Mütter bei der Geburt ihrer ehelich lebend geborenen Kinder in Deutschland

Anteil der Frauen ohne und mit Kindern nach Geburtsjahrgängen in %					
Geburts-Jahrgang	Keine Kinder	Ein Kind	Zwei Kinder	Drei Kinder	Vier Kinder und mehr
1988–92	92	80	17	–	–
1983–87	72	64	29	6	2
1978–82	46	49	39	10	3
1973–77	28	36	46	13	5
1968–72	22	32	47	15	6
1963–67	20	31	48	15	6

Anteil der Frauen ohne und mit Kindern nach Geburtsjahrgängen in %

Geburts-Jahrgang	Keine Kinder	Ein Kind	Zwei Kinder	Drei Kinder	Vier Kinder und mehr
1958–62	18	29	49	16	6
1953–61	16	30	48	15	6
1948–52	14	32	47	16	6
1943–47	12	30	46	17	7
1937–42	11	26	42	20	12

Statistisches Jahrbuch 2014: www.destatis.de

Literatur

AIDS-Zentrum des Bundesgesundheitsamts (1993). AIDS-Nachrichten aus Forschung und Wissenschaft, 4/93.

Alexandrov, L.B., Nik-Zainal, S., Wedge, D.C., Aparicio, S.A., Behjati, S., Biankin, A.V., Bignell, G.R., Bolli, N., Borg, A., Børresen-Dale, A.L, et al. (2013). Signatures of mutational processes in human cancer. *Nature 500*. 415–421.

Allolio, B. &. Schulte, H. (2010). Praktische Endokrinologie. Heidelberg: Urban und Fischer/Elsevier.

Altman, P.L. &. Dittmer, D.S. (Hrsg.). (1972–1974). Biology Data Book (Bd.I-III, 2. Aufl.). Bethesda: Federation of America Societies for Experimental Biology.

Bachl, N., Löllgen, H., Tschan, H., Wackerhage, H., Wessner, B. (2015). Molekulare Sport- und Leistungsphysiologie. Molekulare, zellbiologische und genetische Aspekte der körperlichen Leistungsfähigkeit. Heidelberg: Springer.

Balasubramanian, S. et al. (2011). Gene inactivation and its implications for annotation in the era of personal genomics. Genes & Development, 25, 1–10.

Banchereau, J., Steinman, R.M. (1998). Dendritic cells and the control of immunity. Nature 392(6673), 245–252.

Barmer GEK (2012). Gesundheitsreport 2012. Wuppertal: Barmer GEK.

Behrends, J., Bischofsberger, J., Deutzmann, R. et al. (2012). Duale Reihe: Physiologie (2. Aufl). Stuttgart: Thieme Verlag.

Berger, L. et al. (2010). Australopithecus sediba. A New Species of Homo-Like Australopith from South Africa. Science, 328(5975), 195–204.

Bersell, K., Arab, S., Haring, B., Kühn, B. (2009). Neuregulin1/ErbB4 Signaling Induces Cardiomyocyte Proliferation and Repair of Heart Injury. In: Cell, 138(2), 257–270.

Biesalski , H., Bischoff, S., Puchstein, C. (2010). Ernährungsmedizin: Nach dem Curriculum Ernährungsmedizin der Bundesärztekammer und der DGE (4. Aufl.). Stuttgart: Thieme Verlag.

Bundesgesundheitsblatt (2013). Studie zur Gesundheit Erwachsener in Deutschland – Ergebnisse der 1. Erhebungswelle. Bundesgesundheitsblatt – Gesundheitsforschung – Gesundheitsschutz, 5/6(56).

Bundesgesundheitsministerium (2013) Daten des Gesundheitswesens. Berlin: BGM.

Bundesministerium für Ernährung und Landwirtschaft (2013). Statistisches Jahrbuch über Ernährung, Landwirtschaft und Forsten. Münster-Hiltrup: Landwirtschaftsverlag.

S. Schaal, K. Kunsch, S. Kunsch, *Der Mensch in Zahlen*,
DOI 10.1007/978-3-642-55399-8, © Springer-Verlag Berlin Heidelberg 2016

Bundesministerium für Gesundheit und soziale Sicherung (2005). Statistisches Taschenbuch Gesundheit. Berlin: BMGS.

Bundeszentrale für gesundheitliche Aufklärung (2012). Die Drogenaffinität Jugendlicher in der Bundesrepublik Deutschland 2011. Verbreitung des Alkoholkonsums bei Jugendlichen und jungen Erwachsenen. Köln: BZgA.

Bundschuh, G., Schneeweiss, B. &. Bräuer, H. (1992). Lexikon der Immunologie (2. Aufl.). München: Medical Service.

Campbell, N.A. (2009). Biologie (8. Aufl.). Heidelberg: Pearson Verlag.

Campenhausen, C.v. (1993). Die Sinne des Menschen. Stuttgart: Georg Thieme Verlag.

Classen, M., Diehl, V., &. Kochsiek, K. (2003). Innere Medizin (5. Aufl.). München: Urban + Fischer Verlag.

Crews, F. T. & Nixon, K. (2009). Mechanisms of Neurodegeneration and Regeneration in Alcoholism. In: Alcohol and Alcoholism (2009) 44 (2), 115–127.

Daten des Gesundheitswesens (1999). Sonderheft 2 – Schwerpunktheft zum Bundesgesundheitssurvey 1998. 61. Jhg.

Destatis (2011). Wirtschaftsrechnungen – Einkommens- und Verbrauchsstichprobe, Aufwendungen für Nahrungsmittel, Getränke und Tabakwaren. Wiesbaden: Statistisches Bundesamt.

DGE (Deutsche Gesellschaft für Ernährung) (2015). D-A-CH Referenzwerte für die Nährstoffzufuhr. Bonn: Umschau.

Dickerson, R.E. &. Geis, I. (1971). Struktur und Funktion der Proteine. Weinheim: Verlag Chemie.

Diem, K &. Lentner, C. (1977). Wissenschaftliche Tabellen. Documenta Geigy, Basel.

Drogen- und Suchtbericht (2014). www.drogenbeauftragte.de [07.07.2015].

Elmafda, I., Aign, W. Muskat, E. & Fritzsche, D. (2014). Die große GU Nährwert-Kalorien-Tabelle. München: G|U.

Eurobarometer (2006). Gesundheit und Ernährung. Europäische Kommission, http://ec.europa.eu/health/ph_publication/eb_food_de.pdf [23.11.2014].

European Centre for Disease Prevention and Control/WHO Regional Office for Europe (2009,2011,2013). HIV/AIDS surveillance in Europe 2008/2010/2012. Stockholm: European Centre for Disease Prevention and Control.

European Food Safety Authority (2011). Concise Database summary statistics – Total population., http://www.efsa.europa.eu/en/datexfoodcdb/datexfooddb.htm [23.11.2014].

Faller, A. &. Schünke, M. (2012). Der Körper des Menschen (16. Aufl.). Stuttgart. Georg Thieme Verlag.

Finch, C.E. (1990). Longevity, Senescence and the Genome. Chicago, London.

Fink, G., Levine, J., Pfaff, D. (2011). Handbook of Neuroendocrinology. London: Elsevier Verlag.

Fire, A., Xu, S.Q., Montgomery, M. K., Kostas, S. A., Driver, S. E., Mello, C. C. (1998). "Potent and specific genetic interference by double-stranded RNA in Caenorhabditis elegans". Nature 391 (6669): 806–811.

Fletcher, D.A. Mullins, D. (2010). "Cell mechanics and the cytoskeleton". Nature 463 (7280), 485–92.

Flindt, R. (2003). Biologie in Zahlen (6. Aufl.). Heidelberg: Spektrum Akademischer Verlag.

Flügel, B., Greil, H. &. Sommer, K. (1986). Anthropologischer Atlas. Berlin: Tribüne Verlag.

Focus-Magazin (1995). Heft 38. München.

Francois, J. &. Hollwich, F. (1977). Augenheilkunde in Klinik und Praxis. Stuttgart: Thieme Verlag.

Frisén, J. et al. (2013). Dynamics of Hippocampal Neurogenesis in Adult Humans. In: Cell, 153.

Garneau, N., Nuessle, T., Sloan, M., Santorico, S., Coughlin, B., Hayes, J. (2014). Crowdsourcing taste research: genetic and phenotypic predictors of bitter taste perception as a model. Frontiers in Integrative Neuroscience, 8, 1–8.

Gauer, O.H., Kramer, K. &. Jung, R. (Hrsg.).(1972). Physiologie des Menschen (11.Band). München: Urban und Schwarzenberg.

GEO kompakt: Der Mensch und seine Gene (7/2006). Hamburg: Gruner + Jahr.

GEO kompakt: Die Evolution des Menschen (4/2005). Hamburg: Gruner + Jahr.

Gerok, W., Huber, Ch., Meinertz, M., Zeitler, H. (2007). Die Innere Medizin: Referenzwerk für den Facharzt (11. Aufl.). Stuttgart: Schattauer Verlag.

Gessner, F. (1965). Handbuch der Biologie. Konstanz: Athenaion.

Gorman, D., Drewry, A., Huang, YL., Sames, C. (2003). The clinical toxicology of carbon monoxide. Toxicology, 187(1), 25–38.

Görne, T. (2011). Tontechnik: Schwingungen und Wellen, Hören, Schallwandler, [...] (5. Aufl.). München: Carl Hanser Verlag.

Gotthard, W. (1993). Hormone - Chemische Botenstoffe. Stuttgart: Fischer Verlag.

Gregory, S. et al. (2006). The DNA sequence and biological annotation of human chromosome 1. Nature 441, 315–321.

Hautmann, R. &. Huland, H. (2006). Urologie (3. Aufl.). Berlin: Springer Verlag.

HBSC-Team Deutschland (2011). Studie Health Behaviour in School-aged Children – Faktenblatt „Rauchverhalten von Kindern und Jugendlichen". Bielefeld: WHO Collaborating.

HBSC-Team Deutschland (2012). Studie Health Behaviour in School-aged Children – Faktenblatt „Alkoholkonsum von Kindern und Jugendlichen". Bielefeld: WHO Collaborating.

Heidermanns, C. (1957). Grundzüge der Tierphysiologie (2. Aufl.). Stuttgart: Fischer Verlag.

Henke, W. &. Roth, H. (1994). Paläoanthropologie. Berlin: Springer Verlag.

Heseker, H. & Heseker, B. (2013). Nährstoffe in Lebensmitteln. Sulzbach i.T.: Umschau Zeitschriftenverlag.

Heseker, H. & Heseker, B. (2014). Die Nährwerttabelle. Neustadt a. d. W.: Neuer Umschau Buchverlag.

Hick, C. &. Hick, A. (2006). Intensivkurs Physiologie (5. Aufl.). Heidelberg: Urban und Fischer/Elsevier Verlag.

Hirsch-Kauffmann, M. &. Schweiger, M. (2004). Biologie für Mediziner und Naturwissenschaftler (5. Aufl.). Stuttgart: Thieme Verlag.

Hoffmann, C. & Rockstroh, J. (2014). HIV 2014/2015. Hamburg: Medizin Fokus Verlag.

Holtmeier, H.J. (1986). Diät bei Übergewicht und gesunde Ernährung. Stuttgart: Thieme Verlag.

Hublin, J. (2009). The origin of Neandertals. PNAS, 106(38), 16022–16027.

Hurrelmann, K. &. Laaser, U. (1993). Gesundheitswissenschaften. Ein Lehrbuch für Lehre, Forschung und Praxis. Weinheim: Beltz Verlag.

Hurrelmann, K., Klocke A., Melzer W., &. Ravens-Sieberer U. (2003). Jugendgesundheitssurvey. Weinheim: Beltz Juventa Verlag.

Immuno (1984, 1995). Endemie-Atlas FSME. Heidelberg: Immuno.

Jahrbuch Sucht 2014. Deutsche Hauptstelle für Suchtfragen e. V. Geesthacht: Neuland Verlag.

Johanson, D. & Edgar, B. (2006). Lucy und ihre Kinder (2. Aufl.). München: Spektrum Akademischer Verlag.

Junqueira, L.C., Carneiro, J. & Gratzl, M. (Hrsg.), (2004). Histologie (6. Aufl.). Berlin: Springer Verlag.

Kaboth, W. & Begemann, H. (1977). Blut (2. Aufl.). In H.O. Gauer, K. Kramer u. R. Jung (Hrsg): Physiologie des Menschen (Bd. 5). München: Urban und Schwarenberg Verlag.

Karam, J. (2009). Apoptosis in Carcinogenesis and Chemotherapy. Netherlands: Springer.

Kattmann, U. & Strauß, W. (1980). Naturvölker in biologischer und ethnologischer Sicht. Unterricht Biologie, 4 (44), 2–12.

Keidel, W. (1985). Kurzgefaßtes Lehrbuch der Physiologie. Stuttgart: Thieme Verlag.

Kleiber, M. (1967). Der Energiehaushalt von Mensch und Haustier. Hamburg: Parey Verlag.

Kleine, B. & Rossmanith, W. (2014). Hormone und Hormonsystem. Lehrbuch der Endokrinologie. Berlin, Heidelberg: Springer.

Kleinig, H. u. Sitte, P. (1999). Zellbiologie. Ein Lehrbuch (3. Aufl.). Stuttgart: Urban und Fischer Verlag.

Klima, J. (1967). Cytologie. Stuttgart: Fischer Verlag.

Klimt, F. (1992). Sportmedizin im Kindes- und Jugendalter. Stuttgart: Thieme Verlag.

Klingmann, C. & Tetzlaff, K. (2012). Moderne Tauchmedizin: Handbuch für Tauchlehrer, Taucher und Ärzte (2. Aufl.). Stuttgart: AW Gentner Verlag.

Knußmann, R. (1996). Vergleichende Biologie des Menschen (2. Aufl.). Stuttgart: Spektrum Akademischer Verlag.

Koletzko, B. (2003). Kinderheilkunde und Jugendmedizin (12. Aufl.). Heidelberg: Springer Verlag.

Kraus, L., Pabst, A., Gomes de Matos, E. & Piontek, D. (2014). Kurzbericht Epidemiologischer Suchtsurvey. Tabellenband: Trends der Prävalenz des Konsums illegaler Drogen nach Alter 1980–2012. http://www.ift.de/index.php?id=410.

Krause, J. et al. (2010). The complete mitochondrial DNA genome of an unknown hominin from southern Siberia. Nature, 464(7290), 894–897.

Kruse-Jarres, J. D. (1993). Charts der Labordiagnostik. Stuttgart: Thieme Verlag.

Kurth, B.-M., Schaffrath Rosario, A. (2007). Die Verbreitung von Übergewicht und Adipositas bei Kindern und Jugendlichen in Deutschland. Bundesgesundheitsbl - Gesundheitsforsch – Gesundheitsschutz, 50(5/6), 736–743.

Kuzawa, C., Chugani, H., Grossman, L., Lipovich, L., Muzik, O., Hof, P., Wildman, D., Sherwood, C., Leonard, W., Lange, N. (2014). Metabolic costs and evolutionary implications of human brain development. PNAS, 111(36), 13010–13015.

L'age-Stehr, J., Kunze, R., Koch, M.A. (1983). AIDS in West Germany. The Lancet, Volume 322, Issue 8363, 1370–1371.

Lampert, T., Lippe, v.d.E. & Müters, S. (2013). Verbreitung des Rauchens in der Erwachsenenbevölkerung in Deutschland. Bundesgesundheitsbl -Gesundheitsforsch – Gesundheitsschutz, 56(5/6), 802–808.

Lentze, M., Schaub, J. &. Schulte, M. (2003). Pädiatrie: Grundlagen und Praxis. Heidelberg: Springer Verlag.

Leonhardt, H. (1990). Histologie, Zytologie und Mikroanatomie des Menschen. Stuttgart: Thieme Verlag.

Leydhecker, W. (1985). Augenheilkunde (22. Aufl.). Berlin: Springer Verlag.

Löffler, G. & Petriges, A. (1997). Biochemie und Pathobiochemie (5. Aufl.). Berlin. Springer Verlag.

Löser,H. (1995). Alkoholembryopathie und Alkoholeffekte. Stuttgart: Fischer Verlag.

Löwer, J. (2001). BSE, vCJK, MKS und kein Ende in Sicht ... Bundesgesundheitsblatt – Gesundheitsforschung – Gesundheitsschutz, 44, 419–420.

Mahlberg R., Gilles, A., Läsch, A. (2004). Hämatologie: Theorie und Praxis für medizinische Assistenzberufe (2. Aufl.). Weinheim: Wiley-VCH Verlag.

Martinek, V. (2003). Anatomie und Pathophysiologie des hyalinen Knorpels. Deutsche Zeitschrift für Sportmedizin, 54(6), 166–170.

May M., Sterne J. et al. (2006). HIV treatment response and prognosis in Europe and North America in the first decade of highly active antiretroviral therapy: a collaborative analysis, Lancet, 368(9534), 451–458.

McCutcheon, M. (1991). Der Kompaß in der Nase und andere erstaunliche Fakten über uns Menschen. Hamburg: Kabel Verlag.

Metz, J. (2001). Makroskopie, Histologie und Zellbiologie des Gelenkknorpels, In C. Erggelet & M. Steinwachs (Ed), Gelenkknorpeldefekte (S. 3–14). Darmstadt: Steinkopff Verlag.

Meyers Handbuch über Menschen, Tiere und Pflanzen (1964). Mannheim: Bibliographisches Institut.

Mitchell, H.H., Hamilton, T.S., Steggerda, F.R. &. Bean, H. W. (1945). Chemical Composition of the Adult Human Body and its Bearing on the Biochemistry of Growth. J. Biol. Chem. 158, 625–637.

Mörike, K., Betz, E. &. Mergenthaler, M. (2007). Biologie des Menschen (15. Aufl.) Heidelberg: Nikol Verlag.

Morimoto, T. (1978). Variations of Sweating Activity due to Sex, Age and Race. In Jarret, A. (Ed.). The Physiology and Pathophysiology of the Skin (Vol. 5). New York.: Academic Press.

Nawroth, P. & Ziegler, R. (2001). Klinische Endokrinologie und Stoffwechsel. Berlin: Springer Verlag.

Oppenheimer, C. & Pincussen, L. (1925–1927). Tabulae biologicae (Bd. IV). Berlin: Junk Verlag.

Pabst, A., Kraus, L., Gomes de Matos, E. & Piontek, D. (2013). Substanzkonsum und sub stanzbezogene Störungen in Deutschland im Jahr 2012. Sucht, 59(6), 321–331.

Perry, R., Zhang, X., Zhang, D., Kumashiro, N., Camporez, J., Cline, G., Rothman, D. & Shulman, G. (2014). Leptin reverses diabetes by suppression of the hypothalamic-pituitary-adrenal axis. Nature Medicine 20, 759–763.

Pertel, T., Hausmann, S., et al. (2011). TRIM5 is an innate immune sensor for the retrovirus capsid lattice Nature, 472, 361–365.

Pitts, R.F. (1972). Physiologie der Nieren und der Körperflüssigkeiten. Stuttgart: Schattauer Verlag.

Plenert, A., Heine, W. (1967). Normalwerte, Untersuchungsergebnisse beim gesunden Menschen unter besonderer Berücksichtigung des Kindesalters. Berlin: Verlag Volk und Gesundheit.

Plenert, A., Heine, W. (1984). Normalwerte: Untersuchungsergebnisse beim gesunden Menschen unter besonderer Berücksichtigung des Kindesalters (1984). Freiburg: Karger Verlag.

Podbregar, N. & Lohmann, D. (2013). Im Fokus: Genetik. Dem Bauplan des Lebens auf der Spur. Naturwissenschaften im Fokus. Berlin: Springer Verlag.

Polizeiliche Kriminalstatistik – PKS (2013). Jahrbuch 2013. Wiesbaden: BKA.

Population Reference Bureau (2005). 2005 World Population Sata Sheet. www.prb.org/pdf05/05WorldDataSheet_Eng.pdf

Portmann, A. (1959). Einführung in die vergleichende Morphologie der Wirbeltiere. Stuttgart: Schwabe Verlag.

Pray, L. (2008). DNA replication and causes of mutation. Nature Education 1(1), 214.

Prommer, N., Sottas, P.E., Schoch, C., Schuhmacher, Y.O., Schmidt, W. (2008). Total hemoglobin mass – a new parameter to detect blood doping. Med Sci Sport Exerc. 40, 2112–2118.

Pschyrembel, W. (2014). Pschyrembel Klinisches Wörterbuch (266. Aufl.). Berlin: de Gruyter Verlag.

Rahman, H. (1994). Hirnganglioside und Gedächtnisbildung. Naturwissenschaften 81, 7–20, Springer Verlag.

Rahman, H. &. Rahmann, M. (1992). The Neurobiological Basis of Memory and Behavior. New York.

Rink, L., Kruse, A., Haase, H. (2012). Immunologie für Einsteiger. Heidelberg: Spektrum Akademischer Verlag.

Robert-Koch-Institut (2013a). Krebs in Deutschland 2009/10. Berlin: RKI.

Robert-Koch-Institut (2013b). Referenzperzentile für anthropometrische Maßzahlen und Blutdruck aus der Studie zur Gesundheit von Kindern und Jugendlichen in Deutschland (KiGGS). Berlin: RKI.

Robert-Koch-Institut (2014). Schätzung der Prävalenz und Inzidenz von HIV-Infektionen in Deutschland. Epidemiologisches Bulletin, 44, 429–440.

Roberts, A. (2011). Evolution. The Human Story. London: Dorling Kindersley.

Rucker, E. (1967). Der menschliche Körper in Zahlen. München: Pfeiffer Verlag.

Sajonski, H. &. Smollich, A. (1990). Zelle und Gewebe. Eine Einführung für Mediziner und Naturwissenschaftler (7. Aufl.). Leipzig: Hirzel Verlag.

Scally, A. & Durbin, R. (2012). Revising the human mutation rate: implications for understanding human evolution. Nature Reviews Genetics, 13, 745–753.

Schenck, M. &. Kolb, E. (1990). Grundriss der physiologischen Chemie (8. Aufl.). Jena: Fischer Verlag.

Schiebler, T.H. (2005). Anatomie. Berlin: Springer Verlag.

Schiebler, T.H., Schmidt, W. &. Zilles, K. (Hrsg.) (2005). Anatomie: Histologie, Entwicklungsgeschichte, makroskopische und mikroskopische Anatomie, Topographie (9. Aufl.). Berlin: Springer Verlag.

Schmidt, R., Lang, F. &. Heckmann, G. (2010). Physiologie des Menschen mit Pathophysiologie (31. Aufl.). Heidelberg: Springer Verlag.

Schmidt, R., Schaible, H-G. (2005). Neuro- und Sinnesphysiologie (5. Aufl.). Heidelberg: Springer Verlag.

Schmidt, R.F. &. Thews, G. (Hrsg.) (1995). Physiologie des Menschen (26. Aufl.). Berlin: Springer Verlag.

Schmidt, W., Prommer, N. (2008). Effects of various training modalities on blood volume. Scan J Med Sci Sports 18, Issue Supplement s1, 57–69.

Schneider, M. (1971). Einführung in die Physiologie des Menschen. Berlin: Springer Verlag.

Shackelford, T., Pound, N. (2006). Sperm Competition in Humans: Classic and Contemporary Readings. New York: Springer Verlag.

Shield, K. D. et al. (2008): Global and country specific adult per capita consumption of alcohol. Sucht, 57(2), 99–117.

Silbernagl, S. (2012). Taschenatlas der Physiologie (8. Aufl.). Stuttgart: Thieme Verlag.

Slijper, J.E. (1967). Riesen und Zwerge im Tierreich. Hamburg: Parey Verlag.

Spector, W.S. (1956). Handbook of Biological Data. Philadelphia: Saunders.

Statistisches Jahrbuch (1999). Wiesbaden: Statistisches Bundesamt.

Statistisches Jahrbuch (2005, 2014). Wiesbaden: Statistisches Bundesamt.

Statistisches Jahrbuch für das Ausland (1999). Wiesbaden: Statistisches Bundesamt.

Statistisches Taschenbuch Gesundheit (1994). Bonn: Bundesministerium für Gesundheit.

Steitz, E. (1993). Die Evolution des Menschen (3. Aufl.). Stuttgart: E. Schweizerbart'sche Verlagsbuchhandlung.

Stüttgen, G. (1965). Die normale und die pathologische Physiologie der Haut. Stuttgart: Fischer Verlag.

Süss, J. (1995). Durch Zecken übertragbare Krankheiten: FSME und Lyme-Borreliose. Berlin: Weller Verlag.

Tariverdian, G. &. Buselmaier, W. (2004). Humangenetik.. Heidelberg: Springer Verlag.

Thefeld, W. (2000). Verbreitung der Herz-Kreislauf-Risikofaktoren Hypercholesterinämie, Übergewicht, Hypertonie und Rauchen in der Bevölkerung. Bundesgesundheitsbl -Gesundheitsforsch – Gesundheitsschutz, 43(6), 415–423.

Thews, G., Mutschler, E. &. Vaupel, P. (1999). Anatomie, Physiologie, Pathophysiologie des Menschen (5. Aufl.). Stuttgart: Wissenschaftliche Verlagsgesellschaft.

Thomas, C. (2006). Histopathologie. Sctuttgart: Schattauer.

Thompson, R.F. (1992). Das Gehirn. Heidelberg: Spektrum Akademischer Verlag.

Tortora, G., Derrickson, B. (2006). Anatomie und Physiologie (1. Aufl.). Weinheim: Wiley-VCH.

Villinger, B. (1991). Ausdauer. Stuttgart: Thieme Verlag.

Vogel, G. &. Angermann, H. (1984). DTV-Atlas zur Biologie. München: DTV Verlag.

Voss, H. &. Herrlinger, R. (1985). Taschenbuch der Anatomie (Bd. 1, 18 .Aufl.). Stuttgart: Fischer Verlag.

Weineck, J. (2009a). Optimales Training (16. Aufl.). Balingen: Spitta Verlag.

Weineck, J. (2009b). Sportbiologie (10. Aufl.). Balingen: Spitta Verlag.

Weiner, J.S. (1971). Entstehungsgeschichte des Menschen. Die Enzyklopädie der Natur (Bd. 19). Lausanne: Ed. Recontre.

Welte, R., König, H., Leidl, R. (2000). The costs of health damage and productivity losses attributable to cigarette smoking in Germany. In: European Journal of Public Health, 10(1), 31–38.

WHO (2010). WHO laboratory manual for the Examination and processing of human semen. Geneva: WHO.

WHO (2014). Global status on alcohol and health. Genf: WHO.

Wieser, W. (1986). Bioenergetik. Stuttgart: Thieme Verlag.

Wiesmann, E. (1987). Medizinische Mikrobiologie. Stuttgart: Thieme Verlag.

Wirth, A. (2008). Adipositas: Ätiologie, Folgekrankheiten, Diagnose, Therapie. Heidelberg: Springer Medizin.

Yi, P., Park, J., Melton, D. (2013). Betatrophin: A hormone that Controls Pancreatic ß Cell Proliferation. Cell,153(4), 747–758.

Stichwortverzeichnis

B

E

I

N

O

R

S

W

Printed in the United States
By Bookmasters